百姓仕事で世界は変わる

持続可能な農業とコモンズ再生

著―ジュールス・プレティ［エセックス大学環境社会学教授］
訳―吉田太郎

築地書館

百姓仕事で世界は変わる
——持続可能な農業とコモンズ再生

もくじ

第5章 地産地消とスローフード

訳者より

①原書中の注記は、本文に入れられるものは入れ、それ以外は（　）付番号で対応させ、各章末に入れた。

②原書に加え、訳者による注記を作成した。これは、［　］付番号を対応させ、各章末に入れた。

③訳者による簡単な用語解説は、本文中に［　］に入れて示した。

④訳者による本文の補完部分は、［訳者補完］と示した。

⑤人名の解説を作成し、索引をかねて巻末に収載した。解説を作成した人名は本文中（各章初出）に＊印をつけて示した。

序章

持続可能な農業への静かなる革命

農業と食べ物を生産する仕組みのどこかがおかしい。過去一世紀の間に、食料の生産性を高めるという点では大きな進展がなされた。にもかかわらず、いまだに何億もの人びとが餓えており、栄養失調状態におかれている。何億人もが十分に食べられないか、劣悪な食べ物しかとることができずに、病気にかかっている。環境も痛手を受けており、その環境悪化の多くは、近年発展してきた農業生産システムにともなって起こっているように思える。

何もなすすべがないのであろうか。今こそ、これまでとは違った、人間やその社会や文化と調和した農業を、エコロジーの原理にもとづいて押し広めるときなのではあるまいか?

これはとりたてて新たな考え方というわけではない。過去にも数多くの人びとが、持続可能で生産的な農業を提案し、いかほどかは成功を収めている。では何が目新しいのかというと、そうした農業が、今新たに各地で広まりつつあり、それは何百万もの人びとの暮らしを変えるほど巨大な規模に達しているということなのだ。私がこの本を執筆したのは、この複雑であまり表立ってはいない人びとの努力が広まる一助とすることにある。

私は、イギリス東部のサフォーク州とエセックス州との境界にある、絵に描いたように美しい景観のなかに住み、働いている。ここはチューダー王朝時代に羊毛で栄えた町で、こぢんまりとした囲場や年代を重ねた生け垣、ゆるやかに流れる川がある。私は、幼い日々をサハラ南端の砂漠とサバンナのなかで過ごした。バオバブやアカシアが点在する景観で、野生生物が満ちあふれていた。幸いなことに私は開発途上国や工業国の多くのコミュニティで出会ったり一緒に働いた人たちから啓発されてきた。だが彼らのほとんどは、趨勢を占める世間の見解や流れには逆らっており、たびたび嘲笑されたり、顔に泥を塗られたりすることすらあった。

この本を書くにあたって、私は、こうした個人やグループがいかにして転換への道筋を選んだか、そして、いかにして彼らが、コミュニティと景観の双方を変えることに成功したのかについての物語を伝えたい。また、食料増産という点では大きな進歩を遂げたにもかかわらず、現在の工業的な農業には欠陥があり、その代替となるシステムのほうが、より効率的で公正なものとなりうる根拠も示したい。食べ物は誰にとっても大切なものだ。それだけに、こうした考え方を広く伝えたい。消費者として私たちは、毎週、いや毎日のように食べ物を買っている。そして、私たちの日々の選択は、自分がどのような農業を好んでいるのかという強力なシグナルを発信している。メッセージを発していることを理解していないかもしれないが、実際のところそうなのだし、私たちが日々のどのような食べ物を消費するのかが、食料の出所となる景観、コミュニティ、環境に抜本的な影響を及ぼしているのだ。

ヨーロッパ農業に関して今も残る最古の文献では、農業は“agri”（農地）と“cultura”（文化）の二つが結びついたものと解釈されている。そして、食べ物はそれを生み出す文化とコミュニティの生命にかかわるものと見なされていた。だが今、工業的な農業が支配するなかで食べ物はたんなる商品と見なされ、農業はまるで工場のラインのように組織化されている。私が疑問を投げかけたいのはここなのだ。なるほど十分に食料を生産することは必要だ。十分な生産を損なわずに私たちは「農業」に文化を取り戻せるのだろうか？アグロエコロジー（農業生態学）や人びとが力を合わせて働くことのメリットをきめ細かく理解したうえで、公平で効率がよい持続可能な農業をつくり出せるのだろうか？

二一世紀の幕は開いたが、人類は重大な岐路にさしかかっている。人間は約六〇〇世代にわたって農業を営んできたが、そのほとんどの歳月で農業と消費活動は、文化や社会と密接に結びついていた。圃場や草地、森林、河川、海が重要で意味をもつように、食べ物も重要で意味がある。だが、この二、三世代では、工業の原理にもとづいた農業が発展してきた。なるほど工業的な農業は大成功を収めたし、面積や労働者当たりでは、以前よりもはるかに多くの食料を生み出している。だが、それが効率的にみえるのは、土壌の喪失、生物多様性へのダメージ、水質汚染、健康への被害といった有害な副作用を度外視しているからなのだ。

一万二〇〇〇年の長きにわたり、農業はずっと安定してきた。だが今、爆発的なまでの急激な変化の前に、農業は瞬く間にその安定性を失い、その急激な変化は、人びとの考え方や行動様式も根底から変えてしまった。だが私は今、私たちはこれとはまた別の変化の分岐点にいるのだと考えている。天然資源、人びとの智恵、集団の力――これらを最大限に使いきる持続可能な農業は、よい兆しをみせつつある。とはいえ、多くの人たちはそのことをほとんど信じていない。しかも、先駆者たちは、たいがい極貧状態におかれていて、社会からも疎外されているから、その声は大きな枠組みのなかではめったに耳にされることがない。そのために持続可能な農業は静かな革命なのだ。

この革命は私たちをどこに導いていくのだろうか？　そのことを正確に語れる者はいないし、持続可能な農業モデルが、世界中のすべての農民に適切なものであるかどうかもわかりはしない。だが、その原則が広くあてはまるということはわかっている。ひとたびこれらが受け入れられれば、地域住民たちは創意工夫をこらし、自分たちがおかれた特有な状況に応じて食料を生産する新たな方法を生み出していくことだろう。ほとんどの転換にはトレード・オフがともなう。

あるところで利益があれば、他のところでは損失が生じている。市場にアクセスしやすいように道路を建設すれば、僻地のコミュニティの助けにはなるだろうが、価値ある樹木が違法に伐採されることにもなる。無農薬農業は生物多様性を豊かにするだろうが、生産量はずっと少ないかもしれない。有機農業では、より多くの労働力が必要とされ、その負担がさらに女性にかかることになるかもしれない。

だが、こうしたトレード・オフを必ずしも深刻がる必要はない。注意深く耳を傾け、世界各地のコミュニティですでに多くの改革が成し遂げられていることに気がつけば、自然を保護改善しながらも、食料をもっとたくさん生産できることがわかるだろう。経済効率性を低めずに、自然生態系も人間社会も、ともに多様化することは可能なのだ。

この本には、転換を成功させた数多くの物語が載せてある。ただ残念ながら、私にはそれらを完全に評価する力はなく、結果として、それらは部分的なものとなっている。欠点や矛盾もあるだろうがそれを慎重に考察する余地もない。また、自然と人間との関係であれ、人びとの相互関係であれ、あるコミュニティや社会がつねに立派であるのは、まさにそれらが「伝統的」で「土着的」だからなのだ、と思われたくもない。その行為を通じて生態系を破壊させてしまったコミュニティもあれば、社会的な不和や不公正な関係が何世紀も続くコミュニティも目にされている。とはいえ、各事例やすべての事例が完璧である必要もない。エコロジーと社会的な面とで、最先端ではいったいどこまで可能なのかを示すことが私の意図だからだ。

この本には主要データや図は掲載したが、細かい証拠や分析事例は載せていない。とはいえ、物語はきちんとした調査手順や信頼できる証拠にもとづいたものだし、それぞれのおかれた状況の特殊性を超え重要なものを示していると私は確信している。

アグロエコロジー的なアプローチによって、そうした進歩が可能になるとは思わない人たちからの批判があることも予想している。代替手法を独善的に指し示すことで、近年の農業の成果のすべてを拒否するつもりもない。現実的には進展は、現在使える最高の知識や技術を駆使し、過去の最高事例を組み合わせ、環境や人の健康へのダメージを取り除くことからのみ、なしえるのだ。

持続可能な農業への革命は、今新たな力を世界にもたらす助けとなっている。だが、その革命は容易には起こりえないだろう。農業政策の多くはものの役に立ちはしないし、多くの機関は地元住民の声に耳を傾けようとしない。とりわけ彼らが貧しかったり、遠隔地にいる場合はそうだ。企業の多くもいまだに責任ある行動とは、環境を犠牲にして利益を最大限にすることだと考えている。とはいえ、国家政策か地域政策を転換することが唯一のステップなのだ。

もちろん、政府がある結果を望んだり、政治的な意志をもったからといって、それは期待される成果をあげることを必ずしも担保はしない。経済中心主義、自己利益の追求、不平等な貿易関係、政治的腐敗、負債の負担、環境劣化といった構造的な歪みや戦争と対立によって、せっかく出現しつつある農業革命を育てあげるうえで必要な体系的な変革が成し遂げられる可能性が低まっている。しかし、こうした深刻な問題があることを、努力を止める理由にしてはならない。

多くの人びとがそうあることを望むときに事態は変わる。まさに今は集団的な意志を固め、大声をあげ、こうした課題を克服するためのあらゆる改革を求めるときなのだ。

この本は、開発途上国や工業国で進展を成し遂げたコミュニティや農場へと、読者を短い旅にお連れすることをめざしている。こうしたサクセス・ストーリが、称賛に値するものであることに読者が同意されることを私は望んでいる。

第1章では、景観やそれに付随する農業が、すべての人の共有資産であることを明らかにすることで、この本の場面設定を行なう。

長い人類史のなかで、私たちは自然を形づくりつつも、自然によって形づくられてきた。だが、農業生産力をひたすら向上させるなかで、私たちは人間を自然から切り離すことを認めてしまった。そのため、自然が破損されたり奪われても気づかないし、土地や自然についての物語や記憶、言葉も失ってしまった。自然や原生自然をどのように捉えるかは、私たちが農業で何を行なうかに抜本的に影響する。そのため、こうしたつながりの断絶は重要課題なのだ。

第2章では、景観のもつ暗い側面に注目し、貧しい人びとや力のない人びとが、暮らしを営むために依存している資源からいかに疎外されているのかを示す。

近代は、経済成長と自然保護の名のもとにそうした奪取行為を繰り広げている。生物多様性を保護するために計画された保護地域は、私たちにとって価値があり、私たちが必要としている自然から、またしても私たちを切り離してしまう。同時に、近代農業はその効率性を高めるため景観を単調化させており、最も貧しい人びとがまたしても打撃を受けている。文化的にも重要な多様な景観を復元・再生することは喫緊の課題なのだ。

第3章では、農業のもつ本当のコストやその経済的な評価が、いかに狭いものであるかを取り上げる。

食べ物の価格には、環境や人の健康に対する被害という点で支払われなければならない本質的な外部経済、つまり、ネガティブな副作用も組み入れるべきなのだ。こうしたコストを識別・測定することが困難であるため、食べ物は安くみえるにすぎない。自然の産物や自然の恵みの金銭的な評価は、全体像のごく一部にすぎない。とはいえ、それは国家政策が取るべき方向性を指し示すし、持続可能なシステムと持続可能ではないシステムとの相対的な価値をある程度は伝えている。今のところ、政府が唱える言葉は素晴らしい。とはいえ、持続可能な農業の支援につながる首尾一貫した有効な政策は、ごく例外的にしか行なわれてはいない。

第4章では、持続可能な農業によって、いかに食料不足を解消できるのかを示す。

近代技術や化石燃料由来の資材投入が農業の生産性を高めることはわかっている。だが、コストがかさむものはなんであれ、最も貧しい世帯や最貧国には手が届かない。持続可能な農業では、自然の産物や自然の恵み、農民たちの知識や技、そして共通課題を解決するためにともに働く人びとの集団の力を最大限に使うよう努力する。そうした持続可能な農業は、土の健康や水利用の効率性を高め、農薬への依存度を減らす。それらを組み合わせたときに現われる新たな農業は、多様でもあり生産的でもある。だが、もちろん、疎外要因も多くある。そして、その発展は蝕まれてしまうかもしれない。

第5章では、食料生産システム全体をつなぎあわせることの必要性に着目する。

工業国では、商品としての農産物を生産する農業が好まれ、それによって家族経営の農家も農村の生物多様性も急速に消え失せている。同時に消費者が食べ物に費やす金銭のうち、ほんのわずかしか農家は受け取れなくなってきている。そこで、バイオリージョンやフードシェド内の消費者と持続可能な農業とをつなげることが再生のための機会となる。農民市場（ファーマーズ・マーケット）、CSA（コミュニティ支援農業）、ボックス・スキーム・ファーマーズ・グループ（いずれも第5章参照）は、どこまで何がやれるのかを実証する助けとなっている。こうした運動や地域政策は、真っ当な条件をつくり出す支援になっている。とはいえ、いずれも単独では体系的な変革を引き起こすまでにはいたらないだろう。

第6章では、遺伝子組み換え論争に対処する。

バイオテクノロジーや遺伝子組み換え技術を評価することなく、農業の変質を描くことはできない。遺伝子組み換え技術を誰が生み出し、貧しい人びとがどのようにその技術を使えるようになり、それが環境にマイナスの影響があるのかどうか。それが、多くの遺伝子組み換え農産物や「世代」が異なる組み換え技術を使うにあたって、問いかけられるべき重要な論点のすべてだ。その答えが、こうした新たな発想が農業になんらかの相違点を生み出せるかどうかを明らかにすることだろう。そのため、環境や健康上のリスクと同じく、バイオテクノロジーにある潜在的なメリットについても慎重に評価し、ケース・バイ・ケースで対処しなければならない。バイオテクノロジーは、持続可能な農業に多少は寄与するようにも思える。だが、貧しい人びとの味方となる研究体制や研究機関、そして政策を発展させることは困難なことだろう。

第7章は、エコロジーの理解力を高めるための「社会的な学び」(内容は第7章を参照)を発展させることがいかに必要であるかに焦点をおく。

自然や土地についての知識は、ふつうは時をかけてゆっくりと育まれ、たやすく継承できるものではない。そして、生態系の深い理解にもとづく農業を生み出すには、その先行条件として社会的な学びや住民参加型のシステムが必要となる。社会的な学びや住民参加は、信頼関係や共通規範、そして社会的な新たな結びつきを発展させる。この新コモンズともいうべき新たなシステムが、流水域管理、小口融資、森林管理と病害虫管理といった分野で、ここ一〇年のうちに約四〇万ものグループが出現している。それは、一人ひとりにも目覚ましい変化を引き起こす。持続可能性にむけた進歩は、自分の内なる壁を超えることなくしては生じないのだ。

第8章は、この内なる壁を打ち破り、外的にも大きな変化を引き起こした個人に焦点をあて、とくに選んだ事例を載せた。

私たちの古めかしい思考方法は、自然を扱うにあたって失敗してきたし、またしても失敗を犯す危険な状態にある。考え方や行動を変えることが、なんらかの違いを生み出すことにつながるのだろうか? 環境倫理の父と呼ばれるアルド・レオポルドが「山とオオカミ」との関係を例に取って示唆したように、長期的な視座をもち、全体としての自然との関係のなかに人間を位置づけ考えることができるのだろうか？

英雄的な変革は可能だ。だが、このかぎられた事例を押し広めていく必要がある。持続可能性についてはだれもが支持はしている。だが、たんなる美辞麗句にとどまらずに、本気でそれを実践している者はまだごく少ない。国家的に農業や食料政策、地域政策、そして既存の諸機関を根本から改革するオルターナティブの方法は、実際のところは存在していない。必要性は差し迫っており、躊躇する時ではない。農業革命への時は、すでにきているのだ。

二〇〇一年一二月

エセックス大学　環境社会学教授
ジュールス・プレティ

第1章 世界の自然を守ってきた伝統農業

この共有資産

川が湾曲したところに共有の牧草地がある。これは近隣ではよく知られた三〇ヘクタールほどの湿地帯なのだが、じつははるか昔からの遺物なのだ。フリント［建築材料として、一三世紀から広く活用されてきた堆積岩］製の教会の尖塔は、村の木々を通してうつろいゆく農業景観を見つめ続けてきたが、このコモンズは完全な状態を保ち続けている。それは一八〇ほどの「フェナージ」[1]に分配されたり、牛の放牧用にふりむけられたりしてきたが、住民たちの間で共有されてきた。

スカンジナビア半島から厳しい冬の東風が吹くときは、草が足もとにからまり、牧草地のくぼみは厚い氷でおおわれる。夏には同じ道筋に絨毯を敷き詰めたように黄色いキンポウゲが咲き乱れ、そのわきにはぽつんぽつんと紫色のハチランが見られる。秋、数日の雨が降った後には川が増水し、牧草地は水に浸かって青空を映し風景は光り輝く。長い夜には、昆虫の雲のなかをコウモリが飛び回り、フクロウは逃げ惑う獲物を探し求めてはホウホウと啼く。川のしぶきからは謎めいたカワウソの暮らしが思い浮かぶ。周囲の農地とは違ってこの湿地帯は何世紀もの間ずっとこうだった。

この共有牧草地にはほかにも重要なことがある。コモンズとして大切に使われているおかげで、地元住民と自然とを結びつけ、利用者と地権者とも結びつけているのだ。だが最近は、どちらの結びつきも無視され、自然全体が損なわれたり蝕まれたりしている。食べ物が商品になってしまうと、ほとんどの人たちは生産地や生産地にある文化とのつながりを感じなくなってしまう。だが、農業やそれと関連した自然や景観も共有の資産であって、ともにわかちあわれるべきものなのだ。農業や自然景観は私たちによって形づくられ、ある意味では、私たちもその一部といえる。世界中に見られるさまざまな風景も長い歳月を経た自然と私たちとの相互作用の産物で、文化や人びとの意識のなかに深く組みこまれている。イギリスの田園景観、日本の里地、アジアの棚田や菜園、アフリカのサバンナ、アマゾンの熱帯林――こうした景観は、社会に共同体としての意味を与え安定感をもたらしている。そこで暮らす地元住民たちは、そこに心地よさを感じ、自分の存在を確認できる。

ある物が自分のものであると感じれば、たとえ法的にみて厳密な意味で所有していないとしても、そして、それに暮らしが依存していないとしても、気にはかけるものだ。気になるから、もしそれが何かの脅威にさらされされているならば心配にもなる。だが、そんなにはよく知らないか、忘れてしまえば気にはかけない。そうなると、権力側にとっては都合がよい。自分たちの経済的利益をあげるために、いともたやすくこうした共有資産を強制的に没収したり破壊してしまえるからだ。

一万年以上にわたって、農民たちは細心の注意を払って自然と接することで、原生自然を制御・管理し、飼いならしてきた。だがそのすべてが、ごく最近、そのたった〇・五パーセントほどの時間で変貌してしまっている。景観はあわただしく近代化され、開発途上国であっても工業国であっても、土地や食べ物と人とのつながりは壊され続けている。所有感、気づかい、皆の共同益のために行動しようという意欲も根元から削がれてしまっている。

つながりは、あるときには意図的に断ち切られることがある。国は、許可なく資源を使う人びとや、一般的なモデルにはそぐわない土地には特別な条件を課す。彼らは、伝統的であったり遅れた野蛮な移住者、密猟者、不法入居者なのだし、その土地は不毛なのだ。生け垣や池が取り払われるのと同じように、厄介な部族や最も貧しい人びとも追い払われ、景観はその複雑さや自然の多様性、社会の多様性を失っていく。

インドには七〇万もの村があるが、その大半にはコモンズがある。あるいは、あった。公的に命名・指定されたものではあったが、多くの地元住民がそこから食料や燃料、まぐさ、医薬品を得ていた。北ヨーロッパでは、オープン・フィールド[2]や共有地農業が一〇〇〇年にわたってコミュニティを支えてきた。南ヨーロッパでは、今も広大な高原域が共有放牧地となっている。イングランドとウェールズにも、いまだに五〇万ヘクタールに及ぶ八〇〇〇余のコモンズ[3]があって、世代を超えて景観とのつながりを保ち続けている。次々と景観が工業化されていくなかで、それらは現代とは違う時代を想起させる。

景観には、「本物のコモンズ」と食料のようにそれと関連した「比喩的なコモンズ」とが共在している。近代的なものの考え方や政策によって、食べ物や農業は自然から切り離され、そのつながりの破壊には拍車がかかっている。エンクロージャーや牧草地が拡大することで、「本物のコモンズ」は強制的に没収され、「比喩的な食料のコモンズ」も強奪されている。今や食べ物は、環境、経済、そして社会に危害を及ぼす機能不全に陥った生産システムからもたらされている。だが私たちはそのことを知らないか、あえて気にかけないようにしている。自然とのかかわりあいが失われたことによる環境や健康面でのダメージははかりしれない。世界の約一〇人に一人は食べ物と関連した病気にかかり、また別の七人も絶え間ない貧困と飢餓にさいなまれている。それが、顔が見えない均質の食べ物を生産する農業がもたらした結果なのだ。

ならば、持続性という考え方や持続可能な取り組みからは、何が提案できるのだろうか？　一般的には食べ物への安心感が損なわれたと感じられているが、それを逆転させたり、美しい景観が消滅していくのを防ぐことができるのだろうか？　農業に自然や文化は取り戻せるのだろうか？　安全な食べ物をたくさん生み出す手助けとなるのだろうか？　この本のテーマはこうしたことで、それが農業について最も重要な「革命」だと私が思っていることなのだ。このテーマはいずれまた登場することになるだろう。

さて、持続性と関連することとしてひとつあげたいのは、景観や自然について蓄積されてきた伝統的な知識には奥深いものがあり、洞察力に満ちており、ある特定の状況に根ざしているということだ。そして、持続可能な取り組みに携わり、再生可能な資源を築きあげるのは、そうした知識をわかちあい、ともに手を携えて働くコミュニティ住民だということだ。だが、工業化された農業には柔軟性がなくモノカルチャー化している。この本のなかではこのことを「近代主義」と称しているのだが、この近代化が、土地に根ざした多くの知識を喪失させている。たんなる商品として食べ物を取り扱い、自然とは別に人間は存在すると考えることで、コミュニティの絆や文化全体を消滅の危機にさらしている。自然景観や持続可能な農業は、私たちが新たな知識や理解をつくり出し、人と自然とのよりよき関係を発展させられる場合にだけ、再びよみがえることだろう。

世界の食料問題

農業に自然や文化を取り戻す。この考え方ははたして重要なことなのだろうか？　食料を増産する方法はすでにわかっていることではないか？

たとえば、開発途上国では、一九六〇年代のはじめ、すなわち、緑の革命が起こる直前から、最先端をいく工業諸国の近代農業をめざして、脇目もふらず食料を驚異的に増産させてきた。以来、世界の食料総生産は一四五パーセントも高まっている。ＦＡＯ（国連食糧農業機関）のデータによると、アフリカでは一四〇パーセント、ラテンアメリカではほぼ二〇〇パーセント、そしてアジアでは驚くべきことに二八〇パーセントとなっている。最も増えたのは中国だ。その多くは一九八〇年代から九〇年代にかけてのことだが、その増加率は桁はずれでじつに五倍にも増えている。すでに工業化がなされた地域では、かなり高水準からスタートしたものの、それでも過去四〇年で米国では倍増したし、西ヨーロッパでも六八パーセントも増えた。ヨーロッパではここ一五年ほどは供給管理政策もあって、旺盛な生産力も落ち着いてはいるものの、米国では三五パーセントも高まっている。

これと同じ期間に、世界人口は三〇億から六〇億人へと倍増した。一九六〇年に三〇億八〇〇〇万人だった人口が、一九七〇年には三六億九〇〇〇万人、一九八〇年には四四億四〇〇〇万人、一九九〇年には五二億七〇〇〇万人と増えたのだ。一九六〇年代後半の世界人口の年間増加率は二・一パーセントだったが、一九九〇年代後半にはこれが一・三パーセントに下がり、一九九九年の国連人口基金のプロジェクトは、この増加率を二〇一五年に一・〇パーセント、二〇三〇年に〇・七パーセント、二〇五〇年には〇・三パーセントにまでなんとか抑えこむことをめざしている。

とはいえ、一人当たりの農業生産量はこの人口増加すらしのぎ、一九六一年時と比べると、一人当たりの食料は二五パーセントも増えている。中国ではこの期間に、一人当たりの食料生産が三倍と最高の増加率を遂げたし、工業国も全体としては同じパターンを示して、一人当たりの食料生産量は約四〇パーセントも増えている。

だが、こうした合計数値からは、地域間にある大きな違いがみえてこない。なるほどアジアやラテンアメリカでは、七六パーセント、二八パーセントとそれぞれ増加し、一人当たりの食料生産でも有利な立場を保っている。だが、アフリカでは一人当たりの食料生産量は一九六一年時よりも一〇パーセントも少なく、悲惨な状況におかれているのだ。

要するに、生産面での進展は、飢餓を減らすうえでは限界があった。今現在、飢餓状態におかれていたり、適切に食べ物を手にできない人の数は全人類の一八パーセント、約八億人にものぼるが、これは開発途上国の人びとだ。三分の一が東・東南アジア、三分の一が南アジア、サハラ以南のアフリカが四分の一、そしてラテンアメリカ、カリブ地域、北アフリカ、中東がそれぞれ二〇分の一となっている。もちろん一九七〇年には、栄養不良状態におかれた人びとは九億六〇〇〇万人にものぼり、その三分の一が開発途上国においてだった。その当時と比べれば、一人当たりの平均食料は一日当たり二七六〇キロカロリーと一七パーセントも高まっているし、平均的にみれば改善もされている。だが、サハラ以南のアフリカでは三三カ国の食料消費量は二二〇〇キロカロリー以下なのだ。いまだに多くの人びとは窮乏し、かろうじて生きながらえている。残された課題は大きい。

こうした食の貧困の問題は工業国においてもかなり深刻だ。たとえば、米国は世界最大の食料生産・輸出国なのだが、一一〇〇万の人びとが食を保障されずに餓えており、さらに二三〇〇万人が飢餓の縁を漂っている。慢性的に餓えているわけではないものの、食料の供給は不安定である。四〇〇万人の子どもたちが飢餓状態におかれているし、それ以外の一〇〇〇万人も、年のうち一カ月間は腹をすかしている。安定して食べ物を口にできない一二パーセントの国民に対して特別食を提供するため、連邦と州組織は毎年二五〇億米ドルもの経費を支出している。

だが、工業諸国の食の問題は飢餓にとどまらない。ほかにも問題があることは、七人に一人が臨床的にみて肥満体で、一〇人のうちの半数が、冠状動脈性心臓病、がん、脳卒中、糖尿病、動脈硬化といった食と関係する病気にかかり、それが死因になっていることからもわかる。そして、肥満は工業国だけではなく、ブラジル、チリ、コロンビア、コスタリカ、キューバ、メキシコ、ペルー、チュニジア等開発途上国においても増えている。これは懸念すべきことだろう。

要するに、農業がおおいに発展した陰で、多くの人にとって事態は以前よりもいっそう悪くなっている。少なくとも二一世紀後半までは人口が増加し続けることから、食料の絶対需要は増加するだろうし、収入が増えることで購買力が高まり、需要も増える。しかも、食事の内容が変われば、必要とされる食料の種類も大もとから変わる。二〇二〇年までに、農村では人口が三〇億人に増えるだけだが、開発途上国での都市人口は約三五億人にまで倍増すると予想されている。人類史上初めて、都市人口が農村人口を超えることになるのだ。

そうした変化は、食消費にも当然のことながら影響する。都市化が進んで新たな食事形態が広まれば、もっとたくさん肉を食べるようになるだろうし、伝統的な穀類やその他の食べ物はそんなには食べなくなるだろう。農村の住民が都市に移住し、所得の高まりに応じて、雑穀から米に、そして米から小麦へと主食が変われば、畜産物や加工食品、青果物もたくさん食べるようになる。ノースカロライナ大学、カロライナ人口センターのバリー・ポピキン*教授は、これを「栄養の転換」と称している。

なかでも変化が大きいのは畜産物の消費増だ。二〇二〇年までに肉需要は倍増すると予想され、これが農業を大きく変貌させてしまうだろう。畜産は、人間が食べられない食べ物や副産物を利用できることから、複合農業の要素として重要だ。だが農家は、廉価な穀類を餌にして集約的な飼育をしたほうが楽なことに気づいてきている。現在、工業諸国では全穀類の七二パーセントが家畜の飼料に使われているが、開発途上国ではこのパターンが逆で七四パーセントを直接人が食べている。だが、前述した食の変化は、穀類の総需要、そして一人当たりの需要増を余儀なくさせる。

ワシントンに居を構える民間シンクタンク、国際食料政策研究所は、穀類の年間需要が一九九五年の一四億トンから、二〇二〇年には二一億二〇〇〇万トンまで高まると予想している。この二一億二〇〇〇万トンのうち、四八パーセントが開発途上国の食用、二一パーセントが家畜飼料用となり、八パーセントが工業国の食用、二三パーセントが家畜飼料用になると見こまれている。

だが、これはきわめて効率が悪い。飼育牛で肉一キロを生み出すには七キロの穀物が必要だし、同じく豚肉では四キロ、家禽では二キロだ。これはどうみても非効率だし、とりわけ効率よく牧草で飼育する場合と比べてみるとそれがよくわかる。たとえば、穀物飼料やサイレージを給餌する集約的な家畜飼育では、穀物エネルギー三メガジュールごとにわずか一メガジュールの肉しか生産されないのだ。

二〇二〇年までに、工業諸国での肉の需要は約四分の一増えて年間一億二〇〇〇万トンになるが、開発途上国では倍増して一億九〇〇〇万トンにまでなると見こまれている。とはいえ、工業諸国と開発途上諸国との食消費のアンバランスは継続される。工業諸国では年間の食需要は一人当たり穀物五五〇キロと肉七八キロなのだが、対照的に開発途上国では一人当たり二六〇キロの穀物と三〇キロの肉にすぎない。そして、肉消費が増えるなか、穀類はますます家畜飼料にふりむけられ、食べ物を満足に手にできない人びとは貧しいままの状態におかれることになる。消費面でのこうしたギャップは誰もが深く懸念すべきことだろう。

コモンズとの結びつき

歴史の大半で、人の暮らしは大地と結びついて展開されてきた。人間は猿から分岐してからというもの、三五万世代は狩猟採集民で、六〇〇世代は農民だった。いくつかの地域では八〜一〇世代が産業化を経験したものの、工業化された農業に依存するようになったのは、まさにここ二世代のことにすぎない(1)。

私たちは、いまだに自然と浅からぬかかわりをもっている。とはいえ、工業国に住む私たちの多くには、それを理解するだけの時間的なゆとりがない。開発途上国ではまだ多くの人びとが大地との密なつながりをもっているとはいえ、貧困や飢餓と悲惨な目にあっている。土地に縛りつけられていることが、日にたった一度の食事しかとれず、人格がおとしめられたり、心が病んだり、賃金を稼ぐ機会や本もなく、子どもたちが学校にも通えないことになるのなら、それはとうてい望ましい人生とはいえない。

人間は天然資源を管理するため、集団で行動してきた。水管理や労働の分配、販売で農家は助けあい、牧場では草地を共同管理し、漁民や漁村集落は共同で水産資源を管理してきた。そうした共同は、クラン[4]や親族、水利組合、放牧管理協会、自助女性団体、青少年団、農家実験グループ、森林組合、労働交換協会と多くの地元団体に制度化されており、資源を管理する建設的な規則や規範は、そうした団体を通して文化のなかに組みこまれてきたのだ。エジプト、メソポタミア、インドネシアにおける集団的な水管理から、アンデス山脈やアフリカ乾燥地における放牧業、ローマ北部、アフリカ、北アメリカ南西部での水収集から、アジアやアフリカのアグロフォレストリー、そして、ヨーロッパの共有地から日本の入会地等がこれにあたる。

ピョートル・クロポトキン*は、著作『相互扶助』のなかでいち早くこうした集団行動を高く評価した。クロポトキンはごく初期のころから人間に受けつがれてきた相互援助の本能が、近代社会においても機能していることがとても重要で、それが「誰しもが彼のために、そして国は誰しものために」という原則を支えていることに注意を向けた。また、クロポトキンは、中世都市の職業別のギルド、スカンジナビアの兄弟愛グループ、ロシアの*artéls*と*druzhestva*、ジョージアの*amkari*、フランスのコミューン、ドイツの*Geburschaften*を含め、多くの国のギルドや組合の歴史を記述し、「人間集団ありしところ、いずこにても組織育まれ、漁民、狩猟民、旅商人、大工、職人は、わかちあいを求めて集まれり」と述べている。

だが、こうした地元団体の農業や農村開発における重要性が認識されるのはここ十年来のことだし、それまではごくまれにしか認識されてこなかった。開発途上国であれ工業国であれ、政策や取り組みは、グループやコミュニティよりも個人の行動を変えたり、所有体制を変えることを重視する傾向があった。これは、コモンズによる伝統的な管理が破壊的だと見なされてきたためである。だが、環境や農村コミュニティに破壊的な影響をもたらしているのは、むしろ近代農業のほうなのだ。そして、古代から今日にいたるまで、農業と関連する著作物を調べてみれば、人と大地とのつながりがいかに強いものであったのかがすぐにでも明らかになる。たとえば、ローマの作家マルクス・カトー*は、二二〇〇年前に書いた著作『*Di Agri Cultura*（農業）』のはしがきで、農民たちがもっていた気高い心を褒めたたえている。

「我らが祖先が、偉大な人物を称賛するときは、よき農夫、よき農民と言ったものだ。そう称賛されし者が、最大の称賛を受けたと考えられたのだ」

カトーは「よき一片の土地は訪れるたびに汝をさらに喜ばせるだろう」とも語っている。カトー、ウァッロ*やコルメラ*等のローマの農業作家が、農業は"agri"（農地）と"cultura"（文化）という二つのものとして語っていたことは明らかにされている。文化が切り身とされ、それが商品に置き替えられたのはごく最近のことにすぎないのだ。

だが、コミュニティや文化と農業との深いつながりについて、最もすぐれ、かつ、連続した記録が残されているのは中国である。リ・ウェンハは、作物、樹木、家畜、水産業からなる複合的農業の最古の記録を紀元前一六〇〇～紀元前八〇〇年の商、西周時代としている[5]。

その後の紀元前四〇〇年に孟子はこう語っている。「もし、ある家族が、周囲に桑の木がある一片の土地を所持し、養蚕小屋、裏庭で飼育する肉用家畜、穀類用の適切に耕作管理された農地があるならば、繁栄し飢餓で苦しむことはないだろう」孟子は天然資源の持続可能な利用の必要性を最も早く認識した一人であり、こうも述べている。「もし、森林が時宜を得て切り倒されるなら、材木や薪は確実に潤沢に供給される。時宜を得て池で目の荒い網での投網漁がされるなら、魚や亀は不足しないだろう」

さらに後の紀元前二三九年の『呂氏春秋』[6]の編纂文や六世紀の北魏の賈思勰（カシキショウ）による『斉民要術』[7]も、コミュニティや経済に対して農業が果たす基本的な価値をたたえ、地力維持のための輪作や緑肥、資源を集団で管理するための規則や規範、水田での魚の養殖や厩肥利用を含めて、環境を損なわずに持続可能に食料を生産する最善の方法が記されていた。リ・ウェンハはこう続ける。「これらは繁栄する多様な農村経済の姿や牧歌的で平和な暮らしを生き生きと描いています」

だが、何世紀も後になって、古い民俗や迷信にとらわれた思考方法を捨て去ることで事態を一変させたのが、デカルトの還元主義と啓蒙主義だった。フランシス・ベーコン（一五六一―一六二六）、ガリレオ・ガリレイ（一五六四―一六四二）、ルネ・デカルト（一五九六―一六五〇）、アイザック・ニュートン（一六四二―一七二七）の観察、理論、実験によって、一六世紀後半から一七世紀にかけて科学革命が起こり、機械論的な還元主義、実験的な研究と実証主義科学が生み出されたのだ。

科学が大きな進歩をもたらし、今も重要であることには間違いはない。だが、そのマイナスの副作用として、残念なことに私たちの心や精神、そして人間と自然との関係は切り裂かれ続けている。後に詳述するが、一九世紀と二〇世紀の自然作家、風景画家、エコロジスト、農業者たちは、この新たな科学的思考法による支配をなんとか逆転させるか、少なくとも和らげようと試みた。だが、科学的思考のいきつく先が多少は目にできるようになってきたごく最近までは、それは果てしなき戦いを強いられたのだ。

だが、今も世界各地の先住民族の間には、自然と人との絆が残っている。人類文化の多様性や自然と大地との結びつきを最も包括的に収集したひとつは、七〇〇ページもの分量があるダレル・ポージー*の『*Cultural and Spiritual Values of Biodiversity*（生物多様性の文化的精神的価値）』だ。

この書物には世界各地の三〇〇人もの人から寄稿がなされ、「全生命への感謝と保全における文化的、精神的価値観の中心的重要性」がハイライトとなっている。こうした世界各地から寄せられた声を聞くと、自然とともに生きる人の間には密なつながりがあって、相互に敬意を払い理解しあっていたことがよくわかる。

たとえば、ブラジルやエクアドルでもこの原則が広く見受けられる。パラシ族のダニエル・マタホ・カビキは、結びつきが奥深いこと、そして、それが現代においては困難に直面していることをこう語っている。「私たちにはワサリと呼ばれる神話的な英雄がいます。ワサリは領土をさまざまなパラシ族に分け与え、狩りと、天然資源を整え消費する技を教えました。ワサリは自然や他の人びととどう対応したらよいのかの政治経済原則も打ち立てました。ですが、一二〇〇万ヘクタールあった私たちの伝統的領土は、今、一二〇〇ヘクタールまで減っています。パラシ族は今、生きのびるうえで多くの深刻な限界に直面しているのです」

ケチャ族のクリスチーナ・ガリンガもこう語る。「あなた方が生物多様性と呼ぶ自然は、ジャングル、川、そしていたるところにあるものなのです。それは人の暮らしの一部なのです。自然は自由にさせておけば助けの手を差しのべてくれますが、問題を起こせば怒ることでしょう。すべての生き物は等しく自然の一部であって、私たちは互いに面倒をみなければならないのです」

オーストラリアでは、ポルディンギ族のヘンリエッタ・フォーマイルがこう語る。「私たちの地球との結びつきを形づくっているのは大地や土壌だけではなく、周囲のほとんどのものと結びついている全体的な命の循環なのです。わが部族が大地で特定の種を狩り集めるのは、その存在を将来にわたって存続することを重視しているからなのです。オーストラリアでは野生生物と呼ばれるものは野生ではありません。むしろそれは、私たちがいつも維持し、集め続けているものなのです」

ボツワナのバカラハリル族のペラは、野生資源を使い維持する方法を示す。「果物や肉のように食べ物のいくらかは野生由来のものです。資源を大切に保護することは喜びなのです。ですが、保護主義者たちがやってきて、『保護とは動物を使わないことを意味するのだ』と言うことがあります。ですが、私どもにとっては保護とは使うこと。明日も来年も使えるように愛をもって使うことを意味しているのです」

ノルウェーの北極圏のサミ族のヨハン・マチス・ツリは、相互形成のことをこう深く考えている。「自然全体の中心にはトナカイがいます。私たちは自然が与えてくれるものを狩猟していると感じています。私たちの暮らしはトナカイのまわりにとどまっています。それが次にはどう管理するかにつながります。私たちの日常生活や自然は全体的なものなので、何が起きたのかを説明するのに細かいことや特定の出来事を選び出すのは難しいのです。それはすべてを含んでいます。私たちが呼ぶ『ロットワンツア』とはすべてが含まれていることを意味しているのです」

これと同じ見解をカナダ北部のイヌイット族のガマイリェ・キルキシャも指摘する。「大地、動物、植物とはいつもふれあっていなければなりません。私は育つときに、獣から生きのびるように、獣を尊敬することを教えられました。同時に、別の仲間たちにするのと同じように獣を大切に扱うことも教えられたのです」

このイヌイット族の見解は北極圏域では一般的なものである。カナダ・マニトバ大学のフィクレット・ベルケス*教授は、カナダ東部の準北極圏で暮らすクリー族[8]が、ビーバー、カリブー、魚類をいかに慎重に管理しているのかを調査したが、教授によれば、約四〇〇〇〜五〇〇〇年前に領域から氷河が消え去った以降も、クリー族が扱う生物種はすべて局所的には絶滅していない。「ハンターは、多くの生物種の博物学、食物連鎖と生息関係にくわしい専門家なのです」教授はこう語る。

このことはビーバーの管理面でとくに明白だ。クリー族のコミュニティは、狩猟の規則や基準を管理する世話役やビーバーの監督官、過去の狩猟パターンや現在ビーバーの生息数に精通した者をリーダーとして任命する。その鍵はバランス管理にある。ビーバーの生息数があるしきい値を超えるまで増えすぎて、柳やポプラが減少してしまえば破滅的だ。生態系の全システムが回復するまでには何年もかかる。クリー族はそうした破壊を未然に防ぐため、四年に一度、狩猟管理を行なうのだ。

教授は、バランスを保つこの絶妙なやり方をこう説明する。「狩猟の管理下におかれるのはハンターではなくビーバーである。調整のための原則はこう明確に表現している」すなわち、動物とハンターとの間には相互関係があって、その結びつきは、部族の社会規範を反映している。クリー族にとっては人と動物との間には基本的な違いはまったくない。

三〇年以上も前にギャレット・ハーディン*が指摘したことから、「コモンズ資源が失われることは必然的で避けられない悲劇だ」と信じこんでいる人たちがいる。家畜を飼う頭数を増やすことが各個人の利益になる以上、コモンズ内では誰もが「もっと牛を増やさなければ」と考え、もたらされたコストはコモンズを利用する者全員が負担することになるというわけだ。現代でいうならば、地球温暖化ガスを大気中に放出し続けながらも、汚染者が汚染削減や浄化コストを負担せずに目先の利益を得ている状況がこれにあたる。だが、気候変動のコストは、次世代を含めて私たち全員にのしかかることになるのだ。

ハーディン以外の理論家も同じく悲観的で、著名な社会学者マンサー・オルソン*も、「強制的な個人的インセンティブがないかぎりは、合理的で利己的な個人は共有益や集団益のためには動かない」と主張している。これは、利益を得てもなんらその見返りを負担しようとはしない個人、フリーライダーの問題でもある。キセルはつねに魅力的だというわけだ。論理的にいってコモンズの悲劇が避けられないことから、国は直接的にであれ間接的にであれ、コモンズ資源を民営化する政策を押し進めている。世界各地には今も多くの生産的なコモンズが残っているとはいえ、コモンズの民営化は何世紀にもわたって進められてきたし、とりわけ、二〇世紀後半の近代化のなかで加速されている。

だが、いくつかの地域では、地元団体がなくなることが天然資源をさらに劣化させている。インドではこ五〇年間というもの、コモンズ資源の管理体制が根こそぎ蝕まれて資源維持がなされず、乱開発が増加し、物理的な劣化が進むといった危機的状況が見受けられる。地元団体がなくなっている以上、天然資源の管理責任は国が負わなければならないと、国は考えるようになってきているが、それは「地元住民によって不適切な資源管理がなされている」という誤った仮説によるものなのだ。国による資源管理という解決策が、環境保全や貧しい住民にとって有益であることはごくまれにしかない。つまり、鍵は、自然もコミュニティも双方がダメージを受けてしまうというコモンズの二重悲劇を、どのようにすれば回避できるのかということにある。じつのところ、多くの大胆な転換がなされているのもまさにこの領域であって、新たな農業や食料生産システムに未来への希望が高まっている理由もそこにあるのだ。

形づくり、形づくられること

大地や自然との結びつきは、先住民族や僻村で暮らす部族には意味があっても、私たちにとってはほとんど意味をなさない、と思われる方もいるかもしれない。自然との絆という抽象的な概念には、どのような意味や価値があるのだろうか?

この近代化された現代社会では、都会をベースにした社会が支配的だ。だが、そこでは自然が十分に手にされているとはとうてい思えないし、都市や町の人びとは失われた農村景観に恋こがれているようにすらみえる。都会人たちは日曜の午後や週末に時おり農村を訪ねるが、帰宅するときにはたいがい「ずっと農村に居続けたいものだ」と感じている。

工業国では自然保護団体の会員になる人が増えているし、開発途上諸国では、多くの都市住民は農業体験をしに農村に出かけるのではなく、出身地の農園に里帰りしている。ナイロビやダカールで都市住民に「どこにお住まいですか」と問いかけてみるがいい。都市の名前ではなく自分の出身村や集落名が返ってくることだろう。彼らの家族はまだ農村で農業をしているのだし、彼らは農場や農村コミュニティのために都会に出稼ぎにきている。農村とのつながりは具体的で実態があるのだ。

自然とのつながりは、人間にとっての基本的なニーズで基本的な権利でもある。このつながりが奪い取られると「それはさして重要ではなかったのだ」と否定してみせるか、たまに個人的な自然とのふれあい経験を通じてその代替とするしかない。だが、自然は厳然と存在しているし価値をもっている。都心のコミュニティ菜園で自然の優しさにふれる機会をもち、精神面で問題を抱える多くの人びとが心のやすらぎをもたらされることに気づくのは不思議なことなのだろうか？　どの時代であっても、私たちは自然を形づくり自然が私たちを形づくってきた。私たちはこの関係性から現われたものなのだ。「自然とは切り離されたものとして行動せよ」と急に言われてもそれはできはしない。もしそうするとしても、それはただ自分の内面を不毛にしているにすぎない。

窓を通して見たり、上方から見下ろすこの世界は、私たちによって形づくられている。遠くから離れて見れば、近くで目にするものよりもはるかに大きなものが形づくられていることがわかるだろう。だが、それは等身大のものを超えている。なるほど人間の影響は大きいが、私たちに感じられる規模はもっとローカルなものだ。そして、ローカルなものにしても周囲で目にされるものは、すべて人間によって形づくられている。アジアの丘陵地の棚田であれ、北米平原の牧場であれ、ヨーロッパの起伏をもって点在する農場であれ、農業景観は明らかにつくり出されたものなのだ。ほとんど「自然」や「野生的」に思える景観でさえ、この自然と人との相互作用の賜物で、アマゾンの熱帯雨林や北方のツンドラでさえ、大半は人間が形づくったものなのだ。本当に原始的な原生林はほんのわずかしかない。だが奇妙なことに、人間と自然との相互作用をめぐる議論のほとんどは「いかにして自然が私たちによって形づくられたのか」を重視していて、関係式の後半部分、すなわち、「私たちもまた自然との結びつきによって形づくられている」ことを、まったく受け入れていない。

食料生産システムが自然を形づくり、成功するためにその資源に依存するように、私たちもまた食料生産システムによって形づくられている。受け入れようと受け入れまいと、食料が地場産のものであろうと遠方産のものであろうとも、こうした生産システムに影響されている。私たちは、基本的に食べ物によって形づくられており、食べ物なくしては存在しえない。それは、ライフスタイルに付け加えられるものではないし、ファッションとしてひけらかされるものでもない。そして、私たちが食べ物について行なう選択が、内的には私たち自身に影響し、外的には自然に影響しているのだ。私たちは一連の選択を行なうことで、食と関連した病気という問題にいきつき、環境も破損してきた。だが、別の選択を行なえば、健康的な食事ができ、持続可能な農業を通して自然を支えることもできる。実際のところはこれほど単純に二分できないにしても、抜本的で本質的にはつながっているという考え方を受け入れれば、私たちは、個人、集団、そして、グローバルに回復するための選択肢を見はじめることになる。

そのつながりは、哲学的、精神的なものであると同時に物理的なものでもある。私たちは食品を買い入れるとき、同時に食料生産システムも購入している。つまるところ、景観を食し景観を消費しているのだ。あるものをたくさん消費すれば、明らかにそれはもっと生産される。だが、もしその生産システムにネガティブな副作用があり、それが依拠する資源のことを気にとめないならば、結局は大惨事へといきつく道をたどっていることになる。一方、私たちの選択が、食料を生産しながらも同時に天然資源のストックを増やし、環境を改善する農業から多くの食料がもたらされることにつながれば、これとは別の道筋、すなわち持続可能性にむけた道をたどることになる。今、私たちはこの新たな道筋を形づくらなければならない。その道を歩むことで、私たちは、自分自身も変革することだろう。順応進化し、新たなつながりが確立されることになるだろう。

悪いことのためであれ、よいことのためであれ、自然は私たちとのつながりを通じて形を変え、つくり直されている。だが、自然が破壊されたりないがしろにされた後で、自然を「テーマ」とした再構築がなされると、最悪の形での再生がなされてしまうことになる。それを私は懸念する。「失われることを気に病むな。

もとのモノよりもっとよいモノがつくれる」と言えるかもしれないが、自然がテーマとされた結果には空恐ろしいものがある。たとえば、プラスチックから植物や樹木がつくられ、何百万トンもの砂が敷かれて新しいビーチがつくられ、より「自然」に見えるように岩にはセメントで吹きつけがなされる。だが、このことで逃げ場としての自然、都会暮らしとは違って神秘的な自然の価値が、減じられてはなんにもならない。真実の世界は偉大な意味や意義で満ちあふれているが、人工的な自然はたんに想像された世界にすぎないのだ。

つながりを断ち切る二元性

私たち人間は自然という大きな枠組みの一部なのだろうか？　それとも、自然とは切り離された存在なのだろうか？　これは、どの時代にも哲学者、科学者、理論家たちをずっと悩ませてきた課題だ。そして、啓蒙時代以降は、ニュートンの機械論やデカルトの「機械としての自然論」がヨーロッパ人の思考を規定するようになり、結果として、自然とのつながりが次第に失われ、今、多くの人びとの心のなかには、人間と自然という別々の実体が存在することになった。

もちろん、最近は、持続性、環境、生物多様性への懸念の高まりもあいまって、カンザス大学のドナルド・ウォスター*の『帝国とアルカディアのエコロジー』や資源と保全のホーリスティックな学説などさまざまなエコロジー理論が展開されている。こうした理論には深遠なものもあれば、ごく表層的なものもある。たとえば、アルネ・ネス*は、資源の利用効率性を重視するアプローチをシャロウエコロジーとし、ディープエコロジーこそが「生命中心主義」という価値観を支え、従来の自然保護を超えるものだとしている。

いったい自然は私たちとは独立して存在するものなのだろうか？　それとも、ポストモダニズムやポストモダニズムの条件の一部として特徴づけられる存在なのだろうか？　生態学的には自然は人間とは独立して存在している。だが、ポストモダニズム思想では、すべてが文化的な構築物であることになる。真実のところは、自然は確かに存在している。だが、社会や私たちにとって自然が意味をもつように、私たちもまた自然を構成しているということだろう。そして、そうした自然のもつ意味や価値は、時代によってもさまざまな集団によっても変化に富んでいる。

自然を人間から切り離す二元論の考え方は、多くの点で危険だ。まず、二元論は、私たちが客観的に独立した観察者となれる、と示唆する。システムの一部ではないから当然システムに拘束されることもない。だが、私たちが世界を認識できるのは、世界とかかわったり世界が私たちとともにあるからなのだ。そのうえ、全体はその構成要素よりも重要だし、多様性はその結果でもあるだけに、この考え方は景観レベルで支障を来す。

二元論がもたらす第二の問題点は、公園緑地や保護地域のように自然には境界があると考えることだ。この考え方は、必然的に「飛び地」や「保全地区」へと結びつく。つまり、「バリオス」[9]や「チャイナタウン」のような社会的な「飛び地」や国立公園、原生自然、科学的に興味がもてる特別地域、保護地域、動物園といった自然の「飛び地」へと導いていく。生物多様性の保全や自然保護はそのような特定の場所で行なえるし、農業生産活動はそうした飛び地とは別の場所でやれることになる。飛び地は一種の免罪符として機能して、自然を残せる小空間をつくり出すならば、幅広い破壊は正当化できるというわけだ。だとすれば、縁辺にわずかばかりの味わいがある素敵な空間を残しておけば、それ以外のほとんどの景観に社会的、自然的ダメージを与えることは許されるのだろうか？　絶対にそうではない。こうした「飛び地」は、いつも境界からの脅威にさらされることだろうし、エコロジー的、あるいは社会的に価値ある空間としても狭すぎる。加えて、飛び地では、自然と人とのつながりが受け入れられなくなる。

さらに、人間と自然とを切り離し続けることで、二元論は、まさにこの二元論によってもたらされたダメージを簡単に逆転できる技術を発明でき、それをもって自然に介入していけばよい、と示唆しているようにもみえる。だが、すぐれたビジョンには、全体をみてそれを再デザインするやり方が必要だし、それを描くことはきわめて難しい。

デカルトは「人間と自然か、人間か自然か」と主張した。だが、自然と人間とを切り離し、人間を自然とは独立した管理者としているのは、近代主義思想だけなのだ。多くの人類文化にとっては、これは奇妙な概念のままだ。ペルーのアシェニンハ族から旧ザイールの森林内に住む部族にいたるまで、先住民族は、このように自然を外面化はしてはいないし、自分たちをもっと大きな全体の一部であると見なしている。自然との関係は、弁証的、全体論的で「あれか・これか」よりもむしろ「これも・ともに」にもとづいている。

たとえば、故アンドリュー・グレイ*によるとペルーの熱帯雨林に住むアラカムブッ族はこう語っているという。「どの種も孤立してはいません。それぞれは、人と動物と精神とを結びつける生きた集団の一部なのです」狩猟で得た獲物の肉をどうわかちあうかといった実務的なレベルであれ、霊的なレベルであれ、自然と人間との相互関係は、神話や儀式によって表現され、そのなかに埋めこまれ、そこでは「動物と人間と精神との境界はぼけている」

このように目に見えるものと目に見えないものとの結びつきで最もよく知られているのは、オーストラリアのアボリジニ族のドリームタイム[10]だ。アボリジニ族は三万年か、あるいはもっと長くオーストラリアに居住し続け、言語の違いによって約二五〇部族がいるものの、各部族が景観との密な関係を育んできた。デヴィッド・ベネットは言う。「アボリジニ族は自分たちと祖先との間に直接的な絆をもっている。そして、自分たちの国と先祖の存在とがわかちがたいものだとの想いを抱き、自身と自分たちの国との間には直接的な結びつきがあると考えている」

こうした結びつきはドリームタイムや「夢見」へと織りあげられ、それが、風景のなかで人びとのノルマ、価値観、理想を形づくっている。それぞれのアボリジニの集団に先祖による大地創造の物語があって、大地と人間とを結びつけている。こうした土地は動かせないし、商品ではないから取り引きもできない。土地で起こった出来事にその人生を捧げた人びとがいて永遠の絆が築かれているために、土地を所有している者は誰もいないし、あえて言うならば、全員が所有しているのだ。デヴィッド・ベネットはこうも言う。「土地を使う者たちは、保護し、持続可能に管理し、彼らの『国』を維持する集団責任をもっている」後からやってきた者たちが、この義務感をわずかしか抱かず、以前に存在していたもののほんのわずかな保護意欲しか示さないのは、なんと悲しいことだろうか。

原生自然の考え方

ヘンリー・デイヴィッド・ソロー[*]とジョン・ミューア[*]は、人と自然との関係についての新たな哲学を提唱したが、その影響力は大きく、原生自然の考え方は一九世紀半ばに多くの人びとの共感を呼んだ。人間の幸福にとって原生自然は価値があり、原生自然なくして私たちはなく、それがあるからこそ私たちには命があると認識され、そこから評価が高まった。たとえば、ソローは、一八五一年に「原生自然は世界を守っている」との名言を残したし、続いてミューアも「原生自然は必要なものだ。山岳地の公園や保留地域は木材や河川灌漑に役立つだけでなく、人生にとっても役立つ」と指摘している。

だが、後にカリフォルニア大学のロデリック・ナッシュ[*]教授、ノーステキサス大学のマックス・エルシュレイガー[*]教授、コロンビア大学のサイモン・シャーマ[*]教授らは「こうした原生自然に配慮することは、未踏の地を守る以上の意味がある」と指摘し、もっと深い考え方、つまり、「本当は存在しない原生自然」という考え方を構築していくことになる。これが、北米や欧州の人たちの自然に対する抜本的な価値観や意識を再び目覚めさせるうえで、多いに成功した。以来、「発見された景観」がはたして「処女地」であるのか、それとも先住民族が滅んだ後に残された「未亡人のもの」であったのかをめぐって議論が荒れ狂うことになる。はたして原生自然は存在したのであろうか。それとも、人間がそれらを生み出したのだろうか？　環境歴史学者ドナルド・ウォスターは、北米を例にとり「いずれも望ましくはない。なぜなら、大陸はつくり出したり個人化するには、あまりに巨大で多様だからだ」と指摘している。

ソローやミューアは、ヨセミテの原生自然がまったく人の手にふれられなかったものだと示唆した点では間違っていた。こうした景観や野生生物の生息地は、価値のある動植物を増やすためにアファニチ族[11]やそれ以外のネイティブ・アメリカンたちの計画的管理によってつくられたものだったのだ。

ソローは、自然をその観察者と切り離す機械論的な考え方を根本から批判し、人間やその文化は自然に溶けこんだものだとの考えを展開させた。ソローは『自然史』で「直接的な交流と共感による学び」を称賛し、帰納法と演繹法とを結びつけ、地元の豊かな経験知から育まれる科学的智恵を支持した。ソローは、ゆっくりと歩き注意深く観察することを称賛し、こう語った。「自然は、私たちが個人的に逃れることができる何かなのだ。大地に畏敬を覚えよ。ここには人のつくった菜園はなかったが、手つかずの地球があった。それは芝生でも牧草地でも放牧地でもなく、森林でも草地でも農地でもなく、不毛な地でもなかった。それは惑星地球の新鮮で自然な表面だった」

ソローの生まれ故郷であるマサチューセッツ州は、二世紀前にヨーロッパ人たちが入植したが、地元のネイティブ・アメリカンたちによって「飼いならされた野生」の長い歴史をもっていた。ソローは「人の手にふれられない原生自然」という考え方を使ってはいたが、もちろん、ここでソローが偶然に出くわした森林も、過去にいた人びとによって形づくられた人間と自然の双方の産物であって、原生自然の遺物ではなかった。だが重要なのは、つながりや本質的な自然の価値をたたえたソローの物語が、読者に大きな影響を与えたことなのだ。

ソローが「手つかずの地球」や「新鮮な自然」に焦点を絞りこんで、それ以外のつくられた自然を無視してしまったのはささやかなことでしかない。「景観が野生であるか、管理されているのか」という問題は、おそらく問いかけること自体が誤りなのだし、それは、不要で長い議論を生むだけに終わる。もっと重要なのは、私たちの存在もまたその一部である自然に対する「人間の介入」という概念だ。ある場合には、全景観を「野生状態」にしておき、まったく何もしない「介入」もありうる。都市地域に最後に残された樹木や農地の境界の生け垣を保護する場合がそうで、この場合の「介入」は景観には軽くふれる程度で慎重な管理を行なうことが望ましい。あるいは、良くも悪くも、土地を大きくつくり直すことも意味するかもしれない。

要するに、人の手にふれられていない原始の原生自然が現実に存在するかどうかはさして重要なことではない。自然は、私たちがいなくても存在しているが、自然は私たちとともに形づくられつくり直されてもいる。人口が増えるにつれ、人間の行動範囲が広まり、複雑な消費の影響も高まって、現存する自然の大半は、人の手によって明白であれ暗黙裏であれ影響を受けている。だが、本当に野生と思われる場所もじつにさまざまな規模でまだ残っているし、それに対する人間の接する度合いもさまざまだ。南極のように大陸スケールのものもあれば完全にローカルなものもある。そして、耕作地にある森や河口に沿った塩性湿地、都市菜園は、どれも特別な意味をもって各個人が接している。

このことから、野性的な自然や原生自然は、個人的な規模でも存在できることがわかる。河辺の牧草地を横切る一時間ほどの散策で一時の安らぎを見出すとしたら、これが自然に形成されたものなのか、それとも天然のものではないのかは重要だろうか？　原生自然は深遠で魅力的なものだが、それはあるひとつの考え方なのだ。なかには非常に微妙で、つくられた景観であることがほとんどわからないものがある。ニジェル・クーパーは、生物多様性保全地、原生自然地域、歴史的農村公園、そして、その付随地域を含めて、どのようにして自然が自然保護区となり、自然についての概念がイギリスの景観内でどのように位置づけられ、一連の場所を特定しているのかを問うている。ほぼ全部が耕作された景観内では、自然は農業と同じように生成された物である。要するに、生物多様性や原生自然を認識し、保全するための努力は多彩なのだ。原生林、サバンナ、自然の山を見つめる人びとにとってそれが大切なように、自然をつくる人にとっても、すべてがとても大切なものなのだ。

どんな状況であれ、私たちは自然の一部であって自然とつながっている。私たちは自然や土地に影響を及ぼすとともに影響されている。これは「原生自然は人の手にふれられない純粋なもので、人間から切り離されているからこそ価値がある」との考え方とは立場が異なる。このように主張する人たちは、まさにそれが人間から切り離されているようにみえるので、皮肉なことにすぐさま大勢でそこに駆けつけたいのだ。真実とは反するビジョンを抱くときは、私たちが目にする以前に景観や自然を生み出すうえでいったい何があったのかを歴史的に理解することが重要なのだ。「その場所は野生だから地元住民はそこから切り離されるべきだ」という考えもあれば、「その場所は開発によって成熟するのだから集団で収奪するべきだ」という考えもある。

「原生自然」という言葉は、多くのことを意味するようになっている。ふつうは人間がおらず野生動物しかいないことを意味するが、そこには人びとに何かを引き起こす感情的なものがあることも確かだ。ロデリック・ナッシュは、ヨーロッパ的な見方ではあるものの「人がガイドを見失い、途方に暮れて喪失感を覚える場所はどこであれ原生自然と呼ばれるのだろう」と語っているが、この定義も過酷な都市景観では真実と言えるかもしれない[2]。そして大切なのは、原生自然が本当はなんであるのかを定義するよりも、むしろそれについて考え語る物語のほうなのだ。

野生の物語とその記憶

景観は物語や意味で満たされている。石、樹木、植物、川を素材に物語を織りあげる私たちの創造力。それが、自然によって私たちがどう形づくられ、どう自然に対応すればよいのか、そして、どのような人生を送ればよいのかを教えてくれる。だが、今、私たちはこうした物語をうまく語れているのだろうか？ ナイジェリア出身の詩人ベン・オクリ*は、著作『*Joy of Story Telling*（物語を語る喜び）』のなかで、アフリカについてこう語っている。

「すべては物語だ。すべてが物語の宝庫だ。クモ、風、葉、木、月、静けさ、婚約者、神秘的な老人、真夜中のフクロウ、何かの兆し、わかれ道にある白い石、一羽の黄色い鳥、不可思議な死、自然にわき起こる笑い、川端にころがる卵。これらにはみな物語が満ちあふれている。アフリカでは、すべての物事は物語なのだ。秘密の扉を開くとき、まさに夢をみる瞬間に物語がもたらされる」

私自身が、ナイジェリアで生まれて、自我が形成される幼少期をアフリカで過ごしたこともあり、私なりの物語がいくつもある。幼少期をふりかえってみると、最も生き生きとした思い出の多くは、動物たちとの出会いだった。子どもなら誰もがそうなのかもしれない。だが、それはおそらくアフリカという地にいたことが大きい。浴室でヘビに出くわしたり、低木のなかを歩いていたときにライオンに遭遇したこと。水の入っていないプールでサソリに追いかけられたこと。ショットガンで撃ち殺された大ネズミの尾から顎までが私の背丈ほどあったこと。そして、屋根の上をうろつきまわる獰猛なサーバルキャット［黄褐色で黒い斑点があるアフリカ産の脚の長い猫］が撃たれたこと。飼育小屋で鳴く鳥、大きな犬、ペットの猿、旅まわりのロバ、夕暮れ時のオオコウモリ。こうした思い出には幼年期につくられた記憶の産物にすぎないものもあるかもしれない。だが、点滅するスーパー8ミリ・フィルムのリールのように、その多くは真実を伝えている。

　このようにアフリカには他の地と比べて物語がふんだんにある。だが、「それはかつてのことだ。工業化が進むなか、今はそうした物語の多くが失われている」とベン・オクリは示唆する。もはや深い意味が日にされることもなければ、古いやり方もわからなくなっている。もちろん、物語のほとんどは意味不明なものだし、忘れられてしまっても惜しくはないものだが、私たちがここ一〇年、工業化された景観のなかで書いている物語の内容はさらに悪辣なものなのだ。「私は記憶が失われていることをとりわけ懸念する。景観は私たちのルーツで文明の成長に関する記録なのである」ケンブリッジ大学の植物学者オリバー・ラッカムがこう指摘するように、景観には意味がある。

　今、私たちは発見をしたり再発見をしたりする時代に生きている。多くの著述家たちがそう示唆している。私たちは自然と人間との結びつきについて、そして、本質的に自然に依存していることを忘れている。ブリティッシュ・コロンビア大学のデヴィッド・スズキ元教授*は次のように語る。「私たちは自然の制約から抜け出したと感じている。食べ物はたいがい加工処理されたパックに入っていて、その原料が土にあることがほとんどわからないし、傷、血、羽、鱗の痕跡もない。私たちは、水やエネルギーの源がどこにあるのか、そして、ゴミや下水がどこにいくのかを忘れている」

　この指摘は重要だ。この真実を忘れると「管理された地球を手にしている」との物語を単純に信じこんでしまう。デヴィッド・スズキ元教授は「私たちは、新たな物語を見出さなければならない」と語るが、作家トーマス・ベリー*も同じくこう口にする。「すべてが物語の問題なのだ。よい物語を手にしていないから、私たちは今、困り果てている。私たちは物語のなかにいる。古い物語やそれにあわせていくことはもはや有効ではないとしても、私たちはまだ新たな物語を学んでいない」

　イギリスのイースト・アングリア[12]は、大型労働馬の一種、サフォークパンチの故郷だが、そこで馬の飼育家たちは、景観を満たしている野生植物に大切な用途を見出していた。だが今、馬は消えうせ、トラクターやコンバインになりかわり、以前の有用植物はたんなる雑草となっている。これははたして進歩なのだろうか？　私たちは、周囲の自然を評価し、それを用いる新たな方策を見出さなければならないのではないだろうか？

自然についての多くの知識やその用途、そして意味が消えうせていくのは、じつに残念なことだ。こうした物語は、ごく少数の人びとのすぐれた洞察や数多くの経験をわかちあうなかから生まれたものだし、それをつくりあげるまでには多くの歳月を要している。そして、自然について物語る必要性や意欲が見出せなくなれば、その糸は断ち切られてしまう。

今、物語は、樹木を切り倒したり、水を汚染したり、河川に土壌を流しこむ人びとの手のうちで演じられているが、人びとが団結し、農民たちが力をあわせ、消費者が農場との直接的なつながりをもち、農村景観を評価する旅行者がいれば、これとは違うまったく新たな物語をつくり出すことができるし、失われてしまったとされる物語を再発見することすらできる。問題なのは、あいもかわらず私たちが科学と称する近代的な知識にこだわって、土地や自然についての伝統的な知識とのギャップにとまどっていることなのだ。科学的とされる教義のなかでも明らかに矛盾する知識がある。このことにさほど不都合を感じていないのは、どうしたことだろう。

一〇年前にケニア政府によって実施された職員のトレーニングコースで、参加した専門家たちに、地元住民の知識や洞察力にも価値があることをもっとよく考えてもらうおうと、「自然についての伝統的な智恵の事例をリストアップしてほしい」と頼んだことがある。僻地の農村集落の住民たちは、マメ科植物が土壌中のリゾビウム菌と相互作用し空中窒素を固定するくわしい仕組みを知らないし、井戸水を汚染する化学物質の特性もわからない。住民たちが知っているのは、個人的な経験や集団の経験を蓄積するなかから生まれた物語の知識だけだし、それはとうてい称賛すべきものとは言いがたい。とはいえ、少なくとも耳を傾け、科学的な情報と組み合わせてみる価値はあったからなのだ。

赤道直下のきつい日差しに焼かれながら、あるセッションでは、四〇以上の汎用語句、アイデア、そして物語をリストアップした。その多くは樹木と関連するものだった。たとえばある場所では、アカシアの樹皮がマラリアの治療薬として用いられ、その灰は牛乳の保存や食味向上に使われ、またこれとは別の木灰が病害虫や除草用に散布されていた。変葉木は根が住居に入りこむと誰かが死ぬという迷信から家の近くに植えることが禁じられ、別の場所では女性を不妊にするとの迷信から寝具材として絶対に使われない樹木があり、サンゴ樹は子どものおたふくかぜに奇跡的な治療効果があるとされていた。こうした物語が信憑性がない迷信であることは間違いない。とはいえ、まったく根拠がない迷信とある程度は真実味を帯びたものとの間に線を引くことは難しい。

動植物と関連したイギリスの伝統風俗のほとんどは、その起源をたどると一〇〇〇〜二〇〇〇年前にまで遡り、ケルト、ローマ、アングロサクソン、ノルウェーの伝統にいきつく。その伝統では、カシやヒイラギといった樹木が魔法との関連性をもっている。たとえば、カシには魔女を退ける力があり、ヒイラギは稲妻や炎の魔よけとなる。ニワトコはケルト人の宗教上の神木だし、トネリコは病気の平癒として知られ、カバは魔女からの護身用に役立ち、サンザシは落雷から身を守り、よい乳を出す。そして、イチイは墓地の樹木として死と関連している。

作家リチャード・メービー*は著作『*Flora Britannica*（フロラ・ブリタニカ）』で、イングランドとウェールズにある一万二〇〇〇の教会のうち、少なくとも五〇〇の墓地にイチイの木があり、その起源は教会と同じくらい古いと述べている。古樹の樹齢は一〇〇〇年を数え、多くの記憶や風習と関連している。カシにも特別な意味がある。水夫たちのはやし歌「カシの心臓は我らが船で、カシの心臓は我らが男だ」は二〇〇年以上の歴史があるし、多くの教会に見られる異教の彫刻「グリーン・マン」[13]もカシの葉の花輪で飾られている。

家族の共同習慣のなかで使われている植物もある。たとえば、コケモモは八月に家族がデボン州、サマセット州、シュロップシャー州、サリー州、マン島、ペンニース[14]、ムーアと旅するなかで集められる。このコケモモ採集にはかなりの注意が払われ、ある西部地方の女性はこう口にする。「コケモモは行きあたりばったりではなく、いつまでもコケモモがあるように願いをこめて慎重に集められるのです」

野生植物は、今となっては日常生活とは無関係なものかもしれない。ほとんどのイギリス人は、たとえ野生植物がなくても飢えや薬不足に苦しめられることはないだろうし、そうした食品がなくても、プラスチック包装された果物や電子レンジで調理できる食品を買うことができる。とはいえ、多くの野生植物はいまだに広く、そして奥深い文化的な意味をもち続けている。リチャード・メービーはそのことをこう指摘する。「文明が始まって以来、植物には実用的な意味と同じくシンボリックな意味がある。誕生、死、収穫、祝賀の象徴で、良運、悪運の前兆である。それらは場所とアイデンティティとの強力なシンボルで、国のみならず、村、近隣、個人的な隠棲場所においてもそうなのである」

ヒイラギとヤドリギは奇跡の意味を伝え、異教でもキリスト教でも祭祀と関連している。五月の花は家にもちこまれると不幸をもたらすし、ヒナギクは子どもたちによって花輪に飾られ、藻や松かさは天気予報に使われる。染色に使う黄色や青色のキバナモクセイソウとホソバタイセイ、ガラスづくり用のアッケシソウ、足の痛み止めのヨウシュノツルキンバイ、ジンの味付け用のネズとリンボク、虫刺され用のクリスマスローズ、関節炎用のイラクサ、そして馬を力づけるヒイラギと、きちんとみていくと、ほとんどの動植物が伝統と関連をもっていることがわかってくる。奇妙で神秘的なものもありはするが、経験からして明らかに本物なものもある。『*A guide to British Folklore*（英国フォルクローア・ガイド）』の著者ラルフ・ウィトロックは「どんな迷信や風習も適切な見方をすれば論理的である」と示唆している。

私たちの動植物についての知識には並はずれたものがある。それが、私たちと場所とをつなげ、記憶とアイデンティティとの間を取り結び、神話や意味との間をつないでいる。だが、そのすべてに古い伝統があるわけではない。たとえば最近は、ひびが入った柳の若木がリビングシートやベビーベット材として広く使われている。また、戦死傷者を忘れないよう赤いケシが身につけられるが、それは第一次世界大戦に端を発するのだ。

このように動植物は経済的な目的を超えて文化面で明らかに重要な役割を果たしている[3]。だが、植物が永久に失われたり、樹木が切り倒されたり、雑草が刈り払われてしまえば、それと関連した文化も消え去ってしまう。同じく、文化的な知識が消えうせたり、それ以外のものに置き換えられてしまえば、生物多様性を保護する理由も失われてしまう。

かつては、数多くの農村で祭りや風習がコミュニティの中心をなしていたものだが、悲しいことに現在では、それはもはやどんな意味も伝えていない。そして、こうした多様な知識や意味は、景観も多様でなければ生まれない。高度に管理された大規模農業の単調な景観には、野生の食べ物も、それらがもつ文化的な意味も存在する余地がない。大規模農業はこうしたものを求めもしなければ必要ともしない。つまり、景観が単調となることで失われるのは、ひとつや二つの雑草ではなく、まさに文化そのものなのだ。人間と大地との絆は、埃だらけの書物のなかで細々と生きながらえる記録を残し、永久に失われてしまう。

フロンティアの言葉と記憶

地球や自然に関する物語の多くは、その土地の言葉のなかにあり、言葉と土地は人びとのアイデンティティの一部となっている。だが、それはともに脅かされている。今、世界には口述言語が五〇〇〇〜七〇〇〇あり、その内訳は三二パーセントがアジア、三〇パーセントがアフリカ、一九パーセントが太平洋、一五パーセントがアメリカ大陸、三パーセントがヨーロッパとなっている。だがその約半分は、話す人が一万人ほどしかいない。それ以外の約三四〇〇の言葉も世界人口の約〇・一パーセント、たった八〇〇万人が話しているだけで、上位一〇までの言語が世界人口の約半分を占めている。つまり、言語の多様性は、数多くのコミュニティによって維持されているのだ。だが、こうしたコミュニティはいずれも小さく衰退しつつある。これは、ローカルな生態環境や文化的な伝統が脅かされているのとよく似ている。言葉が危機にさらされているため、環境についての物語も脅かされるという悪循環がここにある。ローカルな知識は大多数が話す言語には簡単には翻訳できないものだし、それ以上のものなのだ。

ノースウェスタン大学のルイザ・マッフィ*は「優勢な言語とともにやってくるのは、つねに優勢な文化的枠組であって、それは優位な状態をとる」と主張している。すなわち、たとえ言語の存在が認められたとしても、環境や自然の変化を描き出す能力はますます落ちこんでいくことになる。ゆっくりとだがすべてがぬぐい去られていく。ノーザン・アリゾナ大学のゲーリー・ナブハンら*は、アメリカ南西部のソノラ砂漠のトホノ・オドハム族(4)の子どもたちが、砂漠と関連した言葉や文化をどれほど失っているのかを説明している。子どもたちは、家庭で言葉が話されるのを耳にしても、伝統的な物語に接することはないし、テレビ画面で目にするアフリカのサバンナの大型動物の名前は簡単にわかっても、オドハムの動植物の名前はわからない。ナブハンは、この喪失過程を「経験の断絶」と呼んでいる。

こうした喪失は、土地の劣化や他用途への転用によっても進行している。ソノラ砂漠のヤキ族[15]出身のフェリペ・モリーナ*は、多くの固有植物が失われたために、部族が伝統的な儀式を執り行なえなくなったことを見出した。ヤキ族以外の者たちに土地が占拠され、他用途に転換されていたのだ。生物多様性は失われ、そのことに気がついているのは地元の先住民だけなのだが、彼らはグローバルな流れの前には無力だ。自然との霊的、物理的な関係が脅かされているが、外部の私たちは、それが消えうせていることすら気づかないかもしれない。モリーナは言う。「ヤキ族は、部族が暮らすソノラ砂漠のすべての住民の間には、いつも緊密なやりとりが存在していると信じていました。植物、動物、鳥、魚だけでなく、岩や泉との間にさえもです。これらはすべて、ヤキ族が『フヤ・アニア』と呼ぶ原生自然世界のひとつの生けるコミュニティの一部をなしていたのです」

こうした問題はいずれも関連しており、ルイザ・マッフィはこう付け加えている。「環境が悪化して、ヤキ族の長老が儀式を正しく執り行なえないことが、言語や知識が失われることを速め、それが地元の生態系を悪化させるという悪循環を生み出している」カナダのイヌー族[16]でも、学校で狩猟の言葉が教えられているとはいえ、それは狩猟よりも農業のほうがすぐれた活動であるという推定のもとに教えられている。イヌー族の若者たちからは土地での経験が奪いとられている。

人びとが新たな環境に直面し、既存の考え方を徹底的に試される場、それがフロンティアだ。ウィスコンシン大学で歴史を研究するウィリアム・クロノン*教授らは、このフロンティアでは急速に「自我」が形成されるとしている。遠い場所からたどりついた集団と既存集団のアイデンティティとが、ぶつかり混ざりあったり併合されたりして、その結果どちらのアイデンティティも変化する。「自我形成は、フロンティアで遭遇が起こった場合に、最も初期の段階で経験されることの一部で、地域の暮らしが抱える中心課題として現代にいたるまで継続している」米国西部のフロンティアを例にとり、クロノン教授らはこう述べている。

西部のフロンティアに押し入った者たちは、その空間を「原生自然」で「自由な大地」だと見なし、自然や自分自身をつくり直し、古い景観に新たなものをおおいかぶせた。教授は言う。「文化的な価値観のほとんどは、ヨーロッパ、そして東部の旧居住地から借り受けたものだった」だが、この征服によって以前の土地所有者たちは強制移住させられるか囲いこまれ、こうした行為を正当化するために、新たな物語と神話がつくられ、一連の景観に対する考え方は、以前のものとは別のものに置き換えられたのだ。

フロンティアを先駆的に研究した歴史学者にフレデリック・ジャクソン・ターナー*がいる。ターナーは、露骨な人種差別主義だったし、その主張には誤りもあったが、多くのアイデアや長期的な視座をもたらしたことは確かだし、フロンティアそのものが繰り返されることも正確に指摘していた。

前述したとおり、フロンティアでは、自然が形づくられ社会が自己形成されている。だが、現在の多くのフロンティアは受け入れられるペースをはるかに超える勢いで拡大していて、すでにある関係性や文化を破壊している。自然と人とが織りあげた敷物が足元から引き抜かれるため、ほとんどの場合誰の利益にもなっていない。私はフロンティアがいったいどのようなものであるのか、あるいは現実的にフロンティアがどこにあるのかを正確に定義しようとは思ってはいない。一連の価値観に対して、別の価値観が急激に押しつけられる概念としてこの考え方を用いている。それからすると現在のフロンティアには、工業的な近代農業を広げ、地元の人びとと土地とのつながりを失わせる特徴がある。侵入にさらされたものは、破壊や損失を目にすることになる。そして、問題なのは、このフロンティアを後押ししている人びとが、それを進歩と見なしていることなのだ。もちろん、このことは現在の持続可能な農業の普及拡大にも言える。

ウィリアム・ブラッドフォード*がメイフラワー号から新大陸に降り立ったときに目にしたのは、見るも恐ろしい荒涼とした原生自然だった。フロンティアのパイオニアたちは、生きのびるために新たな人生を切り開くだけでなく、野生の国で自然とも戦っていた。ロデリック・ナッシュはこう指摘している。「フロンティア時代の数えきれないほどの日誌や記述、覚書を見てみると、原生自然はパイオニアの軍隊によって『征服・服従・克服』されなければならない『敵』として表現されていた。同じ言葉づかいは、今世紀も続いている」

もちろん、実際のところフロンティアではさまざまなものが混ざりあい、形成と再形成という二つの働きが目にされる。フロンティアにやってくるものは、古い文化をもたらすが、同時に新たな改善策のアイデアももたらす。フロンティアでは、相互のやりとりがなされ、そこから新たな学びの機会も見出される。新たな結びつきから、新たな形での異文化間の対話も生まれる。たとえば、初期の米国北東部では、誤解と征服があったという逸話が受け入れられているが、実際にはイギリス人もフランス人も、信用を得て取り引きの一助とするため、イロコイ族の言語、プロトコル、比喩を学んでいたのだ。そうはいっても、つまるところ、完全な勝者と敗者とがいることもまた真実だ。フロンティアを超えた土地は「自由」と見なされるために、それは奪われ、必然的に闘争と暴力につながっていく。クロノン教授らはこう述べている。

「あるときにはそれは個人が犯した悪事であり、あるときにはそれは国家の軍事力によるものだった。いつであれ、それは景観に暗い線を描いている。新たにつくり出された境界では、銃弾、刃、血による打倒がなされた」

今、ラテンアメリカ、アフリカ、アジアの熱帯雨林、湿帯、丘陵と山岳地で、そうしたフロンティアが経験され、近代農業技術やその物語に圧倒された景観のうちでも経験されている。そこから得られているものはただひとつ、より多くの食料だけだ。失われているものはあまりにも多いため、目にすることすらできない。だが、これと同じく重要なのは、私たち自身の内部で認識されるフロンティアだ。もし、世界を保護する新たな方法を見出すつもりがあるならば、必要な食料を生産しながらも同時に、私たち各自には進むべき旅がある。

重要な物語の語り部たち

物語は誰が語るのかが重要だ。どんな景観や一片の土地にさえ、それと相互関係した人びとがいて、多くの意味や構造が含まれている。工業化された近代的な景観のことを、私は「単調な景観」と呼びたいのだが、そこにはわずかな意味しかないのと比べ、多様な景観には多くの意味がこめられている。つまり、多くの人びとは土地にはただひとつの物語しかないと信じているが、そうではないのだ。

オーストラリア大陸に人間がたどりついたのは紀元前三万〜三万五〇〇〇年とされる。したがって、アボリジニ族は少なくとも一五〇〇世代にわたって大地を歩き、どんなヨーロッパ文化よりもはるかに長い時間的スケールで、並はずれた知識や驚嘆すべき物語を蓄積してきた。だが、ヨーロッパ人たちが、太平洋とオーストラレーシア［オーストラリアとニュージーランド］を初めて目にし、アボリジニの人びとと出会ったときには、それは好奇心や博物学的な価値以上の印象を与えなかった。ヨーロッパ人たちは先住民たちを救済・改宗し、あるいは奴隷にしようとし、オーストラリアの景観にヨーロッパ人たちの物語を押しかぶせた。

メルボルン大学のポール・カーター*教授の説明によれば、キャプテン・クックや初期の到来者たちは、入植可能で文明化できる空間を目にしたのだ。オーストラリアの景観は、新たな歴史と物語とがつくられ押しかぶせられるのを待っていたことになる。クックらは四カ月もの間に目にした一〇〇以上の湾、岬、島のすべてに地名をつけた。カーター教授は「クックにとっては知ることと地名をつけることとはまったく同じだった」と語っている。発見地は命名されることで初めて知られるようになり、景観もつくり直されはじめる。クックは濃黒色の土壌を前に「これまで目にしたどの草地よりも素晴らしい」と語ったが、その草原はクックの故郷にある草原と似たもので、実際のところ、ネイティブ・アメリカンたちの野焼きによってつくられたヨセミテの「原生草原」をジョン・ミューアが観察したのと同じことだった。

探検家たちが内陸部に押し入るにつれて、実際には「古いもの」をあえて「新しいもの」として地名をつける作業が他の場所でも何十年も続けられた。「たとえほんの少しの居住可能性しかない場所であっても、重々しい名前をつけて威厳づけよ。国家の所有権はそれに依拠している。景観を文明化し、それに秩序をもたらすのだ」カーター教授は、この名前をつける作業にはこうした目的があったと指摘している。新たな物語が語られては記載され、古いものは指摘されることもなく消えうせていった。当時、何千年、そして、何千キロにもわたり普及してきた土地に根ざした詩や景観の物語に思いを寄せて悩んだ者はほとんどいなかった。それらの詩は、自然と景観、文化、アイデンティティ、コミュニティをひとつのものとして包みこんでおり、そのうちのひとつが取り除かれれば、全体がバラバラになってしまうのだ。

さて、クックが上陸して二二九年が経ったいま、私はフィルやスージー・グリスと一緒に西オーストラリアにある羊毛・穀物農場にたたずんでいる。フィルたちにはエコロジーの観点から景観を理解する力があるし、その視点をもって、近代的な農業経営を通じて何が起こったのか、それが家族や隣人たちをどこに導いたのかを目にしてきた。近代農業やその土地管理手法はかなりの経済的な利益をもたらしはしたものの、二世紀という短い期間のうちに環境や土地に深刻なダメージを与えてしまったのだ。

フィルはこう語る。「二世代、つまり以前の所有者とその先代は、フロンティアを開発して自然を奪い、それを農地へと置き換えたのです。ですが私は今、やれるかぎり、そして可能なかぎり素早くそれを自然植生に戻しているのです」

フィルの農場はパースの南西二六〇キロのローワー・バルギャラップ集水域にある。この土地は、とても古い風化土壌からなっているが、その景観は瞬く間に変貌した。一九九〇年までの四〇年間で、集水域の自然植生の八五パーセントが取り除かれ、水文（すいもん）と生物多様性に深遠な影響をもたらし、土壌や水の塩害によって農業そのものすら脅かされたのだ。フロンティアを押し広げた代償は、まさに農家が依存していた資源の破壊だったのだ。

一九九〇年、一八人の農民たちが、約一万四〇〇〇ヘクタールの面積をカバーするローワー・バルギャラップ集水域グループを設立する。グループは西オーストラリアに四〇〇ある土地保全団体のひとつだが、まず取り組んだのは、劣化した土地がどれほどの範囲まで及んでいるのかを調査することだった。問題がどれくらい深刻であるかを誰も知らなかったからである。そしてグループは、塩害や浸水による被害面積が六〇〇ヘクタール以上にも及ぶことを知ってショックを受ける。以来、フィルや彼の仲間たちは、二〇万本の木を植え、クリークを保護するために一〇〇キロメートルに及ぶフェンスを新たに建設し、それとは別に七〇キロメートルの排水路や土手をつくり、土地には多年生の牧草をまいている。樹木や草が蒸発散によって地下水をくみ上げることで、塩分は減りつつある。だが、全景観を修復するためになさなければならない仕事は膨大だ。

西オーストラリアには一九〇〇万ヘクタールの小麦と羊毛地帯があり、うち二〇〇万ヘクタール近くがすでに塩害で損なわれている。二〇一〇年までには、さらに三〇〇万ヘクタールが失われるとの予想もある。そうなれば、小麦地帯にある四〇ほどの田舎町は大打撃を受けてしまうことだろう。集水域の基盤をなすYildirim岩塊は二五億年前のものであり、徹底的なデザインの再構築が求められている。農民たちは、これまでの発想を変えることで、新たな物語をつくり出すことができるのだろうか?

クックが目にし、後にシエラネバダでミューアが目にしたものは、彼らがもつ知識量に左右されていた。原生自然のことを信じていれば、目にしたものを原生自然として定義づけることだろう。だが、草原が牧場景観の一部であることをわかっていれば、ずっと容易に真実を見抜くことができたはずである。そして、自然の植生を農地に転換できる空間を占拠しているだけにすぎないと見なせば、それは取り除かれてしまうことだろう。だが、こうして景観を変えていくことの影響が、ただ一方的なプロセスにすぎないとみるのは誤りだ。

バーナード・スミス*は、一八世紀に「発見」された太平洋の先住民族について論じているが、ヨーロッパに対する太平洋の先住民族の影響は、太平洋の先住民族に対するヨーロッパ文明や病気の影響とおそらく同じほど大きかったのだ。一七七四年にキャプテン、フルノー*がタヒチ人オマーニをともなってイギリスにたどりついたときのことをスミスはこう指摘している。「オマーニはセンセーションを引き起こした。オマーニには端麗さがあり、自然体で社交界にとけこみ、ロンドン社会の王者となった」オマーニの存在が、大英帝国が「くすねた富」やイギリス社会の欠点への国内批判を新たに巻き起こしたことも重要だし、その一〇年後にヘンリー・ウィルソン*が、パラオ諸島の部族長の息子を同行してイギリスに戻ったときも、再び多くの公衆の喝采と批判が巻き起こったのだ。

だが、その後も微妙な物語の誤伝は続いた。バーナード・スミスによれば、その背景には、「アボリジニが所有していた土地に対して新移民たちの責任感を高めよ」との要請を受けて景観が描かれたことがある。「伝統的な装束を身にまとった高貴な太平洋の島民たちがやってきては、伝統的な儀式やダンスをとり行ない、浜へとたどりついた英雄たちを満載したボートがしずしずとビーチに乗り上げる」こうした物話は真実を隠している。多くの場合、上陸には銃や暴力がともなっていたのだし、長期的には社会にも自然にもダメージを与えていた。相互が気づかいあう交流よりも、どうみても現地住民に権限が与えられない場合のほうがふつうなのだ。

また、エール大学のジョージ・マイルス*は、入植者たちがネイティブ・アメリカンに発言権をめったに与えなかったことにも注意するよう指摘している。ネイティブ・アメリカンたちは何世紀も自分たちの物語を語ってきたが、突然口をつぐんだ。いくらかは気高さゆえの沈黙だったが、残念なことに作家マーク・トウェイン*でさえ、「彼らは静かで、卑劣で、不忠実に見える」と述べている。

だが、それよりも一九世紀初頭に若きチェロキー*によってチェロキー・アルファベットがつくられたことを除いて、ほとんどのネイティブ・アメリカン文化にアルファベットでの言葉がなかったことのほうがずっと問題だった。そこで、チェロキー・アルファベットがつくられると、これはすぐに、一八二八年のネイティブ・アメリカン紙の発刊に結びつく。そして、物語を語るうえで大成功を収める。しかし、ジョージア州当局は編集者を逮捕し、六年後に新聞を廃刊してしまう。一八四三年、オクラホマ州のチェロキー国の首都Tahelquah[17]でのチェロキー・アドボケートによって新聞は再発刊され、一八五四年まで発行される。だが再び閉鎖され、また再び一八七〇年代半ばに発刊されるが一九〇六年には終わりを遂げる。そのときチェロキー紙の読者は八〇〇〜一〇〇〇人しかいなかったが、ついに唯一の全国紙を失ったのだ。ジョージ・マイルスによれば、一八、一九世紀には、「ニューファンドランドのミクマク族から、平原のスー族、南西部のアパッチ、ナバホ、ヤキ、そしてカリフォルニアのLuisnosから、大西洋のAleutsとエスキモーまで」ほとんどすべてのコミュニティが、自分たちの言葉で読み書きする機会を得たことを喜んで受け入れていた。

もちろん、口伝される物語は、意図的であれ、アクシデントによってであれ、簡単に失われやすい。そして、ひとたび失われてしまえば、支配的な物ごとに自分たちの物語でもって、反対するものは誰もいなくなる。そして、なぜあるものが景観内に存在していたのか、なぜ以前にはそれが価値をもっていたのか、そして、どのような理由によってそれが手をかけられてきたのかが忘れ去られてしまうのだ。

本章の目的は、農業と食料生産システム、そして、それらが形づくる景観が誰にとっても共通の遺産であることを示し、持続可能な農業革命にむけた場面設定を行なうことにある。人類史のすべてにおいて、私たちは自然によって形づくられてきたが、同時に自然も形づくってきた。だが、最近では、食べ物が商品になり、文化の一部とは見なされなくなって、この人間と自然相互の形成は失われつつある。近代的な産業化のなかで、私たちは、土地や自然に関する言葉、記憶、そして物語を失っている。自然は人びとから切り離されて存在しているもので、自然は原生自然のなかでこそ保全でき、経済的な成功は農業や食料生産システムの本質的な意味に配慮しなくても収められる。こうした二元論が促進されているが、それが人間と自然との相互形成の喪失に一役買っている。このことから、自然とのつながりの断絶は重要課題だと言えるのだ。

原注

（1）Linda Hasselstromは、"*Addicted to Work*"（1997）において、人類史を世代で表わすというアイデアを用いている。私は、猿から人類に分岐してから現在（紀元前）までが七〇〇万年、農業が始まるまで一万二〇〇〇年とし、平均世代を二〇年としたため、彼女のものとは若干異なっている。

（2）イギリスの"*Common Ground*"（2000）という書物では「美を山のように、豊かさをまれなことと定義するのは、残りの価値を減ずるだけでなく、普通の物事について話す人びとの信念も減じてしまう。日常の場所は、特別な場所と同じほど傷つきやすい」と述べている。ふつうの場所で、日々私たちは自然と土地とのより深い文化的な関係を形成している。

（3）インドでは衝撃的なまでに対照的である。Darshan Shankar（1998）は、インドにはアーユルヴェーダやシッダ（Siddha）といった四〇万人にも及ぶ許可を得た医師、動植物の利用で幅広い知識をもつ一〇〇万人もの伝統的な産婆、接骨医、ハーブ・ヒーラー、放浪僧がいると評価している。治療薬、食料、まぐさ、燃料用に使われる植物の数は桁はずれでインド全土では七五〇〇種にも及ぶ。また、六〇〇以上の種を使うMahadev Koli族や、五〇九種を用いるGhats西部のKarjat族のように個別グループにも数百種に及ぶ知識があるであろう。

（4）トホノ・オドハム（Tohono O'odham）族は、以前はパパゴ（Papago）族として知られてきたが、それが「豆を食べる人」を意味することから、部族は一九八〇年代に文化的に共有されていた"Papago"という言葉を使うのを止めた。

訳注

［1］フェナージ（fennages）。土地分配の意味については、［2］のオープン・フィールドを参照のこと。

［2］オープン・フィールドとは、中世に発達した農業システムである。ヨーロッパ北西部は重粘土地帯で、耕作するには牛にひかせる重鋤が必要であり、牛が高価であったことから、土地も牛も村で共有されていた。各村の周囲は広いオープン・フィールドに取り囲まれ、それらは二〇アール以下の土地に細分化され、年の初めに行なわれる話し合いによって各村人には三〇片（六ヘクタール）ほどの自給用の土地がわりあてられたが、農地の質によって不利益が出ないように工夫がされていた。

また、耕作地に加え、家畜の放牧地や林地、草地も共有地だった。しかし、人口が増えるにつれ、利用可能な土地が減り、中世後半からは、地主が力をつけたこともあいまって、イギリスでは一二世紀には、早くもエンクロージャーが始まり、ヒツジの放牧が利益をあげる一五〜一六世紀からは囲いこみが加速化していった。

[3] コモンズとは、イングランドやウェールズにみられた入会権で、牛の放牧のような伝統的な権利を地主と共有できた土地である。たとえば、北部イングランドや湿地帯（Fen）では、コモンズ的な土地利用が一般的だった。

[4] クラン（Clan）とは、親族関係や家系で結びついた七〇〇〜一万人からなる人びとの集団。一族を団結させるものとして共有の祖先をもつが、先祖は人間とはかぎらず、トーテムと呼ばれる象徴であることもある。また、クランは、部族やバンド等を意味することもある。日本でいえば、足利氏、芦名氏、畠山氏、武田氏等がクランに相当する。

[5] リ・ウェンハ（Li Wenhua）著『*Agro-Ecological Farming Systems in China*（中国の有機農業システム）』（二〇〇一）による。中国のエコロジー農業の歴史、原理、モデルについて英語で最初に書かれた書物で、詳細な二〇章からなり、輪作、間作、薬草、畜産、複合農業、森林、山岳生態系、湿地生態系、乾燥で準乾燥生態系、農業工学とエコロジー工学、エネルギー資源の多段階使用等、中国の総合的な農業の全領域をカバーし、最近の傾向や課題、未来にむけた体系的な方策も詳述している。

[6]『呂氏春秋』は戦国時代の秦の宰相呂不韋（リョフイ）がその食客たちに編集させた思想書。呂不韋は食客三〇〇〇人を従えていた戦国時代末期を代表する宰相で、始皇帝の宰相を務めた。また、一年を春夏秋冬の四季に分け、それぞれの季節に応じて日常生活を規定していけばよいとし、儒家・道家・法家などの思想をとりまとめた。

[7]『斉民要術』は東アジア最古の農業書。小豆、ササゲ、東洋メロンの栽培法のほか、大豆の加工法や発酵食品の作り方、ソーセージ、酒粕漬肉、豚の醤油煮の製造法等までが記載されている。一九五七年に農林省農業総合研究所から翻訳本が出版されている。

[8] クリー（Cree）族。以前は北米北部平原に居住していたネイティブ・アメリカン。カナダでは二〇万人以上に及び、先祖はクリー語を話していたが、今は英語や仏語を話している。

[9] バリオ（barrio）。地区を意味するスペイン語。米国ではスペイン語を話す住民が住む場所の意味で使われ、ニューヨークのEl Barrioやマンハッタン北東部で一二万人のプエルト・リコとアフリカ系米国人が主に住むスパニッシュ・ハーレムがよく知られている。ちなみに、チャイナタウンは、スペイン語ではチーノ・バリオと呼ばれる。

［10］アボリジニ族は人類の各部族中でも最も長い五万年以上に及ぶ文化を継承しているが、その彼らの文化の基調をなしているのが、ドリームタイムである。アボリジニ族によれば、あらゆる事象は大地に記憶として刻印されており、特定の場所や人間、動植物を含めて、すべての生きとし生けるものは、複雑な精霊のネットワークであるドリームタイムと結びついている。

［11］ヨセミテ渓谷のネイティブ・アメリカン、ヨセミテ族はヨセミテ渓谷のことを「アワニー」と呼び、そこに住む自分たちのことを「アワニーの住人」という意味でアファニチ（Ah-wah-ne-chee）と称していた。

［12］イングランド東部の地方名。ノーフォーク州とサフォーク州全域、ケンブリッジシャー、エセックス、リンカーンシャーの一部を含む。

［13］イギリス全土に見られる顔全体が木の葉でおおわれた教会の石像。そのルーツはケルト族の神に由来し、地球とともにある人間の原型を象徴しているともされるが、はっきりしたことはよくわからない。

［14］デボン（Devon）州はイングランド南西部の州。紀元前三五〇〇年ころに農業が行なわれた跡が発見されている。デボンという名はローマ人がその地に住んでいたケルト人を「深い谷に住むもの」と呼んだことに由来する。地質時代区分でのデボン紀は、同州に分布する古生代の地層が世界で初めてここで研究されたことによる。

サマセット（Somerset）州は南西でデボン州と接する。小規模な軽工業と農業や観光以外にはめだった産業はない。有名なリンゴ産地で、リンゴを原材料としたシードルは州の特産品。

シュロップシャー（Shropshire）州は、イングランド西部の中央に位置し、産業革命時の最初の鉄の橋等があるが、現在は最も農村色の濃い州となっている。

サリー（Surrey）州は集約農業が徹底されなかったこともあり、多くのコモンズや小道が残る。しかし、ロンドン郊外に位置することもあって、ロンドンに通勤する居住者のベッドタウンとなっている。他の州よりも平均的に裕福。

マン島（Isle of Man）は、アイリッシュ海に浮かぶ五七二平方キロメートル、人口約八万人の島。世界最古の公道レースや最も歴史があるオートバイレースが有名。ケルトとノルウェーの文化的影響を強く受け、独自のマン島語ももっていたが、一九世紀にほぼ途絶えた。しかし、マン島民は独立意識が高く、今もマン島語は、英語に次ぐ公用語として位置づけられ教育も行なわれている。なお、マン島には、イングランド法のベースとなった独自の法律や世界最古の議会ティンワルドがあり、現在も法的にはイギリスの一部ではなく、自治権をもつ同国の王領となっている。英国女王もしくはその代理総督が裁可する形をとっているが、事実上国政はこの議会や行政府が統治している。島内では、イギリスのポンドも通用するが、独自通貨も発行している。また、外交と軍事については、その代金を毎年支払うことで英国政府に委任している。

ペンニース（Pennines）は、ピーク・ディストリクトをはじめとするイギリスの背骨をなす山地の名称。ただし山地といっても、カンブリア東部の最高峰Cross Fellでも八九三メートルにすぎない。ケルト族の丘陵を意味する言葉“penno”に由来するとされる。

[15] ヤキ（Yaqui）族。米国アリゾナ州と北メキシコ州のソノラ地域に居住するネイティブ・アメリカン。ヤキは、自分たちのことをヤキ語で「人びと」を意味する「ヨエメ」（Yoeme）とも呼んでいる。トウモロコシ、豆、カボチャを栽培し農業を営んできたが、すぐれた戦士であり遠隔地にいたこともあって、アステカやトルテカ帝国にも支配されず、スペインの侵略でも征服されなかった。しかし、一七三〇年代からメキシコ政府による弾圧が始まり、部族は何度も独立を試みたが失敗する。その後、政府は、ヨーロッパや米国からの移民受け入れのため、ヤキ族をユカタン半島に強制移住させた。奴隷やプランテーションでの農奴として、その多くが過酷な労働条件下で死亡した。

[16] イヌー（innu）族。カナダのラブラドル半島に住む先住民で、人口は一万五〇〇〇～二万人。動物の皮で作られたテントに住み、数千年にわたって狩猟採集生活を送ってきたが、一九五〇年代からカナダ政府とカトリック教会は、伝統的な遊牧民的ライフスタイルを捨て去るようイヌー族の「文明化」を進めた。その結果、アルコール依存症、子どもの家庭内暴力、自殺、覚せい剤乱用が広まり、一九七五～九五年のイヌー族の自殺率はカナダ平均の一二倍以上となっている。

[17] 一八三八年にチェロキー族は軍によって、家を焼き払われ、厳しい冬期を一〇〇〇キロメートルに及ぶ長い旅に追い立てられたが、この「涙の道」の終点が、オクラホマ州のTahelquahで、一八四一年からTahelquahはチェロキー国の首都となっている。現在の人口は一万五〇〇〇人。なお、この名は、「二つで十分」を意味するチェロキー語“Ta'ligwu”に由来する。「涙の道」後まもなく、三部族の長老がチェロキー国の恒久的な首都となる地を決めるための会見を計画していた。二部族の長老は、三番目の長老がたどりつくのを待っていたが、やがて夕暮れに近づいてきたとき「二人で十分」とこの地を首都に決めたのである。

第2章 コモンズの破壊がもたらした光と陰

景観に隠された暗い側面

「景観」という言葉は、一六世紀に初めてオランダから英語に導入された。当時オランダ人は、新たな排水工法を用いて国土を積極的に改変していた。オランダ語の"Landschap"はドイツ語の"Jandschaft"と同じく喜びの対象を意味する言葉で、人びとが暮らしを営む場という意味ももっていた。美しい景観は、どんな文化にあっても画家や詩人たちを奮い立たせたし、その芸術作品を通じて多くの風景は有名となり、さらにその肖像すらも有名になった。絵画は文化として世界的に広く認められたし、実在する景観と同じほど重要なものになっている。だが景観がさまざまな意味で社会的に構築されたものであることを忘れてはならない。草深くこぢんまりとした丘は人目をひき、遠方の森林を引き立たせはするが、別の人の目を通じて見れば、その丘ははるか昔の貴重な埋葬塚となるし、悪ければ最近の戦争の犠牲者が埋葬されているであろう。

地平線の彼方へと広がるヨーロッパの黄金色の小麦畑は、豊作の年には一ヘクタール当たり一二〜一五トンもの収量をもたらす。二〇世紀後半の近代農業は世界中の景観を変貌させ、かつてないほどの生産水準をもたらした。世界の食料生産は、二〇〇〇年までの四〇年間で一四五パーセントも高まり、かなりの人口増加にもかかわらず、一人当たり二五パーセントも増えている。一九六一年を一〇〇とすると、二〇〇〇年までに全世界の食料総生産量は二四五にまで高まり、地域別にみると、中国五七〇、アジア三八一、ラテンアメリカ二九六、アフリカ二五二、米国二〇二、西ヨーロッパ一六八、イギリス一五五となっている。一九六一年を一〇〇として二〇〇〇年の一人当たりの食料生産をみてみると、全世界では一二五、地域別では中国二九九、アジア一七六、ラテンアメリカ一二八、アフリカ九一、米国一三七、西ヨーロッパ一四二、イギリス一三九となっているのだ（データはＦＡＯのデータベースによる）。だが、いまだに人びとは餓えている。このことは誰もが知るべきなのだが、このめざましい成功は、いまだに続く八億人もの飢餓をおおい隠している。

景観には人間がしでかした心ない多くの蛮行も隠されている。私たちは月日を重ねた伝統的な景観を喜んで眺めはするが、そこには多くの出来事がおおい隠されている。一方、中欧の暗く神秘的な森林、北米のステップや中央アジアの大草原、アジアの壮観な棚田は、文化としても重要である。ステファン・ダニエルス*とデニス・コスグローブ*は「景観は文化イメージである」と述べている。つまり、景観はさまざまな理解のレベルに応じて観察・分類されなければならないというわけだ。

芸術史家ジョン・バレル*は著作『*The Dark Side of the Landscape*（景観の暗い側面）』において、景観がもつ価値の両面を詳述している。イギリスの牧歌的な景観は、「自然との調和」というイメージを想起させ、それが「ロマンチックな景観」という概念の基礎となってきた。だが、多くの画家たちの作品を注意深くみてみると、作品中に描かれた土地や人、とりわけ豊かな者と貧しい者たちとの関係に首を傾げたくなってくる。こうした疑問は多くの作品にあてはまる。貧しい農業労働者と地主であるジェントルマンとが同じ構図のなかに描かれることはほとんどなく、農民たちは肉体労働者として激しく働いているのにどういうわけか幸せそうに描かれているのだ。働くのを止めれば風景全体が色褪せてしまうのではないか、と思えるほど絵のなかの農民たちは働き続けている。このことについてジョン・バレルは「それは金持ちが慈悲深かったからではなく、画家が心理的に抑制されていたからだ」と指摘している。一八世紀、一九世紀には、多くの画家たちは金持ちから直接注文を受けていた。このことを考慮すれば、画家たちに景観を部分解釈して描く傾向があったとしても、とりたてて驚くことはないだろう。

また、当時は厳しい仕事をこなして調和的で望ましい社会を建設するという考え方があったこともあり、ジョン・バレルによれば「労働者たちは逆境にあってもほがらかなふりをする」ことを強いられていたわけだ。もちろん、これとは違った解釈もある。「人びとは自然とともにある存在として描かれている」と言う人もいる。

だが、いずれにせよ問題なのは「多かれ少なかれ、自然の恵みによって努力もしないままに簡単にもたらされる田園生活」のうえにロマンティックな田園景観という概念がつくられていることである。これは明らかに真実ではない。ジョン・バレルによれば、ゲインズバラ*などの偉大な芸術家は、故意にであれ偶然にであれ、極貧の人びとの姿を自然なものとし、それをまったく変化しない世界のなかに固定されたものとして表現したのだ。

このように景観にはパラドックスと緊張がある。つまり、私たちは、月日を重ねて形成された文化的な景観を目にしているのだが、社会的な側面に着目すると、そこには深く根ざした不平等や貧困が続いていることがみえてくる。これが、社会的な変革をともなわない景観保全が不十分なものと考えられる理由なのだ。そして後でみるように、最近の持続可能な農業は、いずれも自然の変革だけでなく、社会変革もともなっている。

だが、描かれた景観には、これとはまた別の重要な真実がある。それは、芸術家たちが、大きな屋敷、修道院、木々に囲まれた教会、地主、労働者、森林地帯、草地、トウモロコシ畑、鋤で耕された土地、牧草と草地といった多様な要素のなかで仕事をしたことである。景観芸術は多様性がなければ意味がない。工業化された近代農業が悲劇的なのは、この景観の多様性が失われていることなのだ。

イギリスにおけるコモンズからの排除

景観は眺めることで楽しみ味わうことができ、それ自体がコモンズ型の資産と言える。個人的にであれ集団的にであれ、人びとが楽しめ、そこから価値を引き出すことができる結びつき、それがコモンズの考え方の意味するものである。何世紀にもわたってヨーロッパでは二種類のコモンズ型の資源管理が出現した。一〇〇〇年にわたって続いた「コモンズ」もしくは「オープン・フィールド」と呼ばれる耕地のシステムと、天然資源、森林、牧場、荒れ地、河川、海岸のコモンズ型の管理だ。こうした仕組みのもとに地元住民は放牧権、燃料用の泥炭採取権、住宅用の材木伐採権、豚放牧権、漁業権を有していた。

だが、両タイプのコモンズとも、時を経るにつれ着実に囲いこまれ私有化されていく。そのほとんどは、地主や国によるものだったが、彼らは当時流布していた「コモンズは非効率的である」との見解に熱く駆り立てられていた。それがもたらしたのは、一八世紀から一九世紀前半にかけての途方もないまでの景観の変貌だった。エンクロージャーは、地方では一七世紀やそれ以前からも実施されていたが、一八世紀初頭から国会でエンクロージャー法が制定されるようになったことで、その過程が加速化された。最後となった一八四五年の一般エンクロージャー法にいたるまで、じつに二七五〇もの法律が制定されたのだ。同時に「荒れ地」、ヒース、ムーア[1]、コモンズが、一七六〇年から一八四〇年代にかけて制定された一八〇〇もの法を通じて囲いこまれた。一七一四年以前には、オープン・フィールドを囲いこむための議会法は八つあったが、その後、ジョージ一世統治下の一七一四～一七二七年の間には一八、ジョージ二世下の一七二七～一七六〇年には二二九、一七六一〜一八四四年のジョージ三世とビクトリア女王下では二五〇〇にも及んだ。景観を改変するために三〇〇〇を超す教区で幅広い権限をもった委員が任命され、可耕地一八二万ヘクタールと荒れ地九三万ヘクタールからなる二七五万ヘクタールの共有地が囲いこまれた。現在、イギリスには約一八〇〇万ヘクタールの農地があり、うち四〇〇万ヘクタールが可耕地だが、共有地は約五〇万ヘクタールにすぎない。

こうしたエンクロージャーの原動力となった経済的・政治的な権力、「国土の発展」との主張のもとに使われたレトリック、そして、これが金持ちや貧乏人にどんな結果をもたらしたのかは、歴史家たちが記録として残している。当時の一般的な論調は、コモンズによる土地所有に反対し、土地の私有化のメリットを主張するものだった。エンクロージャーがもたらす社会的な弊害は無視され、土地の協同利用の経済的な非効率性が誇張された。たとえば、アーニー卿[*]は著作『*English farming past and present*（英国農業の昨今）』のなかで、一六世紀から一七世紀にかけての何十人もの著名人、フィッツハーバート、ハートリブ、ホートン、リー、ムーア、ノルデン、テイラー、ティッシャーらのものの見方を描いている。

当時の記述をみてみると、じつに強硬な主張がなされていたことがわかる。たとえば、シルバナス・テイラーは「貧困は平民の怠惰に対する神の不快によるものだ」と語り、聖職者ジョセフ・リーは「平民は怠惰をむさぼっている」との見解を述べ、アダム・ムーアはコモンズについて「牛の病気の巣だ。貧乏人、目の見えない者、足が不自由な者、へたばった者、疥癬病患者、堕落した者、疫病患者たちがこちらにやってくる」と発言した。ジョン・ノルデンも、貧しい人びとやコモンズに対して「人びとはほんのわずかの仕事しか与えられていないか、まったく仕事が与えられていない。オート麦製の醸造酒と酸っぱい乳清で厳しい暮らしを送っている。野蛮な不信心者で市民が生活の拠り所とするどんなことにも無知であり、そのマナーは嘆かわしく、改心させるにふさわしい」と断定している。要するに、誰しもがエンクロージャーを「合法的」

で「称賛に足るもの」であると見なし、コモンズは無駄なものと判断していたのだ。

だが、その一方で庶民によるささやかな民俗詩も残されている。こうした見解が趨勢を占めていた当時の状況を考えると、こうした作品が残されていることそのものが奇跡的だが、こちらのほうがより深い真実を表現しているようにも思える。「コモンズからガチョウを盗んだ男女を、法律は刑務所にぶちこむ。だが、もっとどでかい悪漢は自由にしている。ガチョウからコモンズを盗んだ連中だ」

もちろん「経済的利益の追求は社会的道徳的な損失にかかわるかもしれない」と考えた人も何人かはいた。庶民の権利を守ろうとした活動家も少しはいて、彼らは全共有地を記録として残すよう主張し、その調査も含めて大きな改革運動がわき起こった。たとえば、ジェラード・ウィンスタンリー*らは、テムズ川のウォルトン近隣の土地に住みつき、一六四九年に新たなコモンズ社会を設立しようとした。ウィンスタンリーは、市民戦争でのチャールズ一世の敗北を「人びとが土地の所有権やコモンズ資源の利用権を求めたためである」と解釈してみせたが、それは誤解だった。フェアファクス卿の兵士たちは、庶民の小屋に火をつけそれらを焼き払ったのだ。

ずっと後になり、ジャーナリスト、ウィリアム・コベット*が一八二〇年代に『*Rural Rides*（農村を行く）』を執筆しているが、コベットは、貧困、景観、資源利用について「農村には、生け垣がなく、溝がなく、コモンズがなく、牧草地の境界線すらない。みすぼらしい肉体労働者たちは、木の棒切れすら手にしておらず、豚や牛を放牧させる場所ももっていない。ここで目にする顔と、一巡して森林地帯や森のなかで目にする赤ら顔との間にはなんという差があることか」と重要な指摘をしている。

ヨーロッパ農業は、一七世紀後半から一九世紀前半にかけ、並はずれた革新を経験してきた。今日、農業革命として知られているもので、イギリスでは作物や家畜の生産が一五〇〇年以上にわたり三～四倍も高まった。種子ドリル[2]等の革新的な技術やカブやマメ科植物といった新規作物の導入、輪作や施肥方法の改善、家畜の育種改良、排水や灌漑といった技術が農民たちにより開発され、視察や農家グループでの学習会、刊行物を通して普及し、かつ厳密な実験をもって地元条件に適合されたからだった。とはいえ、当時は「荒れ地」は後進性のシンボル以上の何ものでもなかった。

もちろん、エンクロージャーを「ゴート族やバンダル族[3]のようだ」と忌み嫌い、これに反対する人びともいた。彼らの呼びかけに応じて、農業改革者、そして作家でもあるアーサー・ヤング*は、サフォーク州のヒースについて「わずかの砂がハリエニシダでようやく保持されているだけで、ウサギやヒツジが歩く以外には適さない土地である」と主張している。

だが、結局はエンクロージャーは推し進められたし、貧しい多くの農民たちは自己所有地以外の採草権を失い、牧草地の利用権の代わりに与えられたのは、ずっと狭い土地だった。そして、家畜や土地を売り払うことになり、オックスフォード大学のジェーン・ハンフリー*教授によれば、なけなしの代金もエール・ハウス[4]での飲み代に消えてしまったのだ。

このように当時はエンクロージャーの経済的利益だけが注目されていたが、詩人ジョン・クレア*だけは例外だった。クレアは感情をこめて筆をふるい、長く蓄積されてきたものが失われていくことを嘆き悲しんだ。オープン・フィールド・システムは、このときまで七〇〇年も連綿と継承されてきたのだ。クレアは自分の刊行誌で一八二四年にこう書き記している。

「囲場を散策していて、私が気に入っている場所から古い木製の踏み段が取り払われているのを目にした。そこは、私の生活のすべてを占め、そうしたものに愛着を覚えていただけに、失われたことがわかると傷つきもした。だが、この世では持続するものは何もないのだ。昨年にはラングリー・ブッシュ、一〇〇年以上も経つよく知られたセイヨウサンザシが破壊された。ジプシーや羊飼いたちは自分たちの歴史の物語をもっていた。その記憶が失われてから後悔しても遅いのだ」

ちなみに、踏み段とは牧場の柵等を人だけが越せ、家畜は通れないようにしたものである。失われたのは、この踏み段や昔からよく知られた樹木だけでなく記憶もまたそうだった。記憶は数世代は残ったとしても、更新されなければ結局は失われてしまう。かくして、エンクロージャーによって、多くの小規模農家や庶民が仕事を求めてやむなく都市へと追い立てられ、今も続く人と大地との切り離しが始まったのである。

湿地と森林の勝者と敗者

イギリスのイースト・アングリアの低湿地帯での干拓事業は、かぎられた者が勝者となり、それ以外が敗者となったことを示す好事例だ。湿原を農地にするための土地改良事業は、ヘンリー八世やエリザベス一世の統治中に初めて取り組まれたが、東部六郡に及ぶ二八万ヘクタールの広大な湿地、沼沢地が大規模かつ本格的に改良されたのは一七世紀が初めてのことだった。地元住民は、狩猟や採集で生計を営み、パンツで旅をし、竹馬に乗って歩き、切り落とした柳の枝で魚を取ったり、おもにガチョウや水鳥を飼うことで暮らしていた。だが、その地域に対する当時の公式説明は「水が腐敗し泥だらけでいまわしき害虫に満ちあふれ、まったく仰天させられる。こうした非生産的な湿地は、野蛮で怠け者で乞食のような遅れた人びとのものとしておくよりも、むしろ便利なように港にしてしまえ」というものだった。

一七世紀前半に排水促進のための新たな法制度が制定され、政府により委員たちが任命され、オランダ出身の技師、コーネリウス・ヴェルマイデン卿*がベッドフォード伯爵からの命を受け、この仕事を率いた。仕事は、技術的、社会的な理由から数十年も滞ったが、一六四九年には排水路、流出口、水門、ダムを備えたシステムが完成した。卿は、この新たに創出された私有地について「以前には何もなかった場所で、数えきれぬほど大量のヒツジ、牛、他の家畜に加え、小麦や他の穀類が育てられている」と報告している。だが、改良の実情はそれほど単純なものではなかった。庶民や沼沢地の住民による半世紀に及ぶ暴動を引き起こしたからだ。住民たちは築堤を破壊し、製粉場に火をつけ排水路を埋めた。アーニー卿はこうした暴動が一七一四年まで続いたと指摘している。この暴動で住民の土地利用権が確保されたこともあったが、それは一時的なものにすぎず、最終的には沼沢地が排水され私有化されるとこうした抗議行動は無に帰した。

このすぐ後も、コモンズ資源に依拠する人びとに対する国による権利剥奪が続いていく。最も悪名が高い事例のひとつは、一七二三年五月にイギリス議会を通過した"Waltham Black Act"「黒い法」だ。歴史家E・P・トムスン[*]は、森林管理権奪取を正当化するため、当時の権力者がいかに極端な立場をつらぬいたかを明確な証拠をもとに説明している。たとえば、「黒い法」では森林を利用する住民たちを、国王の所有するシカの狩猟林を略奪し森林部局の職員と戦う「不道徳にして偽装した悪意をもつ人間」と決めつけている。酷評すれば、「黒い法」によって法的に犯罪と判断される範囲が広げられ、五〇もの新たな資産犯罪がつくり出されたのだ。「顔つきからしてこいつは黒だ」と人相からだけで、森林、禁漁場、公園、飼育場、道路、ヒース、コモンズ、下町にいるふつうの庶民が、資産犯罪で告発される状況に陥った。E・P・トムスンはレオン・ラドジノウィクス卿による二〇世紀半ばの次のような評価を引用している。「この法令のごとき、非常に多くの資産条項による犯罪規定を、いかなる他国が所持していたか、すこぶる疑わしい」

繰り返しになるが、当時のモノの言い方は「庶民が森、雑木林、ヒースを破壊し、故意に他人の資源、とりわけシカ、獲物、魚を盗んでいる」というものだった。法は生計を営もうとするただの農村住民を、密猟者、密輸業者、犯罪者にしたてあげてしまった。記録を見れば、捕縛されたり処刑された人びとが、肉体労働者、使用人、製粉業者、宿屋の主人、独立自営農民（ヨーマン）、鍛冶屋、肉屋、大工、庭師、馬丁、仕立屋、靴屋と車大工であったことがわかる。このなかに、ジェントルマンや郷士がただの一人もいなかったことは、さして驚くべきことではないだろう。E・P・トムスンは法を「残酷」で「残虐」なものとしているが、一八世紀には法は生活の必要上、共有資源に依拠する多くの人びとを管理・束縛した。そして、大英帝国が急発展したために、それ以外の世界各地においても土地や土地に対する考え方に大きな影響を与えることとなったのである。

インドにおけるコモンズからの排除

共有の牧場、沼沢地、採草地のエンクロージャーは、現在も世界各地で人びとを締め出し、対立を引き起こしている。イギリスでの経験事例が歴史家によって記録されているにもかかわらず、あるときは保全の名のもとに、そして、多くの場合はより生産的な農業をつくり出すとの美名のもとに、いまだに同じことが輪をかけてなされている。インドの事例をみてみよう。インド科学研究所のマダブ・ガドギル*教授と歴史家ラマチャンドラ・グーハ*は著作『*This fissured Land*（この深く裂けた大地）』において、インドの生態学史を分析し、自然生態系の変化と社会変化とが本質的に相互依存していることを強調している。自然と人間の関係性に注目した歴史学はまれなことから、これは大きな業績だ。著者はインドの実情についてこう述べる。

「さまざまな方法で規制利用されてきた資源が全般的に激しく圧迫されている。採集狩猟によってシカやカモシカはごくわずかしか残っていないし、羊飼いたちの多くも草を食わせる牧草地が不足したためにヒツジを飼うのをあきらめている。北東部の移動耕作者たちの休閑期間は劇的に短くなり、小作農たちは、いたるところでの薪不足から燃料源として糞を燃やし、農地には厩肥が十分にない。そして、地下水位は急速に低下している」

共有資源は農村住民の暮らしのかなりの部分を成り立たせてはいるものの、それもここ一〇年間で急減している。共有資源はどこであれ気にかけられず、過剰開発されたり私有化され、最も貧しい人びとの暮らしをのぞいて、ほとんど目にできなくなってきている。農業問題の国際的な専門家N・S・ジョダ*は、三〇年にわたって乾燥地帯の農村を研究してきたが、コミュニティの放牧地、森林、流域、脱穀場、池、河川がいかに劇的に変化したかを例証している。ジョダによれば、一番共有資源に依存しているのは貧しい人びとで、それは、毎年各家庭に最大で二〇〇日間までの雇用機会、総所得の約五分の一、そして全燃料や家畜飼料の五分の四までをもたらしていた。とりわけ、干ばつ時には重要で、コモンズ資源は収入の四〇～六〇パーセントを占めていた。だが、裕福な者にはさして重要ではなく収入の二パーセントほどにも及んでいなかった。

ジョダの革新的な研究に引き続き、さらに研究が進められ、ブリティッシュ・コロンビア大学のトニー・ベック*らにより、こうした共有資源を金銭価値に換算すると年間五〇億米ドル、貧しい農村住民には世帯当たりで年約二〇〇米ドルになるとの評価もなされ、コモンズ資源が農村での暮らしの一二・五パーセントを支え、極貧家庭では生活のほぼすべてをコモンズ資源に依存し、とりわけ女性や子どもたちの依存度が高いことがわかってきた。だが同じく、共有資源の利用権が徐々に奪われ、地元の利用組織の衰退もあいまって、共有資源の位置づけや範囲がここ五〇年間で着実に低下していることも判明した。たとえば、ジョダが調査した村においては、一九五〇年代以来、コモンズが占める領域が四〇～五五パーセントも減っていた。人口が増えたことで面積当たりではコモンズ資源に依存する人の数は三倍にもなっているのだが、残念なことに伝統的な集団管理は崩れつつある。たとえば、放牧地を回転利用し、かつ放牧に季節的な制限を行ない、監視員まで備えていた村の数は、この期間に八〇カ村から八カ村まで減った。以前は五五カ村が規範や規則を違反した者に対して公式に課税したり罰金を課していたが、一九八〇年代にはこれがいっさい行なわれていない。水場や牧柵の集団維持管理も社会的な義務とされてきたが、そのしきたりを存続している村の数も七三カ村から一二カ村まで減った。

だが、かつてはそうではなかったのだ。ガドギルとグーハは、植民地化される以前のインドの各領国が、ゾウの生息森や狩猟保留地を保全し、天然資源を慎重に利用する社会的責任を育むうえで、いかに宗教が大きな役割を果たしてきたかについて述べ、現在のインド東部にあるオリッサ州において、三世紀に出された布告を引用している。

「人と動物の双方に医療手当てをなすべし。薬草、果樹、根、塊茎が手に入らないならば、通常の成育場所から収集して移植すべし。井戸をうがち、人と動物の双方が享受できるよう日陰をつくる樹木は、路傍に植樹すべし」

コミュニティは長い時をかけ天然資源を保全する地域特有の規則や規制を発展させてきた。特定の一族が森の番人となり、妊娠したシカや若いシカが捕獲されれば放すのが狩猟の一般的な規則だった。だが、こうしたコミュニティの規則は、植民地時代に著しく損なわれ、材木がヨーロッパへと輸出され、鉄道網を広げるための枕木として使われた。ヒマラヤ全域で森林が破壊されるまで木々が切り倒され、インド南部でもかなりの丘陵地帯が丸裸にされたのだ。

共有の天然資源は、開発途上諸国の多くの農村住民にとってはいまだに重要である。コモンズに依存しているのは最も貧しい人たちで、むろんのこと政治力にも乏しいために、コモンズの損失や横領を防げないでいる。そして、多くの者がこう主張した。「コモンズには集団的な制約があまりにありすぎる。そのうえ、コモンズの悲劇をもたらすフリーライダーを輩出させる。だから、生産的でありえない」結果として、大規模な私有化やエンクロージャーがとり行なわれた。これはとりたてて驚くべきことではないだろう。一八世紀のイギリスであれ二〇世紀後半のインドであれ、損をしたのはいつも最も貧しい人びとだった。それが、意図的だった場合もあれば偶然だった場合もあるが、これが必然の結果だった。エンクロージャーによってコモンズの利用権は買収され、見返りとして金銭が支払われたり別の土地が配分された。こうした強奪の歴史は、長く深く痛ましい。だが、残念なことに今日でも自然保護や農業近代化という美名に多くが固執している。

東南アジアにおけるコモンズの知恵の損失

ある明るい日に純白のシラサギが風景のなかを優雅に舞い、田んぼの水面には青空が映って光輝いている。灰色の雲が低く空から垂れこめるとき、景観は一変して陰鬱な姿を呈する。東南アジアの水田は世界の驚異のうちのひとつだ。驚くほどの正確さで急斜面に何層もの棚田が折り重なっている。こうした棚田景観や水と集団的な意志との間に関連性があることは深く理解しなければわからない。こうした農業がいつ発生したのかは定かではないが、バリ島では灌漑稲作の最古の記録は紀元八八二年にまで遡る。以来、壮大な規模でバリ島の人びとは「サワリ」と呼ばれる平等な稲作システムを整え景観を維持管理してきた。

稲作は一人の農民が行なうには複雑すぎる。このため、「スバク」[5]と称される灌漑組合がつくられ、水分配や灌漑水路網の維持管理の責務を担ってきた。各組合員は、土地所有の規模形態にかかわらず一票を投じる権限をもち、灰、有機物、厩肥を利用することで地力は維持され、輪作や旬作によって病害虫は管理され、鳥害は竹の柱、風で動く騒音機、旗や長旗で防がれてきた。米は集団で収穫されたのち小屋に格納され必要なときだけ交換された。この稲作システムは一〇〇〇年以上も持続可能だった。だが、この時間の長さから比べればほんの一瞬の間に、すなわち一九六〇〜七〇年代にかけての近代化で、こうした社会的、エコロジー的な関係性はずたずたに打ち壊された。捕食動物は農薬に、牛と伝統的な土地管理は化学肥料に、地元の労働グループはトラクターに、そして地元の意思決定は政府の意思決定に置き換えられたのだ。

もちろん、近代的な米品種で五〇パーセント以上もの増収が得られるというメリットもあった。とはいえ、それは最適条件下にある場合に限られていたし、近代品種は天候や水文条件の影響をはるかに受けやすかった。農薬で害虫を食べる魚やカエルが一掃され、連作を続けた結果、病害虫が増加した。鋤耕や厩肥が必要なくなったため、農民たちは牛を売り払い、機械化された精米所が、脱穀・製粉していた女性たちの仕事を奪った。近代化によって、米も収穫直後の値段が安いときにすぐさま売らなければならなくなり、男性は多額の現金を手にしたものの、これまでのように女性が米の貯蔵状況を判断して食料確保の年間計画を立てることはできなくなった。以前はスバクが民主的な管理を行なってきたが、これも意思決定力を失い、政府機関が播種や田植えの時期や灌漑について決めることとなった。稲作での雇用が減少したことで、農村住民はやむをえず他の場所に職を探し求めることになり、スバクが土台から突き崩されることで、宗教儀礼を通じて、善人が貧しい人びとに物品を施す習慣もなくなった。

インドネシア島とマレーシア半島は「アダット」[6]と称される、スバクとはまた別の珍しい文化の生まれ故郷でもある。アダットは、在来の知識や信仰、法制度以上のもので、サバ州のカダザン集落のパトリック・セグンダドは次のように説明している。「文章化はされていませんが、アダットは全員が知るべき共通事項への合意なのです。アダットは、資源をどう取り扱うかという意味で重要なだけではなく、どのように生きるかでも重要なのです。それは、管理の概念というより、二つのことが同時に起こるのに似ています。あなたが何かを管理しているとしたら、あなたが管理することがあなたを管理してもいるからです。人間はバランスを保ち調和した大きなひとつの劇場の一部なのです」

この発言にアダットを理解する鍵がある。アダットは自然と人との相互作用を形づくっている。サインス・マレーシア大学のサルファリナ・ガポール*は、最近、サラワク州沿岸域に住むメラナウ族[7]の研究をやり終えたが、ここでは、アダットは精霊と人間と動植物との調和を意味し、それが相互援助や責務の共同負担、土地と生物多様性保護の倫理的な社会体制を決定している。メラナウ族の主食はサゴヤシだが、他の地域の近代稲作とは対照的に、アダットによってきめ細かい調整がなされている。

たとえば、サゴヤシは猿、雄豚、白アリの食害を受けるが、農民たちは作付け時にきれいに片づけた圃場に一個のヤシの吸枝（株元から離れて出ている芽）を植え付け、痒みがあり、苦く毒があるさまざまな植物でそれを取り囲み、猿や雄豚がサゴヤシを食べにこられるように三日間は圃場に放置しておく。そして獣にまずいことを学ばせたうえで残りのサゴヤシを植え付ける。すると猿は、作物ではなく害虫を食べるようになるのだ。

とはいえ、このアダットも厳しい局面に置かれている。若者たちの多くはアダットについて知らないし、近代農業やプランテーションはアダットのように生態系を考慮していない。懸念すべきは、伝統文化やエコロジーの知識が脅かされていることなのである。

近代の強奪

どの大陸にも、大地をコモンズ資源として取り扱ってきた人びとを追い立てた悲惨な歴史がある。世界初の国立公園、イエローストーンの背後にある暗い側面は、米国の軍隊が、ネイティブ・アメリカン、クロウ族やショショーニ族を土地から追い払ったことだ。軍は自ら四四年間公園を管理している。これと同じ締め出しが、保護地域として設立された公園において今も続けられている。「地元住民を締め出すことを通じてのみ天然資源保護が可能である」との仮定が広まり、定住農耕民とは異なる部族や移住民を締め出す口実として「地元住民による自然管理の失敗」という論理がもち出されている。インドの不可触賎民、中国の少数民族、フィリピンの文化的な少数民族、インドネシアの国籍をもたない孤立民族、台湾の先住部族、ボルネオやマレーシア半島の原住民を評価するために国はさまざまな専門用語を用いるが、カリフォルニア大学のナンシー・リー・ペルソ*教授は、このことについてこう主張する。

「専門用語はただ使われるというより政治的に適用されています。資源を利用する地元住民を原始的で、教育されておらず、読み書きもできず、遅れていて破壊的な存在であると表現することで、国の資源管理機関は、自分たちの軍国主義的な環境保護のやり方を正当化できると考えているのです」

遊牧民、放牧民、焼き畑式の山岳民族、狩猟採集民、ジプシー、行商人といった人びとは国にとっては悩みの種だった。国は彼らを定住させようと試みたり、あるいは定住民族を彼らの領域に移住させようとした。たとえば、一九八〇年代にインドネシアの外縁領域にジャワの稲作農家を強制的に大量移住させたケースでは、稲作農家は慣れ親しんだ文化や景観から締め出され、稲作には不適切で原住民がすでに居住していた領域に再定住させられた。必然的に対立が生じ、土地を奪われたどちらの集団にも益はなかった。こうした変化は、エンクロージャーで土地を失った後、一八世紀から一九世紀にかけ、些細な軽犯罪でイギリスから追い払われた多くの流刑者たちの経験に呼応する。流刑者たちは、オーストラリアに移住し、そこでアボリジニから土地を奪い去ったのだ。

強要された再定住は人びとに深いダメージを残す。ボツワナのムカラハリ族のカイチェラ・デペラは、カラハリ・ガメ保全区[8]のブッシュマンについてこう語っている。「長年暮らしていた場所から離れること考えると移住経験はとても痛ましい。彼らは、植物の活用法を知っているし水源や食料源もわかっている。だが、新たな地に移住させられると自分たちの文化から完全に断ち切られ、そこでまったく新たな文化をつくりはじめなければならない」こうした結びつきを切り離すことは人びとから生きる意義を奪い去り、追い立てられた記憶は数世代にわたって続くことになる。

東アフリカのサバンナは野生生物で世界的に有名だが、その野生生物も遊牧民や遊牧民たちが飼育する牛と、大地と野生生物との共進化の長い過程の結果、現われたものなのだ。ひとつがなければ他とのバランスが崩れる。ケニアでは、マサイ族を追放した土地で、カモシカ用のわずかばかりの牧草を残し、低木林と森林地帯を再生することで新たにセレンゲティ国立公園が創設された。公園設立を支持した自然保護論者マービン・コウィン大佐によれば、公園は、教養人たちのレジャーの場であり、その主目的は先住民から自然を守ることにあった。

農業開発でも大きな失敗事例がある。最悪のケースのひとつは、一九六〇年代後半から一九九〇年代前半にかけ乾燥地帯であるバソツ平原に小麦農業を強制導入したタンザニアの事例だ。

バソツ平原は、三万人以上の放牧民バラバイグ族のホームランドで、部族の文化は、テリトリー内に点在する家畜を維持し、飼料、水と塩資源を共同利用することにもとづいていた。八種類の飼料からなる牧草を複雑に回転利用することで、一定の土地に人や動物が長期間いないようにし、土地の過剰利用をさけてきた。共有地はコミュニティの全員が利用できたが、個人、一族、地元団体の慣習と義務で保護されていた。厳しい環境で生きる多くの人びとがそうであるように、バラバイグ族も生きのびるために依存する大地に敬意を払う伝統があった。部族の長老はこう語る。「私らは大地を重んじ尊敬している。私らはそれをいつでも保全したいと思う」

だが、バソツ平原で小麦生産を行なうために最も肥沃な土地約四万ヘクタールが部族から奪い去られる。農場は数年で小麦の国民需要の半分を供給するようになり、「投下資本に対して約四〇パーセントという見返りは、タンザニア経済にとって非常に有益な投資である」とのプロジェクトの事業評価がなされた。だが、それは評価が焦点を絞りこんだものであったからにすぎない。もっと幅広く社会的、環境的な影響を考慮に入れれば、これとはまったく違った結果が現われたであろう。

数年をかけて地元の人びとへの深刻な影響を調査したチャールズ・レーン*によれば、小麦農場は面積的にはバラバイグ族の土地の八分の一にすぎなかったが、最良の放牧地であっただけに損失は決定的だった。その後、最も肥沃な土地は利用できるように規制が緩和されたことで、全体としては伝統的な回転式の放牧に近づいたものの、結果としては家畜頭数は大きく減った。神聖な墓の多くがすき返され、収穫後には土がむき出しのまま放置されたため土壌浸食が進み、神聖なバツツ湖は沈泥で埋った。

ここで問題だったのは、部外者が、草地生態系を管理する放牧民たちの戦略を頭から誤解していたことだった。放牧民たちは土地の生産力を判断しつつ移動していくが、このことを理解できない人びとは、土地が空いていたり、きちんと管理されていないと錯誤してしまう。ある研究者は言う。「プロジェクトは、フロンティア開発にみられる多くの特徴をもっていた。伝統的な放牧民は、難民となるかプロジェクトに吸収された。以前に遊んでいた土地は耕作されている」プロジェクトは現在は閉鎖しているが、地元の人びとへの影響は残されたままである。

インドにおける森林保全とその利用権

インドでは自然破壊に対する懸念から、一八六四年に帝国林野庁が設立され、その翌年に初めて森林法が制定される。以来、森林に対する国の管理は一貫して拡大し続けた。一九世紀には帝国権力によって多くの森林が圧迫され、帝国は自ら森林を管理しただけでなく「地元住民には森林資源が保全管理できない」との説話も付け加えた。森林法は地元の慣習的な天然資源の利用開発権を認める条項を欠いており、一九九〇年代に入って共同森林管理の考え方が政策的に評価されるようになるまで、そのことは一〇〇年以上も見落とされていたのだ。

とはいえ、森林管理者たちは、許可しない森林利用権と、放牧や薪収集用に特別に利用を認める権利との違いを区別していた。ガドギルとグーハは、そうした特権が「便宜上、政府の方針として人びとに与えられていた」としている。実際のところ、森林の利用権をめぐってはさまざまな解釈があり、ある者が「全森林を国が完全統治し管理するべきだ」と主張すれば、別の管理者は「慣習的な利用がなされているところでは、それに法的権限を与えるべきだ」と論じた。

　ガドギルやグーハによれば、初代林野庁長官であったディートリッヒ・ブランデス*卿は実用主義者で、大英帝国の森林管理とインド固有の管理とを比較検討したうえで、国による森林の押収を努めて限定し、むしろコモンズや宗教的なつながりによる森林管理を拡充すべきだと主張した。だが、卿の主張は通らず、その後一八七八年に改正された森林法は、林野庁に森林の管理権限や罰則権を付与することで、その後の一〇〇年の状況を方向づけることになる。一八七八年から一九〇〇年の間に、国有林の指定面積は三万六〇〇〇平方キロメートルから二〇万平方キロメートルまで拡大し、うち四〇パーセントを保護林が占めることとなり、インド独立時には国有林は二五万平方キロメートルまで拡大していた。その間、林野庁は資源管理を行なうよりも収益をあげる部局へと発展し、その成果は生物多様性の保護よりも収益面で評価された[1]。予想されるとおり、これは天然資源に依存する狩猟採集民、移動農耕民や定住農民、そして、林産物に依存する大工、籠、楽器、家具、機織り、皮なめし、染色職人を辺境域に追いやることとなった。二〇世紀後半の二〇年間でも、地域資源利用を認めないか非常に限定された利用しか認めない国立公園や保護地域が、一年当たり六〇万ヘクタールずつ拡大し、何千人もの人びとの強制的な立ち退きをもたらした。

　そうした立ち退きや利用権の制限は、必然的に地元住民が自分たちの土地のためにやむをえず闘争することにいきつく。国立公園や保護地域に対して、数多くの抗議集会が開かれ、サボタージュ運動が高まり、一九八〇年代前半には国立公園や保護地域から一〇〇件以上の衝突事件が報告されることになる。さらに一九九〇年代前半に、林産物を利用するため国立公園に立ち入ることすら拒絶されると、村人たちはカンハ国立公園とナガルホレ国立公園地域に放火をする。また、はるか離れたアッサム州では、賊徒が森林警備員を追い出しマドヤ・パレデシュ虎・バッファロー保護区を占拠したが、その侵入にあたっても、立ち退きを強いられた地元の五二部族の村の憤りがうまく利用されたのだ。

むろんのこと、専門家も啓発されれば押しつけ型の保護管理手法が単純に機能しないことは理解する。それらは出費もかさむ。領域を厳密に保護するには、航空機、ラジオ、武器、乗り物、武装警備員の給与、夜間ゴーグル、その他の「反密猟設備」と、多くの予算出費を強いられるからだ。そして、エコロジー的にみても生産的ではない。

たとえば、ラージャスタン州のケオラデオ・グハナ国立公園のバラトプル湿地には、越冬中のガチョウ、アヒル、そして、絶滅危惧種であるシベリアアツルを含めて多くの野鳥が生息しているが、このシベリアアツル保護のために一九八二年にバッファローの放牧禁止令が発令されると、地元住民と警察との間で暴力事件が起き数人が死亡する。禁止令が強化されると、スズメノヒエがとどまることなく増えはじめ、水域を埋めつくし、生息地を水鳥に不適切なものにしてしまった。そこで、ブルドーザーによるスズメノヒエの除去経費を組まなければならなかったが、これはバッファローが草を食むほど効率的ではなかったのだ。最近では多少の進展がみられるとはいえ、マダブ・ガドギルの指摘によれば、いまだに「村人は手で草を刈り取ることが許されている」というくらいのものにすぎない。

こうした自然保護への地元の関心が、今では世界でも最も有名な環境保護運動のひとつとなった、一九七〇年代のチプコ運動につながった。運動はアラカナンダ渓谷で、ヒマラヤの地元住民に対して樹木の伐採許可が下りなかったことに端を発した。政府は地元の利用を否定しながら、その後、同じ森林をはるか遠方にあるスポーツ用品会社にだけ利用することを認めたのである。チプコはヒンズー語で「抱擁」を意味する言葉である。村人たちは自分たちが守りたい樹木にまさに抱きついたのだ。発想がシンプルなだけに運動は人びとを魅了し、たちどころにウッタル・プラデーシュ州全州域へと波及した。最終的には運動は南インド全域まで広まることになるが、そこではカンナダ語[9]で「抱擁」を意味する言葉、アピコ運動として知られるようになった。ここで重要なことは、チプコ運動やアピコ運動が環境保護運動であると同時に社会運動でもあったことである。彼らは、まさに人びとが気にかけ、それに関してなんらかの行動を起こすであろうツボを指摘した。共同森林管理という考え方が登場してきたのもこの運動によってであり、前述したとおりそれは一九九〇年代前半には正式に政府の支援を受けることになる。そして、地域住民に天然資源の管理責任を付与することが、生産性を高めるうえでも、住民間で利益をわかちあううえでも確実に有効であることを実証した。住民に権限を委ねることは、悲惨な森林資源破壊には結びつかないのだ。

保護地域と国立公園での自然保護

原生自然の考え方は無視できないものだし、それは自然保護の父として多くの人に知られるジョン・ミューア*の著作の中心部分をなす。ミューアの著作やキャンペーンは、出身地であるスコットランドにおいても、一九一四年に死去するまで住んでいた米国においても絶賛され、それが世界最初の国立公園の創設につながった。現在六〇万人会員がいる環境保護運動の協会シエラ・クラブが設立されたのは一八九二年のことだが、ミューアはそれも支援していた。ミューアが足しげく通ったシエラネバダ山脈の原生自然については、数多くの解説がなされている。ミューアは一八六九年から動植物相や地質を研究するために、羊飼いや数千頭のヒツジの群れとともに、マーセッド川とトゥオルミ川の源流、壮観なるヨセミテ・クリークの瀑布を含めて、シエラネバダの山麓の丘陵から高山までを踏査する。五年間にわたって苦しい生活を送りつつも、ミューアはヨセミテを「公園の谷」と呼び、その自然の創造性を称賛している。「心に痛みを抱くものにはこの健全なる原生自然の助けが必要だ。なんと自然の秩序のすばらしいことか！　なんと奥深く美が重ねあわされていることか」

だが、ミューアが絶賛した景観は、人間、すなわち、野焼きによってヨセミテ草地をつくり出したアファニチ族によって形づくられたものだった。もちろん、ミューアは、景観への人間の影響を自覚し、旅の途中で出会った羊飼いや地元のネイティブ・アメリカンの行動を慎重に記録に残している。

たとえばミューアは、サビーヌマツの木立に遭遇したが、それはその実を食用にする先住民ディガー族によって集められたものだ、と羊飼いから教えられている。木立は偶然にそこにあったわけではなく、採集民たちによって維持保護されていたのだ。ミューアは、ディガー族の女性たちが、野生のルピナスやユキノシタ科の植物や根を集めているのを観察したし、貴重な食料源となるハシバミやドングリの実、リスとウサギ、ベリー、バッタ、黒アリ、ハチ、ハチの子、その他多くの「でんぷん質の根、種と豊富な樹皮」を記録している。

あるとき、ミューアたちは七月前半に羊肉以外の食料を使いはたしてしまったことがある。飢えに苦しみ補給を待ちながら、ミューアは、この自然豊かな景観のなかで食べ物を見つけられないという現実の前にこう嘆いてみせた。「シダとユキノシタ科の植物の茎、ユリの根、松の皮等からでんぷんをどのようにして手に入れるのかをインディアンたちのように知るべきだ。私たちの教育は、悲しいことに何世代も無視されている！」

ミューアは、ネイティブ・アメリカンたちの自然に対する接し方がじつに優しいことにも着目している。「誰もが、そしておそらく非常に多くの者たちが知らないこれらの森を、インディアンたちは何世紀にもわたって徘徊していた。なのに、大きな痕跡が残されていないのは奇妙に見える。インディアンたちはたおやかに歩いており、鳥やリスほども景観を傷つけていない。なんと白人たちとは異なっていることか。とりわけ、下流域のゴールド地域、硬い岩を爆破されてつくられた道やダム、その自然な流路をねじ曲げられた河川とは」

ミューアは、ネイティブ・アメリカンたちが、自分たちの狩猟地を改善するために火を使って森のなかにつくり出した魅惑的な記念碑についても指摘していた。だが、ミューア以降の解説者たちは、実際に原生自然にふれることなく、ミューアの目を通して見ているだけで、こうした認識を忘れている。このことから、ミューアやソローの原生自然についての理解が不十分であったからといって批判的になりすぎるのは考えものだ。彼らは、脅威にさらされつつある残された原生自然を救うことをミッションにしていたし、一八七二年にイエローストーン、一八九〇年にヨセミテと、世界最初の国立公園を設立させたのは、読者の想像力を十分に勝ち得た彼らの啓発書だったのだ。

問題は、「人間と自然とが別のものである」という考え方が今も続いていることにある。これは、ミューアやソローらが批判していた近代主義の問題でもあり、議論はこう続いていく。自然は人間とは切り離されたものだから、区域を設け人間活動から厳密に保護されるべきである。保護がなされれば、たとえ経済活動によって周囲の景観がダメージを受けたとしても肩をすくめるだけですむ。特定の場所で、農業や食料生産活動が行なわれるようにし、そこでは農家の望むように自由にさせる。それが生産的であればあるほど、原生自然や自然公園に科される圧力はより少なくなる。

これは、いわゆる単純な「飛び地」の考え方で、この二分法は、農業にとっても自然保護にとっても益することがなく得策とは言いがたい。二分法は農地内の自然にはさほど価値がないとの考えに立脚しているが、毎年、アメリカの平原を横切って、何千万匹ものオオカバマダラがメキシコとの間を往来しているし、都市菜園でも豊かな生物多様性が見受けられる。二分法は、原生自然はまったく人にふれられず、人間に形づくられることなく存在し、そのように維持されるべきだとの考え方にも立脚している。たとえば、一九六四年に制定された米国の原生自然法は、訪問者がそこにとどまらない地を原生自然として定義している。だが、これは、神話であり、今は結びつきが再考されるべきときなのだ。

世界で最初に正式に保護地域が設立されたのは、一八七二年三月一日に米国大統領ユリシーズ・グラントが、ワイオミング州北西部の九〇万ヘクタールをイエローストーン国立公園に指定したときである。二番目の保護地域の設立は、一八八五年のことで、ニューヨーク州がアディロンダック地区の約三〇万ヘクタールを森林保護区に設定したときだった。だが、いずれも自然や原生自然保護を第一義の目的としていたわけではない。イエローストーンでは間欠泉や温泉を民間企業が取得できないよう制限することが目的だったし、ニューヨーク市の関心は飲料水供給のための流水域を維持することにあった。保護地域の指定は一八九〇年のヨセミテ国立公園、一八九一年の土地に関する法改正による多くの保安林（後に国有林と命名される）の指定と続き、さらにベンジャミン・ハリソン大統領が五〇〇〇万ヘクタール以上の一五カ所の保護区域の宣言を行なっている。だが、一八九七年の森林管理法では木材搬出用に保留地の伐採が認められてしまうなど、指定とは正反対のことがすぐさまなされた。こうした進歩と退歩は今も続いている。

自然公園や自然保護区は、この一〇〇年というもの、自然や野生生物、そして景観全体を保全するうえでの主要な手段となっている。国連の保護地域のリストによれば、二〇〇一年現在、全世界には一万二七五四の公的保護地域があり、一三〇〇万平方キロメートルに及ぶ領域をカバーしている。そのエリアはブラジル、中国、米国よりも広い。リストアップされた地区は、一九五〇年代末までは一〇年当たり三〇〇～四〇〇の割合で指定され、一九六〇年代に一〇〇〇以上、七〇年代に二五〇〇、八〇年代に三八〇〇まで高まった。そして、九〇年代には一八〇〇と後退している。世界保全監視センターは、国連の最低基準である一〇〇〇ヘクタールよりも狭い保護地域をデータ・ベース化し、さらに一万七六〇〇地区、二万八五〇〇平方キロメートルを付け加えている。

表2–1をご覧いただきたい。国連のリストと世界保全監視センターのリストをあわせると、現在世界には三万の保護地域があり、土地面積の八・八三パーセントを占めていることになる。保護地域をもつ一九一

表2-1　保護地域の数とその広さ

	アフリカ	アジア・太平洋	中南米	それ以外	合計
保護地域数	1,254	3,706	2,362	23,028	30,350
カテゴリー1～3	346	944	936	8,478	10,704
その割合	28%	25%	40%	37%	35%
カテゴリー4～6	908	2,762	1,426	14,550	19,646
保護地域面積（100万平方キロメートル）					
全域	2.06	1.85	2.16	7.16	13.23
カテゴリー1～3	1.21	0.72	1.37	3.82	7.12
その割合	59%	39%	63%	53%	54%
カテゴリー4～6	0.85	1.13	0.79	3.34	6.11

注：カテゴリー1～3は、自然保全地域、野生生物保護地域、自然公園で歴史風致地区で厳密に保護されている。カテゴリー4～6は、生物種生息地域、景観保護地域、資源管理地域である。
出典：UNEP-WCMC2001

カ国のうち、三六カ国では保護地域は国土の一〇～二〇パーセントを占め、二四カ国では二〇パーセント以上となっている。たとえば各国の指定割合を多い順にみてみると、スロバキア（七六パーセント）、ベネズエラ（六一パーセント）、ベリーズ（四〇パーセント）、キリバス（三九パーセント）、エクアドルとサウジアラビア（三四パーセント）、デンマーク（三二パーセント）、オーストラリア（二九パーセント）、タンザニア（二八パーセント）、ドイツ（二七パーセント）、ニュージーランド（二四パーセント）、米国とイギリス（二二パーセント）となる。

こうした保護地域は、厳密な保護から持続可能な管理まで、資源使用の程度に応じて六タイプに分類されている。全保護地域の三分の一はカテゴリー1～3に該当し、一万七〇〇〇地区、七〇〇万平方キロメートルに及び、地元住民が天然資源を利用することを認めていない。だが、開発途上国にある七三二二カ所の保護地域では、多くの地元住民が生計の一部もしくは全部を成り立たせるうえでいまだに天然資源を必要としていることから、厳密に保護されているのは、アジアと太平洋で二五パーセント、アフリカで二八パーセント、ラテンアメリカで四〇パーセントにすぎない。一三〇〇万平方キロメートルの保護地域のうち、七〇〇万平方キロメートルは厳密な保護がなされ、うち四六パーセントはアフリカ、アジア、ラテンアメリカに位置している。

そして、このじつに広大なエリアから住民が強制的に立ち退かされている。この問題についてナンシー・リー・ペルソは次のように指摘している。「数十年、あるいは一〇〇年間も明らかに住民が暮らしていたマングローブ林のような地域でさえ、生物多様性が損なわれることを懸念し、人間が管理することで維持される生物多様性についてはほとんど議論されないのです」

保護地域指定のベースには「人手がついていない自然な状態の保全」という概念がある。リバーサイド・カリフォルニア大学のアルチューロ・ゴメス-ポムパ*教授やアンドレア・カウス*が指摘するように、こうしたエリアは「人が介在する以前から存在していたのと類似した原始的な環境で、私たちが享受し利用するためにデリケートでバランスがとれた生態系は保全される必要がある」と見なされている。

私は別に、自然保護地域の制度が機能していないと言っているわけではない。とはいえ、熱帯諸国の二二カ所、五〇〇〇ヘクタール、そしてさらに広い九三以上の国立公園における最近の研究から、形式的な地区指定だけでは、生物多様性が保全できないことが判明してきている。研究がなされた公園はいずれも設立後五年以上が経過しており、人圧にさらされ、一〇のうち七には公園敷地内で人が暮らしており、半分では公園の一部で居住者が政府や所有者と競合していた。だがたとえそうであっても、八割以上の公園では植物被覆率は設立当初とほとんど変わりがなかった。違法な伐採を止めさせるため警察が監視していることもあいまって、周囲の未指定地域と比較すれば格段に劣化が少なかった。だが、最も保全効果が高い公園は、境界が明らかで、かつ、行政当局と地元コミュニティとの間で密接で誠実な関係性を備えたものだったのだ。

人間が介在する以前から自然は存在しており、私たちが消えうせた後も存在することだろう。だがさしあたっては、ほとんどの景観が基本的には人為的に形づくられていることを認識しなければならない。自然と人間との間断なき結びつきの結果――それが日々身のまわりで目にされているものなのだ。だが同時に、自然や環境のすべてが人間との結びつきで現われた特性だとの結論も下してはならない。こうした極論は、人目を集めたり関心をひくための誇張表現としては役立つが、ほとんどの人は両極端の中間に位置している。ベアード・キャリコット[*]らは、生物保全のための中道を示唆している。原生自然のようなものもあれば、保護や管理も必要なのである。

とはいえ、最も「野生な自然」は、人間の介在によって出現するという特性があり、グローバルにみれば、生物多様性のほとんどは人間が優位を占める生態系で生じている。このことは、人の意思決定やビジョンが重要であることを意味する。私たち誰もがこれまでとは違った考え方をもち行動することで、違いを生み出せるからだ。だが、私たちは、自然と人間との関係性を改めようと望んでいるのだろうか？　あたかも錬金術のように、私たちは別の結果を想像できるのだろうか？

近代主義と景観の単調化

ミューアやソローが原生自然についての著述活動をしていた時期は、インドでブランデス卿が森林政策を整えていたときでもあり、米国では世界最初の国立公園が設立され、イギリスではエンクロージャーが最終段階をむかえ、日本では江戸時代が終わりに近づいていた。

江戸は一九世紀世界最大の都市である。人口は一〇〇万人を超え、人口密度は現在の東京の三倍以上だった。江戸時代は約三〇〇年続いたが、その間の芸術・文化面での革新は並はずれたもので、茶の湯、生け花、能、歌舞伎、独特の建築や都市計画、風景画と日本の主要伝統芸術のすべてを生み出した。一八三〇年代に描かれた葛飾北斎の富士山が代表するように、最もよく知られた日本のイメージの多くは江戸時代に由来する。建築家の黒川紀章は、江戸は都市公園と菜園の緑によって花の都市として知られていたとし、江戸の最も重要な特徴のひとつがハイブリッドで有機的な自然のデザインにあったとする。江戸時代は多様性に富み、機能するものはなんであれ、都市や農村空間で使うことができた。だが、カオス状態におかれていたわけではない。何が機能するかは調和の原則にもとづき決定されていたからだ。多様性は統合にもつながり、さまざまな要素を組み合わせることで、要素をたんにあわせたよりも全体としての価値をさらに高めていた。

たとえば、シンプルな日本の茶室は、景観という尺度でどのようにデザインをすればよいのか重要なヒントを伝えている。まず指摘しなければならないのは、茶室は設計されるのではなく、自然にモノを付け加えていくプロセスのなかで構築されていることである。茶の師匠には、木から落ちた小枝や腐った板のように、地元で入手できる平凡な材料に美や調和を見出す才能がある。そして、こうした素材に複数の意味があることが重要である。たとえば、素朴で単純な藁葺き屋根も、そこにあるだけで秋の紅葉や華麗な春の桜を想起させる。単純ではあるが、自然との調和が、暮らしとともに移り変わる風景をつくり出し、そこでは、時とともに多様性が高まっている。

西洋の現代風景画家は、スクリーンや羊皮紙を使うなど意趣に富んだ演出をしているが、日本の山水画家はそれよりも格段に意欲的だったし、景観も多様性に満ちていた。黄金色の霧をバックに、咲き誇る桜の木立と調和した緑の丘陵が描かれていたのだ。こうした丘陵地は、日本文化に深く根ざす神話を秘めた里山で、里地と呼ばれる農村風景の一部である。里山は、自然の湧水に恵まれた雑木林で、水田、果樹園、丘陵、小川と山からなり、文化的にも多様な空間である。こうした里地は、人間と自然との関係性も多様で、自然と人間とが共生できるという考え方を具現化している。特別な感情を人びとにもたらすコミュニティ、昔からの住み処、ふるさとともここにある。その多くは入会地として知られるコモンズで、二〇世紀半ばまでは生態系を破壊することなく存在し続けた。しかし近代的な経済開発のために、今、里地は脅威にさらされている。

問題は単調な景観を生み出す近代主義にある。「方法はひとつしかなく、それ以外の方法はいずれも正しくない」という近代主義は、一種の原理主義でもある。単調な景観は機能不全なシステムで、ひとつの面ではすぐれていても、少数の利害関係者（ステークホルダー）の価値だけが追い求められるため、実際のところその見かけほどは価値がない。モノカルチャーが最終目標とされ続けるかぎり、貧困問題は根絶されない。とはいえ、貧困は私たちが伝統的だとする多くの社会にも存在している。そして社会的な不公正は、原生自然のなかにもある。それを野生化し人手にふれなくするには、住民を移住させなければならず、代わって登場するのは本物の自然景観を体験するために訪れる観光客たちなのだ。

私は、近代農業を説明するうえで「近代」という用語を使っているが、そこに時間よりもむしろ哲学的な意味合いをこめている。今現在あることからして、確かに近代農業は近代的なものではあるが、それがただひとつのコードシステムである「近代主義」であることが問題なのだ。黒川紀章は、一九八一年にロンドンで開催されたロイヤル・アカデミー展示会の「江戸時代の芸術」のデザイナーでもあったが、このことを次のように語っている。「私はどんな意味でも近代化を否定はしない。だが、それが硬直化して柔軟性をまったくなくしていることを目にするとき、近代主義の欠点を批判する人と手を組まずにはいられない」

近代農業は、ただひとつにコード化され、食料生産だけをなす。それをよくやりはするが、どんな地域の伝統も用いないし、在所性がなく融通がきかず、モノカルチャー的である。それとは対照的に、多様な景観にはより多くの要素があり、要素間に多くの結びつきがあり、そのため相乗効果の大きな潜在力がある。ポストモダンはもっと共生していることだろうし、黒川紀章は「こうした対極の中間から、多くの創造的な可能性がよく現われるだろう」と述べている。建築家チャールズ・ジェンクス[*]によれば、ポストモダンは、新しくはあるが、持続的で多くの伝統を再評価し、特定の場所の多様性に応じているという。こうした特徴はすべて農業にもあてはまる。

景観はコモンズでもあると述べたが、今、コモンズは地元の利益ではなくグローバルな利益に左右されるようになってきている。そのため、地元特有のニーズに対応できなかったり何か支障を来しても、速やかに方向転換をできないでいる。私たちは、効率的な「単一利用」と「単一文化」というビジョンに占拠されてしまっている、こうした景観コモンズを復元すべく、保全か生産かという二元論を超えて新たな道を見出さなければならない。

ヨーロッパでは、生産性が高くない縁辺域で、野生生物が生息できるよう非耕作地を生み出す農業環境プログラムが推進されているが、自然と食料生産とを同時に生み出せるという考え方はまだない。農民や行政責任者の心のうちではこれらは別々ものである。農業の周辺域を自然化することは素晴らしいにしても、中心部を自然化することはまだ受け入れられていない。

ビジョンを構築するうえでは物語りを語る者が重要なように、景観においてもそうである。もし、物語を語るものが権力的で、景観を否定する者であるならば、私たちはただひとつの結果を目にすることだろう。だが、もしそれが、正真正銘のラディカルなビジョンを展開する数多くの個人や小グループであるならば、おおいに違った何かを得ることだろう。

自然な場所を再び手に入れること

冒頭で絵のように美しく文化的な農村景観にも根深い不平等が隠されているかもしれず、変革は自然と社会の双方で必要とされていると述べた。すなわち、私たちの考え方に変革が求められている。

ソロー*は自然破壊を懸念し、一九世紀半ばに、なぜ保護や保全が大切で、そのことを理解するのが重要であるかを記述した。ソローは、街から離れ、マサチューセッツ州ウォールデン湖畔の森のなかに二六カ月にわたって住んだことでも有名である。ソローは都会とは違う物音がする森のなかで孤独に質素に暮らしつつ、町の視点と自分の視点とを比較し、文明の性質や自然の発展の意味を探った。ソローは、人手にふれられない厳密な原生自然ではなく、特別な空間としての自然を称賛している。「私は、森に出かけた。人生の本質的な事実だけに対峙し、ゆっくりと暮らしたかったからだ。学ばなければならないことを学べずに死に直面し、自分が生きていなかったとは思いたくなかったからだ」熟考はソローを変えた。

「夏の朝、時おり私は日の出から正午まで日当たりのよい戸口に座った。マツ、ヒッコリー、ウルシノキのなかで空想に心を奪われる。家のまわりでは野鳥がさえずったり、静かに飛び回ったりはするものの心はかき乱されない。孤独と静寂。私はこうして静かに成長した」

緻密な自然観察や畑での農作業を通して、ソローは自然に親しみを見出していく。だが、ソローが洞察したことの本当の価値は、ソローが行なった旅やビジョン、実験への意欲、そして、自分の言葉を都市の人びとに重要なものとして伝えようとしたことだろう。もちろんソローはそうしたし、その見返りもあった。「私は少なくとも実験としてこれを学んだ。もし、ある者が確信をもって夢にむけて進むならば、そしてイメージした暮らしを送る努力をするならば、ふつうの時間では期待できない成功を手にすることだろう」ソローの関心は、私たち一人ひとりが、どのように人生を生き、自然との密接な関係を通じて、暮らしを改善できるかにあった。

一世紀以上も後になり、原生自然をテーマに創作活動を行なっている作家バリー・ロペス*がソローと同じく結びつきについてこんな言葉を述べている。「旅をしているうちに、私は人びとの願望や願いが、風、動物、石、そしてツンドラの明るい農地のように、土地の一部だと信じるようになった」

自分の愛する景観を誇りに思うことは世界中で普遍的なものであり、有名なベンガルの詩人、ラビンドラナート・タゴール*は一八九四年に次のように書き綴っている。

「あまりに地形が平坦であることから多くの人はベンガルを疎んじるが、私にとっては農地や河川は愛すべき光景だ。日暮れとともに天空には、群青のゴブレットのように静けさが満たされる。黄昏は、黄金のサリーで世界が捉えられた様を想起させる。かくも心を満たす地がどこに他にあろうか？」

だが、タゴールは、悲惨な現実も正確に指摘している。「リウマチ、膨らんだ脚、風邪や熱、そしてマラリアにかかってたえず泣く子どもらがどの家にもいる。この子らは誰も救えない」

そうした社会的な難題と結びついた景観を再デザインするという考え方は魅力的である。とはいえ、実際に達成するためにラディカルな見解をとる者は数少ない。これが、今新たに出現した持続可能な農業による変革が重要な理由なのだ。最も貧しい人びとにも力が差しのべられるおかげで、文化的、自然的な景観がまさに変えられつつある。彼らは新たな世界を創出している錬金術師といえるだろう。今、数多くのヒーローたちが、自然にダメージを与えることなく、食料需要を満たす方法を見出している。だがそれは、実施できるとしても困難である。工業化とはまったく縁のない僻地で、各個人によってなされる持続性への道は、誰もが取り入れなければならない。

私は以前、放棄されたマヤ帝国の旧首都ティカルにある九六メートルもある大ジャガー神殿[10]の頂上に立ったことがある。下には巨大な熱帯雨林の樹冠があり、ホエザルやクモザルがキーキーと鳴き、飛び跳ねるとその枝はポキンと折れた。ちょうど嵐が熱帯雨林を通過するときで、暴風雨が襲いかかった。私は目がくらむような垂直な梯とピラミッド下方の急階段を反対側から降りた。はるか彼方からこの地に降り立ったことから、原生自然を目にしたように思えた。そもそもこのグアテマラのペテン森林は生物多様性では世界のホットスポットのひとつで、二〇〇種の哺乳動物や五〇〇種の鳥類を宿している。私は畏敬を覚えたが、こと原生自然に関しては誤りをおかした。西暦二五〇〜九〇〇年のマヤの黄金時代には、ティカルだけで一万〜四万人の人口を支えていたのだ。

マヤ文明がなんとも不可解に崩壊してからというもの、先住民は焼き畑農業を営んでいる。森林内に農地が造成され、二、三年は作付けされても、新たな居住地に移住するつど放棄されてきた。だが、次第に人口が増え、別の者が森林を伐採するようになったため、農民たちは休閑期を短かくしなければならなくなった。地力が十分に回復しないうちに以前の農地を耕作することになり、農業も森林も圧力にさらされ、収量は落ちこんだままとなり、森林も着実に失われた。

だが今、ペテンでは農民たちが「魔法の豆」を使って、土壌を改良し熱帯雨林を保護している。その豆とは、数十年前におそらく米国経由で南アジアから中米にもちこまれたビロード豆（ハッショウマメ）だ。一九八〇〜九〇年代にかけ、ホンジュラスとグアテマラのNGO、ワールド・ネイバー、コセチャ[11]、マヤ・センターが、ビロード豆とトウモロコシを輪作することで穀物収量が高まることを見出してから、ビロード豆は土壌改良材として普及し出す。

ビロード豆は毎年、一ヘクタール当たり一五〇キロの窒素を固定でき、五〇〜一〇〇トンのバイオマスも生み出し、雑草を抑圧し、緑肥として土づくりの助けとなる。農民たちには無料の資源であるこの豆が、ペテンの熱帯雨林を保護している。地力を高めれば、農民たちは、新たに農地を造成するために木を燃やしたいとはもはや思わないだろう。農地造成は困難で危険な作業なので、代替手段のほうを好むだろう。土の改善は、農民たちの考え方や行動も変える。定住する利益を目のあたりにし、自分や子どものために同じ農地に投資していくだろう。

セルジオ・ルアノとともに初めてティカルに降り立った七年後、私は、農民たちがどれほど新たな解決法を発展させたのかを確認するために立ち戻った。今度はマヤ・センターのホアン・カルロス・モレイラとともにメキシコとのグアテマラの国境近くのウスマシンタ川近隣を散策した。ここもペテンと同じく生物多様性が豊かな場所である。森林内はもの静かで不気味な天然の大聖堂のようで、湿度が高く、はるか上方の天蓋から陽光が差しこんでいた。このグループの名称は、素晴らしい偶然の一致から、コーペラティバ・ラ・フェリシダド、幸せの協働組合と呼ばれていた。今、二五〇人の農民たちが、ビロード豆を圃場で育て、持続可能な農業に取り組み、新たな境地を切り開きつつある。彼らはマメ科肥料を「ガビノ・レイバ」と称しているが、それについてある一人の農民に尋ねてみた。

「豆の肥料分が雑草を枯らすんです。そしてどの作物も養分を得るのです。収量をあげるため土に肥料を施すことは誰もがやる必要があることなのです」

それは技術的にも容易なことだし、環境に健全なやり方で低コストで土壌を改良するので、まだ残っている熱帯雨林は保護され、単調化した景観も復元される。もちろん、多くの困惑する要因は残っている。チェーンソーによる伐採でいまだ森林は消えうせているかもしれない。また、農家はいまだ市場に十分にアクセスできず、こうした新たな農法の採択は、ほぼ遷移の頂点にある生物多様性と関連した知識や移動式農業の技が失われることを意味している。とはいえ、持続的農業の進歩は着実になされている。もし、私たちがこれらを正しく行なうことができるならば何が起こるのだろうか?

この章は景観の背後に隠された暗い側面に着目することから始めた。どの歴史にも痛ましい排除の物語があり、最も貧しく力なき人びとが、暮らしのために依存している最適な場所や資源から切り離されていった。経済的な進歩の物語と結びついた美しい絵のような景観におおい隠されているために、こうした締め出しをついつい見落としがちになる。この締め出しは、近代農業の発展と自然保護地域の設立の双方から生じており、それが自然の価値を評価でき、自然を必要としている人びとから自然を切り離している。約七〇〇万平方キロメートルに及ぶ全保護地域の三分の一は、地元住民による資源利用を認めていない。今や自然な場所の回復は最優先事項だが、それはごく小規模でしか進展していない。体系的な変革がされるには、コミュニティ全体が適正な技術や知識を用いて行動することが必要で、それには適切な国家政策や国際的な支援を必要とすることだろう。

原注

(1) イギリスの森林管理者は、経済収益を最大にするよりも自然保護に関心をもち仕事をしていたという別の見解もある。

訳注

[1] ヒース (Heaths)。やせた酸性土壌のうえでの長期にわたる放牧や野焼きによって人為的につくられたヨーロッパ北西部に見られる人為的な植生。ヒースは、比較的温暖な乾燥地での狭義のヒースと、冷涼で降水量が多い場所でのムーア (moor) にわかれ、イギリスでは狭義のヒースは東南部に見られる。ムーアは北西部に見られる。

[2] 種子ドリル (seed dril)。一七〇八年にイギリスのジェスロ・タル (Jethro Tull　一六七四〜一七四一) が発明した機械。以前は手で播種されていたが、ドリルは一定の深さに穴をあけ、播種と覆土作業を一度に三列で行なえた。この発明で、発芽率は高まり収穫量も向上した。ちなみに、タルは、科学的農業の父の一人とされ、これ以外にも除草機等多くの農機具を発明したが、先進的であっただけに論議を呼び、理解・採用されるまでには何年もかかった。

[3] 東ゲルマン民族に属する部族。西ゴート族は、南ガリアに西ゴート王国を建国し、さらにスペイン半島に勢力を拡大した。東ゴート族はイタリア半島北部に東ゴート王国を建国した。バンダル族はアフリカ北部にバンダル王国を建国し、のちに東ゴート族と合流して東ローマ帝国を起こした。

[4] エール・ハウスとは飲み屋のこと。一五世紀にオランダからホップが導入される以前には、麦芽を発酵させたアルコール飲料には「ビール」ではなく「エール」という言葉が使われていた。

[5] スバク (Subak)。各地区の水田に十分な用水を維持するための伝統的な農業システム。現在は徐々に解体されつつあるが、一〇〇〇年にわたり、バリ島の農村生活の中心をなしてきた。

[6] アダット (adat)。慣習を意味し伝統的な儀式をともなう。ルールを守らないと原因不明の病気になったり事故にあうなど祖

霊への信仰を基礎に発展してきた仕組みで、伝承によると一五世紀にはすでに存在していたらしい。農業だけでなく、ナマコのように限りある資源の無制限な乱獲をさけ、資源を適切に利用管理するうえで水産や森林でも機能している。

［7］メラナウ（Melanau）族。サラワク州の先住民。生計の中心は漁業でボートづくりの技にたけ、ゴムやサゴヤシ栽培を副業となす。人間も環境もひとつのものであるとする「リコ」（川の人の意味）という宗教を信じてきたが、最近では伝統的な暮らしよりもマレー人のライフスタイルが浸透している。

［8］カラハリ砂漠は五〇万平方キロメートルに及ぶ広大な乾燥地帯で、とりわけボツワナでは国土の七割を占める。この地域には少なくとも二万年前からブッシュマンが狩猟採集生活を行なってきたが、一九五〇年代に著作やテレビ番組で紹介されたことで有名になり、一九六一年にブッシュマンやその土地を保全するためこの保全区が創設された。だが、二〇〇二年ボツワナ政府は自然保護とブッシュマンの文明化を理由に、この特定地域への再定住を強制した。

［9］カンナダ（Kannada）語は、インド南部カルナタカ州の公用言語であり、最も古いドラヴィダ語のひとつである。さまざまな方言があるが約四五〇〇万人によって話されている。

［10］グアテマラ北部のペテン地方にあるティカルは、ジャングルのなかに埋もれているが、マヤ文明のなかでも最大の規模をもつ神殿都市遺跡として名高い。なかでも一号神殿（大ジャガー神殿）が有名である。

［11］コセチャ（COSECHA）。一九九二年にホンジュラスにロランド・ブンチらが中心となって設立したＮＧＯ。ビロード豆の利用など持続可能な農法の普及に取り組んでいる。なお“COSECHA”はスペイン語で収穫を意味する。

第3章 食の安全・安心と農業・農村の多面的機能

食べ物の本当の値段

毎日パンを買ったり焼いたりするときに、実際のところパンの値段はいくらなのだろうかと、私たちはいつも疑問に思う。なるほど値段が安いにこしたことはないし、あがれば文句を言うことだろう。食品価格の高騰が原因で起きた暴動は、少なくとも古代ローマまで遡る。政府は店での食品価格が高騰しないようにずっと昔から介入してきたし、その廉価維持政策が成功していると主張している。工業諸国においては、ここ数十年、平均家計に占める食費の割合は縮小してきている。それ以外の物品と比べれば、食品価格は格段に安くなっているし、食品は必需品であるだけに、これは誰にとってもメリットがあると多くの人が考えている。

だが、食べ物はけっして安くはない。農業生産を行なった結果、発生する環境や健康へのダメージ。この隠れたコストを考慮していないために、安くみえているにすぎない。実際のところ、私たちは食べ物に対し三回も代金を支払っている。まずは店で、二度目は農家への補助金や農業開発支援に使われる税金で、そして三度目は環境や健康へのダメージを修復するためにだ。こうしたコストを社会のどこかが負担しているから安くみえるのであって、経済学者が指摘するように真のコストは店頭価格には組みこまれてはいない。「農業専門家は、市場原理にもとづいて大衆は何よりも低価格を望んでいると単純に想定している。低価格であるには大量でなければならず、大量生産は大規模経済、集中化された経済組織、工業的な農法によって支えられている。市場機能が十分ではなく、人びとが本当に望むものをきちんと反映できていないならば、この想定は根底から崩れさる」カンザス大学の環境歴史学者ドナルド・ウォスター*は約一〇年前にこのように述べ、食品価格の安さの問題を指摘している。

私は食品価格があがるべきだ、と言っているわけではない。高くなれば金持ちはともかく、貧しい人が不利になる。農業を開発する資金を調達するには税金を用いることが望ましい。豊かな人が累進課税で多くを支払うことで食品が低価格にとどまるならば、貧しい人びとは生活費のなかで食費の占める割合が大きいのだから、それは暮らしの助けとなる。

だが、近代農業によって引き起こされた歪みを考えると、この公平性の発想は成り立っていないし、税制度を導入しても頓挫する。近代農業は、経済全般にわたって環境や健康に大きな外部不経済をもたらしているからだ。こうしたコストは、直接的な受益者以外の人びとや公共機関によって支払われており、不公平で非能率的なものとなっている。食料生産における真のコストを加算できるとすれば、近代的で工業化された農業が、持続可能なそれと比べてどれほど貧しいものかがわかるだろう。

健康が損なわれたり、生物多様性が喪失したり、水が汚染されるコストは、農業生産からは切り離され、農家は支払っていないし、農産物の販売価格にも含まれていない。ごく最近まで、こうした外部不経済を価格化する手法がなかったからだ。だが、農業をたんなる食料生産工場以上のものであると考えるのならば、農民も食料生産だけを行なうために存在しているとの考え方は変えなければならない。なるほど農業は、多くの副次的効果をもつ多機能な活動ではある。だが、つねにそうだとはかぎらない。近代農業は農業に視野狭窄をもたらし、それが私たちを危機へと導いている。工業国の農村環境は大きく損なわれ、私たちが口に入れる食品にも危害がありそうだ。だが、私たちは、いまだに食べ物が安いと思っている。

「何ゆえに、英国の農業政策に関してはかくも論争があるのであろうか。そして何ゆえに農民は、未来をかき乱されるのであろうか？　過去の戦争の後に、英国の人びとは、安全なやり方で食料生産を行なうことをまさに望んでいた。だが、人びとの善良な意志にもかかわらず、農業は安全でなく無秩序状態の過渡期のままにおかれている」

この言葉は、五〇年以上も前、近代農業がもたらされる以前の一九四五年に『*Astor and Rowntree review of agriculture*（アスターとラウントリーの農業展望）』という全国調査のはしがきとして、アスター卿*が記述した巻頭言である。調査は複合農業を画一化された農業に置き換えることを批判していた。「地力を維持するためには農場を適切にしなければならない。土の肥沃度を維持するためには混合農業システムが必要である。土の健康と肥沃さを維持することは、健全なビジネスのやり方であるという以上にあたりまえのことなのだ」アスター卿らは、地力維持から始めて、システム全体の健康さを維持することによってのみ、農業はうまくいくと考えていた。

興味深いことだが、当時も初めのころは複合農業の考えが大きく支持されていた。だが、調査を進めるなかでこれに反対し「特殊化し機械化された農業」を求める声もみられ、最終的には、食料を増産するうえでの補助金要望が最優先され、複合農業よりも単純化された農業生産システムが、安易に適用されてしまったのである。一九四七年の農業法がその結果であり、これが近代農業へと前進する大きな飛躍となったし、自然資源に価値をおく農業から大きく遠ざかる契機ともなった。

草地の研究でナイトの爵位を叙されたイギリスの科学者、ジョージ・ステープルドン卿*も当時としてははるかに先んじていたもう一人の知覚者で、モノカルチャーに反対して多様性を支持し、一九四一年にこう主張している。「なるべく安く食料や他の作物を生産するようにデザインされたモノカルチャー。このセンスのないシステムが、かつては肥沃だったか潜在的に肥沃であった何百万エーカーもの国土を荒廃させている」ステープルドン卿は農業法が制定された約一〇年後に死去するのだが、最晩年にこう語っている。

「今、技術が暴走を始めている。これよりも生産的な農場はおそらく世界のどこにもないほどだ。驚くべきほどの十分さだ。人びとは狭く特殊化されたことに全資金を注ぎこんでいる。新たに到来した技術の時代は、駆り立てられた野生馬のようなものだが、その頭に据えているのはコントロールを失った猟犬なのだ」

これは卓越した政治家や科学者たちの賢明な言葉である。だが、農業についての新たな考えが現われて、人びとの信用を集めはじめる今日までは、そうした考え方は進歩の祭壇の前に忘れ去られていたのだ。

農業のユニークな多面的機能

なんのために農業はあるのだろうか。誰もがそのことを問いかけるべきである。まず明らかに農業は食料を生産するためのものだし、その点においては大成功を収めてはいる。とはいえ、それは効率性への評価が狭い場合にかぎられる。経済部門としては農業はユニークであり、食料、繊維、油、材木を生産する以上のことを行ない、地域、国、そして世界の経済や生態系に多くの面で影響を及ぼしている。こうした影響は、プラスの場合もあればマイナスの場合もあるが、後者の場合が問題となっている。農場から流出する農薬や栄養素は飲料水から除去しなければならないが、そのコストは汚染者ではなく水を飲む消費者によって支払われているからだ。汚染者は浄化経費を負担せずにすんでいるから、自分たちの行動を変えるインセンティブをもたない。

また、農業がさらにユニークなのは、成功するための資源に依存しながらも、同時にその資源に影響を及ぼしている点だ。農業はそれが管理する資源からの恵みにその成功を依存している。そこで、自然、社会、人間、物理、金融資本という五つの資源が今重要であると認識されてきている[1]。各資本がどのようなものなのか、順次みていくことにしよう。

まず、自然資本は、食料（耕作・収穫されたものと野生から採取したもの）、木材、繊維、水の供給や調節、廃棄物処理、炭酸同化と分解、栄養素の循環と固定、土壌生成、害虫の生物的防除、気候管理、野生生物生息地、洪水治水や調節、炭素隔離、授粉、レクリエーション、レジャー等の自然産物やサービスを生み出している。

社会関係資本は、相互利益をもつ集団的な行動をつくり出し、社会のなかで人びとを結びつけることに役立つ。人びとが協力しあうベースとなる規範や価値観、態度、信頼関係、相互性と義務、そして、相互合意されたり、上から科された共通規則や制裁を含み、ネットワークやグループ内での絆によって構築されている。

人的資本とは、各個人の総合的な能力（カパビリティ）のことである。総合的な能力は、各個人の知識量やスキル、健康や栄養状態にもとづき、学校、医療サービス、成人トレーニングといったサービスを通じて高めることができる。また、人びとの生産力は、生産的な技術と同時に、他の人びとと影響しあう能力によって高まる。それゆえ、他の資源をより価値あるものにするうえで、リーダーシップや組織化のスキルがとりわけ重要なものとなっている。

物的資本は、住宅、工場、市場インフラ、灌漑施設、道路、橋梁、農機具、トラクター、コミュニケーション、エネルギー、輸送システム等の人工的な資源である。これらの資源は、いずれも労働をより生産的なものにしている。

一方、金融資本は、年金、送金、福祉支払い、寄付、補助金等の金融制度を通じて構築されているもので、生産力の源そのものであるよりも、むしろ生産を促進するなかで役立っている。

このように、農業は、その立脚する資本をまさに形成しており、結果が投入条件を左右するというフィード・バックのループが生じている。ドナルド・ウォスターの「よりよき農業のための三原則」は、まさにこの考え方を表現したもので、ウォスターは「農業にとって必要性があることから、エコロジー的に合理的なやり方で農業を行なうというモラル的な義務と良識から免れることはできない。望ましい農業は土地を使うときでさえ保護をする」と述べている。健全な農業は、人びとをより健康にし、より公正な社会を促進し、地球やその生命ネットワークを保全するのだ。

持続可能ではない農業が、マイナスのフィード・バックによって資源を消耗し続け、わずかなものしか将来世代に残さない一方で、持続可能な農業は、自然、社会、人的資本に対して肯定的な効果がある。たとえば、土壌を浸食しながら食料を生産する農業は外部不経済をもたらすが、有機物を蓄積し、土壌中に炭素を固定する農業は、気候変動を解決する一助となる。同じく、病害虫管理にあたって農場の野生生物を増やす多様な農業は、生物多様性を高めることに寄与するが、野生生物を損失させる近代農業はそうではない。また、農業は、雇用を創出し、資源の改善や高付加価値活動を通じて、経済を促進し、農村から都会への人口流出を逆転させる一助にもなっている。

こうしたことから、農業が基本的には多機能で、食料だけでなく、農業以外の経済部門では生み出せないユニークな多くの機能を効率的かつ共同でつくり出していることがわかるだろう。工業国にとっても開発途上諸国にとっても、重要な政策上の課題は食料生産を維持・増強することである。とはいえ問題なのは、肯定的な多面的機能を高めつつ、否定的な外部不経済を取り除きながら、これを成し遂げることができるのかである。これまでの農業開発においても農業がもつ多面的機能も外部不経済も双方ともに無視される傾向があったことから、それは容易なことではないだろう。

これが、持続可能な農業の単純にして明瞭な定義、「環境に損失を与えることなく、自然の産物や自然からの恵みを最高度に利用する農業」へとつながる。持続可能な農業は、食料を生産する過程で、養分の循環、窒素固定、土壌再生、自然な害虫管理といった自然のプロセスを統合することで、このことを実現させる。環境に被害をもたらしたり、生産者や消費者の健康を害する再生可能ではない投入資材の使用を最小限に抑え、農民たちがもつ知識や技を活用し、ともに働く人びとの能力を生産的にいかすことで、人びとの自律性を高め、共同管理の問題を解決していく。こうしたことによって、持続可能な農業は、水質保全、野生生物の保護、土壌中への炭素固定、洪水防止、景観の質の向上といった一連の公共益にも貢献するのだ。

外部不経済の金銭評価

たとえ、投入資材として天然資源を用いたり、「クリーン」な環境を活用し、汚染削減に努めたとしても、ほとんどの経済活動は環境になんらかの影響を及ぼしている。このように環境を使うことで生じるコストは「外部性」と呼ばれる。外部性には経済活動がもたらす副作用も含まれるが、市場外にあるために、そのコストは生産者や消費者の支払い価格には反映されない。外部性が価格に含まれなければ、そのコストは社会に負担させることになる。農業で登場する外部不経済には、いくつかの特徴がある。まず、そうしたコストはたいがい無視されており、かつタイムラグがあって生じている。また、外部不経済を生み出す対象は必ずしも特定されているとはかぎらず、直接的に利益を受けない人びとにダメージを与えている(2)。

実際のところ、農業の外部不経済について、合意されたデータはほとんどない。ひとつは、コストがあちらこちらに分散し、多くの経済分野に影響しているためだ。市場では評価されない自然の価値が失われたとき、いったい何が起こるのかを知っておくことは必要だが、今の経済体制では、自然資本がもつ価値や将来的な価値を過小評価しているために、これがさらにこの仕事を難しくしている。たとえば、汚染事故の改善費用を見積ることは比較的たやすいが、夏の日に歌うヒバリが失われるコストを評価することははるかに難しい。

最近、中国、ドイツ、オランダ、フィリピン、イギリス、米国において農業の外部不経済を計算する研究がなされている。たとえば、フィリピンでは、国際イネ研究所の研究者たちによって、近代的な稲作のマイナスコストが試算されている。研究者たちは、農薬を浴びる稲作農家の健康状態を調査し、目、皮膚、肺、神経系での不調がかなり増えていることから、このコストを評価した。また、農薬に依存する近代稲作は、病害虫の発生からみても不経済だった。季節当たり九回も農薬を散布しなければならず、総合的有害生物管理（IPM）よりもヘクタール当たりの見返りが少ない。健康への影響を加味すればコストはさらにかさむ。期待される生産上のどんなメリットも農薬施用による健康上のマイナスコストが上回っていた。自然な管理手法を用いる稲作のほうが、人の健康にも食料生産を維持するうえでも確実に寄与することがわかったのだ。

このように、外部不経済を正確に計算できれば、最高の農業の形態がどのようなものであるか、あるいは最も効率的な農業がどのようなものであるか、これまでの認識がただちに変わることだろう。とはいえ、こうした研究データは、それぞれ設定条件や評価手法が異なるため単純な比較はできない。慎重な研究もあれば、独断的な評価もあり、評価方法そのものにも問題がある。たとえば、ピメンテルら*の米国における野鳥の二〇億米ドルという評価は、一羽を三〇米ドルと想定し、これに失われた六七〇〇万羽をかけることで得られている。ダビソンらのオランダ農業についての研究はさらに独善的な内容で、政府が掲げる政策目標に到達するために農業者が負担するコストを付け加えている。これは、高額で不適切な技術によって一〇～二五パーセントの収量減が生じるとの予測にもとづいているために、損失が過大評価されている。

エセックス大学で私たちは、イギリス農業の外部不経済を研究するための新たなフレームワークを開発している。このフレームワークは、水、大気、土壌、生物多様性へのダメージ、そして、農薬、微生物と伝染病媒体による健康へのダメージなど、七つのコスト・カテゴリーを用いて環境や健康上のネガティブ・コストを評価するものだ。被害分析やモニタリング・コストは外部不経済だけを換算し、農薬の過剰使用で害虫や雑草の抵抗性が増えたり、農民の個人的な経費が増えることは含めていない。その結果として、控えめではあるものの、私たちはイギリス農業の外部不経済が、少なくとも毎年一五〜二〇億ポンドあると見積もっている。そのほとんどすべてが近代農業によるものである。

ロンドン・ユニバーシティ・カレッジのオリヴィア・ハルトリッジとデヴィット・ピアスによるこれとはまた別の研究も、近代農業によって毎年一〇億ポンド以上のコストが発生していると指摘している。ダメージの内訳は、大気（三億一六〇〇万ポンド）、水（二億三二〇〇万ポンド）、生物多様性と景観（一億二六〇〇万ポンド）、土壌（九六〇〇万ポンド）、人間の健康（七億七七〇〇万ポンド）である。同様の分析の枠組みを用いると、米国での外部不経済は年間でほぼ一三〇億ポンドとなっている。これらは、社会に対して負荷となっている農業のコストであって、表面上はみえていなくても実際のところは、汚染農業者への隠された補助金となっているのだ[3]。

では、こうした外部コストがどのようにして発生するのかをくわしくみてみることにしよう。農場からは、農薬、窒素やリンといった栄養分、土、農場廃棄物、微生物が流出し、地下水や表層水を汚染する。損害を受けた給水会社は、汚染物質や土粒子の除去、富栄養化した水質の改善に要する代金を支払い、その代価を受益者に課すことになる。私たちは、英国給水企業の収益のうち、年間の外部不経済を、法的基準以下まで除去するのに、農薬で一億二五〇〇万ポンド、硝酸塩で六〇〇万ポンド、土粒子で六九〇〇万ポンド、クリプトスポリジウム[1]で二三〇〇万ポンドと見積もった。もし、すべての汚染を完全に除去することが政策目標とされるならば、このコストはさらに巨額なものとなることだろう。

農業は、四種類のガス――家畜由来のメタン、肥料由来の亜酸化窒素、家畜廃棄物や肥料由来のアンモニア、化石燃料の消費と土壌中の炭素喪失による二酸化炭素を放出することで大気汚染の一因にもなっている。これらは、温暖化（メタン、亜酸化窒素と二酸化炭素）、成層圏でのオゾン破壊（亜酸化窒素）、土壌や水の酸性化（アンモニア）、富栄養化（アンモニア）の原因にもなっている。私たちはまず、これらの年間外部不経済をメタン二億八〇〇〇万ポンド、亜酸化窒素七億三八〇〇万ポンド、二酸化炭素四七〇〇万ポンド、アンモニア四八〇〇万ポンドと計算したが、後にマージナルコストを分析した結果では、メタン八三〇〇万ポンド、亜酸化窒素二億九〇〇〇万ポンド、二酸化炭素二二〇〇万ポンド以下となっており、年間に合計で四億四四〇〇万ポンドであると想定している。

健全な土は農業にとって不可欠なものだが、近代農業では、冬期に穀物を作付けたり、牧場を可耕地に転換したり、圃場境界や生け垣を除去したり、草地で過放牧を行なうことで土壌浸食に拍車をかけている。圃場から土が水で押し流されたり、風で吹き飛ばされ、溝や道をふさいで土地を傷めつけ、交通事故を引き起こし、洪水の危険性を高め、硝酸塩、リン酸塩、農薬で水を汚染し、離れた場所でもコストを発生させている。こうしたコストは年間に総計で一四〇〇万ポンドにもなっている。牧場が耕されたり、農地が集約的に耕作されれば、土壌中の有機炭素も急速に失われる。これもまた別に毎年八二〇〇万ポンドの外部不経済を加えていることになる。

近代農業は、イギリスの野生生物に対しても深刻な影響を及ぼしている。一九四〇年代以来、荒野、低地・沼沢地帯、湿地の二分の一、低地の古樹や生け垣の二分の一から三分の一、そして、野草が豊富な牧草地の一〇分の九以上が失われている。農地そのものでも生物多様性は低下している。排水の促進と肥料の増加で、草花に富んだ牧草地が単相草地に置き換えられてしまい、高地での過放牧や農地での除草剤使用が生物多様性を低下させている。生け垣も一九八〇年から九〇年代にかけ、年間に一万八〇〇〇キロメートルの割合で撤去された。最も影響を受けたのは農地に生息する野鳥で、その九種の生息数は一九九五年までの二五年間で半分以上減少している。野生生物やその生息地の喪失コストを想定するうえでは、生物多様性行動計画における生物種や生息地の回復コストを用いたが、生け垣、石垣、蜂群の代替コストとあわせると、年間一億二六〇〇万ポンドとなっている。

農薬は、その製造、輸送、処分に従事する労働者や、農薬を圃場に散布するオペレーター、そして一般大衆にまで影響を及ぼしている。政府への自己申告によれば、イギリスでは毎年一〇〇件の農薬事故が発生しているが、仕事上、農薬によって死亡する事例はごくまれで、イギリスでは一〇年間で一人、カリフォルニアでは一〇年間で八人となっている。イギリスではさまざまな団体が死亡率と病状のデータを集めてはいるが、製品ごとにリスクが異なり、モニタリングシステムの脆弱さや医師の誤診もあいまって、どれだけ多くの人びとが毎年農薬の影響を受けているかを正確に指摘することはきわめて難しい。とはいえ、農薬使用者二〇〇〇人に対する最近の政府調査によれば、五パーセントが前年に医者にかかったことがあり、少なくともひとつの症状を報告していることがわかった。そのほとんどは頭痛だが、一〇パーセントの人が影響を受けており、通院しないまでも毎年一〇〇万ポンドのコストを発生させている。また、家庭や菜園での殺虫剤使用が最も危険で、子どもが最も危害を受けているであろう。イギリスでは家庭での農薬使用による中毒で毎年六〇〇〜一〇〇〇人が入院している。世界で最も包括的な報告体制が整っているのはカリフォルニアだが、そこでの公認記録によれば毎年一二〇〇〜二〇〇〇人の農家、農場労働者、そして一般人が被害を受けている。だが、農薬と関連する慢性的な健康上の危険性を評価することはさらに難しい。農薬は、食品や水から摂取されており、危険性があることは公然のこととされているが、現在の科学知識では、がんとの因果関係といった慢性的な影響を確定できない。

それ以外の農業由来の健康問題としては、食品に由来する病気、抗生物質抵抗性、そして狂牛病（ＢＳＥ）

がある。ＢＳＥは一九八六年後半に初めて特定され、研究によって動物や人に発生する伝染病であることが確認された。ＢＳＥはイギリス各地で発生し、その発生は一九九二年にピークとなり、以来、他国産の牛でも発生している。二〇〇一年半ばでの発生報告は、イギリスで一八万一〇〇〇事例、アイルランド六四八、ポルトガル五六四、スイス三八一、フランス三三三、ドイツ八一、スペイン四六、ベルギー三四となっている。人間のヤコブ病との関連性は一九九六年に確認され、二〇〇一年にはヤコブ病によって一〇〇人が死亡している。世界保健機構（ＷＨＯ）などによれば、ＢＳＥの年間の外部不経済は一九九〇年代末時点で六億ポンドとなっている。

　こうした農業の外部不経済は、効率性だけを重視する考え方に疑問を投げかける。毎年三〇億ポンドの公的補助金が農業に対して支払われているが、農業は、一五億ポンドもの外部不経済をどこかで引き起こしている。もし、代替手段がまったくないとすれば、私たちはこうした外部不経済を甘受しなければならないことだろう。

　だが、いずれのケースにおいても選択肢はある。イギリスにおける農薬市場の規模は五億ポンドだが、飲料水を浄化するためだけで一億二〇〇〇万ポンドのコストがかかっている。だが、農薬は水に入る必要がないものだし、すべての農場で使う必要はない。生物多様性や景観を破損する農業も必要とされていないし、伝染病を広めたり、抗生物質を過剰投与する集約的な畜産も必要とはされていない。とはいえ、持続可能な生産方法によって、すべての外部不経済がすぐに取り除かれるとはかぎらない。科学者が反芻生化学の研究を通じて、メタン放出の抑制法を発見するまで、牛はメタンを吐き続けることだろう。だが、明確な考え方、堅実な政策、そして農民たちの勇敢な行動によって、こうした大きな歪みの多くはなくせるだろう。

集約的な農業の水域や湿地への影響

近代農業によって景観が変わってしまい、貴重な自然特性や機能が失われてしまうことも問題だ。生産的な農地を災害から保護するため、湿地は排水され、河川は直線的な堤防に囲まれ、帯水層の地下水は汲みあげられ、河川や湖や海は汚染されてしまっている。食料生産にだけ農地が必要であるとの狭い了見が、次々と問題を引き起こしている。国立研究委員会によれば、米国では過去二世紀の間に四七〇〇万ヘクタールの湿地が排水され、現在では陸水量の八五パーセントが人為的にコントロールされている。新たに農地を創出したことが、農民には利益となったとはいえ、湿地を取り除いたことで、湿地が提供していた価値の多くも失われている。湿地は、多様な生物の生息地であり、圃場から流出する栄養分を捉え、洪水を防止し、景観という大切な文化なのだ。

ドナルド・ウォスターは、カンザス州の人為的に利用しつくされたカウ・クリークからたった三〇メートルの場所で育ったことについて「窓から川は見られなかった。ただ見られたのは堤防だけだった」と述べている。一九世紀に町は川岸にまで迫り、初期の開拓者たちは土地を小麦畑へと変えた。その結果、河川が規則的に洪水を起こすようになり、かなりの経済的な損失が出はじめた。一九四一年の大洪水を契機に、軍の工兵隊が四メートル高の堤防を構築するまで、洪水被害や治水対策への経費が数十年間かかり続けていたのだ。

「インディアンとバイソンとカナダヅル、そしてアンテロープを打ち破ったカンザスの連中は、今ようやくカウ・クリークをなんとか打ち負かすことができた。だが、クリークは暮らしから消えうせてしまった」

これは聞き捨てならない指摘である。価値ある景観特性が失われたり、別のものに置き換えられてしまえば、地元住民の日常経験からは古い記憶は確実に腐食されていく。記憶が消えうせるまで、老人たちは心にとどめおくかもしれないが、若者たちはそのことを知らない。そして、私たちはすべてを失うことになる。さらに、堤防による水管理は、灌漑用水を必要とする農民と水鳥の自然生息地を保護したい人びととの対立解消にもつながらなかったし、圃場からの農薬や肥料成分の流出や家畜廃棄物を大量に生み出す家畜飼育場の出現を抑えることにもつながらなかった。そう、ドナルド・ウォスターは指摘している。

かつてヨーロッパの谷間には多くの湿原があった。こうした湿原は、河川がオーバーフローすれば氾濫し、晩冬や初春の牧草生産に活用されていた。そして、もっと重要なことは、河川氾濫時に水が牧草上に貯留され、住宅やその他の脆弱な場所に災害をもたらさなかったことだ。だが、食料生産が増強されるなか、このような牧草地の大半は農地へと転換され、圃場規模は拡大し、生け垣は取り払われ、同時に、河川が改修され脆弱な土地の上にも住宅が建てられた。結果として今は、雨が降れば脆弱な場所では洪水が多発している。洪水の原因は降雨量が多いためだと思われがちだが、実際のところは、その大半は景観が変化したためなのだ。

ドイツのハノーバー大学のリエンク・バン・デル・プローグ*教授らは、内陸部での洪水多発と牧草地損失とを関連づけている。過去一世紀以上で大洪水は一二回起きているが、うち六回が一九八三年以降に発生している。これは、農地利用の変化が、洪水の主要原因であることを示している。一九六〇年代半ば以降、約一五〇万ヘクタールの永久牧草地が農地へと転換され、かつ表層が締め固められたことで、こうした圃場は冬期にごく少量の水しか溜められなくなったのだ。さらに一九四〇年代以降、四五〇万ヘクタールの湿地でも排水がなされた。このため、雨が降れば急速に河川水があふれ出す一因となり、洪水が発生する可能性が高まっている。一九九三年と一九九五年の洪水の被害額は、ほぼ二〇億ドイツマルクだった。バン・デル・プローグは、「農業生産力のどんな増加も、環境に対してネガティブな影響を引き起こすことが認識されなければならない。将来の農業政策は環境により配慮しなければならない」と述べ、農地を永久牧草地に戻すことが、経済的にも環境的にも有益だとの結論を下している。

ベトナムのアンジャン大学のヴォ・トン・スゥアン*学長もメコンデルタにおける同様の問題を指摘してい

けるようになり、それが毎年洪水を発生させているのだ。

湿地のもつ価値を示す別の事例として日本の水田もあげられる。日本は高い山並みが連なる風土をもち、降水量が非常に多いうえ、降雨期が数カ月間に集中している。海への流出時間はきわめて短く、国土の大半が洪水のリスクにさらされている。だが、水田がこの水の流入先となっている。日本には二〇〇万ヘクタール以上の水田があり、各ヘクタールごとに年間に約一〇〇〇トンの水を保持している。東京の二五キロメートル北方にある埼玉県越谷市では、過去二五年にわたって都市近郊水田が住宅用途に転用され、一九七〇年代半ば以降約一〇〇〇ヘクタールの水田が減少した。このために洪水発生率が高まり、毎年一〇〇〇～三〇〇〇戸が浸水の憂き目にあっている。

全流域で、急傾斜地上の森林や農場が緩衝となり、水流をゆるやかにし、地滑り発生を最小限に抑えるうえで、大きな役割を果たしていることは認識されている。だが今、景観の多様性は危機的状況におかれている。農村工学研究所の加藤好武や横張真［訳者補完］は、「農村部における伝統的な村落は、居住地、水田、作物畑と樹木におおわれた丘陵や山地を含み、すべてが結びついて景観を構成している。森林が失われたこととあわせ、丘陵地における農業の衰退が、全流域の安定性を脅かしている」と指摘している。

中国では、過去五〇年間で作物生産用に五〇万ヘクタールの湿地が干拓されたが、それは約五〇〇億立方メートルの洪水貯水量を失うことを意味し、それが一九九八年に発生した被害額二〇〇億米ドルに及んだ水害の主な理由なのである。多くの場合、集約的な農業の土地利用は、土壌有機物の激減や土壌浸食の増加へといきつき、農業そのものの実施すら脅かしている場合もある。たとえば、南アジアでは農地の四分の一が水による浸食、五分の一が風による浸食、六分の一が塩害と浸水による影響を受けている。

湿地や流域が破損されたり破壊されれば、どれほど多くのものが失われるのかは予想がつく。そこで、湿地や流域のもつ価値を評価することには意味がある。経済学者は、湿地の価値を認めていないが、さまざまな研究から、コミュニティ内にあるそれぞれの湿地が、金銭に換算すれば数百万ドルに相当する汚水の浄化処理を金をかけずにしていることが示されている。最近の米国農務省の研究は、湿地の経済価値をヘクタール当たり年間で三〇万米ドルとしている。

湿地の価値を評価する別のやり方として、生物多様性の観察、写真撮影、あるいは射撃と目的はさまざまであれ、どれだけ多くの人が、湿地を訪れ、支出しているのかを調査する方法がある。米国では湿地の動植物相を観察したり撮影することに毎年五〇〇〇万人が一〇〇億米ドルを費やし、毎年三〇〇〇万人が宿泊している。また、フィッシングでは年間に一六〇億米ドル、三〇〇万人の水鳥ハンターの狩猟ではほぼ七億米ドルが出費されているとの評価がなされている。ヨーロッパでの、湿地や河川でのレクリエーション・サービスへの支出意向に関する最近の経済的メタ分析では、年・ヘクタール・一人当たり平均二〇～二五ポンドとなっている。このことから、湿地を別の土地に転用してしまうと、ヘクタールごとに少なくとも二〇ポンドの社会的損失があることになる。むろんのこと、すべての利用を金銭的価値へと割りふることはできないことから、これらを用いるには限度がある。

農業がもたらす最も深刻な副作用は、栄養分の流出とそれによる水圏生態系の混乱だ。富栄養化が進むと藻が過剰に繁殖し、食物連鎖全体が混乱し、最悪の場合は、無酸素状態となって全生命が根絶されてしまう。最も著名な事例は、メキシコ湾のデッド・ゾーンである。ここでは、五〇〇〇～一万八〇〇〇平方キロメートルの海域に大量の栄養分が流入し、全水生生物が死滅している。ミシシッピ流域で過剰に肥料を用いる農業の外部不経済は、このようにルイジアナの漁民によって負担されることになる。この損失はまだ誰も金銭評価していない。だが、この損失が集約的な家畜生産や肥料価格に内部化されれば、こうした汚染活動に対してもっと大きな関心が寄せられることになるだろう。

私たちは、最近エセックスの大学で、イギリスの富栄養化のコストに関する研究を行なった。まず、きれいで富栄養化していない水域が汚染され価値が失われることで生じるコスト、富栄養化したことで生じる直接的なコスト、さらに法的義務を満たすためのコストとを区別した。また、汚染によって失われるコストについても選択価値、資産価値、存在価値という三タイプの非利用価値、そして利用価値の二つのカテゴリにわけてみた。富栄養化では、水辺の価値が減るし、ウォータースポーツ、フィッシング、バードウォッチングといったレクリエーション益、一般的なアメニティーや教育益、そして、工業的用途、観光業、農業、水産業といった価値も減り、このコストは行政機関と民間部門の両者によるさまざまな社会的な対応によって負うことになる。全体では富栄養化の年間コストは三〇〇〇万～七〇〇〇万ポンドになるだろう[4]。

工業的農業とその食べ物がもたらす病気

工業諸国では現在、飢餓はほぼ克服されている。とはいえ、食べ物が病気の主な原因となっているのはじつに皮肉なことである。飽食、不健全な食材の組み合わせ、そして、食品由来の病気によって、私たちは健康を害している。たとえば、ヨーロッパでは全人口の一〇～二〇パーセントが肥満とされているが、WHOの評価によれば、ヨーロッパの医療費の二～七パーセントはこの肥満による。米国のある研究は、肥満者が一〇パーセント減量すれば、平均寿命が二～七カ月のび、生涯では一人当たり二〇〇〇～六〇〇〇米ドルの利益になるとしている。インシュリン欠乏による糖尿病、脳卒中、冠状動脈心臓病、がんなど、アンバランスな食生活と結びついた病気は多く、かつその発生率は急増している。

もちろん、私たちは毎日五種類の果物や野菜を食べることができる。さまざまな理由をつけてはそうはしていないが、適切な消費選択をすることで、食生活に由来する病から身を守ることができる。だが、食品に由来する病気となれば、そうはゆかない。WTOの評価によれば、ヨーロッパでは、食品由来の疾病、とりわけ、サルモネラ菌、[2] カンピロバクター菌、[3] リステリア菌、[4] 病原性大腸菌O-157によって、毎年一億三〇〇〇万人が影響を受けている。最も一般的なのはサルモネラ菌で、国によっては食品由来病の九割を占めることすらある。世界のどこでも食品由来の病気の最も一般的な症状は下痢であり、幼児の死因や成長遅延の主因となっている。下痢が増えた理由の一部は、モニタリングが進んだことから説明できるのだが、カンピロバクター菌やサルモネラ菌の中毒がヨーロッパで増加しているとの証拠もある。米国でも食品由来病の発生率が高まっているが、これは農業、とりわけ畜産業の工業化のためだ。

米国疾病管理予防センターによれば、食品由来の病気によって毎年七六〇〇万人が体調を崩し、うち三〇万人以上が入院することとなり、そのうち五〇〇〇人が死んでいる。食品由来病のコストは莫大なものとなっており、米国科学アカデミーの医学研究所、米国農務省とWHOの評価では、米国での年間コストは三四〇億〜一一〇〇億米ドルに及んでいる。イギリスの食品認証庁も年間五〇〇万ケースにも及ぶ食中毒事例をそれぞれ評価し、医療費やビジネス上の損失は平均八五ポンドであるとし、年間コストは四億ポンド以上であるとしている。こうしたデータから判断すると、イギリスでは一〇人に一人、米国では四人に一人が毎年食中毒で苦しめられていることとなる。

食品由来病は、大量出荷や食品加工と関係し、そのなかで発生しているのだが、初期感染源となっているのは農場だ。工場化した豚飼育場やブロイラーなど、家畜の密飼いが病気を伝染させ広めている。食物連鎖の一番初めが伝染病のプールとなっていることは、あまりにも深刻ではないか。WHOはこう指摘する。「最も危険なのは畜産業であるように思える。健康にとって最も深刻な脅威となる、サルモネラ菌、カンピロバクター菌、病原性大腸菌O-157、そしてエルシニア菌[5]は、これが発生源となっている」米国農務省も畜産業、とりわけブロイラーや七面鳥生産で、伝染病がかなりあることに気づいている。家畜のほぼ九〇パーセントでカンピロバクター菌が、六五パーセントでブドウ状球菌[6]が、三〇～四〇パーセントでクロストリジウム属菌[7]が、そして二〇～三〇パーセントでサルモネラ菌が見つかっているのだ。

こうした感染水準は、ヨーロッパのものとも一致する。たとえば、オランダやデンマークでは、豚の九〇パーセント以上、牛のほぼ五〇パーセントがカンピロバクター菌で汚染されている。この家畜の罹病率の高さからすれば、肉を消費することでかかる病気が、とりたてて珍しくないことにも納得がいくだろう。米国では、豚や牛の罹病率はヨーロッパよりははるかに低いが、それでも、家畜の二～三〇パーセントがこうした病気にかかっていると懸念されている（表3－1）。

表3-1　米国の農場家畜の細菌感染発生率
（感染細菌のある個体割合：%）

	ブロイラー	七面鳥	豚	牛
クロストリジウム属菌	43	29	10	8
カンピロバクター菌	88	90	32	1
サルモネラ菌	29	19	8	3
ブドウ状球菌	65	65	16	8

出典：USDAのデータによる。

こうした異常事態の背景には、つねに廉価な食品を追い求めていることがある。そして、成長促進用に抗生物質を過剰使用したり、家畜治療に抗生物質を過剰処方することで、抗生物質の抵抗性が高まり、さらに事態を悪化させている。たとえば、米国では毎年二万三〇〇〇トンの抗生物質が使われており、家畜に投与されているのは一万一〇〇〇トンだが、そのうち五分の四は成長促進用に用いられている。イギリスでは、毎年一二〇〇トンの抗生物質が使われており、うち四〇パーセントが人間用、三〇パーセントが国内のペットや馬用、そして、三〇パーセントが農場家畜用となっている。そして、近代農業で使用される抗生物質やそれ以外の微生物抗生物質の五分の一だけが「臨床病治療」に使われ、残りの五分の四は予防と成長促進用のためなのである。

米国疾病管理予防センターは「抗菌性抵抗は、米国での臨床や公衆衛生上の重要問題だ」との発言をしており、医薬品研究所のある人物は、そうした抵抗性のコストは年間三〇〇〇万米ドルに及ぶと示唆している。英国上院特別委員会では、最近さらに警鐘を発する次のような質疑がなされた。「家畜への抗生物質の軽率な利用によって人の健康が脅威にさらされ続けている。我々は、抗生物質以前の時代に逆戻りするという恐ろしい見通しに直面しているのかもしれない」

ヨーロッパでも北米でも、病原菌類は、家畜の治療用に使われる抗生物質の系統に対して抵抗性をもちはじめており、それは患者の治療用に投与される抗生物質に対しても同様である。家禽類の伝染病予防や成長促進剤に使われたフルオロキノロンやアボパルシン等[8]の抗生物質が、抵抗性疾病が今激増していることに関係している。フルオロキノロン抵抗が、オランダでカンピロバクター伝染病が一般化したことの主因と考えられている。WTOはこう指摘する。「カンピロバクター菌は、今、先進諸国の細菌食中毒の最も一般的な原因である。そして、おもに鶏肉消費と関係している」鶏はけっして安い食べ物ではないのだ。

農村景観の価値の金銭評価

農村景観には文化的にも美的にも価値がある。そして、その景観は農業を通じてつくり出されている。その価値を金銭的に評価することはほとんどできないが、代用として使える手法は多くある。生物の生息地や景観をつくり出している農家に対する政府の補助金の支給額や、農村を訪れる人びとの数、そしてそこで落とされる金銭などだ。

イギリスでは、農業環境政策の研究を通じ、環境や景観に対して農業がもつ肯定的な価値を評価しようとしており、まだ失われていない生息地やその他の肯定的な農村特性を保護することとあわせ、この枠組みのなかで、農業生産を強化する過程で失われたこうした特性の修復を試みている。この農業環境政策は、生物多様性、景観、水質、考古学的な遺跡、農村部へのアクセスの強化などによって、農村の価値を伝えることをめざしている。その利益は、計画の対象地域や外から対象地を訪れる人びと、さらには一般大衆全体に生じるであろう。コンティンゲント評価[9]、選択実験、コンティンゲント・ランキングといったさまざまな評価手法を用いた世帯当たりの年間利益は、地域によってばらつきがあるものの、ＥＳＡ地域[10]で二〜三〇ポンド、ノーフォーク・ブロード[11]で一四〇ポンド、スコットランドのマチェアー草地[12]で三八〇ポンドとなっている。世帯当たりで年間に一〇〜三〇ポンドの利益があり、これが農業を通じて生み出された景観すべてに対する平均世帯の嗜好を表わすものだと仮定すれば、全国では二〜六億ポンドになり、一ヘクタール当たりでは二〇〜六〇ポンドの年間利益があることになる。

農業環境の枠組みは、ある一定の価値をもった景観を対象としているから、過大な評価をしているとも言えるが、その一方で、病原菌を含まない食べ物や土壌浸食を受けていない農地、非汚染型の農業、そして生物多様性の創出といった農業のメリットは評価していないから、実質的には過小評価されてもいる。

こうしたデータを実証する研究はほとんどない。イギリスのある研究は、有機農場と非有機農場とを比較し、有機農業が肯定的な外部性、とりわけ、土の健康や野生生物への恩恵で一ヘクタール当たり毎年七五〜一二五ポンドを生み出していると結論づけている。ヨーロッパには有機農業が三〇〇万ヘクタールあることからすれば、年間の肯定的な外部経済は三億ポンドとなるだろうし、ヨーロッパ全域の数多くの有機農業がメリットをもたらしていることは確実だろう。

農村を訪れることも、農村景観がどれほど評価されているのかの代用手段となる。政府の地方環境局とイギリス・ツーリズム委員会の調査によれば、一九九八年の日帰りと一泊旅行は、一九億六八〇〇万旅行者・日で、うち農村が約四億三三〇〇万、海辺が一億一八〇〇万訪問日となっている。日帰りもしくは一泊の平均支出は、イギリスの日帰り客でほぼ一七ポンド、一泊客では三三ポンド、そして、海外の一泊客では五八ポンド以上となっている。このことから、農村や海辺への五億五一〇〇万旅行者・日の旅行は、毎年一四〇億ポンドの金額に相当することがわかる。これは、毎年の農業補助金より三・五倍も大きく、私たちの景観への評価度合いを示していると言えるだろう。

水質も農村景観の実質的な評価になりうる。ニューヨーク市は、その飲料水の九〇パーセント、一日当たり約六〇億リットルを五〇万ヘクタールの広さをもつキャットスキル・デラウェア流域から得ている。だが一九八〇年代末に、飲料水の新基準を満たすために浄化設備を構築しなければならない事態に直面した。その額は五〇億〜八〇億ドルにも及び、さらに二億〜五億ドルの年間運営費も加わる。浸食土壌、農薬、栄養分、バクテリア、原生動物病原体の流出を削減するには、流水域にある農地の三分の一で農業を止めなければならない。

だが、市は農業を廃止するかわりに、農民たちと協力して持続可能な農業を支援するアプローチを選択した。それが、都市部の飲料水質を保護すると同時に農村経済を維持するという二重目的をもった、農民と政府と民間組織とのパートナーシップ、「流域農業委員会」が一九九〇年代初頭に設立されることにつながった。委員会は、農業計画全般にわたり、各農場とともに地元条件に見合った解決策を調整している。プログラムの最初の二段階で、目標の八五パーセントの汚染が削減された。それには、浄水場建設やその年間運営費に比べればごくわずかの一億ドルほどの経費しかかかっていない。農業と環境とを協同で管理するアプローチによって、農民や農村経済が恩恵を受けるだけでなく、環境にも望ましく、かつ納税者にも利益があることがわかるだろう。ただ驚くべきことに、こうした政策はいまだまれにしか講じられていない。

農業への炭素のわりあて

今、私たちが直面している最大の環境問題は、温室効果ガスの増加による気候変動だ。気候変動は、経済や生態系を崩壊させ、実質的に海水面を高め、沿岸部やいくつかの国では全国土を沈下させてしまう恐れがある。気候変動のペースを落とし、将来的に逆転させるには、大気中から炭素を捕捉・固定する方法を見つけだし、あわせて人間の活動によるこうしたガス放出を減らすことが必要だ。そして、持続可能な農業は、排出量の削減と炭素固定のどちらでも気候変動の緩和におおいに貢献できる。炭素の国際市場が拡大するとともに、炭素は農民たちにとって重要な新たな収入源となることだろう。

農業は、農場を運営するにあたり化石燃料を直接使うし、肥料や農薬の生産、輸送において間接的にエネルギーを使い、さらに耕作によって土壌中の有機物を減らすため、炭素放出の一因となっている。工業化された農業では、窒素肥料、ポンプ灌漑、機械利用が、全使用エネルギーの九〇パーセント以上を占めており、エネルギー面においてきわめて非効率なものとなっている。持続可能な農業と慣行的な農業との違いは驚くべきほどである。バングラデシュ、中国、ラテンアメリカの低入力型農業や有機農業による稲作は、米国での灌漑稲作よりも、エネルギー面では約一五～二五倍も効率的である。工業化されたヨーロッパの高投入型農業では穀類や野菜を生産するのに一トン当たり三〇〇〇～一万メガジュールのエネルギーを使っているが、持続可能な農業での穀類や野菜生産では、一トン当たりたった五〇〇～一〇〇〇メガジュールを消費するだけなのだ。また、ヨーロッパと北米での長期にわたる実験から、集約的な耕作によって土壌中の有機物や炭素が失われてしまうことがわかっている。

だが、有機物が土壌中に蓄積されたり、地上部の木質バイオマスが、永久的に土中に埋まったり、化石燃料の代替エネルギー源として利用されるときには、農業は損失を相殺して炭素を蓄積もする。そして、持続可能な農法に取り組むことで、土壌中の有機物や炭素を増やすことができる。最も効果が大きいのは、農地をアグロフォレストリーへと転換することだ。農地や牧場に樹木を植えればヘクタール当たり数トン、土壌中では有機物含有量が増え、地上部では木質バイオマスが蓄積される。輪作への草地の取り入れ、不耕起栽培、マメ科植物や緑肥の使用、藁と厩肥の利用も実質的な炭素固定に結びつく。

近年、保全耕起や不耕起栽培が、とりわけ米国で普及しているが、これも土壌中の有機物や炭素蓄積に役立つ。不耕栽培は、永久的・半永久的に地表を有機物で被覆し、日差し、雨風から土を物理的に保護し、土壌生物相を養う。結果として、土壌浸食が減り、土壌中の有機物や炭素含有量が高まる。不耕起栽培には、機械を動かすのに必要な化石燃料消費が減るという付随益もある。結果として、一ヘクタール当たり毎年三〇〇〜六〇〇キログラムの炭素が蓄積できる。さらに、不耕起栽培と、緑肥の輪作やマメ科植物を被覆作物として組み合わせることで、このシステムは一ヘクタール当たり一三〇〇キログラムまで炭素を蓄積できる。

気候変動に対処するため、炭素排出量削減にむけた国際的な政策は、一九九七年の気候変動に関する国連枠組み条約、京都プロトコルによってすでに確立されている。プロトコルと二〇〇一年のボン・マラケシュ合意下では、管理計画やイニシアチブのための資金的な原則や技術移転の原則も確立された。第一七条では、オフセットとして知られる各国で認められた放出削減と、共同実施プロジェクトを通じて、放出削減ユニットをつくり出すことが可能となっている。値段がかからないという点から、温室効果ガス排出を削減する多くの国々にとって、協同して取り組むことが、理論的にはグローバルな目標を達成するために効率がよいメカニズムとなっている。

二〇〇〇年には炭素銀行、取引委員会といった取引システムが出現し、一トン当たり二〜一〇米ドルの価値が設定されている。しかし、取引システムでは、永久的な放出削減はされないし、表面化しない炭素を扱う術がないことが、システム上の大きな課題となっている。耕作されない農地が再び耕起されたり、森林が破壊されることで炭素が放出することをいかにして防ぐか、削減量をどう特定し、それに合意し、いかにして永久的に確立するかが、重要な政策的課題の中心となっている。また、実際のところ、表面化していない炭素がもつ価値はもっと高い。付随的な効果や多面的機能をふまえて適正な実施コストを設定できるかも課題である。

金銭的なインセンティブによって、どれほど炭素が固定できるのかはまだわからない。経験的な証拠もまれであれば、実践的な経験もかぎられている。支払い水準への合意もまだ確立されていない。投資先をめぐっても未決着の問題が残されている。熱帯地方における持続可能な農業の創出への投資は、工業化された農業が普及している温帯地方への投資よりもはるかに安い。工業国から開発途上諸国に資金を移転することは、貧しい農民たちに利益があるだけでなく、本質的なグローバルな純益を生み出すことができる。

現在の炭素取引価格では、農民たちは明らかに「炭素」の農業者にはなれない。とはいえ、炭素を蓄積する農業は、生物多様性の改善や流域での清浄な水の確保など、それ以外の多くの公共財ももたらしている。政策立案者は、農家への環境支払い内容の種類を増やすため、これらに価格をつける努力をするべきだろう。要するに、炭素は、持続可能な農法を採択するよう農民たちを励ましているのと同時に、農民たちにとって重要となる新たな所得源を示しているのだ。

政策は持続可能農業の支援となりうるか？

こうした農業がもつ外部不経済や多面的機能から、重要な政策課題がもちあがる。とりわけ課題となるのは、食料以外に農業が生み出す公的利益に対して農民たちは公的支援を受けるべきか、汚染者や汚染団体は環境や人の健康に対する復元の代価を支払わなければならないか、という点である。この二原則は「供給者の受け取り」と「汚染者支払い」と称されるもので、工業国にとっても開発途上国にとっても重要である。効果的に汚染をコントロールし、望まれる公共財を供給するうえでは、規制と法、経済的手段、そして助言と制度という三つの政策手段が利用可能だが、実際のところは、セクター間をまたがる統合化とあわせて、三つのアプローチをすべて組み合わせることが必要となる。それぞれについて説明をしておこう。

まず、外部不経済を内部化するうえでは、規制や法的手段が役に立つ。労働者保護基準、食品中の残留物の規制基準、サイレージ流出の排出基準、農薬のような汚染物質の環境品質基準など数多くのタイプがあるが、汚染物質の排出基準や環境品質基準を定めて基準を超えた汚染者に罰則を科すことで実効性をもつ。しかし、農業系の汚染物質のほとんどは拡散しており、自然界では特定できないことが、こうした規制策を実施するうえで問題となっている。数がかぎられた工場では実施可能な手法であっても、何十万もの農場に遵守を確約することは検査官にもできない。

規制は、ある一定の行為を制限するためにも使われる。オランダやスイスの農場では、ミネラルバランスを最大限で達成する義務[13]が求められ、イギリスでは河川の近くでの農薬散布や藁の焼却が禁止されている。さらに、法的手段には、国や国際レベルで生息地や保護対象種の指定を行なうというやり方もある。

経済的な手段は、引き起こされたダメージや汚染の除去経費を汚染者に負担させるために使えるが、望ましい行為に報いることにも使える。環境税、徴収金、販売許可、政策目標への公的補助金やインセンティブを含めて、さまざまな経済手段が外部経済の内部化には使える。現在の農業投入資材の市場価格は、その使用にあたってのトータルコストを明らかに反映していないため、環境税や汚染支払いを通じて、こうしたコストの一部を内部化し、個人やビジネスが資源をより効率的に使うように激励されているのである。

ヨーロッパや北米では今、環境税が広く用いられている。炭素税とエネルギー税はベルギー、デンマーク、スウェーデン、クロロフルオロカーボン税はデンマークと米国、硫黄税はデンマーク、フランス、フィンランド、スウェーデン、窒素酸化物税はフランス、スウェーデン、埋めたて式ごみ廃棄税はデンマーク、オランダ、イギリス、地下水汲み上げ課税はオランダ、下水課税はスペイン、スウェーデンでそれぞれ用いられており、ＥＵ全諸国には有鉛と無鉛添加ガソリンの格差も設けられている。

環境税は、公共福祉を促進しつつ、非特定汚染源からの環境ダメージを減らすことで、二倍の利益をもたらすことにつながる。しかし、確実な根拠があるにもかかわらず、いまだに多くの者が環境税が経済成長を抑えると信じて反対している。農業においては環境税は、デンマーク、フィンランド、スウェーデン、そして米国の数州における農薬税、オーストリア、フィンランド、スウェーデン、そして米国の数州における肥料税、ベルギー、オランダの厩肥税を例外としてめったに適用されてはいない。

農民に課税という罰則を科す代わりになるのは、適切な農薬散布量や肥料施肥量をすすめたり、土壌浸食の管理手段のように望ましい農法を助言するなど、非汚染型の技術や農法を採択するよう奨励することである。助言と制度的な手段が、長期にわたって外部不経済を内部化する政策の骨格をなしており、それによって農業による汚染を防いでいる。この手法は、生産者の自発的な行動に依拠してはいるものの、経費がかからず、受け入れやすいために政策実施側にも評判がよい。そして、問題が引き起こされたあとで浄化のために資金を費やすよりも、環境を破損しない方法を促進するほうが、より効率的であることもわかっている。

大半の政府には、技術開発や技術普及で農民たちとともに働く普及員が雇用されている。農民と普及員との定期的な交流や相互関係は信頼を高めて協力を円滑にする。農民たちが協働するよう研究会で奨励すること。農民と普及員とがより相互に刺激しあえるよう普及や助言サービスに投資すること。農民やそれ以外の農村の関係者との間で新たなパートナーシップを構築すること。これらを含めて、さまざまな制度的な手段は、社会関係資本を高め、より持続可能な実践を推進する助けとなりうる。

多くの政府は、直接的であれ間接的にであれ、国内農業や農村への公的支援を行なっている。そして、持続可能な取り組みを支援することを目標とするにあたり、今の補助金は誤って汚染活動を促進していることから、価格支持政策や直接支払い制度のように補助金支給は、生産とは切り離されつつある。農業への公的支援は公共環境や社会的財の供給と完全に結びつけられるべきだと、多くの人も考えている。しかしまだ、米国の保全リザーブ・プログラム、EUの農業環境と農村開発プログラム、オーストラリアの土地ケア・プログラムのように総予算のごく一部分だけが環境改善のために確保されているにすぎない。

統合化にむけた抜本的な挑戦

近代農業がもつ本質的な外部不経済と持続可能な農業のもつ多面的効果は、政策にも大きな変革をもたらすことになる。こうした外部コストやメリットを価格に転嫁するうえで、政策が改革されれば多くのことをなしうるにちがいない。とはいえ、現実的には個々の単独の解決策では十分ではない。すべては、政策立案者がいかに適切な解決策の組み合わせを選択し、それらがどのように統合化され、農民や消費者やその他の関係者が、改革にどう関与していくかにかかっている。持続可能な農業が普及し発展するためには、農民とコミュニティとの統合的な行動と政策立案者と計画者による総合的な行動の双方が必要だ。部局間の水平的な連携と、ミクロからマクロレベルまでの垂直的な連携の双方も不可欠だ。そのため、農民たちとともに働き、かつ学びあい、部局横断的な統合的な協力体制を社会制度的にどう構築していくかが重要なのである。

統合的な計画の最良事例のひとつは中国のものだ。一九九四年三月に中国政府は、アジェンダ21実施のための計画白書を公表した。この計画では、持続可能な農業を実現するため、アグロエコロジカル工学(Sljengtai Nongye)というエコロジカル農業が提唱されている。研究組織や省庁間の横断的な連携・協力のもとに一五〇郡にまたがる約二〇〇〇の町と村内でパイロット・プロジェクトが実施されており、モノカルチャー農業の転換を促進し、農業を多様化するため、補助金、融資、免税や税控除、農地保有の確保、技術的支援、販売支援を含めたさまざまなインセンティブが用いられている。こうした「統合的エコロジカル・デモンストレーション・ビレッジ、エコ郡」は約一二〇〇万ヘクタールにも及び、うち約半分が農地である。中国の全農地からすれば、ごく一部をカバーするだけだが、政策が総合化された場合に、何が可能であるかを示す事例と言える。

このように、政策の統合化は重要である。だが、環境に配慮したマネジメントと農業との結びつけをめざす政策の大半は、いまだに断片的で、個別の農民の実践のごくわずかな部分に影響しているだけで、持続可能性の実質的なシフトには必ずしも結びついていない。

問題は、環境政策が農業の一部の「グリーン化」にしか対応していないことである。生け垣、森林、湿地での取り組みのように、作付け地以外の生息地は改善されてはきているが、食料の大半はいまだに従来の近代農法で生産されている。片隅ではなく、むしろ農業の中心をなす圃場においてグリーン化を進める実質的な手段を見出すことが重要なのだ。

一九九〇年代には、持続可能な農業の支持策が必要だとの認識がかなり世界的に進展した。ブラジル南部のサンタ・カテリーナ州、パラナ州、リオ・グランデ州は不耕起栽培や集水池管理を支援しているし、インドでも数州が流水域管理や参加型の灌漑管理を支援しているように、数カ国では地域的な支援が講じられている。プロジェクトやプログラムの段階ではさらに多くの国々で、持続可能な農業の進展がみられている。ケニアの土壌保全のための集水池アプローチ、インドネシアの農薬禁止や農民田んぼの学校プログラム、インドでの大豆加工や販売支援、ボリビアでの農業と農村政策の地域統合、スウェーデンでの有機農業への支援、ブルキナファソでの土地政策、スリランカやフィリピンでの水利用グループによる灌漑システム管理といったように、多くの国々が農業政策の一部を改革している。

持続可能な農業は、経済的、環境的、そして社会的に実現可能だし、地域の暮らしに確実に寄与する。ヨーロッパや北米では、大半の政策アナリストや持続可能な農業グループが、農村開発と環境保護とを組み合わせ総合的に農業を支援する政策枠組みによって、新たに雇用が創出され、天然資源が保護・改善され、農村コミュニティの支援につながることに合意している。男性であれ、女性であれ、持続可能な農業に反対すると自ら口にする農業大臣はいないだろう。とはいえ、その言葉は包括的な政策改革としてはまだ具現化されてはいない。持続可能な政策はいまだ周辺にとどまっており、持続可能な農業を農政の中心に位置づけて明確な国家的な支援策を施しているのは、たった二国、キューバとスイスしかない。適切な政策支援がなくては、最善の場合であってもその範囲は限定されるにとどまり、最悪の場合には後退してしまうだろう。

持続可能な農業にむけたキューバの国家政策

現在、持続可能な農業に対する傑出した国家政策をもつ唯一の開発途上国がキューバだ。一九八〇年代末まではキューバ農業はソ連圏からの補助に大きく依存していた。全消費カロリーの半分以上、小麦、豆、肥料、農薬、家畜飼料の八〇～九五パーセントを輸入し、世界価格の三倍もの値段で砂糖を輸出していたのだ。ヘクタール当たりでラテンアメリカ最大数のトラクターをもち、穀物収量も二番目に多く、同時に、人口一人当たりでは最も多い科学者や医師がおり、乳幼児死亡率は最低で、中学校への入学率は最高だった。だが、一九九〇年にソ連圏との貿易が崩壊すると、あらゆる面にわたって深刻な輸入不足が引き続き、農民たちは石油、肥料、農薬の利用が制限されたのだった。

政府は対応策として、地元の知恵や技術、地域資源を輸入資材の代わりとする「オルターナティブな農業モデル」を公式宣言し、農業の多様化、トラクターの牛への代替、農薬の代わりとなる総合的有害生物管理を進めた。同時に、農業者やコミュニティ間での相互協力も促進した。このモデルは成功を収める。一九九〇年には二六〇〇キロカロリーあった一日当たりのカロリー摂取量は、転換後まもなく一〇〇〇～一一一五キロカロリーへと落ちこみ、深刻な飢餓をもたらしたものの、一九九〇年代末には二七〇〇キロカロリーまで向上したのである。

キューバからは、持続可能な農業にとって重要な二つの要素がみてとれる。ひとつは、都市地域における集約的な有機菜園の発展である。現在、学校や職場での自給菜園（アウトコンスモス）、コンテナベット式菜園（オルガノポニコ）、集約的なコミュニティ菜園（ウエルトス・インテンシボス）を含め、七〇〇〇以上の都市菜園があり、その生産性は一平方メートル当たり一・五キログラムから二〇キログラム弱まで高まっている。

第二は、農村地域における持続可能な農業の奨励である。農村では新政策の効果がすでに顕著となっている。バイオ農薬を製造するため二〇〇以上の家内工業式の「捕食性昆虫再生センター」が農村部に設置され、毎年、鱗翅類管理用に一三〇〇トンのバチルス・チューリンゲンシス散布剤、ゾウムシ管理用に八〇〇トンのボーヴェリア菌、コナジラミ管理用に二〇〇トンのバーティシリウム菌、そして、二八〇〇トンのトリコデルマ菌を生産している。アリを誘因するため蜂蜜を塗りつけたバナナの茎の切片がサツマイモ畑におかれ、アリモドキゾウムシの防除に結びついている。こうした多くの生物的防除方法は、化学合成農薬よりも効率的であることが実証されている。ミミズ堆肥センターも一七〇あり、年間生産量は三〇〇〇トンから九万三〇〇〇トンまでのびている。そして、輪作、緑肥、間作、土壌保全といった農法が複合農業に組み入れられている。

持続可能な農業への転換の最前線をいくのは、以前はキューバ有機農業協会（アソシアシオン・クバネス・アグリクルトラル・オルガニカ）として知られ、一九九三年に結成された有機農業グループ（グルポ・デ・アグリクルトゥラ）である。有機農業グループは、有機農法にもとづくオルターナティブな農業で十分に食料を生産できるとの考え方を、農業者、圃場管理者、圃場専門家、研究者、そして政府の行政官とともに普及している。

だが、こうした大きな進展にもかかわらず、いまだに懐疑的な農民、科学者、政策立案者たちに対してオルターナティブなシステムの成功を実証することや、新たな問題に対処するための新技術開発、農民段階での意思決定にむけた権限委譲のさらなる推進、投資を促進するための適切な農地改革を含めていくつか課題が残されている。

持続可能な農業にむけたスイスの国家政策

スイス連邦では、エコロジー的な農法を補助することを目的に一九九二年に農業法が改正された。この改革が国民投票によって七八パーセントの支持を得たことを受け、農業法は一九九六年には抜本的に修正される。同法が重視するのは、高地畜産業の肯定的な多面的効果、とりわけ、冬期にスキーをするための牧草地やスイス文化の根源でもある山村コミュニティの維持である。

現在、政策は公的支援を三段階にわけて実施している。第一段階は、草地や牧草地、果樹や生け垣といった特定の農業への広範な支援である。第二段階は、慣行農業よりも高いエコロジー基準を満たし、化学肥料や農薬投入量を削減した総合的な生産への支援である。そして、第三段階は、有機農業に対して最大限の支援となっている。連邦農業・環境事務所長のハンス・ベルヘルとフェリペ・ロへはこう語る。「エコロジカルな条件で、スイス農業は持続可能への途上にありますが、農業改革がすでに、自然と環境に肯定的な効果をもちはじめたという望ましい兆候があります」

現在農家が、総合生産、いわゆるエコロジー基準の実践に対して補助金の支払いを受けるには、いくつかの必要条件を満たさなければならない。作物に必要な肥料分と施肥量とが一致する証拠を提供しなければならないし、畜産農家は過剰な厩肥を販売するか家畜頭数を減らさなければならない。土壌は浸食から保護されなければならないし、トウモロコシのような浸食作物は、牧草地と緑肥の輪作作物としてだけ作付けできる。農場の少なくとも七パーセントは、無施肥の牧草地、生け垣と果樹園といった、いわゆるエコロジー的な補償地域として、生物多様性の保護のためにわりふらなければならない。そして、最終的には農薬使用が制限されることになる。

この政策過程で重要なことは、管理や監視責任が、県、農民組合、農場アドバイザー、地元団体、そして、NGOに委ねられていることである。一九九〇年代末では、農地の八五パーセントが、公的補助金を受けるエコロジー基準に応じている。現在、約五〇〇〇の農場で有機農業を行なっており、まもなく全農家がエコロジー基準を満たすことが期待されている。農薬の適用は一〇年間で三分の一まで低下し、リン酸塩の使用は六〇パーセント、窒素使用は半分まで下っている。半自然の生息地は、この一〇年間で、平野部では一〜六パーセントまで、山岳地域では七〜二三パーセントまで広がった。

このように現段階では、持続可能な農業を国家政策の中枢に位置づけているのは、スイスとキューバの二国にとどまっている。したがって、両国の経験から学ぶべきことは多い。スイスは経済的に豊かで農業補助金を支給する余裕があるが、キューバには選択肢がなく、それ以外には何も実施する余裕がなかった。この二つのケースから一般的な結論を導き出すことは困難だが、これらは重要な課題に光を当てている。米国の農民詩人ウェンデル・ベリー*はこう述べている。「なぜ、健康的で頼りになり、エコロジー的に健全な農場と農民を守る農業経済が、この国の主要目標となることを目にできないのであろうか」

ベリーが言う健全な農業のための政治的な意思は、スイスとキューバ以外の二〇〇諸国にはあるのだろうか？　選択することは可能だし、純利益からすれば持続可能だろう。だが、今のところ、口にするのは簡単だが、実践することははるかに難しい。

本章では、近代的な農業や食料生産システムにおける本当の食品価格を明らかにするため、かなり狭いとはいえ経済的な展望を描いてみた。

食料生産システムの外部不経済は本質的なものだが、これらは食品価格には反映されていない。生物多様性の喪失、水質汚染、土壌浸食、人が病気にかかるコストは、それ以外のどこかが負担している。外部不経済を特定し、測定することは困難であるため、それらは簡単に見過ごされてしまう。こうした外部不経済の金銭価値への換算は、手法が不十分であるためにごく一部しかできないが、問題の大きさは例証される。

一方、農業は多面的機能をもつ産業で、景観保全、水質浄化、生物多様性の維持、土壌中の炭素固定と、食料生産以上のこともやっている。これらはいずれも重要な公共財であり、そのすべてが農民たちに新たな収入機会を示している。とはいえ、政策改革の遅れから、その進展は遅々としている。農業の外部不経済を最低限に抑え、その肯定的な多面的効果を最大限に発揮する農業への転換を支援するべく、根本的な政策の統合化が必要とされているのだ。

原注

（1）私は、資本として五つの用語を使ったが、それは「可測性」と「移植性」をほのめかす点で問題がある。何かの価値に対して、金銭的な価値づけを行なうことができれば、別のものを購入したり、他の場所からもちこむのに必要な金銭を充当すればよく、それが失われても問題がないと思われてしまうからだ。だが、これがいかにナンセンスかはわかるだろう。自然やその文化的、社会的な価値はそれほど簡単に代替できるものではないし、自然は金銭的価値だけに狭められる商品ではない。とはいえ、自然資本や社会関係資本という用語を使うことで、何が農業のためになり、いかなるシステムが最もよく機能するのかといった抜本的な問いかけに役に立つことがある。

（2）直接的に支払われたり補償されることもなく、個人や集団の福祉や利用可能な機会にプラスもしくはマイナスの影響を及ぼすことを外部性と呼ぶ。エコノミストは「技術的・物理的外部性」と「金銭的・価格影響外部性」とを区別している。たとえば、個人であれ会社であれ、ある製品やサービスを大量を購入・販売すると、物価が変動し、現物取引をしない人にも影響を与えてしまう。これが、金銭的な外部性の一例である。この場合、ある人にとっては利益となり、別の人には不利益をもたらすが、必ずしも市場経済の「失敗」となるわけではない。また、金銭的な外部不経済のひとつの事例は、遠方の都心に通勤する都市部の高所得労働者の存在によって、農村部の住宅価格が値上がりしていることである。こうした外部不経済は、公共の関心事であり、公共政策で対応することに値するであろう。だが、技術的な外部不経済は明らかに「市場の失敗」の形をなす。農薬に汚染された水を湖に投機することがその典型だが、市場かそれ以外の機関が汚染者にその行為の総費用を負担させるとしたら、さらに多くの汚染が生じてしまうため市場はこの場面では失敗を犯す。多くの環境関係の論文で一般的に「外部性」と呼ばれているのはこの技術的な外部性のことである。

（3）コスト評価は控えめとなる傾向がある。たとえば、慢性的な農薬中毒、モニタリング、貯水池の富栄養化、生け垣の回復等のコストはかなり過小評価されることが知られている。航海可能な水深を維持するための浚渫、洪水防御、海洋の富栄養化、ペット中毒といったものは計算できていないし、環境や人の健康を初期状態に回復させるコストも計算されていない。また、肯定的な多面的効果が生み出されることを目にするために、どれほどの人が支出意思をもつのかといったコストも過小評価されているかもしれない。また、結果が生じるまでのプロセスが長く、まだコストを生じていないものもある。そして、この研究では、農場、家内工業者、加工業者、小売業者、そして最終的に消費者まで食物を輸送することで生じる外部性を含んではいない。

（4）世界の肥料総消費量（窒素、リン酸塩、カリウム）は、一九六〇年には窒素が一一〇〇万トン、リン酸塩一一〇〇万トン、カリウム八〇〇万トンと三〇〇〇万トンだったが、二〇〇〇年の世界の肥料総消費量は、窒素八三〇〇万トン、リン酸塩三二〇〇万トン、カリウム二二〇〇万トンで一億三七〇〇万トンとなっている。国別では西ヨーロッパ一七〇〇万トン、北アメリカ二一〇〇万トン、南アジア二一〇〇万トン、ロシア三八〇〇万トン、中国三八〇〇万トンである。データは、パリの国際肥料工業協会（International Fertilizer Industry Association）による。

訳注

[1] クリプトスポリジウム（Cryptosporidium）。胞子虫類のコクシジウム目に属する寄生性原虫で、人に感染症を引き起こす。生命には別状がないものの、腹痛をともなう下痢が三日〜一週間程度続き、嘔吐や発熱をともなうこともある。

[2] サルモネラ菌（salmonella）。サルモネラ属の菌は二二〇〇種あるが、うち一部が、発熱、腹痛、嘔吐、下痢をともなう食中毒を引き起こす。サルモネラ菌に汚染された食品を食べることで感染するが、治療をすれば命には別状はない。

[3] カンピロバクター菌（Campylobacter）。下痢、腹痛、頭痛、発熱、嘔吐等、サルモネラ食中毒とよく似た症状を引き起こし、集団食中毒を引き起こすことで最近注目されている。一九七八年に米国のバーモント州とコロラド州で集団下痢を引き起こしたことからその危険性が認識されるようになったが、まだ新しい症状のため不明な点も多い。

[4] リステリア菌（Listeria monocytogenes）。妊婦、乳幼児、がん患者など免疫力の弱まっている人、高齢者がかかりやすく、発熱をともなう頭痛、悪寒、吐き気など、インフルエンザとよく似た症状が起き、死亡する場合もある。一九八一年に、カナダでサラダを食べた四一人が感染し、うち一七人が死んだが、これがリステリア菌による食中毒の最初の事例である。以降、チーズなどの乳製品やソーセージ、ホットドッグ等の食肉製品を食べることで死亡事故が発生している。

[5] エルシニア菌（Yersinia enterocolitica）。大人よりも子どもが感染しやすく、保育園や小学校で集団感染が起こる場合がある。下痢、腹痛、発熱、嘔吐などを引き起こすが、食事を制限し、水分を多めにとれば特別な治療をしなくてもほとんどは自然に治る。

[6] ブドウ状球菌。黄色ブドウ状球菌は、常在菌だが、アボパルシン等の抗生物質の投与によって、抗生物質耐性をもつと厄介なことになる。たとえば、院内感染症のひとつであるメチシリン耐性ブドウ球菌（ＭＡＳＡ）の唯一の特効薬はバンコマイシンだが、二〇〇二年には米国でこの耐性をもった菌が出現している。

[7] クロストリジウム属菌。ボツリヌス菌などの食中毒を起こす菌を含む属の名称。ボツリヌス菌（*C.botulinum*）は、数百グラムで人類を死滅させることができるほど強力な神経毒をつくり出す。胃腸に症状を引き起こすほか、呼吸筋マヒなどを引き起こし、三〇〜七〇パーセントが死亡する。クロストリジウム・ディフィシル（*C.difficile*）は、大腸内の常駐菌で、ふつうは毒素を発生しないが、抗生物質の耐性菌であることから、抗生物質を大量投与し、他の菌が死滅するとこの菌だけが異常増殖し、毒素を産生するようになる。軽症では軟便、重症では激しい下痢、腹痛、高熱を引き起こす。

［8］フルオロキノロンの投与もサルモネラ菌等の人畜共通の病原体におけるフルオロキノロン耐性の出現に関与しているとされている。アボパルシンは、バンコマイシンと類似した物質で、米国、カナダを除く世界各国で家畜の肥育促進剤として使用された。とりわけヨーロッパでは二〇年以上にわたって活用され、バンコマイシン耐性腸球菌の出現や増加の原因となったと推測されている。なお、日本ではアボパルシンは一九八九〜一九九六年まで使われたが、現在では禁止されている。

［9］コンティンゲント評価（Contingent valuation）。環境地域のような非市場資源を評価する経済手法。シリアシイ・ワントラップ（一九四七）により理論として提唱され、エクソン・バルディズ号の重油流出事故で損害賠償の査定に用いられたことから広く普及した。その後、著名な経済学者ケネス・アローらを含め、米国海洋大気圏局（ＮＯＡＡ）による専門的な検討が行なわれ、調査手法も改善された。現在、グレンキャニオン・ダム下流の水質やレクリエーションの評価、モノ湖の生物多様性の回復等、米国の各省庁で用いられ、オーストラリアのカカドゥ国立公園の評価でも使われている。

［10］ＥＳＡ（Environmentally Sensitive Area）は条件不利地域の地域指定のひとつで、農村景観等を保つ農家に対して直接助成が行なわれている。

［11］ノーフォーク・ブロード（Norfolk Broads）は、ブロード国立公園の北部を占め、イギリス東海岸の淡水と塩水の池からなる広大な生息環境。燃料として泥炭を掘削することで人工的につくられて生じた構造物である。

［12］スコットランドのマチェアー（Machair）は、スコットランドのゲール語で肥沃な海岸平野を意味し、イギリス北西部とアイルランドにだけ存在するユニークな生態系であることから保全上の配慮がとられている。

［13］オランダでは、ミネラル収支管理政策（Minas＝Minerals Accounting System）を一九八七年から実施し、化学肥料の使用量を二〇パーセント削減することに成功している。そして、一九九八年からは、窒素とリン酸塩の需給のバランスをとることを目標としている。たとえば、家畜糞尿の場合は、各農場での窒素とリン酸のインプット量とアウトプット量を分析値や一定方式で計算し、その差に応じて課税している。二〇〇一年以降は、このミネラル勘定を行なうことが全農家の義務とされている。

第4章 途上国で静かに進む有機農業革命

中米での革命

ホンジュラス中部の片田舎、パカヤス村の端の松林の近くに、エリアス・ゼラヤの農場がある。一五年前には、集落全体が落ちこんでいた。農場は牧場とトウモロコシ畑からなっていたが、その多くが無用のものとして放棄され、中学校に進学できた子どもは一人もいなかった。土地は悪く価値がなく、人びとは都市に移り住むという未来しか描いていなかった。だが今、その土地の農民たちは、多様で生産的な持続可能な先駆的な農業を営んでいる。

エリアスにとって幸運だったのは、一九八〇年代なかごろ、米国のNGOワールド・ネイバースのロランド・ブンチ*らから農業指導員としての訓練を受けるようすすめられ、お金をかけずに土を改善する技術やそれを自分の農場にどう適応させるのかを学べたことだった。トウモロコシとマメ科作物とを間作することで収量はすぐさまあがり、土も改善された。その後もエリアスは、農場で新たな実践を着実に行なっていった。今では豚、鶏、ウサギ、牛、馬がおり、二八種の作物や樹種が植えられている。すべてがうまくいっているわけではない。地震で養殖池が壊れたこともある。だが多様な試みのほとんどは、この絵のような農場で成功を収めている。

その結果は著しい。農場の端にある未改良の土はたかだか数センチメートルの深さしかなく、その下は硬い岩盤だ。だが、エリアスが緑肥としてマメ科植物を育て、堆肥を入れている圃場では、土は厚く黒々として踏むとふかふかしている。農場のいくつかの地点ではそれは〇・五メートル以上の深さとなっている。土は形成されるのに何千年も要するとされているから、こんなことが可能だとはどの土壌学の教科書にも書かれていないだろう。だがここ十年間余にわたって、エリアスだけでなく何万人もの中米の農家が、土壌や農業生産力を改善させているのだ。エリアス自身の穀物収量も四倍にあがり、この成功が地域経済を活性化させ、需要があることから労働者の賃金は近隣の倍近くとなり、家族も首都テグシガルパから村に戻ってきている。今では子どもたち全員が小学校を終え、パカヤス出身の七人は中学校にも進学しており、エリアスの娘は地元の学校の教師となっている。「今は、村を去ると口にするものは誰もいない」と村人たちは言う。人びとは村での暮らしに満足し、多様な未来を選択できるようになったのだ。

さらに西方のグアカマヤス村にも、エリアスの農場と同じく転換を成し遂げた農場がある。イルマ・デ・ギテレス・メンデスの農場で、ここも丘陵地にある。実際のところホンジュラスでは農場の八五パーセントが、傾斜が一五パーセント以上の険しい斜面に位置している。イルマは首都の飲料水源域であるラ・チグラ国立公園の端で農業を営んでいるが、イルマ農場も全地域のモデルとなっている。イルマは自然と戦うよりも自然とともに働いており、農場は土壌や水を保全する小さなテラス、テラシタ（terracita）で保護されている。トウモロコシ、キャッサバ、四種の豆、七種の野菜、バナナ、グアバ、アボカド、そして傾斜地の最上部ではリンゴの下でコーヒーを栽培しているが、病気を管理するためには輪作が行なわれ、害虫を管理するためにはスズメバチの巣が森から運びこまれ農場内の樹木に吊るされている。鶏糞は購入しているが、堆肥は自家製だ。

この革命を自分の目で確かめようと谷へとやってくる仲間の農民たちにとっても専門の農学者にとっても、イルマは教師になっている。彼女は言う。「コミュニティのほかの人たちに教える知識をもっている人には誰にも責任がある。それが、私たちが教えられたことのひとつでした。結果として、私たちは今取り組んでいることについて、もっと深く考えさせられるのです。コミュニティ意識が改善されているのです」競争が激しい近代農法が席捲しているこの世界では、なんと希有な態度かと思えるかもしれない。だがイルマは謙虚に、「私たちの目的は多くの利益をあげることにはなく、コミュニティ全体を支援することにあるのです」と主張する。

もっとはるかに大きな改革も進んでいる。農民が自分で土質や土の健康さを改善できる方法を見出したことで、国立公園内への農民の違法侵入も劇的に減っているのである。警備員や武器への出費が削減できることから、これは公園当局にとっても喜ばしい。もちろんどの事例においてもそうであるように、転換のすべてが完全に成功しているわけでない。農民たちは市場確保に苦労しているし、インフラも貧弱で、普及研究機関はたいがいこうした進展が進んでいることに気がついていない。

とはいえイルマやエリアスは、疎外された人びとのための新たな農法を創りあげるうえで孤立していない。ここ十数年で起きている最もめざましい変革のひとつは、開発途上国の大小規模の農民たちの間で生じている静かな農業革命なのである。革命を進めているのは農民たち自身であり、農民たちは自然についての知識やそれを食料増産にどういかすかという知識も増やし、共通の課題を解決するために協働する意欲や能力ももちあわせている。貧しい多くの農民たちが、前近代的な大規模農業から、持続可能で生産性が高い農業へと直接転換している。いずれの事例にも参考となる重要な教訓があるといえるだろう。

農業開発に対する重大な選択

引き続く人口増加、穀物や肉の需要の高まり、手がつけられぬままの飢餓や貧困。世界の将来予測は悲観的だ。私たちは誰をターゲットとするべきなのだろうか？　女性が食料や食料を生産する手段を手にできれば、子どもたちの口に食べ物が入ることには多くの人たちが合意している。受胎前や妊娠中の母親の栄養不良によって引き起こされる誕生時の低体重が、栄養失調や若年死の大きな要因であることもわかっている。胎児期の栄養不良は、成長してからも慢性病にかかる一因にもなる。開発途上国では、毎年三〇〇〇万人の乳幼児が成育疎外で、その割合は東南アジアとラテンアメリカでは子どもの六パーセント、サハラ以南のアフリカでは一五パーセント近くとなっている。二〇〇〇年のデータでは、開発途上国の就学以前の児童の四分の一が成育不良で、標準偏差値以下しか背丈がない割合は、東と南と中央アジアでは五〇パーセントにまでのぼっている。

この成育不良は、学齢期の子どもにまで影響を及ぼす。最近調査が行なわれた一〇カ国では四カ国で子どもの三分の一以上に成育不良がみられた。成育不良は一般的には、ビタミンやミネラルの欠乏、不十分で質の低い食べ物による。世界全体では二〇億人が鉄分欠乏による貧血に苦しんでおり、東南アジアでは妊娠中の女性の四分の三、アフリカでは半分、アメリカでは三分の一、そしてヨーロッパでは四分の一にも及んでいる。アジアでは年間六万五〇〇〇人の母親が貧血によって死んでおり、深刻なビタミンA不足は世界で一億～二億五〇〇〇万人の子どもたちに影響を及ぼしている(1)。

この現状に対して何ができるというのだろうか？　リサ・スミス*とローレンス・ハダッド*は過去二五年にわたって、子どもの栄養失調状況を調査してきた。そして、子どもの健康問題を克服するうえで、栄養状態の改善は、四つの主要因のひとつにすぎないことを示唆している。それ以外の三つとは、女性の教育の改善、家族医療サービスへのアクセス、女性の地位の改善だ。だが、女性たちのおかれた状況はけっして有利ではない。食料の八〇パーセントまでを生産しているのは女性たちなのだが、彼女たちは資金や普及指導を一〇パーセント以下しか利用できないし、所有している土地もごくわずかしかない。国連の第四次世界栄養状況報告書はこう指摘している。

「母親や乳幼児の栄養に投資することは、ライフ・サイクル全般にわたってヘルスケア・コストを削減し、学習能力や知的能力を高め、成人の生産性を高めることを含め、短期的にも長期的にも経済的に大きな利益をもたらし、社会的に重要なこととなるだろう。経済分析は、そうした精神的、物理的、社会的な発展を維持する利点を完全に捉えることができない」

食料を適切に供給することが、飢餓や食料不足をぬぐいさるための必要条件であることは明らかである。しかし、食料供給を増やしさえすれば、自動的に誰もが食料を確保できるようになるわけではない。重要なことは、誰が食料を生産し、誰が食料生産のための技術や知識を使うことができ、誰が食料を手にする購買力をもっているかなのだ。従来の知見からすれば、食料供給量を倍増するには農業近代化に倍の努力を注ぐ必要がある。それは過去には成功してきた。だが、貧しく飢えた人びとにとっては、そうした食料生産体制には縁がない。こうした人びとが待ち望んでいるのは、コストがかからず、簡便に使える食料増産技術なのだ。さらに厄介なのは、環境にこれ以上のダメージを与えずに増産がなされなければならないことである。これらすべてを念頭に入れれば、食料供給を増やすうえで、農業開発には三つの選択肢が残ることとなる。

まず、穀物や家畜生産のために新たに農地を造成することだ。だが、そうすれば結果として、森林、草地、それ以外の豊かな生物多様性地域が失われてしまう。そのほとんどが工業国においてなのだが、必要な人びとに食料を譲渡したり販売したりできるように、輸出国の面積当たりの生産量を高めることもできる。だが、その結果、貧しい人びとは締め出され続けることだろう。あるいは、最も食料が必要な開発途上国の農場の総生産力を高める努力もできる。これら二つの選択肢が食料増産に寄与することはわかっている。

三番目は、農民たちが農薬や肥料、その他の近代技術が十分に利用できるようにすることだ。だが、開発途上国の農民たちのほとんどは、そうした立場にはおかれていない。農民たちが貧しく、国が困窮していれば、生産力向上のために投入資材を購入するという選択肢はないだろう。これは、そうしたアプローチが、環境や人の健康に害をもたらすか、もたらさないかを考える以前のことだ。ここ数十年間、近代農業は成功を収めてきたが、外部への悪影響や副作用をおおい隠してきた。環境や健康に対する莫大なコストが認識されてきたのはごく最近のことにすぎない。それゆえ、環境や人の健康に害を及ぼさず、廉価で、地元で利用可能な技術と投入資材によって、農民たちがどの程度まで食料生産を改善できるかが今改めて問われなければならない。

それでは、持続可能な農業とはどのようなものなのだろうか？　第一に持続可能な農業は、環境にダメージを与えることなく、自然を最大限に活用しようとする。生産過程に、栄養分の循環、窒素固定、土壌の再生、天敵の利用といった自然のプロセスを結びつける。環境にダメージを与えたり、農民や消費者の健康を害する非再生資材の使用も最小限に抑えられる。農民たちの知識や技術を使えるようにし、農民たちの自律性を高め、人びとの集団的な能力をいかし、害虫、水域、灌漑、森林、資金のマネジメントといった、共同管理の問題を協働して解決する努力もしている。

持続可能な農業は、景観や経済において多機能だ。農家の家族や市場むけに食料その他の製品を生産しながらも、きれいな水、生物多様性、土壌中の炭素固定、地下水涵養、洪水防止、景観アメニティーといった一連の公共財にも寄与している。もちろん、天然資源を最大限に利用できるように、持続可能な農業の技術や実践は地元の状況に適応されなければならない。そして、持続可能な農業は、新たな社会関係（新たな社会組織によって実現する信頼関係）と関係諸機関の横と縦とでのパートナーシップ、人的能力（リーダーシップ、創造力、経営手腕と革新の能力）を備えることで最も発揮される。このようにして、不確実性に直面しながらも、ハイ・レベルの社会関係資本と人的資本を備えた農業生産システムは、より革新的になれるのだ。

持続可能な農業は機能しているのか？

こうした考え方はいずれも素晴らしい。だが、実際のところ現実的に機能しているのだろうか？　私たちは最近エセックス大学で、開発途上国における持続可能な農業改革の大がかりな調査をやり終えた。調査目標は、持続可能な農業の進展やそうした取り組みの普及状況を評価することだった。調査を行なったのはラテンアメリカ四五、アジア六三、アフリカ一〇〇を含めた五二カ国における二〇八プロジェクトである[2]。その結果、約八六四万の小規模農家が八三三万ヘクタールで持続可能な農業に取り組み、アルゼンチン、ブラジル、パラグアイでは三四万九〇〇〇の大規模農家が二一〇〇万ヘクタールで不耕起農法をしていることがわかった。つまり、ほぼ九〇〇万人の農民たちが、約二九〇〇万ヘクタールで持続可能な農業を行なっている。しかも、その九八パーセント以上はここ一〇年間で現われたものなのである。さらに持続可能な農業は、とりわけ小規模農家でうまく機能し、調査対象の約半分が平均一ヘクタール未満、九〇パーセントは二ヘクタール未満のプロジェクトだったのだ。

全世界には農地が約一六億ヘクタールあり、うち、工業国が三億八八〇〇万ヘクタール、新興工業国が二億六七〇〇万ヘクタール、そして開発途上国が九億六〇〇〇万ヘクタールとなっている。それからすれば、取り組みはまだ点にすぎない。とはいえ、持続可能な農業が広く普及すれば、すでに食料不足がしつつある世界人口を養うことができるだろう。

私たちは、持続可能な農業プロジェクトを調査するにあたり、①食料生産全体と自然資本、社会関係資本、人間資本への主な影響、②プロジェクトの構造と機関、成功の内容とその理由の詳細、③普及・拡大（制度上、技術的、政策規制）方法についての質問事項を記載した四ページからなるアンケートを用いた。このアンケートは、農業は、資源をベースして発展するとのモデルにもとづき、こうした資源がインプットで果たす役割と、その結果としてのアウトプットの双方を確認するために考案されたものだ。また、想定される九タイプの持続可能な農業についての質問項目も設けた。回収されたアンケート結果やそれに付随する重要事項は、各国別のデータベースに付け加え、現状とのギャップや不明確な点については現場通信員に再確認をとることで再確認した。さらに、回答者に定期的にインタビューを行ない、外部専門家による批評を通じて、二次データを再検討することで、信頼できるチェック体制の確立につとめた。さらに以下については事例から削除した。

①持続可能な農業との結びつきが不明確であったもの
②住民参加が物質的インセンティブに依拠しているもの（インセンティブがなくなった後も、引き続き改善がなされるかどうか疑問があるため）
③改革のための投入資材で化石燃料由来の資材の占める割合が大きいか、それだけに依存したもの。あるいは、資源利用だけを対象としていたもの（こうしたプロジェクトを否定する必要はないが、研究対象ではないため）
④アンケートで得られたデータが不十分であるもの
⑤検証過程で調査結果の根拠が疑わしくなったもの[3]

この調査の結果から、食料生産が、以下の四つのメカニズムの単独、もしくは組み合わせによって改善されていることがみえてきた。第一は、農場全体はほとんど変えず、家庭菜園で野菜や果物を栽培したり、畦畔で野菜を栽培したり、池で魚を養殖したり、乳牛を導入するなど、他の要素で農場の生産体制を強化する方法である。第二は、水田で魚や小エビを養殖したり、アグロフォレストリーといった、新たな生産要素を農場生産に付加する方法である。この二つは、農場全体の生産性や収益向上にはつながるが、穀物の生産性が必ずしも高くなるわけではない。第三は、農場全体の生産性を高めるため、水を集める方法や灌漑の方法を改善し、劣化した土壌を修復するなど、水や土地といった天然資源をより有効に活用する方法である。このことは新たに非灌漑作物が加わったり、灌漑作物用の水供給を増やすことにつながり、生産性を高めている。第四は、総合的有害生物管理、マメ科植物、地域に適した作物や家畜種といった新たな要素を農場に導入することで、ヘクタール当たりの収量を高めることである。

要するに、持続可能な農業プロジェクトは、面積当たりの穀物収量が増えなくても、家庭菜園や水田での魚の養殖や良好な水管理を通じて、国内での食料消費を実質的に改善したり、地域内での食料の物々交換や販売を増やすことになる。プロジェクトの五分の一では家庭菜園が増えていたが、規模が小さいために面積的には地域の一パーセント未満を占めるにすぎなかった。土地や水を有効利用し、生産量を高める取り組みはプロジェクトの七分の一を占め、農家数の三分の一、地域の一二分の一の広さに及んでいた。新たな生産要素の導入は、主に水田での魚や小エビの養殖であったが、プロジェクトの四パーセントで取り組まれ、農家数においても広さにおいても最も少なかった。最も一般的な方法は、再生可能な技術や新たな種子、育種によって収量を増やす取り組みで、プロジェクトの六〇パーセントを占め、農家数の半分、面積の約九〇パーセント以上に及んでいた。

食料生産システムでいったい何が起きているだろうか？　見出されたことは、持続可能な農業がヘクタール当たりの食料生産で平均九三パーセント増に結びついていることだった。その収量増は収量が低いところほど相対的に大きく、貧しい農家やここ数十年来の近代農業の進展の恩恵を受けていない人びとへのメリットが大きい（図4‐1）。

図4-1　持続可能な農業プロジェクトによる穀物収量の変化（89プロジェクト）

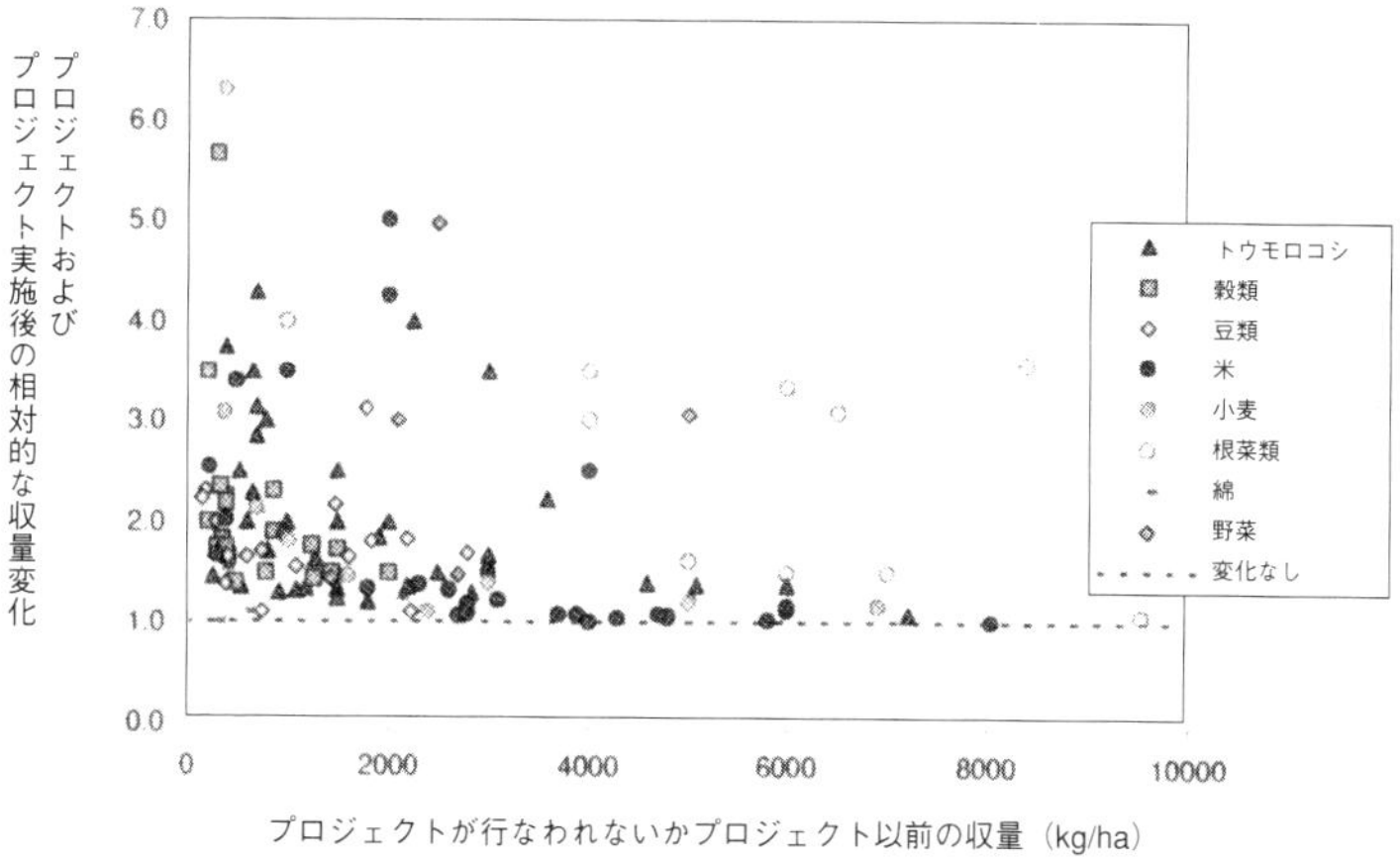

出典：Pretty and Hine, 2001; Pretty *et al.*, 2002

ほとんどの農学者は、生産力をたった一、二パーセント高める技術にさえ満足する。このことからしても、この生産性向上がどれほど素晴らしいものかがわかるだろう。こうしたプロジェクトでは、ヘクタール当たりの生産性が数年間で二倍近くになると見こまれている。だが、小面積での家庭菜園や養殖池の集約的な食料生産のメリットは、いまだに過小評価されている。

私たちは、信頼のおける収量、面積、農家数のデータを用いて、プロジェクトによる食料の増加量も計算してみた。主食穀類を栽培する五ヘクタール未満の農場での八〇のプロジェクトでは、三五〇万ヘクタールで四五〇万戸の農家が、年当たり一・五トン以上家庭用食料を増産させていた。七三パーセントの増加である。ジャガイモ、サツマイモ、キャッサバを生産している一四プロジェクトでは、一四万六〇〇〇戸の農家が、家庭用の食料生産を年当たり一七トン増加させていた。一五〇パーセント増加である。ラテンアメリカ南部における平均九〇ヘクタールの大規模農場のプロジェクトでは、農場生産が年当たり一五〇トン増加していた。四六パーセント増加である。また、量的な増加だけでなく、生産される食物の多様化によるメリットも大きい。こうした持続可能な農業の取り組みの大半で、農場の多様性が高まっている。水田や魚養殖池で入手できる魚類蛋白源、乳牛飼育によるミルクや乳製品、家禽類と豚飼育、家庭菜園や農場の一部を用いた野菜や果樹の栽培など、各世帯で消費される食の多様性を高めることにつながっている。

収量の改善や多様性の高まりによって、こうしたプロジェクトでは食料が著しく増産したとの報告がなされてはいる。生産増加によって国内消費も高まり、とりわけ女性や子どもの健康に直接的な利益がもたらされている。とはいえ、余剰食料が地元市場で販売されているとの報告はほとんどみられない。これは、食料不足を経験した農家世帯が柔軟に対応しているためなのである。要するに、農村住民は、量的にも質的にもずっと多くの食べ物を得ているが、これは国際的な統計のなかにはうまく出てこない。

これらは皆本当のことなのだろうか? こうした進展を信じない人びとが、成果を疑問視することは私も承知している。食料生産と自然とは分離されなければならず、アグロエコロジカルなアプローチは食料増産では所詮は傍流であって、工業的なアプローチこそが最高で、前進することだけが唯一の道である——多くの人は、いまだにそう信じている。だが、ここ一〇年でこうした見解は、まさに抜本的に変わりつつあり、懐疑論者の多くも、開発途上国の貧しいコミュニティから現われつつある価値観や革新的な能力を認めはじめている。

繰り返しになるが、土の健康の改善、非灌漑農業と灌漑農業双方での効率的な水使用、農薬の最低限の使用か無農薬による害虫や雑草管理、そして全システムのデザイン変更という本質的な四タイプのアグロエコロジカルな技術改善によって食料生産が増加している。この持続可能な農業革命は、ひとつの事象ではなく、場所に適応した多くの要素から構成されており、必然的に場所によって異なる。おのおのに新たな考え方や革新的なやり方があり、全体を物語ることでは、これらの事例を正しく評価することはできないが、ここで特定の障害や限界についてページを割くゆとりはない。こうした物語や事例を紹介することで、私は同じアプローチや技術がどこでもうまくいくと示唆しているわけではない。とはいえ、重要なことは、協働的な行動原則、その土地に適応された科学と革新、そして、アグロエコロジカルなアプローチを通じ、自然が提供できるものを食料生産に最大限に利用していることなのだ。

土の健康の改善

農業の持続可能性の基本は土の健康にある。どのような農業であれ、最も重要なことは土の健康で、それなくしては農業生産性は維持できない。だが、農業生産性が強化されるなか、土への気づかいが欠落しているために、土の劣化や土壌浸食により、多くの農業地域が危機にさらされている。世界全体ではほぼ二〇億ヘクタールの土地が劣化しているとの評価がある。その四分の三をアフリカ（四億九〇〇〇万ヘクタール）、アジア（七億五〇〇〇万ヘクタール）、ラテンアメリカ（二億四〇〇〇万ヘクタール）が占め、ヨーロッパ、北米、オーストラリアでも一億～二億ヘクタールが劣化している。アフリカでは、毎年、一ヘクタール当たり少なくとも三〇キログラムの割合で窒素、リン酸塩、カリウム等の栄養素が失われており、二三カ国では一ヘクタール当たりの損失量が六〇キログラム以上に及んでいる。要するに、水食、風食、締め固め、浸水、酸性化、養分消耗、廃棄物による汚染、農薬と化学肥料の過剰利用による劣化、有機物の消耗や動植物相の喪失といった複合的な要因で、土壌が劣化しているのだ。

持続可能な農業は、土壌浸食を抑制し、土の物理的な構造、有機物の含有量、保水力、そして栄養バランスを改善することから始まる。マメ科植物、緑肥と被覆作物、堆肥と厩肥、リン酸塩を土壌中に放出する植物の導入[4]、そして必要な場合に無機肥料を用いることで土の健康は回復できる。これらは昔からあるやり方だし、現在の条件に適応されてきたものだ。だが、なかには農業の原則を抜本からくつがえすものもある。約一万二〇〇〇年前に農業が誕生して以来、農民たちはずっと土を耕してきた。だが、この一〇年というもの、ラテンアメリカの農民たちは、耕起を止めることが有益であることに気づいてきている。アフリカでも不耕起や稲作用の浅耕が数多く取り入れられている。ちょっと目には、それは奇妙な発想にみえる。収穫後に、作物の残渣は土壌浸食を防ぐために地表に残される。作付け時には土に刻んだ溝に種子がまかれる。雑草は除草剤か被覆作物で管理され、土層の表面は常時被覆され、天地返しもされない。

不耕起農法や最小耕起農法（plamis airelo）をいち早く取り入れたのはブラジルだ。南部のサンタ・カテンナ州、リオ・グランデ・ド・スル州、パラナ州、そして中部のケラド州が中心だが、不耕起農法の面積は、現在約一五〇〇万ヘクタールにも及んでいる。不耕起農法はアルゼンチンでも普及している。一九九〇年には一〇万ヘクタール未満だったが、二〇〇二年現在では一一〇〇万ヘクタール以上まで急増している。そして、パラグアイでも一〇〇万ヘクタールが不耕起農法で生産されている。

保全農法や不耕起農法は、米国、カナダ、オーストラリアでも数百万ヘクタール規模で行なわれている。だがこの大半は近代農業を単純化したものであって、浸食から土壌を保全してはいるものの、肥培管理や病害虫・雑草管理にアグロエコロジーの原理を用いているわけではない。

アルゼンチンの不耕起農法の農民組織の代表で、コルドバ州の約一万ヘクタールの農地管理の技術責任者、ロベルト・ペイレッチ*は、こう語る。「私どもは深刻な土壌劣化に直面するなか、これまでとは違った生産手段を見出す必要があることはわかっています。全体的なアプローチとして不耕起農法を導入することで、まったく新たな景観、可能なかぎり自然を理解し模倣することにもとづく生産システムが発見できるのです」

ロベルト氏らのやり方とは、不耕起農法の研究・普及グループを設立し、地域レベルと全国レベルとで連携させることだった。こうした連携が、不耕起農法の迅速な普及に欠かせないものとなっている。そして、このシステムは機能している。たとえばアルゼンチンでは、慣行的な農場での平均穀物収量は一九九〇年には一ヘクタール当たり二トンで、二〇〇一年は一九九〇年より約一〇パーセントほど増加している。だが、不耕起農法を用いた農場の収量は、これをはるかに上回り倍増しているのだ。たとえば、ロベルト・ペイレッチ農場は、二〇〇一年に最高の収量を記録した。

「大豆、トウモロコシ、ソルガムで高収量を得られているので忙しいけれども、満足しています。一番古い不耕起栽培での牧場の収量は、最高ではほぼヘクタール当たり大豆で五トン、トウモロコシで一〇トン、ソルガムで九トンです」

　私はロベルト氏に何を一番誇りにしているかを尋ねてみた。彼は言う。

「土地が肥沃になっています。私たちは野生生物が農場で増えてきていることをはっきりと目にしています。土には水分があり農民たちは裕福です。気分がよいと感じることと、環境にやさしい態度で生きること。その間には、強い相関性があると感じています」

　アルゼンチンでは、土壌の有機物含有量が一〇〇年以上前から一九九〇年までに、五・五パーセントから二・二五パーセントまで落ちこんだ。だが、不耕起農法を実施している農地では、それが毎年〇・一パーセントずつ増加している。

　ブラジル北部における景観の変化や農民たちの態度の変化にも印象的なものがある。過去二〇年間、以前は非生産的だった広大な土地が農業用に植民地化されたが、こうした土地の生産性を高めるには、石灰とリンが必要だった。セラド州で「大地の友クラブ」（クラベス・アミゴス・ダ・テラ）[1]のネットワークを運営しているジョン・ランダーズは、不耕起農法の効能を確信し、こう語っている。

「作物の栽培方法や土壌管理方法での意識変化は全体的なものです。不耕起農法を取り入れることで、農民たちは高度な管理能力を自分のものとし、環境への責任感をもつようになっています。生物的防除を取り入れ、新たな技術が土壌浸食をなくし、子どものために何かを残そうと土づくりをしている。そして協働作業に参加しているという意識もあるのです」

抜本的な変化は数かぎりない。たとえば不耕起農法は、土壌だけでなく社会体制にも影響を及ぼしている。導入された初期段階には、大規模農場主のためだけのものだとの見方がされていた。だが今では、小規模農家がこの農法によって、機械化農業のために開発された技術を突破することで恩恵を得ている。ラテンアメリカで不耕起農法が取り入れられた核心は、地元の状況に技術が適合するように、最小単位の各流域で農民たちとともに適応性についての研究が行なわれたことだった。ランダーズは「不耕起農法が、トップダウン型の農業サービスを参加型の農場アプローチに変える主な要因となっている」と言う。農民グループは、地元段階（農民集水・信用グループ）から、市（土壌委員会、大地の友クラブ、企業農家・農場労働者組合）、郡（農民財団と協同組合）、河川流域（全水利用者流域委員会）、州と国レベル（州不耕起協会と全国不耕起連合）まで、多くの種類がある。

農民たちが技術を導入することで、土壌の有機物含有量は高まり、肥料の使用量は削減され、雨水の浸透性も改善されている。農民たちは土壌浸食問題があってはならないと主張し、表層マルチと輪作で生物的防除が強化され、殺虫剤の使用量削減も可能となり、除草剤を使わない管理もいくらか成功している。不耕起農法には、貯水池の沈積の削減、洪水回数の減少、帯水層の充塡、水処理コストの削減、河川浄化、冬期の餌の供給による野生生物の多様性の増化といったそれ以外のメリットもある。有機物が増え、土の健康が改善されることは、公共的な意味も大きい。土壌には炭素の固定機能があることがわかっているからである。つまり、持続可能な農業を営む農民たちは、健全な土をつくり出しているだけでなく、大量の炭素を大気から隔離し、気候変動の影響を緩和することで私たち全員に恩恵をもたらしているのだ。

とはいえ、不耕起農法をめぐっていまだに論争がある。雑草管理に除草剤を使用したり、遺伝子組み換え作物を使うことから、こうした農業は持続可能ではないと考えている人もいる。だが、環境に対するメリットは本質的で、新たな研究によって、農民たちがアグロエコロジカルな代替手段を効果的に用いていることがすでに示されている。とりわけ、農民たちが有機物を増やすために緑肥として被覆作物を用いている場合にはそうで、パオロ・ペターセンやAS‐PTA[2]は二〇種類の被覆作物と緑肥を用いて、小規模農家が、除草剤を使わずに不耕起農法をどう活用できるのかを示している。

アフリカのサヘル諸国でも食料生産の主な制約となっているのは土壌である。ほとんどの国では土は砂質で有機物が乏しく、たとえばセネガルでは、土壌浸食や土壌劣化が大規模に進行し、地域を脅かしている。だが、一九八〇年代末以降、ロデール研究所[3]の農業資源再生センター[4]が、農業者団体や政府研究者と緊密に協力し土づくりを進めている。地域の主な農業は、雑穀と落花生類との輪作である。圃場は野焼きによってきれいにされ、次に家畜を使って浅耕される。だが、休閑期間が大きく減り、同時に有機物も施されなくなった。無機化学肥料だけでは収量が確保できないし、有機物が少ない土壌は保水力もない。

ロデール・センターは今、約二〇〇〇人の農民たちとともに働いている。農民たちは五九グループに組織化され、作物栽培に家畜飼育を組み合わせ、マメ科植物と緑肥を加え、厩肥と堆肥と岩リン酸塩を使用し、水収集システムを整えることで、土壌改善を行なっている。その結果、雑穀と落花生の収量が一ヘクタール当たり約三〇〇から約六〇〇~九〇〇キログラムへと七五~一九〇パーセント改善された。年による収量差もわずかで、必然的に各家庭の食料確保につながっている。アマドゥ・ディオプは、誰にとっても貴重な教訓を次のように要約している。

「つまるところ収穫量は、降水量とは連動していません。干ばつは影響はしますが、今では凶作には結びつかないのです」これは非常に重要なメッセージと言える。土壌を改善すれば、農業全体も健全さを取り戻し、たとえ、ごく小規模でなされたとしても、人びとは十分に利益を得られるのだ。

ケニアでは「よりよき土地・農業協会」[5]が、苗床式の菜園をつくった農民たちが、乾期の間も十分な野菜を生産でき、飢餓に苦しめられることがないことに気づいた。こうした苗床は、堆肥、緑肥、厩肥でさらに改善できる。労力の投資はかなり必要だが、土壌の有機物が多く保水力がよくなれば生産性もより高まり、乾期の間中、野菜を生産できる。ひとたびこの投資がなされれば、そののちの二〜三年にしなければならないことはわずかだ。女性たちが、一年を通じてケール、タマネギ、トマト、キャベツ、パッションフルーツ、鳩豆、ホウレンソウ、トウガラシ、緑豆、大豆と多くの野菜や果樹を栽培しており、二六カ所の集落調査によると、参加世帯の四分の三は、年間を通じて飢えることがなく、野菜の購入割合も八五から一一パーセントまで下っている。

農学者たちは、こうした有機農法には一貫して懐疑的で「あまりにも多くの労力が必要で、伝統的すぎ、他の農場には影響を及ぼさない」と口にしている。だが、どんな違いを生み出せたかは、参加した女性たちと話をしてみるだけでもわかる。カカメガ[6]のジョイセ・オダリ農場には一二の野菜菜園があり、その生産性は高く、オダリは村の若者を四人雇用している。彼女は言う。「農場全体で有機農法がやれるならば、私は百万長者になることでしょう。あくせくしなくてもお金が入ります」彼女はもっと大きなメリットにも気づいている。「私の目標は森林を保全することなんです。森が私たちに雨を与えてくれるからです。私たちが農場の外に働きに出るついでに、森に立ち寄る必要がありません。人びとは自給できることがわかってきましたし、この農業は、私と私のコミュニティを守ることでしょう」

副次的な効果にも確実なものがある。女性たちに食料生産の改善手段がもたらされることは、子どもの口に食べ物が入ることを意味する。飢餓に苦しめられる月日は格段に減り、学校に行けない子どももずっと減ることだろう。

輪作への転換でどれほど農業全体が改善できるかの最良事例のひとつは、ケニア西部での取り組みである。

そこでは農民たちはセスバニア、テフォロジア、そしてさまざまなコロタラリア種[7]を用いているが、これらは主な雨期の間にトウモロコシと間作されるが、年間に一ヘクタール当たり一〇〇～二〇〇キログラムの窒素を固定する。燃料にもなるし、輸送コストもかからない。ケニアにある世界アグロフォレストリーセンターのペドロ・サンチェス元所長[*]は「多くの農民たちが飢餓は今や過去のことだと口にしている」と指摘している。

水利用の効率性の改善

農業には適切な水管理も不可欠である。水が多すぎても少なすぎても作物は枯れ、家畜は死んでしまう。だが、水を適切に管理すれば生産性は向上する。現在、全世界の農地の約五分の一は灌漑されており、雨が不足する乾期にも生産が可能となっている。熱帯地方には三毛作が行なわれている地域もあり、世界の食料の五分の二は灌漑農地から産出されている。とはいえ、多くの農民はいまだに雨水だけに依存しており、温暖化の進行で気候が変動するなか、水の確保はますます不安定化し不確実なものとなっている。

アジアの稲作、北アフリカ、リビアのローマ農法、メソポタミアやエジプトの灌漑、アメリカ南西部のパパゴ、ホピ、ナバホ族の洪水農業文化。灌漑農業の歴史は古く、複雑な水管理のうえに農業生産システムが構築されてきた。だが、その長い文化的な伝統にもかかわらず、社会的共通資本としての水はいまだに低く評価され、十分に管理されていない。

だが、改善にむけての見通しはあるし、その先頭に立っているのは開発途上国の農民たちだ。途上国の農民たちは、良好な社会組織を通じて管理作業をわかちあい協力しあうことが、システム全体に大きな見返りをもたらすことを知っている。

たとえば、乾燥地域で広く取り組まれているのが、水の「収集」である。インド北部のグジャラート、ラジャスタン、マディヤ・プラデーシュ高地では、土壌劣化が深刻で農業生産性が低いため、ほとんどの家族は都市に誰かが出稼ぎにいかなければ生きていけなかった。だが、適切なアプローチや持続可能な農業を通じて、多くのことが達成されつつある。たとえば、イギリス・インド・ラインフィード農業プロジェクトは、七〇カ村の二三〇の地元グループとともに、水収集、植林、牧草地の改善に取り組んでいる。基幹穀物、米、小麦、鳩豆、ソルガムの収量は、一ヘクタール当たり四〇〇キロから八〇〇キロ、一〇〇〇キロまで増えた。棚田の畦畔では飼料作物生産も行なわれているが、その増収は家畜にも役立つ。水が保全されるようになったことで、地下水面は三～四年で一メートル以上も上昇し、以前は栽培ができなかった季節にも作付けができるようになり、多くの農家が余剰作物を得ている。ここでも主な受益者となっているのは女性たちだ。ウダイプルの地元グループ、グラム・ビカス・トラストのP・S・ソドヒは、それを次のように指摘する。

「この地方では、女性たちは、物事を行なったり、決定したり、金銭的な取り引きをするうえで表に出ることができませんでした。ですが、プロジェクトの実施を通じて多くを学び、今や自信や技術をもち意識改革もされています」

転換した農業のメリットは明らかに幅広い。

「さまざまなプロジェクト事業を通じて、地元ではるかに所得をあげられるようになったので、人口流出にも間接的な効果が出ています。今住民たちは、新たな戦略にむけてさらに多様な取り組みが必要だと考えています。森林から得られる資源も落ちこんでいるからです」

だが、さらに重要なのは以下の発言だ。

「人びとは、民主主義的な参加のあり方も問いかけはじめ、政治体制改革にも挑戦しはじめています。権限や統制力をもった人びとには、参加的な組織の発展を是認するインセンティブがほとんどありません。ですが、私たちの村では、エリートたちを凌駕して、住民たちが自分たちの考えを声に出して語りあい、地元指導者に女性を選んでいるのです」

サハラ以南のアフリカでも水の「収集」を通じて、不毛の大地を緑に変えている。「タサス」と「ザイ」という方法を用いることで、ブルキナファソ[8]中部では放棄されていた一〇万ヘクタールが回復されている。この技術は簡単でコストもかからず、コミュニティで最も貧しい人たちでも使える。

まず、風や水の浸食によってガチガチに固結した土の表層に二〇～三〇センチの穴をあける。シロアリの活動が活発になり穴のなかに侵入するように、穴は厩肥で満杯にしておく。さらに簡易な石組みによって雨が穴のなかに流れこむようにする。水がたっぷりと穴にたまれば、そこに雑穀かソルガムの種子をまく。この地方ではふつうは穀物収量は低く、かつ不安定で一ヘクタール当たり三〇〇キログラムを超すことはめったにない。だが、今では同じ土地で一ヘクタール当たり七〇〇～一〇〇〇キログラムが生産されている。

アムステルダム自由大学のクリス・レイジ*の研究によれば、以前は、ブルキナファソの平均世帯は、毎年六五〇キログラム――六カ月半の食料に相当する穀物が不足していた。だが、こうした技術を用いることで年間一五〇キログラムの余剰を生み出すまでに変わった。家族や人を雇うことで十分に労働力がある場合には、「タサス」は土壌や水の維持・保全に最も適した方法といえる。事実、この農法が若い日雇い労働者市場を生み出すことに結びつき、今はこうした構築物をつくることで、村から出ていかずに金銭を稼いでいる。

灌漑農業の改善には組織も役に立つ。多くの灌漑システムは、その巨額な投資にもかかわらず、効率が悪く絶え間ない矛盾が生じていた。灌漑技術者たちは、自分たちが水配分の方法を最も熟知していると考えているが、特定の条件や多くの農民たちの要望を十分に知ることはできない。だが、ここ数年、農民たちを水利用改善団体に組織化し、農民たち自身に水管理をまかせるという非常にシンプルなアイデアが普及しつつある。

その最良事例のひとつはスリランカのガル・オヤ地域のものだ。このアプローチがなされる以前は、ガル・オヤ計画[9]は、国内最大の灌漑事業でありながら、同時に最もいきづまっていたプロジェクトでもあった。今は、農民グループが、二万六〇〇〇ヘクタールの水田用水を管理し、以前よりもはるかに多くの米を生産している。しかも、農民たちが管理を行なうことで、灌漑部局に寄せられていた水管理についての苦情もほぼゼロになったのである。

そのメリットは一九九八年の干ばつ時にも劇的に示された。政府によれば、灌漑用水は米作地域の一八パーセント分しかなかった。だが農民たちは、「慎重に灌漑をするので、水を通してほしい」と灌漑部局を現場で説得した。農民たちは協力しあい、慎重な管理を行なうことで平均以上の高収量をあげ、国は外貨二〇〇〇万米ドルを稼いだのである。今、スリランカ全体では、三万三〇〇〇の水利用団体が形成されている。地元の社会組織が爆発的に増えることで、農民たちは自分たちで問題を解決したり、協力しあう能力、そして自然をより効率的かつ有効に使って、さらに多くの食料を生産する能力に磨きをかけている。

無農薬農業

近代農業は、病害虫や雑草を管理するうえでさまざまな殺虫剤、除草剤、殺菌剤に依存するようになっており、農業生産者が毎年農場に施用する殺虫剤の活性成分量は五〇億キログラムにもなっている。農薬の製造はビックビジネスと化し、一九九八年では世界全体での農薬販売額は三一〇億米ドル以上にも及んでいる。そして、二〇〇一年現在、世界の農薬市場の一〇分の九はたった八企業、アベンティス、シンジェンタ、モンサント、デュポン、バイエル、アメリカン・シアナミド、ダウ・ケミカル、ＢＡＳＦアグロ社に支配されている。

とはいえ、それは過去一世紀の現象にすぎず、人類が農薬に依存するようになったのは時間的には農業史の一パーセント未満にすぎない。そして、持続可能な農業革命が起こるなか、今多くの農民たちが、農薬に代わる病害虫対策と雑草対策を見出している。作物によっては、環境に優しい農法のほうが、効果が大きくコストもかからないことから、農薬時代は完全な終わりを遂げるかもしれない。

総合的有害生物管理のルーツは一九五〇年代にまで遡るが、重要なパラダイムの転換は、一九八〇年代の初めにＦＡＯのピーター・ケンモア*と彼の東南アジアの共同研究者たちが、米の害虫被害が使われる殺虫剤量に正比例することを発見したときに起こった。言葉を換えれば、農薬を多く散布すればするほど、より多くの害虫が発生していたのだ。その理由は単純で、クモや甲虫のような害虫の天敵を農薬が殺していたからだった。これらが農業生態系からいなくなれば、害虫は急速に広がる。

それが、一九八六年にインドネシア政府が農民たちに生物多様性のメリットを教える「農民田んぼの学校」を国全体で立ち上げることとあわせ、五七種の農薬の水田利用を禁止することにつながった。今インドネシアでは、約五万ある「田んぼの学校」で一〇〇万人の農民が学んでおり、その数はアジア諸国内で最も多い。「農民田んぼの学校」の人間開発や社会開発面での成果は著しく、現在、学校は世界各地で設置されている。そして灌漑稲作では、ほとんどの時期に無農薬で栽培ができ、生物多様性を高められると農学者たちは考えている。

現在、数多くの国で農薬使用の大幅な削減がなされている。たとえば、ベトナムでは二〇〇万戸の農家がシーズン当たり三回以上の農薬散布回数を一回に減らしたし、スリランカでは五万五〇〇〇戸の農家が、シーズン当たり三回の農薬散布回数を半減させている。そして、インドネシアでも一〇〇万戸の農家が、シーズン当たり三回の農薬散布回数を一回に減らしている。減農薬によって収量が落ちこんだケースはない。完全に無農薬で多くの農民が米を生産できているとの報告もあり、「田んぼの学校」のうちインドネシアでは四分の一、ベトナムのメコン川のデルタでは五分の一から三分の一、フィリピンの一部の「田んぼの学校」の四分の三は無農薬栽培のトレーニングを実施している。

その成功の鍵は農場の生物多様性にある。病害虫がモノカルチャー栽培や景観を単調にすると増えるのは、餌が豊富にあり、繁殖を抑制する天敵がいないからなのだ。農薬抵抗性も発達するから必然的に農薬は効かなくなり、つまるところ、農民たちが新製品を使い続けられなければ、害虫は急速に蔓延してしまう。だが、有毒成分が農業生産システムから取り除かれ、ただで害虫を管理できるように生物多様性を管理すれば、さらに選択肢は広がる。伝統的に水田は重要な蛋白質源で、田んぼに魚が生息することが栄養分の循環や害虫管理の助けとなっていた。だが、農薬は魚にとって有毒である。一九六〇年代以降の農薬使用量の増加が、有益な魚を水田から完全に消し去ってしまった。だが農薬使用を止めれば魚を再び導入できる。

バングラデシュでもイギリスの国際開発部（DFID）とEUの支援によって、開発NGO、CARE[10]が水産養殖と総合的有害生物管理プログラムを導入している。六〇〇〇の「農民田んぼの学校」が完成し、一五万人の農民たちが約五万ヘクタールで持続可能な稲作に取り組んでいる。プログラムは、水田での魚養殖と畦畔上での野菜栽培もすすめている。米収量は約五〜七パーセント高まり、減農薬で生産コストも削減できた。ヘクタール当たりの水田での漁獲量は最高でも七五〇キログラムまでだが、ごくわずかの資源しか手にできない貧しい農民たちにとっては、システム全体としての生産増には大きなものがある。農民自身が農場の生物多様性の変化を自覚している。ある農民は、プログラムの元リーダー、ティム・ロバートソン*にこう語った。「私らの田んぼは三〇年間沈黙していました。ですが、また歌い出したんです」

水田のイネや魚と多様性が取り戻され、健全となった田んぼではカエルも歌う。CAREのアリフ・ラッシドは、八万五〇〇〇人の農民が農薬使用を止めたと評価するが、「他の農民にどれほど広がっているのか、私たちにはわかりません」と語る。私はアリフに、最も重要な成功要因は何であったのかを尋ねてみた。

「CAREは、参加した農民たちの不合理な化学肥料の使用やばかげた農薬使用を変えることができました。農民たちは、今エコロジーのことをずっとよく理解しています。自分たちの農場を注意深く調べて、それにもとづいて物事を決めているんです」

さて、以前私たちは、多様なシステムが十分な食料を提供でき、とりわけそれは資源をほとんどもたない農民たちの役に立つという考え方から出発した。だが次には、科学の努力が注がれている新分野が登場することとなる。そのひとつは、植物から放散される透明な化学物質、芳香族化合物の科学だ。国際昆虫生理学・生態学センター（ICIPE）のハンス・ヘレン所長は、東アフリカで、キャッサバ・コナカイガラムシをコントロールする寄生動物の研究で世界食糧賞を受賞したが、最低限の農薬もしくは無農薬農業が熱帯全体で可能だと信じており、センターは、天敵、害虫管理用の天然の植物化合物、生息地の管理、耐害虫性の作物品種を用い、生物的防除による持続可能な害虫管理の研究に取り組んでいる。*

たとえば、センターとイギリスのローザムステッド[11]の研究者たちはケニアで、シンクイムシにかじられるとトウモロコシが透明な化学物質をつくり出すことを発見した。研究者たちは、これと同じ化学物質により寄生スズメバチが攻撃性を高め、餌をもっと探すようになることも知った。そして偶然ではあったが、家畜飼料や土壌浸食管理に用いられている土地にある草からも、この化学物質が放出されていたのである。その相互作用は複雑だ。ネイピア・グラスとスーダン・グラスは、シンクイムシをトウモロコシではなく草自身に誘因する。一方、これとは別の草、糖蜜草、マメ科植物バッファーロ・ベリーはシンクイムシを寄せつけない。そして、ネイピア・グラスも糖蜜草もシンクイムシの天敵を誘因する別の化学薬物を放出するため、害虫は天敵に食われてしまうことになる。そのうえ、バッファーロ・ベリーは窒素を固定するだけでなく、寄生雑草のストリガ[12]への毒性をもつ。

研究者たちは、再デザインした多様性に富むトウモロコシ畑のことをプッシュ・プル[5]を意味するスワヒリ語の言葉で「ブッ・スクム」と呼んでいる。ケニア西部では二〇〇〇人以上の農民がトウモロコシやネイピア・グラスを取り入れたり、マメ科植物との混作を組み入れることでトウモロコシの収量を六〇〜七〇パーセント増やしている。それらは明らかに機能している。悲しいことに、熱帯地域では三〇年間にわたって農家に対する公的な指導は、近代的なトウモロコシ品種によるモノカルチャーをつくり出し、その生産性を高めるために農薬と化学肥料を使うことだった。そして、農業を単純化することで、草やマメ科植物がつくり出す活力に富み、金もかからない自然の害虫管理は失われてしまった。だが、ブッ・スクムは多様でコストがかさむ購入資材には依存していないので、値段もかからない。

システム全体の相乗効果

人口の増加や都市化はさらに続くだろうし、肉食化も進むだろう。こうした要素を見こんだ将来的な食料需要はさておいて、持続可能な農業への転換によって、現在の開発途上国の食料需要を満たすだけの十分な食料を生産できるのかどうかは、まだわからない。だが、私たちが目にしている結果はとても期待がもてる。自然資本、社会関係資本、人的資本が蓄積されることで、時が経過すればするほど生産性が高まることを示す証拠もある。ジェフ・マクニーリー*とサラ・シューア*は最近、エコロジー農業の調査を行ない、開発途上国と工業諸国のいずれにおいても世界を養い、生物多様性を保全する斬新な道があることを示したが、ここで見出される各地の取り組みもその結論と似ている[13]。

時間とともに資源が蓄積されることは重要だ。もし、農業システムで自然、社会、人間資本が低下している場合（本質的に低いか、劣化によってダメージを受けたかのどちらか）には、これらの資本に依拠する

「より持続可能な」やり方への転換はすぐには成功しないだろうし、少なくとも、その可能性を完全に発揮するほどの成果をあげられない。

たとえばキューバでは、都市有機農場の生産量は一九九四年には四〇〇〇トンだったが、五年ほどでその生産は七〇万トン以上へと高まった。その一部は菜園数の増加によるものだが、面積当たりの生産性が時とともに確実に向上したことが大きい。アフリカのマラウイ共和国の養殖池においても、時を重ねるごとに生産力が高まっている。養殖池は典型的には二〇〇〜五〇〇平方メートルと小規模だが、農業や家内工業廃棄物を再利用するように農場と結びつけられている。一九九〇年には収量は一ヘクタール当たり八〇〇キログラムだったが六年間で一ヘクタール当たり一五〇〇キログラム近くまで確実に向上した。水資源管理国際センターのランディ・ブルメットは、その理由を次のように指摘する。「この新しいシステムがどのように機能するのかを農民たちが十分に理解し、その潜在力を評価しているので、生産性を高め利益をあげることにむけて、さらに努力できているのです」意味深いのは、農民たちと仕事をするうえで、参加型のアプローチが用いられず、できあがった形のシステムが農民たちに押しつけられたときには、収量が落ちこんだことだ。

前に紹介した持続可能な農業の改善の各タイプは、単独でも生産性向上の一因となりうるのだが、組み合わせることで、さらに成果があがる。ひとつの変数の影響だけを測定する還元主義的分析方法では、全体は部分の合計よりも大きいという相乗効果は捉えられず評価もされない傾向があるが、それでは相乗効果が無視されてしまう。つまり、土壌浸食を防ぐためにテラスを築いたり、その他の物理的な手段によって土や水を保全するよりも、借金を減らす小口融資資金と農業生産性を高める生物学的な方法とを組み合わせたほうが有効なのだ。

持続可能な農業は、人的能力が高まるとき、とりわけ持続可能性にむけて農場を改革し、適応させる農民の能力が高まるときに、さらに生産的となる。持続可能な農業は、具体的に定義された一連の技術ではないし、幅広くどこでも適用できたり、時間的に変化しない単純なモデルやパッケージでもない。それは社会的な学びのプロセスなのだ。

持続可能な農業を導入するうえでの主な障壁となっているのは、アグロエコロジーと複雑な農場管理技術の情報不足である。こうした資源節約技術は、近代農業における外部投入資材の使用方法ほど十分には知られていない。だからこそ、農民たちが代替技術について学ぶプロセスが重要となってくるのだ。強要されたり強制されれば、農民たちは技術を採用するかもしれないが、それは一時的なものとなるだろう。だが、そのプロセスが自主参加で、農民たちの農場や資源についてのエコロジーへの理解力を高めれば、農場を再構築し、革新を続けていく基盤が整う。ロランド・ブンチとガビノ・ロペス*は中米農業についてこう指摘する。「持続可能性をつくるために必要なことは、社会的な革新のプロセスなのです」

マダガスカルの集約稲作法（ＳＲＩ）

減農薬稲作や社会的な結びつきの革命については前述したとおりだが、これとはまた別の革命がマダガスカルから出現するかもしれない。それは、集約稲作法（ＳＲＩ＝System of Rice Intensification）と称されるものなのだが、何千年にもわたって開発されてきた多くの稲作の原理を打ち破っている。

ＳＲＩは、一九八〇年代にアンリ・デ・ロラニエ神父が開発し、コーネル大学のノーマン・アップホフ*らの助力を得て、地元団体テフィ・サイナ[14]により試験・推進されている。システムが導入された圃場の米収量は、一ヘクタール当たり約二トンから、五、一〇、一五トンにまで高まっている。しかも、農薬や肥料といった購入資材をいっさい用いることなしにである。その増収があまりに抜きんでているために、ごく最近まではでは、ほとんどの科学者に信用されず無視されてきた。増強稲作システムは灌漑稲作の基本原則に挑戦し、飛び抜けて生産性を高めることから、ほとんどの専門家は頭から疑ってかかってきたのである。

ＳＲＩは、イネがもつ遺伝的な潜在力を最大限に引き出すことに重点をおく。まず、苗は通常の三〇～五〇日後ではなく八～一二日後に移植される。早く植え付けるために田植えの作業量が増え、慣行の五～二〇人よりもはるかに多い五〇～八〇人が必要になる。第二に、雑草の繁茂を最小限に抑えるために、ふつう苗は密植されるが、ＳＲＩでは、列状ではなく格子状に最低二五センチメートル間隔で田植えがなされる。これが機械除草を楽にして、同時に値段が高い籾を節約することにつながる。使われる籾の量は、慣行の一ヘクタール当たり一〇〇キログラムと比べてたった七キログラムにすぎない。幅広く間隔を空けて苗が植え付けられるから、根に余裕ができまったく異なる根系構造を発達させる。根系がよく発達することで、茎が弱まったり倒伏する可能性も減る。

ほとんどの科学者や農民たちは、イネは水生植物であって、水のなかにあると最もよく成育すると考えているが、ＳＲＩでは成長期に田んぼに水を張らない。三～六日間おきに水をやり土を湿らすだけにとどめ、田んぼに水が張られるのは開花後だけである。その後はふつうの稲作栽培と同じく収穫の二五日前に排水される。

除草管理を湛水することで行なう慣行栽培と違って、ＳＲＩでは機械や手で四回は草取りをしなければならない。草を取らなくても二～三倍の増収が得られるが、きちんと除草を行なえば四～六倍もの増収が得られる。そして、ＳＲＩに取り組む農民たちは、化学肥料よりも堆肥を使っている。現在、二万人の農民たちが完全なＳＲＩを導入していると推定される。また、テフィ・サイナの代表セバスチャン・ラファラライ*は、さらに五～一〇万人の農民たちが、ＳＲＩ農法の一部を取り入れていると推定している。この採用数が、ＳＲＩが機能している何よりの証拠であろう。ＳＲＩは、中国、インドネシア、フィリピン、カンボジア、ネパール、コートジボワール、スリランカ、キューバ、シエラレオネ、バングラデシュの研究機関でも試験されており、ノーマン・アップホフ率いるコーネル大学の科学者たちはこれを支援している。いずれのケースにおいても、何倍もの飛躍的な米の増収を達成している。たとえば中国では、全国平均六トンと比較し、一ヘクタール当たり九〜一〇トンの収量が初年度に得られているのだ。

ベトナムの塩水農業

複雑なシステムの可能性を見抜くには鋭い観察眼と広い心が必要だ。アンジャン大学のヴォ・トン・スゥアン学長は、*この両方を兼ね備えており、二〇年前にベトナム南部のカ・マウ半島で特殊な事例を見出した。[15] カ・マウ半島には雨水と深井戸以外には淡水源はないが、マングローブ、圃場と豊かな海洋環境がある。そして、海水を使った斬新な水と土の管理法を通じ、稲作と小エビ養殖とを組み合わせることで、問題を抱えた土壌が農民たちに恩恵をもたらしているのだ。学生たちとの土壌の現地調査で、ヴォ・トン・スゥアン博士はロン・ディエン・ドン村に立ち寄り、褐色表土の下にある青灰色土壌の水平な層を指し示し、農民バ・センにこう言った。

「この土は乾かすと酸性になり、何も育てられないでしょう。ですが湿っていれば、たとえ表面に塩水があっても、地力は永久に維持されることでしょう」

だが、バ・センには、これは取り立てて目新しい情報ではなかった。センは四年前に偶然、酸性の硫酸塩土壌を管理する持続可能なやり方を発見し、長男への遺言にその方法を書き記していたのだ。

雨期の始まりとともに田植えの準備がされる。水が田んぼから抜かれ、土は雨水で洗い流される。土壌の塩分濃度は初めは高くても、雨が少し降れば下がる。雨期の初めに苗床で苗が準備され、田起こしはしないで雑草と藻がきれいに取り除かれる。七月末に三〇〜四〇日目で苗は植えられ、一ヘクタール当たり約四トンの収量が得られる。収穫を終えて、まだ土が湿っていて川の水の塩分濃度が高くならないうちに、農民たちは小エビ（*Penaeus* spp.もしくは*Macrobrachium* spp.）を育てるために川の水を田んぼに引きこむ。小エビが最初に収穫されるのは雨期が終わったあとで、その後に再度小エビを養殖するための田んぼの準備がされる。今度は、高潮によって海水が田んぼに流れこむ。そのときには水管理が重要となり、新鮮さを保つように週に一度か二度、海水は交換される。小エビのしこみは一〜三月にかけて行なわれ、餌としてキャッサバ、ココナッツ・ミール、製粉米と魚粉が与えられる。そして、四〜六月にかけて一ヘクタール当たりほぼ二〇〇キログラムの収穫がある。

このシステムが巧妙なのは、一見期待できそうもない資源から、誰が期待するよりもはるかに多くの収穫をバ・センがあげていることだ。バ・センはこのやり方を地元の集会や国際会議で語り、ノウハウはカ・マウ半島全域に広がった。結果としてマングローブは維持され、海洋資源が価値をもつようになり、農業生産力も高まった。バランスがとれた総合的でシステム的な管理をすることで、部分を合計したものよりも全体がよくなっているのだ。ヴォ・トン・スゥアンはそのことをこう指摘する。

「カ・マウの創造的で知的な人びとは、今、塩水環境を開発する豊かな経験をもちあわせています。彼らはそれを開発への制約要件とはみていません。それどころか、価値ある強みとしてメリットにしています。それはカ・マウを繁栄へと導くことでしょう」

中国でのエコロジカルな再構築

Bei Guan村は、延慶県の万里の長城の下のゆるやかな丘陵と平原に位置している。村は、再生可能エネルギーの生産と持続可能な農業とを統合する実験場所となっている。国全体に一五〇郡ある統合的な農業システム導入用のエコロジカルなデモンストレーション・ビレッジのひとつとして農業省によって選ばれ、トウモロコシのモノカルチャー栽培から、多様な野菜栽培、豚と鶏生産への転換を成し遂げている。三五〇世帯のおのおのが約二ミュー（七分の一ヘクタール）の土地、家畜用の囲いとバイオガス処理槽をもっている。一〇種類の野菜が育てられ、北京の市場へと直販されている。作物残渣は家畜の餌となり、家畜廃棄物は処理槽へと流される。これが、メタンガスを発生させ、料理、照明、暖房用に活用され、処理槽からの固形物は土を肥沃にするため農地に還元されている。各農家は八月末から五月まではビニール・シートの温室を使い、摂氏マイナス三〇度まで気温が低下する冬期にも栽培時期をのばしている。

野菜で多くの所得をあげ、多様な食料を手にし、肥料コストを削減し、女性たちの作業量は減り、住宅や台所等生活条件は改善された。地元住民や環境へのメリットは実質的だ。村には、各家庭でのガス生産を補完するため、トウモロコシ殻だけを使用する藁のガス化プラントもある。村全体でのエネルギー需要量は一日当たり五〇〇籠だが、効率が悪いストーブで殻を燃やす代わりに、一日当たり二〇籠をプラントで燃焼させることですんでいる。Let Zheng Kuan村長は言う。「おかげで多くの時間が省けるようになりました。以前は、女性たちは木や殻を集めるために、急いで野良から戻ってこなければなりませんでしたし、雨が降ったら家中が煙でいっぱいになっていました。今はとても清潔だし簡便なんです」

このシステムのメリットは幅広い。農業省は、バイオガス処理槽、果物と野菜菜園、地下水タンク、ソーラー温室、ソーラー・ストーブとヒーター、豚と家禽類の組み合わせと、国中でさまざまな統合モデルを促進しているが、これらは各地域の条件にも適合されている。農業省再生可能エネルギー部のWang Jiuchen部長は言う。「農民たちがこのエコロジー改革に参加しなければそれは機能しません」

全体的な総合システムは、中国全域の多くの地域で現在実証されており、全体では八五〇万世帯が処理槽をもっている。年当たりさらに一〇〇万の処理槽を建設することが次の一〇年の目標とされている。各処理槽は一年当たり一・五トンの木、あるいは〇・二〜〇・三六ヘクタールの森林を節約する。廃棄物処理を通じてエネルギーを生産することで、燃料用の樹木、石炭、効率が悪い作物残渣を燃やす代わりとしているのだから、自然環境へのメリットは本質的だ。こうしたバイオガス処理槽によって、毎年六〇〇万〜七〇〇万トンの炭素が、大気中に放出されずにすんでいるのだから、それは私たちにとっても利益がある。

障害要因とトレードオフ

持続可能な農業革命が、開発途上国の貧しい人びとや環境に役立っていることは明白だ。人びとは以前よりも多くの食料を手にし、組織化も進んで、外部機関や行政機関のサービスも利用できるようになり、人生の選択肢の幅も広がっている。とはいえ、どのような改革もそうであるように、この農業革命はさらなる難題を引き起こすかもしれない。

たとえば、森林の近くで道路が建設されれば、農家の市場出荷の一助にはなるかもしれないが、違法な材木搬出の助けにもなるだろう。もちろん、天然資源の利用がいつも不適切であるというわけではない。森林の一部を資金に換え、その資金が病院や学校へと投資され、自然資本が有益な社会関係資本や人的資本を生み出すことにつながれば、国や地元には恩恵となることだろう。同じく不公正な土地所有形態を克服して、多くの人びとにとってよい福祉の成果を生み出すためには、社会的な混乱も短期的には必要かもしれない。不耕起農法を導入すれば、土壌浸食の削減や水の保全の面ではかなりの進展がみられるだろう。だが、除草剤への依存は続くかもしれない。土壌中の有機物含有量を高めることが、地下水の硝酸態窒素汚染に結びつく場合もあるかもしれない。土地を修復するために放牧を止めなければならないとしたら、それ以外に資源をもたない人びとは家畜を売らなければならなくなる。そして、新たに耕作地を広げたり、集約的な耕作がなされるようになると、増えた仕事量の負担が、女性にふりかかるかもしれない。男性は女性のように子どもや家庭に投資しそうもないが、農産物を販売することで得られる増収も、女性ではなく男性の懐に入ってしまうかもしれない。

さらに、持続可能な農業の普及を遅らせる多くの要因がある。第一に、持続可能な農業は劣化していた土地を豊かにするが、持続可能な農業に取り組んだ小作人から、豊かになった土地を地主が取り戻してしまうように、力がある者の搾取欲を高めるだけに終わり、せっかくの成果も奪いとられるだけで終わるかもしれない。そうなれば、農地を劣化させることが合理的だし、そうでないにしても小作人は土地をそのままにしておくことだろう。

持続可能な農業の考え方は、人びとが権力の中心や「近代的」な都市社会へむかうことを妨げ、地方にとどめておくようにみえるかもしれない。とはいえ、農村の住民のなかには、農村から出ていくための資金を得ることに大きな望みを抱いている者もいるかもしれない。当然のことながら、持続可能な農業は、現在、農薬企業が果たしている役割も抑えこむが、農薬企業は、市場を失うことをけっして軽くは受け流さないだろう。持続可能な農業は、地域レベルでの意思決定と結びつき、地域コミュニティや地域団体への権力委譲につながることから、民間組織であれ、公的組織であれ、不透明で腐敗した組織から利益を得る人びとからも反対されるだろう。研究や普及機関も、農民たちとより緊密にかかわることになるから、参加型のアプローチに転換するよう改革をせまられ、従来とは異なる仕事の評価手法や昇進制度を導入しなければならなくなる。そして、社会的な絆や信頼関係やめざましい運動は、既存の権力母体にとって脅威となるかもしれない。そこで既得権者たちは、そうした地元に根ざした団体を蝕むという陰湿な動きをするかもしれない。

貧しい人びとや社会的に疎外された人びとに、こうした改革ができるはずがない。そう信じこんで、成功の兆しに対して、積極的に異議を唱える人もたくさんいるだろう。とはいえ、私は、農業の持続可能性にむけたこうした物語には、大きな希望とリーダーシップがあると信じている。明らかなのは、それらが自然を保護しながらも、食料生産を改善する現実的な機会を人びとに提示していることである。多くの個人がこうした考え方に反対したり、革新者を退けたり、政策の改革に抵抗することから、持続可能な農業を広く達成することは困難であろう。とはいえ、耳を傾け学ぶことができれば、救済にむけたヒントを誰もが見出せるのだ。

工業化によって農業は大きく進展したものの、いまだに八億人以上の人びとにとって、食料不足は日常的な課題となっている。食料生産力の増加と同時に飢餓が起きている。近代的な手法や化石燃料由来の投入資材を使って食料を増産する方法はわかっている。だが、コストがかさむものはなんであれ、必然的に貧しい家族や国々には手が届かない。

持続可能な農業は、協働して行動する人びとの能力をいかし、自然の産物や自然の恵みを最大限に利用するよう努める。そして、それを通じて数多くの新たな機会がもたらされ、すでに大きな進展もなされている。とはいえ、貧しい人びとが革新的になりえることを確信できない人たちもいる。

持続可能な農業は、土壌を健全にし、水利用の効率性を高め、生物多様性を活用することで病害虫を管理する。これらが一緒になったときには、相乗効果によって全体としての食料生産力も高まる。だが残念なことに、障害となる要因も数多く残され、本質的な政策の改革が行なわれなければ、持続可能な農業が広く取り入れられ、転換していくことは難しい。

原注

（1）インドネシアで子どもにビタミンA錠剤を処方したところ死亡率が三〇パーセント減少したように、食事の改善で劇的な成果が得られる場合がある。栄養学者は補助栄養食材の効果に長年着目しており、ビタミンB、D、葉酸、鉄等の微量栄養素を小麦粉に加えることもできる。だが、米の場合はこうした添加剤を付加するのは難しい。また、貧しい人びとは、微量栄養素、ビタミン、ミネラルが豊富な食べ物を十分に得られない。

(2) 二〇八プロジェクトを数が多い国順にみると、インド(二三プロジェクト)、ウガンダ(二〇)、ケニア(一七)、タンザニア(一〇)、中国(八)、フィリピン(七)、マラウィ(六)、ホンジュラス、ペルー、ブラジル、メキシコ、ブルキナファソ、エチオピア(五)、バングラデシュ(四)となっている。また、プロジェクトの規模は、チリの一〇世帯、五ヘクタールから、ブラジル南部の二〇万の農家、一〇五〇万ヘクタールまで非常に幅広い。

(3) 興味深い新たなグローバルなプロジェクトは数多くあるが、この調査はそのすべてを網羅しているわけではない。したがって、調査の結果は、数多くの農民たちによってなされた成果を控えめに評価しているにすぎない。

(4) 植物がリン酸塩を放出するわけではなく、根から分泌される酸により土壌中に可溶化鉄とアルミニウムリン酸塩が放出されることから、リン酸塩放出植物と称されている。

(5) 「プッシュ・プル戦略」は、トラップ植物に害虫を閉じこめること(プル)と忌避性の間作作物を用いて害虫を作物から追い払うこと(プッシュ)からなっている。飼料作物ネイピア・グラスとスーダン・グラスは、シンクイムシの産卵を誘因するが、糖蜜草とバッファーロ・ベリーは雌のシンクイムシを寄せつけない。糖蜜草とスーダン・グラスの間作は寄生虫、とりわけ幼虫の擬寄生虫 *Cotesia sesamiae* とサナギの擬寄生虫 *Dentichasmis busseolae* を増やす。そして、糖蜜草にはいくつかの生理的活性化合物が含まれており、そのうち二つは、低濃度であってもシンクイムシの産卵を抑制する。また、糖蜜草は化学物質、(*E*)-4,8-dimethyl-1,3,7-nonatriene を放散するが、それはシンクイムシの天敵を誘因する。ネイピア・グラスもシンクイムシに対するそれ自身の防御メカニズムをもっている。幼虫が茎に侵入すると害虫を殺すゴム状の物質をつくり出す。そして、最終的には、飼料マメ科植物バッファーロ・ベリーとグリーン・リーフとトウモロコシとの間作は、トウモロコシを単作する場合と比べ、寄生的雑草 *Striga hermonthica* による四〇の要素によって、害虫発生が抑制されるのである。

訳注

[1] 「大地の友クラブ」(CAT=Clubes Amigos da Terra)。不耕起栽培に関心をもつ生産者と技術者が技術普及を目的に一九九三年に立ち上げたネットワーク。農家が新たに不耕起栽培を学ぶにあたり、クラブは月ごとにイベントや討論会を開催し、

農家から農家に直接経験をわかちあう機会を設けることで、その技術普及を進めている。また、他の機関とも連携し、農場での研究やパイロットプロジェクトも実施している。ブラジルでは大規模農家むけの技術が開発されても、それを小規模な生産者むけに適合させる研究への取り組みが弱い。だが、南部ブラジルでは、こうしたネットワークにより、小規模農家むけ専用の農業機械メーカーも一〇以上あり、除草剤を使わない栽培方法が開発されている。

［2］ＡＳ－ＰＴＡ（Assessoria e Servi's a Projetos em Agricultura Alternativa）。オルターナティブ農業プロジェクトのためのコンサルタントとサービス。エコロジー的で参加型の手法によって、家族農場のための持続可能な農村開発を促進しているブラジルのＮＧＯ。対象とする生態系に応じ、オルターナティブな適正技術や生産方法を試験、普及し、同時に民主的で参加型の政策づくり推進している。ブラジル全域でさまざまな農村開発プログラムをネットワーク化し、遺伝子組み換え農産物にも反対している。

［3］ロデール研究所（The Rodale Institute）。ハワード卿をはじめとするイギリスの有機農業運動の影響を受けたＪ・Ｉ・ロデールがペンシルベニア州の農村で有機農業を始めたことに端を発する。一九四七年、ロデールは研究所の前身となる「土と健康財団」を設立し、さまざまな啓発誌を刊行して「健康な土＝健康な食べ物＝健康な人びと」という基本理念を確立した。ロデールは一九七一年に他界したが、息子のロバートが約一三五ヘクタールの農場を購入し、研究を拡大。妻のアーデスとともに現在のロデール研究所を設立した。なお、ロバートも一九九〇年にモスクワで交通事故で物故しており、現在は、アーデス・ロデールやその息子が運動を継承している。研究所は、グアテマラ、セネガル、ロシア等でも支援活動を展開している。

［4］農業資源再生センター（Regenerative Agriculture Resource Center）。セネガルではモノカルチャー農業と化学肥料や農薬の大量使用によって、土壌浸食や砂漠化が進み、多くの村で食料不足に悩まされるようになっていた。一九八六年にセネガル大使、ファリロウ・ケーンが米国のロデール研究所の実験農場を視察したことが契機となり、セネガル農業省の招聘に応じ、ロデール研究所がセネガルで活動をすることになった。センターは、一九八七年以来、農業省、環境省、女性・子ども・家族省、農科大学、農村経済大学、獣医大学、ダカール大学、農業研究所と連携し、何万人もの農家に、堆肥づくりをはじめとする持続可能な農法の普及を進めている。

［5］よりよき土地・農業協会（ＡＢＬＨ＝Association for Better Land Husbandry）。小規模農家の貧困を解消し、住民の生活水準を向上させることを目的に一九九三年に設立されたＮＧＯ。持続可能な土地利用、化学肥料や農薬の削減と有機農業の推

進、地産地消と小規模起業の推進による所得向上をめざし、他のＮＧＯや政府機関と連携しながら住民密着型のさまざまなプロジェクトを展開している。

［6］カカメガ（Kakamega）。ケニア西部の町。年間降水量が多く、ウガンダにまたがる熱帯雨林、カカメガ森林保護区がある。

［7］セスバニア（Sesbania sesban）は、マメ科の一年草で、草丈は三～四メートル、根は地中に一メートル以上のび、重粘土質土壌の排水性や通気性の改善に効果的がある。また、茎には空中窒素を固定する茎粒が着生するため、土中にすきこむと地力改善にも役立つ。
テフォロジア（Tephrosia vogelii）は、熱帯アフリカ原産のマメ科植物で同じく地力改善効果があり、土壌浸食防止等で丘陵地に植えることで効果をあげている。
コロタラリア（Crotalaria）は、世界には約六〇〇種以上があるが、ほとんどが熱帯産でうち五〇〇種がアフリカ産。種子が熟すとさやがゆるくなり、音が鳴ることから、カスタネットを意味するギリシア語にその名は由来する。種の一部は、窒素固定細菌をもち、土壌改善用に活用されている。

［8］ブルキナファソ（Burkina Faso）。サハラ砂漠南端に位置し人口一一〇〇万人。国土の大半が乾燥地で可耕地は国土の二五パーセントしかなく穀物収穫も低い。元フランス領で一九六〇年の独立後も軍事政権による政治腐敗がはびこっていた。そこで、一九八三年に軍のトーマス・サンカラ大尉が若手将校団とともにクーデターにより政権を奪取。一九八四年に国名を「高潔な者たちの国」という意味をもつブルキナファソに変えた。サンカラは「革命防衛委員会」を組織し、農地の国有化による配分や福祉・医療制度の充実に力を注ぎ、住民参加型の政治改革を進めた。その結果、住民の意識も高まり、農業生産の急増などごく短期間で驚くほどの成果があがり、改革とブルキナファソの名はアフリカ中に鳴り響いた。改革が近隣諸国にも影響することを恐れた軍事勢力により一九八七年にサンカラは暗殺され、その死とともにブルキナファソの政治体制は従来の腐敗政権に戻っている。なお、『世界の半分が餓えるのはなぜか』（二〇〇三、合同出版）の著者、ジャン・ジグレール教授は、暗殺される年にサンカラと偶然出くわしたが、そのおり、サンカラは教授に「チェ・ゲバラは殺されたとき、何歳でしたか」と尋ねたという。教授が三九歳と答えると、サンカラは「私はそれまで生きていられるでしょうか」と考え深げに述懐したという。事実、サンカラの享年は三七歳で、その死はゲバラよりも早かった。なお、二〇〇三年九月にキューバのハバナで開催された第七回砂漠化会議では、国連国際砂漠化対策のハマ・アルバ・ディアロ事務局長が、カストロの取り組みを高く評価しているが、このハマ・アルバはサンカラの旧友で、サンカラの死を契機に貧しい国の発展のための国際

活動に身を投じることを決意した。

〔9〕一九五〇年代前半にスリランカ東部を流れるガル・オヤ川をせき止め、スリランカ最大の人工貯水池をつくった世界銀行の事業。人工貯水池は独立後の初代首相にちなんでセナナヤケ・サムドラ湖と名づけられた。現在この貯水池を含めた周囲二六〇平方キロメートルは、ガル・オヤ国立公園となっている。

〔10〕CAREは、貧しい人びとの暮らしを向上させる目的で、人道主義にもとづき国際支援を行なっている世界でも最も大きな民間団体だが、CAREバングラデシュはその支部である。バングラデシュでの支援活動は一九四九年から始まり、コミュニティに根ざして、貧困の根本原因を追求し、解決することをめざしている。プログラムは農業、教育、健康、水、衛生、栄養、インフラ、小規模企業の育成と幅広く、その支援策の受益者は八〇〇万人にも及んでいる。なお、IPMの稲作プロジェクトは一九九三年からFAOとの連携でスタートした。

〔11〕ローザムステッド研究所（Rothamsted Experimental Station）。イギリスのハートフォードシアにある世界でも最も古い農業研究所のひとつ。農業統計や遺伝学、ウイルス学、線虫学、土壌学、害虫の殺虫剤抵抗性等多くの農業研究分野に貢献しており、第二次世界大戦中には収穫量の向上をめざして、今も広く使われている除草剤2,4-Dを開発した。現在も民間で運営されているが、主な資金源は政府経由のものである。なお、研究所のルーツは、ビクトリア時代の著名な企業家と科学者であるジョン・ベネット・ローウェズ（John Bennet Lawes）が、肥料に関心をもち、有機肥料と化学肥料の施肥の差を調べるため、一六世紀から継承している自分のローザムステッドの地所を活用して、一八四三年から長期的な実験を始めたことに発する。この長期実験結果は今も貴重なデータとなっている。

〔12〕ストリガ（Striga）。植物の根に食いこみ、作物から養分を吸収することで生き残る寄生体植物で、トウモロコシ、ソルガムなどに被害を与える。アフリカでは被害は二〇～八〇パーセント、さらには完全な減収をもたらすこともあり、サハラ以南の二〇万～四〇〇〇万ヘクタールの農地に影響し、一億人以上の人びとに被害を与えている。もともとはアジアとアフリカの熱帯乾燥地の一部に自生していたが、オーストラリアやインドネシア、フィリピン、マダガスカル、ニューギニアにも広がっている。対処方法がなかなかないため厄介な雑草である。

〔13〕ジェフ・マクニーリーとサラ・シューアの共著『*Ecoagriculture: Strategies to Feed the World and Save Wild Biodiversity*（エコアグリカルチャー――世界の人びとに食糧を供給し、生物の多様性を救う戦略）』（2001）は、野生生物の多様性保存の最大の敵であると考えられてきた農業と生物の多様性の共存が可能であることを世界各地の三六のケース・スタディから分析し

ている。

[14] テフィ・サイナ（Tefy Saina）。フランス人のイエズス会の神父、ペレ・アンリ・デ・ロラニエ（Pere Henri de Laulanie）と二人の農学者、セバスチャン・ラファラライとシャスティン・レナード・ラベナンドラサナ（Justin Leonard Rabenandrasana）が一九九〇年にSRIの普及を目的に設立したNGO。その名はマダガスカル語で「考え方を開発する」「心を育む」との意味をもつが、それは、創設者のロラニエ神父が、あらゆる開発の核心には人間の発達が存在すると考えており、米だけでなく心も豊かになることを望んだからだった。なお、一九九五年にロラニエ神父が死去した後は、ラファラライとラベナンドラサナが協力して技術普及にあたっている。二〇〇三年には、スローフード協会が生物の多様性の保全に寄与する個人や団体に与えるスローフード賞を受賞している。

[15] カ・マウ（Ca Mau）州。メコン川のデルタ地帯でベトナムの最南端。広さは五一九五平方キロメートル、人口は一一八万人。周囲を海に囲まれ、漁業が主要産業となっている。

第5章　地産地消とスローフード

なんという大成功……

ある夏の日に、温帯地域にある小麦畑のひとつに連れ立つこととしよう。黄金色の小麦の茎はどこか不自然で、押してみてもまったく動きもしない。作物の間では土が露出し締め固まっている。地平線の彼方には圃場の境界とおぼしき緑のしみが見えるのだが、おそらく生け垣か孤立した木立なのであろう。

今、私がたたずんでいるのは工場の床、効率的な生産機械の中心だ。そこは工場のように食料を生産しはするが、それ以外のことはほとんど何もしない。よく仕事をするものの、自然にとってプラスになるような余地はない。ほとんど同じ状況が家畜飼育においても進行している。北米の牛たちは、かつては大草原を歩き回ってその全生涯を過ごしたものだった。だが、今では一〇万頭もの家畜飼養場に詰めこまれている。効率的に給餌され、毎日一キログラムかそれ以上の肉を身につけ、かなり大規模な都市に匹敵する廃棄物を生み出している。これもまた食物工場なのだ。「それは食料生産の効率的な進歩を象徴するものだ」多くの人たちがそう口にする。だが、本当にそうなのだろうか?

このように産業化が進むなか、伝統的な家畜種は希少動物となりつつある。たとえば、サフォーク馬がそのひとつだ。サフォーク馬は背丈が高く、顔に白い星状や炎状の班紋をもち、性格が穏やかで飼いやすい。イギリス東部のサフォーク州の重粘土地帯のなかでも働けるように一六世紀から飼育され、多くの人びとから愛されてきた。[1]だが押し寄せる近代化と機械化の波には抗せず、一九五〇年代以降のトラクターやコンバインの普及とともに急速に消えうせた。もっともサフォーク馬が姿を消した一因としては、馬が定期的に胃のスピロヘータ病に罹病し、第一次大戦後にその数が回復しなかったこともある。だが、馬よりも機械のほうが頼りにされたことは間違いない。もちろん農場は格段に効率化されたし、少ない労力と時間でより広大な面積が耕せるようにもなった。

だが、サフォーク馬や馬の飼育家たちが消えうせたとき、同時に別の何かも失われたのである。というのは、飼育家たちは、馬だけではなく農場全体の景観とも密接なかかわりをもっていたからだ。飼育家たちは専門的な植物学者で、馬を世話するのに四〇種に及ぶ野生植物を用いていた。病気を治療したり、毛並を光らせたり、食欲を高めたりする植物だ。飼育家たちは、こうした特定の植物についての知識を幾世代にもわたって継承してきた。

イギリス農業の変遷にくわしいジョージ・エワート・エヴァンスは、著作『*The Horse and the Furrow*（馬と耕地）』のなかで次のように記述している。菌類の抗生物質が普及するまでは、熱はキンミズヒキかスライスしたリンゴで下げられたし、風邪や咳は、ベラドンナ、カラマツソウ、ニガハッカで治療された。回虫を除くのには、黄色い花で春を印象づけるクサノオウが用いられ、食欲増進のためにはリンドウ、オオグルマギク、ニガハッカ、オノエリンドウが餌に加えられた。発汗を抑えるにはツゲの木が、毛づくろいには、ゴボウ、サフラン、ローズマリー、フェンネル（ウイキョウ）、セイヨウバクシン、ヨモギギク、マンドレークが使われた。そして、ハシバミ、セイヨウヒイラギ、柳は装飾や馬具の引き綱となった。

現在ではこうした知識は忘れられ、かつては有用だった植物が雑草と呼ばれている。サフォーク馬は専門的な団体や今も荷馬を備えたひとつか二つの農場の個人的な努力によって、かろうじて生き残っているだけだ。この事例から、農業の進歩にはごく単純な原理があることがわかる。食料生産の効率性を高めると、景観の多様性が失われ、自然についての詳細な知識や自然を管理する義務も失われていくことだ。

サフォーク州の粘土地帯を後にし、今度はオーストラリアを訪ねてみよう。クイーンズランド州のなかでも最も肥沃な土地を眺めつつ、ケヴィン・ニエメヤーが、ベランダの陰に立っている。ここは東部オーストラリアのロッキアー・ヴァレー。亜熱帯の野菜菜園で、自然にやさしい農業のもうひとつの革命の拠点のひとつだ。

ここは、たった数世代の農業が行なわれただけで、一九八〇年代後半から一九九〇年代にかけて生態系の破綻から危機的状況に直面していた。ケヴィンが農場を購入したのは一九七〇年代のことで、最初のころは大量の農薬を散布する必要はなかった。だが、害虫が急速に抵抗性を発達させたために、二、三日ごとにアブラナに農薬散布をしなければならなくなったのだ。その後、ケヴィンは、益虫が消えうせたことで、頻繁に農薬を散布しなければならなくなったことに気がついた。つまり、自然を殺さなければ持続できないという近代農業そのもののうちに、失敗の種が含まれていたわけだ。状況は年が経つほど悪化し、害虫の農薬への抵抗性のために、もはや手の打ちようがなくなり、もう農業からはいっさい手を引くかというぎりぎりの状況に追いこまれた。

そのとき、ケヴィンは、地元にある研究所のスー・ヘイスウォルフから、これまでとはまったく違ったことを試してみるよう依頼された。自然な害虫管理手法に依拠するシステムを開発すること、それが目標だった。[2] 克服しなければならない心理的な障壁は大きかった。ケヴィンは言う。「頭が狂ったとも言われました。ですが、私はやったんです。全部の作物で挑戦したものですから、私を狂人と呼び遠ざかっていた人たちも戻ってきて、どのようにやったのかを尋ねたんです」

後にスーとケヴィンは、地元の農家が新たな農法を試し、その結果をわかちあえるように、三〇人程度を集めてアブラナ改良グループを結成する。グループのメンバーは、定期的に害虫調査を始め、捕食動物、フェロモン、バチルス・チューリンゲンシス散布剤といった製品を導入して農薬の使用量を減らし、同時に野鳥の生息地用に樹木を植え、益虫の餌になるようにキャベツの株間にアリッサム[1]を混植した。その効果は驚くほどだった。ケヴィンは言う。「農薬を三カ月ごとに三六回は散布していたのに、今は自然農薬を一、二度、散布するだけなんです」圃場は、アオガエル、スズメバチ、クモ、鳥でいっぱいとなり、いずれも害虫管理に役立っている。

ロッキアー・ヴァレーの多くの者がこれに刺激され、農薬の総使用量は劇的に減った。とはいえ全員が変わったわけではない。

「最大の懸念事項はなんでしょう」と私がグループに尋ねてみると、彼らはこう語った。「親父たちが言い続けるのです。こんな奇妙なやり方をもて遊んでいないで、いったいいつになったら、お前さんたちはちゃんとした農業に戻るつもりなのかね」と。

ケヴィン農場では生物多様性が豊かなおかげで、この一〇週間なんら手を加えなくても完璧に仕事がうまくいっている。ブロッコリーも最高のできばえで、この三年間というものまったく無農薬だ。だが、五〇〇メートル離れた隣の農場では、二日ごとに農薬を散布し続けている。ケヴィンは、エコロジー的、社会的に、景観のデザインを抜本的に変えるというこの挑戦について振り返る。「慣行農業は私たちの農場をめちゃくちゃにしました。ですが、農家はいまだに簡単には変われないのです」改革はエコロジー的な理由からも、経済的な理由からも、誰もが行なわなければならず、試行錯誤が積み重ねられている。

図5-1　イギリスでの小麦収量の変化（1885〜2000年）

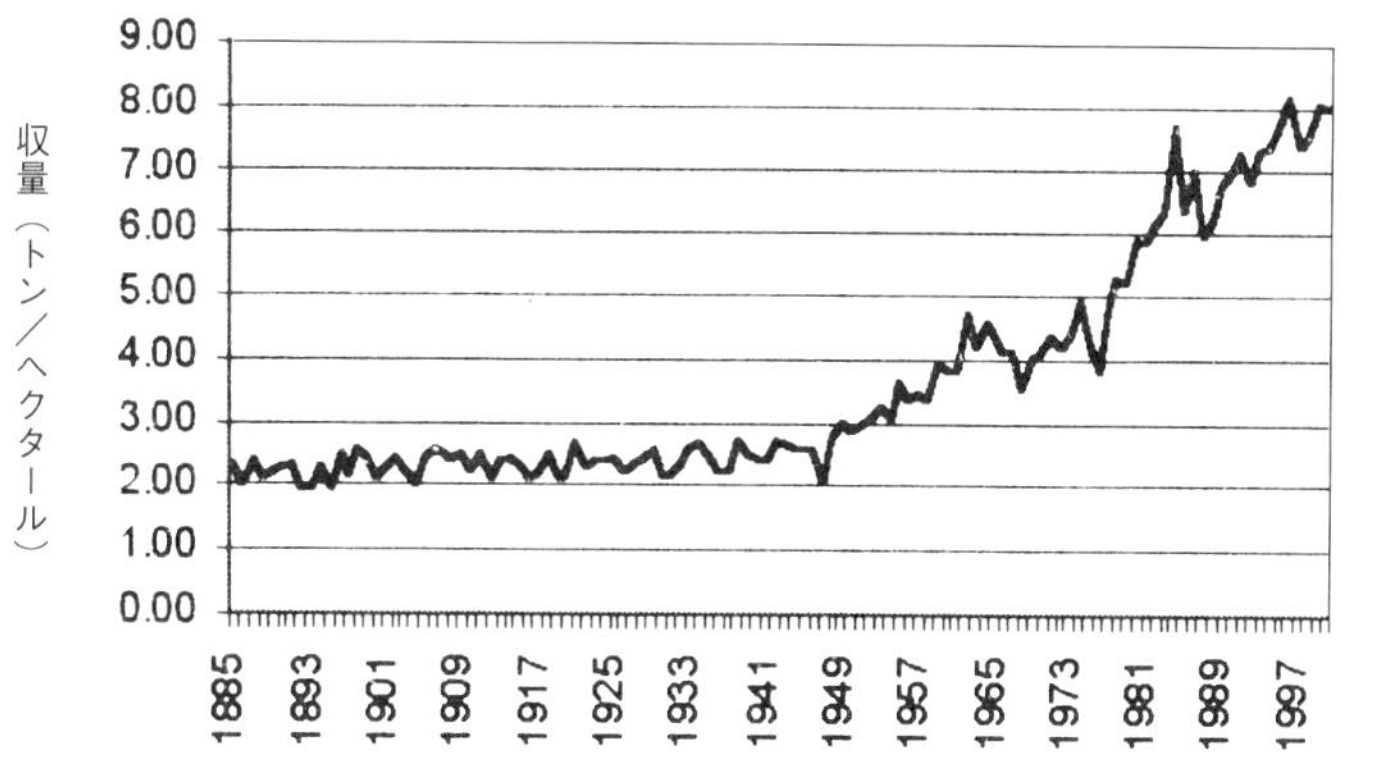

出典：DEFRA statistics

商品なのか文化なのか

工業国の農業はこの五〇年間、近代農法によって革命的なまでの刺激を受け続け、それは壮大な生産力増加をもたらした。面積当たりで格段に多い穀物や家畜、家畜当たりではるかに多くの肉やミルク、雇用者一人当たりでより多くの食料産出。生産力はほぼ全部門において高まり、食品価格は過去二〇年にわたって着実に低下し、食料不足や飢餓への懸念はほぼ取り除かれた。イギリスにおける小麦収量をみてみると、一八八〇年代から一九四〇年代までは一ヘクタール当たり二・五トン前後とほとんど変化がないことがわかる。イギリスが食料配給を終えたのは、つい一九五四年のことなのだ。だが、それ以降は急激に増加し、今では一ヘクタール当たり平均八トンに達している（図5—1）。

米国での搾乳量も年間ほぼ八〇〇〇キログラムと、五〇年前の三倍以上になっている。同じ期間に、肉牛は二三パーセント、豚は九〇パーセント、ブロイラーは五二パーセント体重を増やした（表5—1）。

表5-1　米国での家畜の生産性の増加

	1955年	1995年	増加率%
肉牛（kg/頭）	267	327	23
豚（kg/頭）	357	680	90
乳牛（kgミルク/頭）	2,643	7,444	182
ブロイラー（kg/羽）	1.39	2.11	52
産卵鶏（ケ/年）	192	253	32

出典：Fuglie *et al.*, 2000

同時に生産指標も高まった。小規模農家はのみこまれ、大規模な経営者が成功を収め、さらに大規模化させている。商品としての食べ物を生産するために、改善や大規模化が進められ、今やその大半が大規模なモノカルチャーのもとで栽培、飼育されている。以前の有畜複合経営の農業では、家畜排泄物は土地に還元され、穀物や野菜の副産物は家畜の餌になっていた。だが今では、各部門はますます専門分化し、地理的にも隔てられている。私たちは、こうした文化的な多様性の喪失に関心を寄せるべきなのだろうか？　それとも、農業は必要な商品を効率的に生産する以上のものではないと見なすすべての試みに対して、難色を示すべきなのだろうか？

最も変化が著しかったのは、家畜飼育場が大規模化し、輸入飼料に完全に依存するようになったことだ。どの工業国でも同じ傾向がみられたが、とりわけ米国ではその影響が大きく、豚、乳牛、ブロイラー、産卵鶏、肉牛において巨大な家畜操業場が次々と出現した。こうした巨大企業にはもはや「農場」という言葉はあてはまらない。コロラド州とテキサス州では、五大企業が二七の飼育場を所有し、そのなかに一五〇万頭の肉牛が囲いこまれている。一農場当たり平均六万頭だ。カリフォルニア州にあるひとつの二四〇ヘクタールの飼育場には一〇万頭の肉牛がいる。一ヘクタール当たり四〇〇頭の肉牛が押しこまれ、毎日約一・五キログラムの肉を身につけながら四～五カ月間、飼育場内にとどまる。一頭の牛は毎日約一〇キログラムの餌を食べるから大量の廃棄物が出る。この大飼育場からは、年間に一〇万トンの廃棄物が吐き出され、夏には一日当たり四〇〇万リットルの水を消費する。市場競争力をつけるため、牛肉は大草原や伝統的なカウボーイ文化を想起させる「牧場の牛肉」といった企業ブランド名をつけて売られている。だが、実態はこうなのだ。

酪農では、ウィスコンシン州、ニューヨーク州、ペンシルバニア州、ミネソタ州、ミシガン州が伝統的な酪農生産地域で、そこでは、乳牛の四〇〜七〇パーセントが一〇〇頭未満の規模で飼育されている。だが、こうした伝統的な産地は経営的に追いつめられ、さらに規模を縮小し、食料自給を含めて経営を多角化する傾向がある。一方、この一〇年ほどの間に、ニューメキシコ州、カリフォルニア州、ワシントン州、アリゾナ州といった歴史が浅い生産地域のシェアが高まり、二〇〇一年には牛乳の四分の一を生産している。ニューメキシコ州の乳牛の九六パーセント、カリフォルニア州の七八パーセント、ワシントン州の四七パーセントでは、五〇〇頭以上と大規模飼育されている。たった一〇企業が米国の全牛乳生産の半分に該当する年間三六〇億キログラムを生産しており、五〇企業が全生産量の四分の三を占めている。

養豚や養鶏においても事情は変わらない。米国内の豚の半数は二七〇〇農場が保持し、残りの半数は一四万の農場で飼育されているものの、その数は一九七〇年の九〇万から大幅に減っている。養鶏業では、二億七〇〇〇万羽の産卵鶏の九五パーセントが三〇〇の養鶏企業によって管理され、各企業は七万五〇〇〇羽以上の鶏を飼育している。つまり、たった一〇企業が家禽生産全体の一〇分の九をコントロールしていることになる。

二極化の傾向は、ヨーロッパにおいても明らかだ。六パーセントの農家が穀類の六〇パーセントを生産し、一五パーセントの農家が全家畜の四〇パーセントを飼育している。イギリスでは、八三〇〇の農家が全作付け地の半分を所持しているが、三万二〇〇〇戸ある二〇ヘクタール未満の農家は、面積的には農地の一〇分の一を占めるにすぎない。二〇頭未満の豚を飼育する四万戸の養豚農家によって、一七万頭の豚が飼育され

表5-2　イギリスの大規模操業への集中

	大規模操業	小規模農場部門
穀物	8300の所有者が作付け地の48%を所有（全農場が100ヘクタール以上）	3万1000の所有者が地域の9%を所有（農場は20ヘクタール以下）
産卵鶏	300の所有者が2900万羽の産卵鶏を所有（全体の79%）。1つの群れは2万羽以上	全所有者の45%に産卵鶏がいる。約2万3200が40万羽をもち、1つの群れは100羽以下
ブロイラー	334の所有者が6700万羽のブロイラーを飼育（全体の66%）	722の所有者が5万9000羽を所有。1つの群れは1000羽以下（全体の0.1%）
ヒツジ（イングランドとウェールズ）	9700の所有者が全ヒツジの57%を所有。頭数は1000以上	1万8000の所有者が2.2%を所有。頭数は100以下
肉牛	1300の所有者が全頭の19%を所有。頭数は100以上	3万の所有者が31%を所有。頭数は30以下
豚	52の所有者が8万頭を所有（全体の13%）。頭数は1000以上	4万1200の所有者が17万頭を所有（全体の30%）。頭数は20以上
乳牛	992の所有者が24万7000頭を所有（頭数の12%）。頭数は200以上	5300の所有者が6万9000頭を所有（全体の35%）。頭数は30以下

出典：MAFF. June 1999 Census data (Economic and Statistics Group, www. defra. gov. uk/esg)

ているが、五二の養豚企業の飼育数は八万頭だ。ブロイラーでは、三三〇の大型養鶏業者が全体の六六パーセントにあたる六七〇〇万羽を飼育しているが、一〇〇〇羽未満を飼育する七二〇の養鶏業者の飼育数は五万九〇〇〇羽にすぎない。産卵鶏でも同様で、全体の四五パーセントを占める一〇〇羽以下の小規模農家の飼育数は四〇万羽にすぎないが、三〇〇の大型養鶏場が、全体の八割にあたる二九〇〇万羽を飼育しており、その規模はいずれも二万羽以上となっている（表5－2）。

こうした大規模化の歪みは、食料の生産から加工・流通への全段階で、一極集中化が進んでいることからもみてとれる。農場も少なければ、投入資材の供給業者、製粉業者、屠畜業者、梱包業者も少なく、加工業者も数えるほどしかない。ひとつの企業が、食料生産チェーンのすべてを

表5-3　米国における食料生産と加工・流通の集中度合い

（1999年）

	4大企業への集中（%）	備考
牛肉	79	1990年には72%
豚肉	57	1987年には37%
ブロイラー生産	49	1989年には35%
七面鳥生産	42	1988年には31%
小麦製粉	62	1987年には44%
乾燥トウモロコシ製粉	57	—
濡トウモロコシ製粉	74	1977年には63%
大豆製粉	80	1977年には54%
種子トウモロコシ販売	69	—

出典：Heffernan, 1999

所有し、家畜飼料の生産から飼育、屠畜・パック化、店舗での販売まですべてをこなすようになってきている。

ミズーリ大学のビル・フェファーナンらは、長年にわたって、食品関連のトップ企業への集中化がどれほどのものなのかを追跡してきた。現在米国では、最大手の四大企業が、牛肉の七九パーセント、豚肉の五七パーセントをコントロールしている。ブロイラーや七面鳥でも四〇～五〇パーセント、小麦やトウモロコシの製粉業、大豆も五七～八〇パーセントとめざましい（表5−3）。たとえば、コンアグラ社[2]は、殺虫剤と機械製造業を除き、生産や流通のどの過程にも顔を出す。同社は一〇〇〇のカントリー・エレベーター、一〇〇〇艘のはしけ、二〇〇〇台の鉄道車両も所有している。トップ四企業のひとつカーギル社[3]は、家畜飼料を生産し、牛の飼育・加工も行なっているが、コーヒー販売だけで、コーヒー購入先のアフリカのどの国の総収入より多くの利益をあげている。

食料の生産や加工・流通で一極集権化が進んだ結果のひとつとして、国内、国内外で不必要な食品輸送が増加していることがある。米国では、各食品は圃場から食卓まで二〇〇〇キロメートルを移動するとの評価がなされており、道路が渋滞するなか、その輸送過程で二酸化炭素を放出し、環境にダ

表5-4　EU加盟14カ国や他国とのイギリスの食料貿易（2000年）　単位1000トン

	国内生産	輸出	輸入
家禽類	1,514	170	363
豚	738	213	272
牛	706	9	202
ヒツジ	390	125	129
牛乳（100万リットル）	14,054	423	124
小麦	16,700	3,505	930
大麦	6,490	1,730	51

出典：DEFRA, Annual Statistics, 2001.

メージを与えている。加えて、同じ製品を多量に輸出入するという無駄な食料貿易もある。たとえば、イギリスでは毎年二一万三〇〇〇トンの豚肉を輸出しているが、同時に二七万二〇〇〇トンも輸入している（表5−4）。

大規模化は単純化と生物多様性の損失ももたらす。過去一世紀で五〇〇〇種の動物と鳥が失われたと考えられている。世界には、牛、ヤギ、ヒツジ、水牛、ヤク、豚、馬、鶏、七面鳥、アヒル、ガチョウ、ハト、ダチョウを含めて、六五〇〇種の家畜がいるが、じつにこの三分の一が、生息規模が小さくなったために差し迫った絶滅危機下におかれている。

畜産の専門家によれば、種として群集が安定し、遺伝子を失うことなく再生できるには一〇万個体が必要である。一万以下では群集の数は急減し、一〇〇〇未満となると数が少なすぎて遺伝子の損失を防げず、種そのものが危機にさらされる。状況はすでに工業化がなされた近代農業において最も深刻で、ヨーロッパには、牛、ヒツジ、豚、アヒルで世界の四分の一、馬、鶏、ガチョウで半分の品種がいるのだが、一九九九年までの五年間で、危機にある家畜動物の割合は三三〜四九パーセントに高まり、家禽類は六五〜七六パーセントまで高まっている。北米でも三分の一の家畜が危機的状態下にある。こうした国々には、危機にさらされ、かつ数も少ない種しかいないことを懸念しなけ

表5-5　絶滅危惧に瀕する家畜品種

	品種の数	リスクの割合（%）
ヨーロッパ	2,576	50
北米	259	35
アジア・太平洋	1,251	10
サハラアフリカ	738	15

出典：FAO, Rome.

ればならない。そして、アジア、アフリカ、ラテンアメリカにおいても、家畜種の一〇～二〇パーセントが工業国と同じ運命の道をたどることになるだろう（表5－5）。

いったい効率性だけがすべてなのだろうか？　肉、牛乳、卵は各農場を単位に生産されるようになるほうが進んでいるのではないだろうか？　だが、大規模運営や生物多様性の損失も何人かにとっては成功の基準なのだ。にもかかわらず、この成功のなかに破壊の種が横たわっている。大規模で工業化された農業がよくみえるのは、正確に言えば、成功評価の幅が狭く、コストがかさむ副次的な影響を無視しているからなのだ。高度に生産的ではありながらも、近代化されたシステムが今危機的であるという兆候は、数多く見られる。農民たちは搾取され、食料や環境面での安全性は妥協され、食品は安全性が担保されないままにおかれている。消費者は、食料生産の過程からますます切り離され、幻滅度が高まっている。アルド・レオポルド*は、半世紀以上も前に自然と私たちとの関係に変化がやってくることを予想していた。彼は言う。「もし、思いやりをもって土地のことを理解していれば、いつしか土地がパン以上のものであると自分で納得することだろう」

家族農業文化は終焉してしまうのか

多くの消費者は、いまだに牧歌的な農業のイメージを抱いている。だが、残念なことに、産業化された農業の現実はこれとはまったく対照的なものとなっている。農村コミュニティは先進国のいたるところで死につつあるが、食料生産システムはますます強化されていくようにみえる。伝統的な自然景観が農業へと変えられたのはごく最近のことだというのに、その農場がすぐまた別の農場に叩き売られている。

北米中西部にあるグライン・ボウルは、家族農業世代にとっての故郷だ。だが、錆びた機械類の山、泣き叫ぶ家畜と荒れた農地の上に槌が音を立てて振り落とされている。農場の家族の暮らしや歴史は四散して吹き飛び、競争力をつけるために農場が次々とのみこまれ、それがさらに大規模化する必要を生む。米国では過去五〇年間で四〇〇万もの農場が消えうせた。日々二一九の農場が消失してきたことになる。フランスでは、一八八〇年に九〇〇万あった農場が、一九九〇年代には一五〇万となった。日本では、一九五〇年に六〇〇万戸あった農家が、二〇〇〇年には四〇〇万戸となった。

経済の進歩や効率性を主張する者たちの多くは、こうした結果は十分に予想できることであり、農家の消失は悲しいことではあるものの、進歩にとっては必然的なことだと語る。各農家は生産力を向上させ、効率的ではない農家は排除され、生き残った農場が世界市場で競争できるというのだ。

だが、消えていった各家族経営の農場は、コミュニティのそれ以外の農場や土地と密接な結びつきをもっていた。それらが切り離されれば、記憶も永久に失われてしまう。これを私たちは進歩と呼んでいる。ジョン・スタインベックは、六〇年以上も前に『怒りの葡萄』のなかでこうした事態がいずれやってくることを予見していた。

「馬が仕事を止めて馬小屋にいく時、そこには暮らしがあり、活力が残され呼吸と暖かさがある。足は藁の中に、あごは干し草の上にあるが、耳と目は生きている。小屋の中には暮らしの暖かさと生命の暖かさと匂いがある。だが、トラクターのモーターが止まる場合はまるで鉄鉱石のように死んでいる。死体に残る体温

図5-2　米国での農場数と農場規模の変化（1860年代〜1990年代）

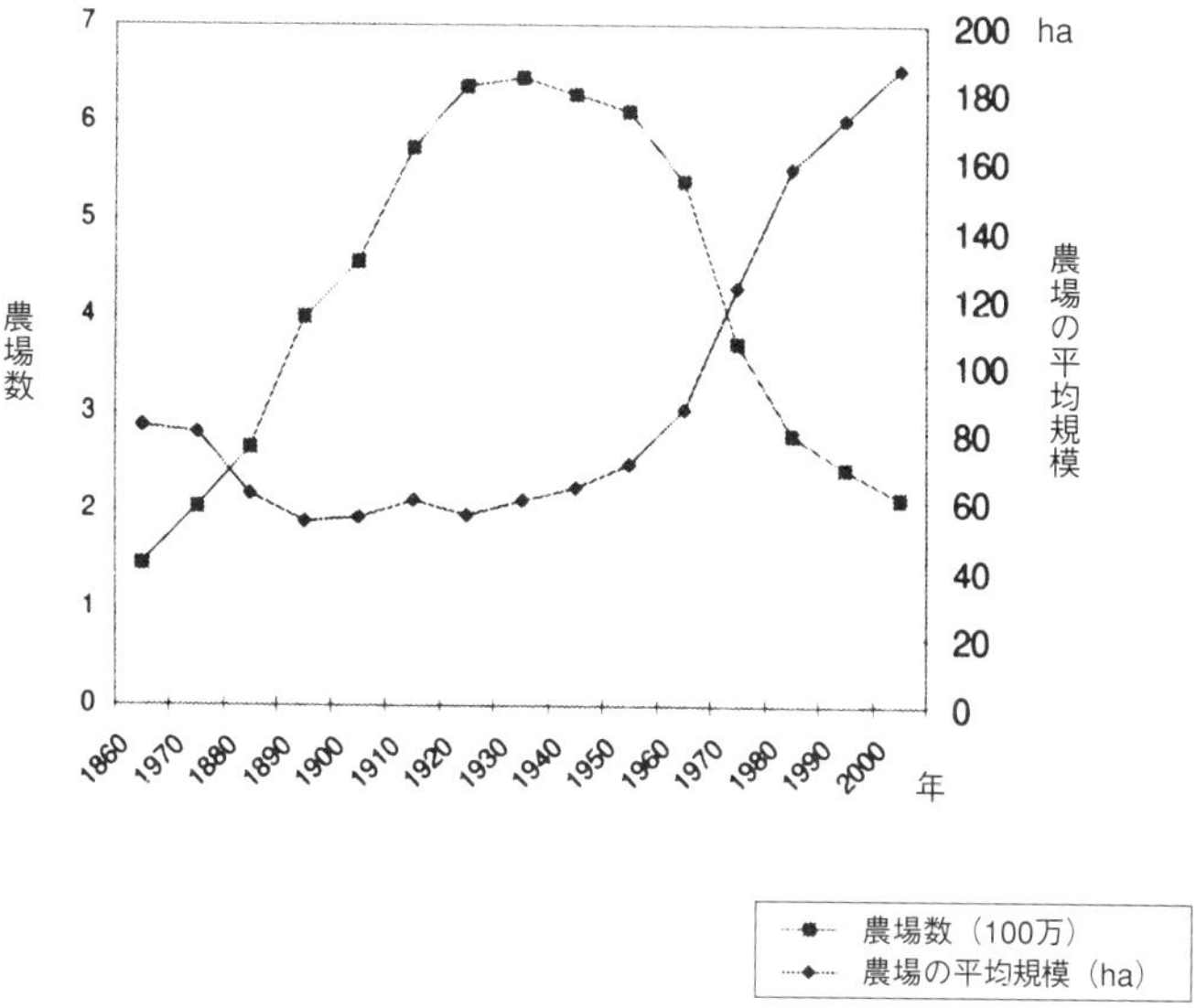

のように、熱が出て行く。その後、波型の鉄製の扉が閉じられ、トラクターに乗る者は、家から二〇マイルは離れた町へと自家用車で出ていく。そして、数週間たっても数カ月経っても戻ってくる必要がない。トラクターが死んでいるからだ。これは簡単で効率的だ。とても簡単だから、仕事から驚きがなくなっていく。とても効率的だから、大地で働くことから驚きがなくなっていく。そして、驚きともに、深い理解や関係性さえもなくなっていくのだ」

米国では農家戸数と平均農場規模の変化との間に興味深いパターンがみられる。一八六〇年から一九二〇年代にかけてはフロンティアが広がり続けたため、農場数は一五〇万から六〇〇万以上へと着実に増加し、その後三〇年間は安定した。だが、一九五〇年代以降は現在の二〇〇万まで急速に減少している。平均農場規模は一〇〇年間は六〇〜八〇ヘクタール前後で安定していたが、一九五〇年代から現在の平均一八七ヘクタールまで拡大している（図5-2）。だが、この平均数値の背後には憂慮すべき傾向が隠されている。八〇〇ヘクタール以上の大規模農場は、米国の全農場の四パーセントを占めるにすぎず、四七パーセントは四〇ヘクタール未満なのだ。そして、農場の九四パーセントは、専門的には小規模農場として定義されており、それらは全農場の収入のたった四一パーセントしか受け取っていない。要するに、二〇〇万ある全農場のうちたった一二万が全収益の五九パーセントを手にしている。

「最近、農業の産業化のペースが加速化している。加工や流通のグローバル化が進むなか、食品や繊維製品の圧倒的多数を、ほんの一握りの垂直統合された農場がコントロールする傾向が強まっている」全国小規模農場委員会はこのように言及している。

サウスダコタ州立大学のトーマス・ドブス教授*は、全国委員会への証拠として、彼の偉大な祖父が一八七〇年代に最初に農場を設立した東部サウスダコタで何が起きたのかを説明している。「私たち家族は三世代が農場で育った。農場があるムーディ郡では、農場数が一九四九年の一三〇〇から一九九〇年代の六四〇まで半減するとともに、規模が一八〇ヘクタールまで倍増した。だが、最も変化が劇的だったのは景観の画一化である。大豆の作付け面積が急増し、カラスムギ、亜麻、干草と大麦の面積は落ちこみ、ヒツジの頭数も大きく減り、牛や豚も少し減った。複合農業はトウモロコシと大豆のモノカルチャーへと変わった」

ドブス教授が語るこうした変化は、小規模農場が大規模農場へと、複合農業が単一農業に置き換えられるという、コーンベルトやグレート・プレーン地帯全体の変化を反映したものだ。だが、こうした大規模な生産活動が効率的であると人びとを信じこませているのは、狭義の経済学だけであり、それは適切な説明手段を用いていないだけにすぎない。「通常の効率性の評価は、小規模農場によって生み出される数多くの社会的、環境的な財を反映していない」と全国委員会が指摘すれば、ミネソタ大学のウィリス・ピーターソン教授*も「小規模な家族とパート・タイム農場は、少なくとも大規模な商業的企業と同じほど効率的である。実際、農場規模が拡大すると規模の不経済性がある」との感想を述べている。

私は以前二冊の著作、『*Regenerating Agriculture*（農業の再生）』（1995）と『*The Living Land*（生きた大地）』（1998）で、ウォルター・ゴールドシュミット*の歴史的な分析について記述したが、それを再び簡潔に述べておこう。ゴールドシュミットは、農場の規模以外は、あらゆる特徴が類似したサン・ホアキン・バレーにある二つのコミュニティ、アルビンとディニューバを比較研究した。ディニューバは小規模な家族経営農業、アルビンは大規模な企業型農業で特徴づけられるが、この農業構造の社会やコミュニティへの影響には著しい違いがあった。ディニューバには、すぐれた公共サービスと設備、多くの公園、店舗と小売業があり、市民団体や社会改善組織が倍はあり、市民参加も良好で、暮らしの質もよかった。小規模な農場コミュニティは、マイケル・ペレルマン*教授が後に「小規模な農場は、地元文化を『付着』させ、周辺の土地をケアする機会を提供している」と指摘するように、ずっと住み心地のよい場所と見なされていたのだ。三〇年後になされた研究は、この結果を追認することとなる。コミュニティでの社会的な結びつきや信頼と参加は、農場規模が小さいところほど大きかったのである。

小規模な農家は、経済的には非能率的なものだといまだにみられているが、実際のところ、それらの消失は農村文化にとって痛手となっている。リンダ・ロバオ*教授は、農村における不平等について研究し、ゴールドシュミットの研究が描き出した場所が重要であることを示した。家族経営農業の衰退は、農家だけを傷つけるわけではなく、社会全体の生活の質を傷つけている。企業型農場は生産面では適していてもそれ以外の多くには適さない。企業型農場は、農村人口の減少をもたらし、貧困や収入の不平等を増やし、コミュニティ・サービスを減らし、民主主義的な参加を少なくし、小売業を減らし、環境汚染を増やす。ロバオ教授は語る。「企業型農業がコミュニティに対してやれることはとてもかぎられています。私たちは、地元のニーズに応じてコミュニティと一心同体となり続ける農場を必要としているのです」

農民詩人、ウェンデル・ベリー*は、長年近代化のなかで何が起こるのかに目をむけてきたが、農業の危機は文化の危機であると語る。

「健康な農業文化は、家族経営の上にのみ立脚し、健全に大地の上に根を張る人びとの間でのみ、成長できるものである。それは、どんな技術の量をもってしても置き換えることができない大地の人智を育み保護する。この米国の農場コミュニティ内には、かつては、文化的に成長できるそうした大きな可能性があった。だが今は、残念なことにそうしたコミュニティの残りかすがあるだけだ。もし今、失われつつある可能性を強化・鼓舞しなければ、次世代には継承されることなく完全に失われてしまうことだろう」

だが、ベリーが一九七〇年代にこれを書いて以降、すでに次世代への世代交代はすんでいる。実際のところ、中心的な疑問はこうなのだ。私たちは、規模が大きくなり、匿名の商品を生み出す農業に満足しているのだろうか？　それとも、それ以上の何かを期待しているのだろうか？

家族経営の農場はまさに食料生産以上のことをなす。大地と結びついた実体のある文化構築に手を貸す。ロレーヌ・ガルコビッチ*教授らは、ケンタッキーで家族経営の農場について研究したが、家族経営の農場と土地との間に蓄積された関係性がどれほど重要であるかを示している。「家族経営の農場はたんなる土や家畜以上のものなのです。それは、どのように農場に手をかけることで土地を使うのか、そして、いかにして伝統的な意味と価値を大地と結びつけるかの伝統的な戦略でもあるのです」

こうした農場においては、時はゆっくりと流れ、個人や集団の記憶のなかに経験が蓄積されていく。農民たちは素晴らしい語り部でもあり、彼らが語る物語が、生命に意味や方向性を与えてコミュニティを束ねている。だが、わかちあわれた理解が壊されるとき、不満や矛盾が現われることになる。今、家族経営の農場は農村コミュニティの衰退を嘆いている。もはや誰にも語るだけの時間もなければ、農村住民の多くも農業について何も知らない。

カナダの女性作家、シャロン・ブタラは言う。「小規模な家族農場を皆が維持してきた最大の理由は、農業を営む人びとが深く考え、楽しみの時間をもち、自然に教えられ、インスパイアーされてきたからなのです。地面から六メートルも離れたエアコン付きのトラクターの運転席で日々を過ごす人以外には誰も残らないとしたら、どのように大地にいればよいのかをいったい誰が思い出すのでしょう？　どのように大地からものを聞けばよいのかをいったい誰が思い出すのでしょう？」

近代農業により規模拡大や中央集権化が進むなか、景観全体が画一化したり単純化している。多様な景観には多くの機能やニッチがあるが、モノカルチャーのそれは貧しく、エコロジカルな活力機能を失っているから弾力性もない。端的に言って、モノカルチャーは食料を豊富に生産するというひとつの物事だけをうまくやるが、基本的に不健全で他との結びつきが断たれたシステムなのだ。そして、この断絶したシステムは、十分なチェックやバランスへの配慮がないままに、ある個人が「景観の共有益は自分たちのためだけのものだ」と主張することから生じる。

これに対して、多様な景観はずっと多くのことをなす。副業ではない経済活動の結果として、共同で食料を生産し、人びとの暮らしを支え、自然を保全する。小規模多品目栽培からなる多様な景観は、多面的な機能をもち、不確実性や神秘と差異に満ちあふれている。農民作家デヴィッド・クライン*はこう指摘する。「私たちには、知られていない自然や説明できないことの喜びが必要だ」近代農業で唯一神秘的なことは、私たちが環境や健康と関連するコストについて理解していないことなのだ。

近代化がもたらす残念な結果のひとつとして、特徴がない場所が増えていることがある。近代化はしがらみがあったりいいかげん飽き飽きした場所から、気がねすることなく好き勝手にやってきたり出ていくことを可能にする。また、個人を独立させるようにみえるために魅惑的に思える。だが、こうして場所に特性がなくなることは、同時に核となる場所もなければ、人と人との間、そして人と大地との間にも生まれながらの結びつきがないことへとつながる。

この近代化された世界では、「土地とのかけがえのない絆がある」と公言してままならない人ははた迷惑なのではないだろうか？　市場のパワーの命ずるままに、必要があればいっさいの所持品をまとめて常時移動すればよいではないか？　今、世界を半周飛行するには、一〇〇年前に五〇キロメートルを移動するのに要する時間しかかからない。なぜ、こうした自分のルーツのいっさいを捨て去り、ベストな機会を求めようとはしないのだろうか？

ごく簡単な理由がひとつある。それは、誰もが故郷と呼べる場所を手にしていたいということだ。デボラ・トール*は「経験を蓄積することを通じて、自分がよく知り、同時によく知られているところが故郷なのだ」と述べている。故郷は急に生じるものではなく、安定性と意味を与えるところである。故郷は、人と場所とが最も結びついた場所であり、長い旅を終えたのちに私たちが戻るところであり、食卓の食べ物に地元のアイデンティティがあるところなのだ。

いずれの理由からも、それは簡単に取り引きされるべき商品ではないことがわかる。たとえば、スラムから無理やり別の場所に移住させられた人たちは、故郷をなくしたと感じて、たいがいひどく苦しんでいる。米国人の五人に一人は毎年引っ越しをしているが、それは平均的な米国人が生涯で一四回も引っ越すことを意味する。故郷は商品となり果てて、永続感を失う覚悟さえできれば、取り引きされてしまう。さらにひどいことに、故郷が商品化されると一生涯ひとつの場所にとどまる人の値打ちが下がってしまう。トールは「米国人の価値感では、たいがい消極的で野心がなく、冒険心がないものと解釈される」と指摘している。

さらに懸念すべきことは、場所の意味が変化し、じっくりと時間をかけて蓄積されるよりも、何かを中心に設計され、人為的につくり出されるものになってきていることだ。このことは必然的に地域の特性や自然から切り離されることを意味し、トールの言う「自然な状況や土地に根ざした性質よりも、高速道路での移動、年がら年中の買い物やレクリエーションといったライフスタイルに近づいていく」という結果をもたらす。ドレナン・ワトソン[*]と二〇〇一年に話をしたとき、スコットランドのゲール人のコミュニティについて興味深い話を耳にした。ワトソンはこう言った。「誰も、ゲール語を話す人にどこに所属するのかを尋ねても、どこからきたのかを尋ねはしまい。場所に属する特別な言葉があるからだ。Duthcasと同等の言葉は英語にはないのである」

低下する食品価格に立ちむかう

二一世紀へと変わるなか、世界の工業化されたところは、農業文化は今危機的状況下におかれている。これに対して何かできるのだろうか？　なるほど、近代農業は生産面では並はずれた成長を示し、そのことは何十余年も支持されてきた。だが、最近は環境へのダメージが引き続いたことから信用を失い、安全な食べ物への関心も高まっている。食べ物は、多くの人の病気の原因となっており、農業は環境を破損している。これがまともなわけがない。

多くの農民たちが苦闘している理由のひとつに、農家に還元される収益が大幅に減っていることがある。たとえば、五〇年前にはヨーロッパや北米の農家は、消費者が食に費やす金額の四五～六〇パーセントを収入として受け取っていた。だが今、その割合はフランスでは一八パーセントにとどまっているものの、イギリスでは七パーセント、米国ではじつに三～四パーセントと激減しているのだ（表5-6）。

食関連産業の発展は世界中でめざましく、現在、年当たりの取引額は一兆五〇〇〇億米ドルにも達している。だが、そのなかで農業が占める割合は小さく、食べ物のもつ価値は、メーカー、加工業者、小売業者が獲得してしまっている。農民は基礎的な産品を販売するだけで、それに価値を加えるのは別の者だ。その結

表5-6　農家に還元される食料費の割合

	イギリス	米国
消費者による消費支出	923ポンド	7,880億ドル
農家の実収益	141ポンド	2,087億ドル
農家の種子、資料、農薬、化学肥料、機械燃料、器具への支出	74ポンド	1,810億ドル
農家の食料費当たりの実割合	7.3%	3.5%

出典：DEFRAとUSDA統計

果、農村コミュニティにも農村文化にもわずかの金銭しか還元されなくなり、経済的な衰退という苦しみを受けている。たとえば、典型的な小麦農家がパンで手にするのは、パン一ドル当たりたった六セント、ラッピングとほぼ同じ値段にすぎない。だが食べ物を通じて、このようにごくわずかの利益しか得ていない農家が、消費者に直売を始めたらどうなるのだろうか？　農場や景観はよい方向へと変化するのだろうか？

ジャン・ディーンとティム・ディーンは、イギリスで初めて「ボックス・スキーム」によって地元の消費者に野菜の直販を始めた農家だった。ジャンたちはデボンに一二ヘクタールの自作地を所有しているが、そんな小規模な農地は、慣行的な大規模農場の枠組みのなかでは農地としてはまずは登録されない。だがディーンは、そこで六〇種の野菜を育て、ボックスに選別・梱包し、二〇〇人の消費者に毎週新鮮なまま届けている。

すべては、ジャンたちが市場出荷むけの園芸農業には適さないノースウッドで農場を購入した一九八四年に始まった。ジャンは言う。「はじめのころは災難だらけでした。病害虫や雑草の問題に加えて、一五年前には適切な市場を見つけ出すことが難しかったのです。他の数人の生産者とともに、コーンウォールからハンプシャーで、小売販売や卸売市場、スーパーマーケットに販売する有機農産物の協同販売組合を立ち上げました。そして、一九九〇年の終わりまで卸売市場用に有機野菜を栽培していたのですが、四とか五ヘクタールとかでは経営的にとうてい立ちいかないことは明らかでした。規模が小さすぎたし、立地条件も主要市場から遠すぎてよくなかったのです。輸送手段と経費が資金的な負担となり、頭痛の種でもあったんです」

協同販売組合は経営難に陥り、収益をあげるため破れかぶれで、地元むけに野菜のパック詰めを始めた。毎週固定価格で、いろいろな野菜を詰めたボックスを配送することにし、そうした野菜配送に関心をもち、購入の申しこみをしそうな既存の顧客や友人たちと連絡をとったのだ。手ごたえは上々で、週当たり二〇箱のボックス詰めが始まる。これがすこぶる好評で、彼らは二年以内に卸売市場への出荷をすべて取りやめ、「ボックス・スキーム」を流通と収入源の唯一の手段にしたのだった。

ジャンたちは、野菜の箱を届けるさいに時おりアンケートを入れたり、消費者とのさりげない会話を通じて、消費者が何を求めているのか、顧客ニーズの詳細も徐々に把握していく。月一回のニュースレターも発行し、農場の出来事や作物の生育状態を消費者に周知できるようにした。このことは、実際に野菜栽培にかかわっているという消費者意識を高めることに役立ち、消費者が何か特別なものの一部に属しているとの感覚を育む一助にもつながった。年に一度は、ノースウッドの農場ツアーを行ない、消費者はティムとジャンとともに午後を過ごし、翌月の農産物についてガイド付きで説明を受ける。ジャンは言う。

「このツアーは食料生産の現場ではありました。私たちの小さな畑で野菜がつくられることを知ってショックを受けた消費者も何人かはいました。彼らが頭のなかで抱いていたイメージでは、ノースウッド農場は通常の菜園よりはるかに大きなものだったのです。消費者が遠くから目にするかわいらしい小さなウサギが、本当は迷惑で、農業経営上では潜在的な脅威になるという現実は、無理に理解してもらわなくてもよいのです。ですが、農場見学は、消費者に現実を理解させる調整役を果たしているのです」

野菜のシーズンは六月から、二～三月まで三二週間は続く。数年かけてティムとジャンは、栽培品目を二〇から六〇へと増やしたが、それが農場収益につながった。多品目栽培は天敵を増やし病害虫コントロールにも役立つ。そのうえ、消費者はいずれも農場から六キロメートル以内に居住している。ディーン一家にとって最も重要なことは、彼らが食料価格のすべてを手にして、このやり方を通じてさらに多くの利益を生み出していることなのだ。ジャンは言う。「私たちは農場収益を二倍以上にしていました。そして、初めて資金的に安定した立脚点にいることがわかったんです」ノースウッド農場は、ここ一〇年間でイギリスで大成功を収めた「ボックス・スキーム」とCSA（コミュニティ支援農業）の雛形となり続けている。

持続可能な農業

農家収入が急激に落ちこんでいる理由として、近代農業が、購入資材や技術への依存度を高めていることがある。現在、農薬、化学肥料、家畜飼料、エネルギー、トラクターその他の機械類を外部から投入することが、食料増産の主要な手段となっている。こうした外部投入資材は、金銭を要しない自然の働きや天然資材の代わりをなしてはいる。病害虫と雑草を管理する生物的、文化的、機械的な方法に農薬がとって代わったし、化学肥料が厩肥、堆肥、窒素固定作物と沃土の代わりとなった。そして、以前には価値があった地域資源の多くは廃棄物と化し、農業生産をより脆弱にしている。オルターナティブな方法が存在しなければ、こうした変化は大きな問題となることだろう。だが、オルターナティブな取り組みは行なわれている。持続可能な農業技術は、二つの重要なことを行なう。まず、栄養分、捕食動物、水や土といった農場にある既存資源を保全し、こうした資源ストックを高める窒素固定作物、水収集機構や捕食動物といった新たな要素を導入する。これらは外部投入資材の一部か全部を代替することになる。

次に個々の技術の多くは多機能で、それを採択することが同時に農場に望ましい変化をもたらす。たとえば、生け垣は、野生生物や捕食動物の活動を活発にし、風よけの役目を果たし、土壌浸食を減らす。輪作でのマメ科植物は窒素を固定し、病害虫の侵入を防ぐ障壁の役割も果たす。牧場のクローバは、肥料代を引き下げ、牛の草消化率を高める。牧草は、表流水をゆっくりと地下水に浸透させ、家畜の飼料源にもなる。間作作物は土壌浸食を防ぎ、緑肥としても耕作できる。緑肥は作物の栄養源を供給するだけでなく、土壌中の有機物量を増やし、保水性を高め、土壌浸食も減らす。湿地は、野生生物に生息地を提供し、そこに生える草は子ヒツジの餌となる。

ヨーロッパでは、農地の約三分の一、約五六〇〇万ヘクタールが、いまだに比較的集約化されない農法によって耕作されている。こうした伝統的な農業は多様で、農村コミュニティの特有な生活様式と密接に結びついている。たとえば、夏期には移住しながら家畜を放牧する南欧や中欧の高山牧場もこれに該当する。ルーマニアのカルパチア山脈内の渓谷で営まれる農場は、ほぼ伝統的な方法で管理されており、牧草地には顕花植物が豊富にある。ポルトガルやスペインには、多様な樹木と多品種牧草地からなる農場があり、コルク、トキワガシ、ヒツジ、豚、牛がいて、希少な野鳥も数多く生息している。ギリシア、イタリア、スペイン、ポルトガルにある三〇〇万～四〇〇万ヘクタールの伝統的なオリーブとブドウの果樹園も野生生物の生息地として適している。ハンガリー、ポーランド、アイルランドには複合農場があり、フランスとイタリアには湿地・乾燥草地がある。だが残念なことに、こうした農業のほとんどすべてが、近代農業と過疎化による集落放棄の両面によって深刻な脅威にさらされているのだ。

こうした伝統的な農法とは対照的に、有機農業は地域内にある天然資源を慎重かつ最大限に利用する試みといえる。有機農業は、エコロジカル農業やバイオロジカル農業としても知られるが、そのめざすところは人間的、環境的、そして経済的に実現可能な統合的な農業システムを創出することにある。そして、地域内か農場で得られる再生可能な資源をエコロジー的に管理することが、その最大の拠り所となっている。無機肥料であれ有機肥料であれ、外部の投入資材を使うことは可能なかぎり控えられている。ここ数年の有機農業の増加ぶりは劇的だ。ヨーロッパではその栽培面積が一九八五年の一〇万ヘクタールから、二〇〇〇年には三三〇万ヘクタールへと増え、一二万戸が有機農業を営んでいる。国別では、ドイツ四五万五〇〇〇ヘクタール、イギリス四二万ヘクタール、オーストリア三六万ヘクタール、フランス三二万ヘクタール、イタリア二五万五〇〇〇ヘクタール、オランダ二万九〇〇〇ヘクタールとなっている。米国でも一九九七年時点で、五〇〇〇戸が耕作する五五万ヘクタールが有機生産として認証されている。

有機農業がいかなるものであるかについては、さまざまな解釈上の相違がある。農産物を地元で販売するものだけが有機農業であるべきだとの指摘もあれば、消費者の市場需要に応じて農産物を遠距離輸送することもかまわないとの解釈もある。だが、いずれにせよ、自然と調和しながら食料を生産する方法を見出すことが有機農業の目的となっている。ただし、大半の有機農家にとっては、有機農業がたんなる一連の技術ではなく、農業生産システムのあり方であることが重要なのだ。ウェールズ農村研究所のニック・ラムプキン*は次のように指摘する。

「有機という言葉は、投入資材として使われる種類のことではなく、農場を有機体として考える概念についてのことなのである。農場を構成する土壌、鉱物、有機物、微生物、昆虫、植物、動物、そして人間は、互いに影響しあって安定した全体を創出している」

ここで指摘される相互の結びつきが重要である。サフォーク州でホーリィ実験農場を運営していた『*The Living Soil and the Haughley Experiment*（生きている土：ホーリィでの実験）』（1943）の著者イブ・バルフォア夫人*は、土壌協会の創立者でもあったが、農業を国家にとって欠くことができないサービスと見なしていた。

「国の健康が、食品の栽培方法に依存するとするならば、農業は医療サービスのひとつ、ヘルス・サービスとしてみられなければなりません」有機農業運動の創立者、アルバート・ハワード卿*やフレンド・シェイクスと同じく、バルフォア夫人も、農業が人間の衛生環境と密接に関係すると考えていた。「農業を医療サービスとして見なせるようになれば、どのような食料問題であれ、唯一考えるべきことは、それが人の健康にとって必要かどうかではないでしょうか。通常の経済学は完全に二番目の位置を占めることになるのです」

これが、私たちが食料生産についての発想を変えるべき方向であろう。だが、なぜ、いまだに比較的少数の農家しか、近代農業から有機農業へと転換しないのだろうか？　それには、歴史的、経済的、政治的な理由がある。だが、理論的には、オルターナティブにむけてささやかな第一歩を踏み出すことは誰にとっても可能なのだ。

もうひとつの別のタイプの持続可能な農業は、統合農業と呼ばれ、これもまた環境に優しい農業へのアプローチである。統合農業の形態はさまざまだが、持続可能性に向けての一ステップあるいは数ステップに相当する。総合農業で重視されているのは、情報にもとづき計画を立て、目標とモニタリング・プロセスを設定し、農場全体にとって地域特性に応じたマネジメントシステムを生み出すことにある。目標や適切な農法を採択することで、消耗はずっと減り、環境益は格段に高まることになる。統合農業に携わる農家が、収益性を損なわずに購入資材を節減できることを知ったように、近代農業の不経済性はますます明らかになってきている。使用量はかなり削減できることもあれば、比較的少ない場合もあるが、化学肥料の代わりにマメ科植物、農薬の代わりに捕食動物といったように再生可能な技術を用いれば、農家は、外部投入資材を相当削減できる。新たな目標や技術にもとづく新方式の農法を完全に理解して採択するならば、最終的には外部投入資材の一部、あるいはすべてを完全に代替できることになる。

持続可能な食空間とバイオリージョナルとの結びつき

持続可能な農業の基礎となるのは、利用可能な天然資源や社会資源を最大限に活用することにある。そうすることで、環境にダメージを与えたり破壊しながら食料生産をしないでもすむ。農場は生産的になりうるし、農家は将来の世代のために景観や天然資源を保護しつつ、相当な所得をあげられる。農業が地域の農村文化を狂わすこともない。持続可能な農業では、知識、経営スキル、そして労働量を増やす必要があるから、農村地域の企業や住民に新たな雇用機会を提供することにもなる。このことから、論理的に言っても、地域の環境やコミュニティと農業との結びつきを重視することが必要であることがわかる。

今や農民ではない私たちは、農村を訪問し、組織に加わり、食べ物を食べるという三つのやり方を組み合わせることで自然と結びつくことができる。まず第一に私たちは週末や休日、また、あるときには犬の散歩という日常行為として、農村を訪れて見守り、散歩をしたり、海水浴を行なう。イギリスでの年間の農村や海辺への日帰りや一泊の観光旅行で出費される金額は毎年五億五〇〇〇万ポンド以上であり、合計で一四〇億ポンドが地域経済に還元されている。[3] これは、政府から補助金として農村に投入されるよりも四倍以上大きい。つまり、食べ物という直接的な形であれ、景観という間接的な形であれ、観光にさいしてなされる選択が、物品やサービス供給に大きな違いをつくり出しているのだ。[4]

自然や農村景観の保護・保全・再生活動に従事している団体に参加することもできる。今、環境や農村保全と関連する団体は、工業国では最も会員数の多い組織となっており、総数では、政党や労働組合の会員数に次ぐ。それらの団体は多方面にわたる多種多様な声を幅広く反映している。その多くは反対運動としてスタートしたが、その後は前むきに「解決」をめざして発展してきた。こうした組織の経済的・政治的パワーは会員に根ざしている。イギリスでは王室に次ぐ最大の地主はナショナルトラストで、二五〇万人の会員をもち、二七万五〇〇〇ヘクタールを所有している。また、現在一〇〇万人以上の会員がいる野鳥保護のための英国学士院と三〇万人以上の会員をもつ野生生物トラストも、広大な土地や保護地域、農場を所有し、適切な管理が望ましい結果をもたらすことを実証している。米国では、シエラ・クラブに六〇万人、米国オーデュボン協会に五五万人、そして原生自然協会に二〇万人の会員がいる[5]。

だが、それが日常活動であるだけに、最も重要なことは、私たちが日々自然を形づくっている農場で生産された食べ物を食べているということだ。選挙は、二年、三年、あるいは四年に一度しかしない。だが、買い物は毎週、あるいは毎日でさえもしている。私たちは食べ物を食べなければならないが、食事をするたびに農業にも影響を与えているのだ。つまり、農業は誰にも関係するコモンズとして評価される価値がある。だが、残念なことに、私たちは、このコモンズのうちで過剰な消費活動を行なっており、無秩序な状況に放置したまま、コモンズに対する十分な投資をしていないし、その結果も評価していないように思える。

食べ物が商品であるかぎり、過剰な消費行為に歯止めをかけるすべはほとんどない。懸念される食料生産の隠されたコストをチェックしたり、バランスをとる仕組みも働かない。もちろん、現在の食料生産システムは、合理化やスピードアップによって、ここ数十年間でかなり改善されている。だが、それでもまだどこか欠陥がある。システムは、六〇億人の人民益のためには機能していないし、八億人が飢えに苦しめられている一方で、肥満が広まっている。どうみてもまともではないのだが、私たちは日常行動を通じて、その現実を受け入れてしまっている。とはいえ、生産者、消費者、そしてその双方がタッグを組み、集団的に斬新な動きをすることで、現状に違いを生み出すことはできる。食べ物や農業文化についての新たな認識を構築し、新たな関係や信頼、相互理解をつくり出すことは可能なのだ。

発想の転換を図るうえでは、「バイオリージョン」と「フードシェッド」という二つの概念が役に立つ。

バイオリージョナリズムとは、社会と自然システムとを結びつける自己組織化の概念で、エコロジカルな限界内で人間活動を統合化することである。バイオリージョンは、エコロジカルな機能を多く備えた多様性に富むエリアと見なされ、人びとが故郷と呼べ、暮らしたいと思う本当の場所のことである。それを構築するには年数がかかるが、現状に無関心ではいられない人びとがお互いにかかわり合うことから出発し、人びとは自分たちの足跡を残すとともに、地元の状況や文化によっても形づくられ、バイオリージョンが形成されることになる。

一方「フードシェッド」は、食べ物の生産、流通、消費において地域に根ざす着地点をもたらすためにつくられた言葉で、ジャック・クロッペンバーグ*はこう記述している。

「コミュニティの絆によって生産者と結びついた小規模な加工業者や消費者に対して、持続可能な農法により新鮮でより栄養価がある食材を提供する多様な農場から構成された、自律した地域にもとづく食料生産システム」

地域ごとに組織されたフードシェッドは次の二つを目標としている。余計な輸送を取り除くことで生産から消費への距離を縮めること。そして、生産者と消費者との間に信頼感を構築する支援を行ない、より多くの売り上げが農家に還元されることを保証することだ。バイオリージョンもフードシェッドも、持続可能な農業を通じて、食料生産システム全般にわたって再生可能な資源を蓄積し、環境、社会、健康面で肯定的な外部性をつくり出している。

コミュニティ支援農業

シカゴの北西から車で約二時間。有機農場「天使の有機」の学習センター長トム・スパウルディングとともにイリノイ州の景観特性である地平線を眺める。目に入るのは一面に広がる黄色のトウモロコシ畑だけだ。それはモノカルチャーの砂漠と言える。だが、コミュニティ支援農業（CSA）、「天使の有機」だけが、あらゆる面で他の農業とは異なり砂漠のなかの小さなオアシスのように多様性を保持している。「天使の有機」の広さは、三二ヘクタール。うち一〇ヘクタールで、毎年四七種の果実、葉菜、タマネギ、根菜類、一二種のハーブを栽培している。農場を直接支援しているのは、野菜を届ければ、そのつど代金を支払う八〇〇名の会員たちだ。六月から一一月にかけ、毎週、生鮮野菜が箱に詰められ、シカゴ、ロックフォード、その他の地方都市へと配達されている。

「天使の有機」は等身大で運営されている点でも、地域にあるそれ以外の大半の農場とは違う。農場には一一名のスタッフと三～五名のインターンがおり、季節当たり一四五トンの野菜を生産している。会員との連携も良好で、学習センターを通じて、毎年一〇〇〇人の都会の若者たちに「徹底田舎体験」を実施しているし、暴力を受けた犠牲者や難民たちには園芸療法を施し、一五〇世帯の低所得世帯には無料で野菜を届けて、それ以外の多くのグループにも影響を与えている。「天使の有機」は、自然とコミュニティ、そして、価値を認める会員たちと結びついた農場なのだ。会員の一人はこう口にする。「農民たちがやっている仕事を尊重することを教わりました。健康な暮らしと質のよい食べ物との間にある結びつきに感謝し、よく考えることもです」こんな別の書きこみもある。「旬について言わなければならないことがあります。それはまさに正しい感じなんです」また別の会員は食生活習慣が変わったことを指摘する。「とてもたくさんの新鮮な野菜を食べられるので店で買わなくなったんです」

CSA農場は一九八五年にマサチューセッツ州で初めて設立されたが、「天使の有機」は米国やカナダに一〇〇〇以上あるCSA農場のひとつだ。CSA農場は、七万七〇〇〇人の会員と直接に結びつくことで、一年当たり三六〇〇万ドルの収入を農場に直接もたらしている。基本モデルは単純だ。まず、消費者は、農場の全農産物の代金を生産者に支払う。そして、生産者は質と量とが保証された食べ物を毎週届ける。典型的には、会員は季節分として二〇〇～五〇〇米ドルを支払うことになるが、それは、スーパーマーケットで買うのと比べ平均三割以上余計に支払うことになる。とはいえ、マサチューセッツ州でなされた研究によれば、ＣＳＡでの四七〇米ドル分の農産物は、通常に購入すれば七〇〇米ドル分の価値があるものだとされている。

ＣＳＡは、消費者需要に応じて栽培品目を増やす。中心原則は、経済収益が最大の作物に特化するのではなく、消費者が求める産物を生産することにある。たいがい毎週八～一二種類の野菜や果物、ハーブが届けられるが、別のＣＳＡと連携することで品目数を維持したり、チーズ、蜂蜜、パンといった加工品を加えている場合もある。ＣＳＡ農場の多くは、毎週の生産物とあわせてチラシを配付することで、会員たちと連絡を取り続けているから、会員はどの作物が今度届くのかがわかる。また、会員は生産物を受け取るだけでなく、農場での暮らしにも参加する。ＣＳＡに参加している農家の六〇パーセントが、運営上で最も成功した面が、食べ物と消費者との絆が強くなったことだと語っている。

イギリスでは、ＣＳＡよりもボックス・スキームのほうが圧倒的に多い。ボックス・スキームも北米のＣＳＡとほぼ同様だが、ＣＳＡは一般消費者にさらに関与を求める点が違う。土壌協会のグレッグ・ピリーらは、ボックス・スキームは一九九〇年代初めに始まり、一二〇〇人の消費者を抱える大規模なものが二〇、二〇〇人程度の消費者からなる小規模なものが二八〇あり、全体では八万人の消費者がいるとしている。もっともこれは過大評価かもしれず、実質的には六万人といったところが妥当な線であろう。とはいえ、この数は北米に一〇〇〇あるＣＳＡの会員数にほぼ近く、ボックス・スキームの影響力を適切に評価することが必要であることを示唆している。小規模なボックス・スキームでは、その日に収穫したものを詰めるので、新鮮で良質な生産物が消費者に届く。農家は、ジャガイモ、ニンジン、タマネギ、緑色野菜といった基本産品を提供し、季節に応じて他の農産物も加える契約を行なう。時を重ねるにつれて、ボックス・スキームは農場の生物多様性も増加させ、消費者需要に応じて、多くの農家が栽培作物を二〇～五〇種類に増やしている。価格はスーパーマーケットの野菜価格に対応しているから、消費者はプレミアムを支払わずにすむ。

ＣＳＡであれボックス・スキームであれ、中心となる論理の基礎にあるのは、消費者の支払いは食べ物のためだけではなく、農場を全体として支援するためのものであるということだ。食べ物の質を保証するのは生産者と消費者との結びつきであり、結びつきが、社会的責任を高め、消費者の農業への理解を深め、農業を多様化させていく。口にする食べ物の信頼性を高め、身の丈にあった地場農産物であるというアイデンティティをもたらす。そして、面積当たりでより多くの雇用を生み出し、慣行農業よりもはるかに小さな面積で農家経営を成り立たせることができるのだ。

農民グループの価値

農民たちが新たな価値をつくり出せるもうひとつのやり方は、グループでともに働くことだ。人類ははるか昔から農業を行なってきたが、それは集団作業の面ももっていた。一人で行なえばコストがかさみすぎたり、とうていやり遂げられない多くの活動を、農民たちは一緒にこなしてきた。人びとが結びつくことは、前人未到の未知の分野に挑戦することも楽にする。持続可能な農業でやるべきことは多くあるが、周囲にこれを波及させることは難しい。だが、協力や信頼関係があれば、持続可能な農業に欠かせない学びの仕組みを構築できる。何が機能し何が機能しないのか、実験を通じて農民たちの意識は高まるし、多くの者がこれを一緒に行なえば、ともに学ぶ可能性を急速に高めることができるだろう。

砂丘とジョージア岩礁の板道を見下ろしながら、ノースカロライナ・ピーナッツ栽培者グループが、ある会合で、自分たちの改革について語りあっている。ピーナッツはノースカロライナ州の基幹作物で、二三〇〇戸の農家が年間に一七万トンを生産しており、州の生産量としては米国内で第四位である。一九三〇年代以来、連邦ピーナッツ計画は、採算があわない場合にはつねに価格を引き上げ、安定的に価格を維持してきた。だが、一九九〇年代半ばに計画は根本的に変更され、価格が引き下げられ、結果として農家所得が激減してしまう。

だが、この危機的状況のなかからヒーローが登場する。自覚した農民たちが経済障壁にひたむきに立ちむかったのである。農村発展インターナショナル財団のスコット・マーローらの助力を受け、六二名の農民たちがグループを結成し、地元農業とその社会的関係の双方を抜本的に再構築しはじめたのだ。農民たちは、四年余で収量をまったく落とさないまま、農薬使用量を八七パーセントも削減し、一ヘクタール当たり四〇～五〇ドルの経費削減を成し遂げた。三〇〇〇ヘクタール以上で、農薬使用量が四万八〇〇〇キロも削減された。そして、農民たちの価値観や態度も急速に変わった。ピーナッツの主な害虫はアザミウマだが、被害を受けたように見えても、実際のところ葉の被害は収量には影響しない。農民たちは自分たちで研究することで農薬散布の必要がないことを理解していった。

「俺たちは外観や見栄えのために農業をやっていた」とラスティ・ハレルが言えば、マイケル・テーラーは「見かけはよくないがピーナッツの収量は増えた」と付け加える。

成功の鍵は農民たち自身の科学的な実験と仲間うちの学習だった。農民たちは、オルターナティブな圃場試験の計画を定め、予想外の結果にも落胆することなく慎重に結果を判断するよう奨励され、ともに働き、経験をわかちあい、新たな信頼関係を構築することが、学習の中心となっている。

「私たちは食べ物の問題を超えて集まり、広範な問題があることに気づいたんです。そして、皆が新たな方策を模索しはじめました。私たちはまわりを見回り、他の人のつくる作物も目にしたわけです」ラスティはこれがコミュニティを参集する一助にもなっていると言う。重要なことは、持続可能な農業では継続的な実験や改善が必要となり、最終的な解決策がないことだ。トム・クルメントはこう語る。「このことが私たちのライフスタイルに影響しました。本物の農業にするには毎日取り組まなければなりません。暮らしの質は高まっています」実証試験地は、新たなことに挑戦する勇気を農民たちに与え、信頼とわかちあいが、未知なる挑戦に取り組む助けとなっている。その結果、収益はあがり、環境もまた恩恵を受けているのである。

政府の持続可能な農業研究と普及プログラムを通じて、これと同様の改革が米国全土で取り組まれている。その内容は幅広く、持続可能性にむけた転換を支援している。ひとつの事例は、家族農業や地域と農村問題に対して地元住民の草の根的な関与を支援しているカンザス農村センターによる仕事である。ハートランド持続可能農業ネットワークは、実験、交流、教育を強化し、農民たちが協働しあえる小規模組織をつくり上げた。ネットワークは、カヴァード・エーカース（マメ科植物の被覆作物で実験するカンザス州中部の農民たち）、スモーキング・ヒルズ（サリーン郡で放牧管理に取り組む農民たち）、リソースフル・ファーマーズ（回転放牧と水浄化の実践で農場でデモンストレーションをしているカンザス州南中部の作物、家畜、酪農業者）、クアリティ・ウィート（地力を改善し、小麦の蛋白質量を高めようと努力する西部カンザスの有機農家）などからなる。ネットワークは、持続可能な農業についての考え方を明確化する拠点となっており、新たな考え方への支持をつくり上げ、リーダーを育成し、新たなことに挑戦する確信を生み出し、持続可能な農業を通じて農村再生を支援するため、従来の農業機関とともに働いている。

農民市場

北米とイギリスの双方で農場コミュニティを通じて、もうひとつ燎原の火のごとく広まっているのが農民市場だ。単純なアイデアとはいえ、通常の市場機構を通せば農産物の八～一〇パーセントしか見返りが得られないが、消費者に直販すれば売り上げの八〇～九〇パーセントを手にできる。もちろん、すでにファーム・ショップや自家摘み取り菜園で直販をしている農家も多く、イギリスでは一五〇〇～二〇〇〇の農家が取り組んでいる。それ以外にも電子メールやインターネットで直販をしている農家もある。だが、大多数の農家にとっては農民市場が最善の選択肢となっている。

米国では、農務省に登録された農民市場の数は、一九九四年の一七〇〇カ所から二〇〇〇年の二九〇〇カ所と急増しているが、地域段階ではさらに多くの直売所が運営されているという。こうした直売所の年売り上げ高は一〇億米ドル以上で、その収益は二万人の直売農家の懐に直接入っている。米国農務省の評価では、そのうちの六七〇〇人は、農産物出荷に農民市場だけを活用している。農民市場の利用客数は、毎週約一〇〇万人にも及ぶが、その一〇分の九が一一キロメートル以内の近隣に居住している。まさに地産地消が行なわれていると言えるだろう。

こうした農民市場のメリットは大きい。地場農産物が手に入りやすくなるし、農家への見返りも増え、定期的に多くの人びとが集まるから、コミュニティの暮らしや地元文化にも寄与している。地元経済への貢献も大きい。ウィスコンシン州にある農民市場の例では、年間五〇〇万米ドルが地元に落ち、ニューメキシコ州にある別の市場では、農家収入を七〇万米ドルも増やした。

農民市場は、低所得世帯が良質の食べ物を手に入れるうえでも、とりわけ重要である。郊外と比べて都心部の消費者の食品への支出額のほうが三分の一ほど多いが、農民市場があることで、貧しい家庭も安く食品を手に入れることができる。食生活の改善効果がある場合もある。一九九〇年代の半ばにニュージャージー州で実施された消費者調査では、五年間で青果物の消費量が増えていることが判明している。

イギリスでも農民市場のここ四～五年の広まりぶりはめざましい。二〇〇一年までに二〇〇市場が設立され、利用客数は五〇〇〇万人に及んでいる。一人当たりの支出額は一〇～一五ポンドと想定され、五〇〇〇万～七八〇〇万ポンドが農民たちの懐に直接入っていることになる。重要なことは、こうした直売所が生産者と消費者とを直接結びつけていることだ。東部地域の農民市場のコーディネーターである農民ノルマン・マックゲオはこう語る。「商品に何かまずいことがあれば確実にわかります。消費者がそれを指摘するからです」ビジネスでは当然のことと思われるにちがいない。だが、多くの農民にとっては、それはラディカルなことなのだ。

とはいえ、農民市場は、農産物を市場出荷する大半の農家にはさほど影響を及ぼしそうにもない。大量出荷農家にとっては新たな販路にはならないし、加工業者や小売業者への契約販売の代わりにもならないだろう。にもかかわらず、それはきわめて重要な原則を示している。生産者と消費者との結びつきが直接あるところでは、消費者の関心に農家はきめ細かく対応できるし、また消費者は食料生産の難しさや不規則さをよく理解するのだ。

地産地消とスローフード

近年、数カ国では、より環境に配慮したマネジメントと農業とを結びつけるための政策的な努力がなされている。だが、こうした政策はいまだに断片的なものにとどまっている。農村開発と環境保全とを組み合わせ、総合的に農業を支援する政策的な枠組みを整えることで、新たな仕事が創出され、天然資源が保全・改善でき、農村コミュニティも支援できる。こうした改革は、地産地消を推進する政策によっても補完されるべきである。米国では政策の統合化を通じて、地産地消の意義が見出されているが、それには「コミュニティ食料確保連合」が与えた影響が大きい。連合は、反飢餓、持続可能な農業、環境、コミュニティ開発、食べ物といった課題に関連するさまざまな組織からなるネットワークで、一九九六年、米国農場法案にコミュニティ食料確保を組みこむよう政治家に働きかけたこともある。こうした運動の結果、コネチカット州のハートフォード、テネシー州のノックスヴィル、ミネソタ州のセント・ポール、テキサス州のオースティンで地産地消の成果があがってきているのだ。地元住民、コミュニティ、そして農家のために、共通の関心事や利益をもつさまざまな関係者が寄り集うことは、自然環境保全にも役立つ。

コネチカット州では、一〇人のうち約四人の子どもが貧困状態におかれ、八〇パーセントが無料の給食や割引価格の適格対象となっており、低所得地区では、居住者の二五～四〇パーセントが飢えを経験している。この深刻な貧困や食料不足問題に対処するため、マーク・ウィニーによってハートフォード・フード・システムが立ち上げられた。ハートフォード・フード・システムは、学校での食育を促進し、三年強で、学校で朝食を食べる子どもの数が三五パーセント増えた。また、農場と学校プログラムによって、学校給食用に新鮮な果物や野菜を供給している。ハートフォード・フード・システムは都市農業を振興し、低収入世帯が、農民市場で使えるように一〇米ドルのクーポン・プログラムも始めた。その結果、クーポンを受け取った人の八割が以前よりもたくさん果物や野菜を食べるようになった。

同じ改革はカナダのトロントでも進められている。トロントでは食料政策委員会により、食料確保、持続可能な農業、公衆衛生、コミュニティ開発と関係する組織の幅広いネットワークが構築され、その結果として、地場産の食料（社会保障食糧銀行の四分の一にすぎない。それは一五万人が利用しているが一九九〇年にはオンタリオ産のものであった）が供給され、住民の果物や野菜消費が増え、生徒にも望ましい効果が出ている。給食に地場農産物を利用している学校では、子どもたちの出席率がよくなり、遅刻が少なくなるという成果があがっているのだ。

ヨーロッパでは、近年イタリアでスローフード運動が出現している。運動は、ファストフードによる食べ物の画一化が進み地域の特性が配慮されなくなったことへの懸念から誕生したものであり、一九八〇年代半ばにジャーナリスト、カルロ・ペトリーニーによって協会が設立された。現在、四五カ国に七万人の会員がおり、グローバル・ブランドによって地場生産が消滅に追いこまれないよう保護する努力をしている。スローフードの考え方にもとづき、一九九九年にはイタリア、ウンブリア州のオルヴィエート、トスカーナ州のグレーヴェ、ピエドモント州のブラ、そして、カンパーニア州アマルフィ海岸のポジターノの四都市でスローシティ運動が始まった。スローで素性のはっきりした食べ物、場所や人びととの共鳴という考え方により、歩行者専用ゾーンを増やし、交通量を削減し、地場産物を提供するレストランを奨励し、都市内の緑地空間を増やし、地域の美的伝統を保全する政策が地方自治体によって推進されている。スローフードやスローシティは、地域ごとに組織された食料生産システムや政策に名前とビジョンをもたらすことになった。スローシティは“Citta del Buon Vivere”としても知られるが、それは、要するによりよき暮らしをつくり出すことなのだ。

食べ物のつながりを取り戻そうという運動は小規模なものだけではない。驚くべきことに大がかりなつながりをつくるための努力もなされている。ユニリーバ社[4]は、世界最大の食品産業のひとつだが、すべての主要農産物の原料を持続可能な農業産のものとすることを最終目標とする方針を立てている。ユニリーバは、生物的、経済的、社会的な一連の基準で持続可能性を評価し、豆、ホウレンソウ、茶、ヤシ油などの農産物で、転換を促進する基準策定に力を注いでいる。このような大規模な経営においても、セクター全般にわたり業務を改革することが挑戦されているのだ。加工業と直接関係をもつ農場や農場そのものから農産物が搬入される場合には、新たなやり方を設定することも比較的たやすい。だが、メーカーが市場で大量に農産物を購入する場合には、農産物を農場までトレースすることができないため、唯一の選択肢はシステムすべてを変えることになる。これは容易なことではなく、必然的に、啓発された個人の関心というスタンスから、幅広い人びととの関心に応じるとともに、数多くのかかわりをもつ者たちの利益を生み出すことへと移行していく。それゆえ、持続可能なフードシェッドの面では、小規模な農家にも大規模なビジネスにもそれぞれ重要な役割がある。

こうした北米やヨーロッパの取り組みは、統合化がもたらすメリットのよい事例であり、国際的、全国的な政策の状況がどうであれ、実施可能な政策や制度上の対応策も示している。今、産業化された農業のなかでも、持続可能性にむけた多くの有望な兆候がみられる。同時に、コモンズがもつ価値をいち早く捉え、意思決定者に対抗していく大規模な連携の力もある。あまりにも時宜は逸してはいるものの、こうした原則のいくつかが幅広く採択されれば、工業化された農業や食料生産システムに革命が生じるのを目にすることができるだろう。

その原則は単純だ。食料生産において持続可能な方法を採用せよ。農民たちがマーケティングや購買力を高められるようにグループに組織化せよ。持続可能な農業への新たな道についての経験と知識をわかちあえ。より大きな購買力を行使できるように消費者をグループに組織化せよ。食品流通の物理的な距離が短くなるように生産者と消費者との間に直接的な結びつきを構築せよ。

そうすれば、消費者は購入する食べ物の質やそれを生産する農業が健全であることを確信できるし、生産者ももっと多くの収入を手にすることとなる。

食料生産システムの工業化は大成功を収めたが、その破壊の種は誰の目にも明らかになってきている。生物多様性の喪失とともに、家族経営の農場も消えうせ、その文化的な関連性や場所とのつながりが失われている。農業の商品化が重視され、農民たちは消費者が食品に費やすお金のほんの一部しか受け取れなくなってきている。持続可能な農業は、農民たちに新たな道を指し示す。消費者との直接的な結びつきとあいまって、直接経費や外部からもちこまれる物品・サービスへの依存度を減らす。そうした結びつきのうえではバイオリージョンやフードシェッドの概念が重視され、ＣＳＡ、農民グループ、農民市場、スローフードといったさまざまなメカニズムが出現し、システム全体を再設計するうえで何が達成できるのかを示しているのだ。

原注

（1）サフォーク・パンチの育種家が今でも、レッド・ポール牛、サフォーク羊、黒大豚などのサフォーク馬以外の希少家畜を飼育していることは注目に値するし興味深い。

（2）アブラナ改良グループとスー・ヘイスウォルフとケヴィン・ニエメヤーによって大きな進展がなされた後、ブラッド・スコルツェら（一九九八）も、クイーンズランド州で農薬使用量が多いほどトウモロコシの収量が低く、散布量が少ないほど収量が高いことに気づいた。このことは一九八〇年代にアジアでピーター・ケンモアらが行なった研究結果と相重なる。ここでも殺虫剤によって益虫が殺されるため、施用された農薬量が多いほど米の害虫被害も増えていた。

（3）Nick Robins and Andrew Simms（2000）はanalysed a National Opinion Poll（NOP）survey conducted for Satish Kumarのジャーナル、リサージェンスのためになされた全国世論調査（ＮＯＰ）を分析している。その結果は興味深い。「休日を自由にすごすとしたら何をするか」との問いかけには、三八パーセントが「友人や家族とすごす」と答え、二八パーセントは「農村に出かける」と答えている。「ショッピング」と回答したのは、一六パーセント、「テレビを見る」と答えたのはわずか二パーセントにすぎなかった。また「他人からどのような印象をもたれたいか」との質問には、六八パーセントが「よい親や親切な人と言われたい」と答え、「金持ちであるか成功したビジネス人として認識してもらいたい」との回答は二パーセントにすぎなかった。環境のために行動したいとの意識も高く、二四パーセントが「環境を守るための最善の方法は公的抗議である」と答え、三二パーセントは「大衆によるボイコットである」と述べ、「何もできない」と口にしたのは一五パーセントにすぎなかった。この調査結果はかなり将来に希望がもてるものである。人びとの環境との結びつきに対する価値観は、消費者運動や近代主義の神話をはるかに超え、現代社会のイメージとも若干反している。

（4）イギリスの農村への旅行と出費データはCountryside Agency（2001）とEnglish Tourist Council（2000）からのものである。

ツーリスト・カウンシルは、レジャーやレクリエーション活動で農村部への旅行回数を計算するうえでUK Leisure Day Visits SurveyとUK tourism surveysを用いている。それによれば、一九九八年の日帰り旅行は、約一二億六一〇〇万人であり、うち七二パーセントが町、六パーセントが海辺、二二パーセントが農村へのものだった。日帰り旅行に加えて、一億七二〇〇万回の旅行がイギリス人や海外客による一泊もしくはそれ以上の宿泊がなされており、合計では七億七〇〇万日となっている。うち、農村部のものは四億三三〇〇万日である。日帰り客や宿泊客の平均支出額は、イギリス人の日帰り客では一六・九ポンド、イギリス人の一泊客では三三ポンドで、海外客の一泊客では、五八・四ポンドで、合計支出は一一〇億ポンドとなっている。

(5) イギリスで最も古い環境団体もしくは農村団体は一八六五年に設立されたオープン・スペース・ソサエティで、都市地域のコモンズを保護することを目的としていた。ほとんどの組織は、何かを保護することをめざしている。たとえば、野鳥や野生生物（王立愛鳥協会、シエラ・クラブ、ワイルドライフ・トラストなど）、動物福祉（二万五〇〇〇人の会員がいる王立動物虐待防止協会）、住居と特性の保全（ナショナルトラスト）、原生自然の保護（自然保護協会）、特定の農村団体の暮らしに関心のあるもの（一〇万人の会員がいる国土と農民組合、四万五〇〇〇人の会員のいる英国農村保全委員会）、農村へのアクセス（一一万二〇〇〇人の会員がいるRamblers Association）などである。また最近は、幅広い環境（地球の友とグリーンピース）や狩猟・射撃ロビー、特別の地域に関心をもつ団体（Moorland AssociationとCountryside Alliance）、道路建設や遺伝子組み換え作物に対する抗議運動（Earth First）もある。ただし、多くの会員がそれぞれの組織の会員をかねており、単独の組織会員数を判断することはかなり困難である。それに加え、会員、支持者、系統組織を区別することも難しい。また、団体の認知度を高める政治的な意図から会員数を水増ししている組織もいくつかある。

訳注

[1] アリッサム（allysam）。欧米ではロックガーデンや花壇などでよく栽培される植物。野生に近く、小石まじりの乾燥地でもよく育つ。怒りを意味する“lyssa”とその否定の“a”が語源となっているように、怒りを静める鎮静作用がある。

[2] コンアグラ（ConAgra Foods）社。一九一九年に米国ネブラスカ州最大の都市オマハで設立。今もオマハに本部がある。北米最大の食品加工企業で、スーパーやレストランにその食品が並ぶ。二〇〇四年の売り上げは一四五億ドル。

[3] カーギル（Cargill）社。一八六五年にカーギルが穀物工場を設立したことに始まる米国ミネソタ州ミネアポリス市に本社を

おく超巨大な穀物メジャー。一九九九年、ニューヨークに本社を構えるコンチネンタルグレイン社を買収し、二〇〇四年の売り上げは六二九億ドルと、世界第二位のＡＤＭ社を二倍も上回る。巨大だがいまだに家族経営で、創設者カーギルとマクミラン一族が社の株の八五パーセントを所有している。

［4］ユニリーバ（Unilever）社。食品、飲料、洗剤等でブランドをもつ巨大企業。マーガリンと石鹸の主要原料がともにヤシ油であることから、一九三〇年にイギリスの洗剤企業リーバーブラザーズとオランダのマーガリン製造企業マーガリン・ユニが合併し誕生した。一九三〇年代に発展を遂げ、ラテンアメリカで新事業を始めた。一九八〇年代に入ってからは、北米において、食品部門を拡充するため、紅茶メーカーのブルックボンドをはじめ企業買収を始め、米国のベスト・フーズも吸収した。

第6章　遺伝子組み換え農産物

遺伝子組み換え技術とは何か

バイオテクノロジーや遺伝子組み換え技術をめぐる論争を抜きにして、今後の農業がどのように変化していくのかの可能性は語れない。今私たちが直面している状況はとほうもないものだ。まさに最高の創意力と意志力とを結集することが求められていると言えるだろう。遺伝子組み換えでは、利用できる技術を目一杯使いきることが当然視されている。だが、誰が技術を生み出すのか。どうすれば貧しい人びとにも技術が利用できるようになるのか、環境に対するマイナスの影響はないのかなどが疑問視されている。こうした疑問点に答えることができて初めて、遺伝子組み換え技術が農業を成功に導いたり、持続可能性の面で本当に農業に変化を起こせるのかどうかがわかることだろう。

二一世紀が情報化の時代であることは間違いない。小さくは遺伝子レベルから、大きくは自然生態系内でのエコロジー的な相互作用にいたるまで、情報は農業生産でますます重要なものとなってきている。バイオテクノロジーは、利益創出につながる一連の技術の代表的なものだ。とはいえ、どんな新たな発想もそうであるように、そのメリットとリスクとがまだすべて判明していないため、ケース・バイ・ケースでバランス感覚をもった分析が必要とされている。

であるとするならば、バイオテクノロジーとはいったい何なのであろうか？　バイオテクノロジーでは、生きた生命体に分子上の変化を付け加えるが、その歴史は古く四〇〇〇年前まで遡る。エジプト人やシュメール人たちの発酵やパンづくり、醸造やチーズの発明、ギリシア人が生み出した接ぎ木の技術、農民たちの長年にわたる選択的な育種はいずれもバイオテクノロジーと言える。だが、これまでの技術と遺伝子組み換え技術が決定的に異なるのは、ある生命体から別の生命体へとＤＮＡを送りこむことにある。既存の交配技術やバイオテクノロジーにも、クローン繁殖、胚移植、胎児救助、突然変異体の選択を含め、遺伝子操作があるとしても、こうした転送や融合は自然界のなかではけっして生じることがないし、遺伝子が変化する機会は従来の動植物の交配中のものよりも大きい。

遺伝子組み換えは「導入遺伝子」と呼ばれる遺伝子をＤＮＡから特定し、分離することから始まる。たいがいは酵素だが、この導入遺伝子の蛋白質生成コードが、ホストとなる動植物内に今までにない生化学的反応や触媒反応を引き起こす。

現段階では、二つの方法が利用可能だ。バクテリア・アグロバクテリウムと遺伝子銃の利用である。アグロバクテリウム・トゥメファシエンスとは、グラム陽性細菌に属する土壌細菌・植物病原菌アグロバクテリウム属の細菌の一種で、植物に遺伝子を導入できる唯一のバクテリアである［訳者補完］。その寄主植物に自然にＤＮＡを転送し、疾病やえい瘤を引き起こす性質をもっている。遺伝子組み換えでは、えい瘤を引き起こす性質は取り除かれているが、このバクテリアの特性が、ＤＮＡ転送に活用されている[1]。一方、遺伝子銃は、導入したいＤＮＡをコーティングした金粒子やタングステン粒子をヘリウムガス等の圧力を利用して目標とする細胞に打ちこむ技術である。

その後、導入遺伝子は、プロモーターと呼ばれる別のＤＮＡと結びつき、目的とする細胞は、新たな遺伝子特性をもつようになる［プロモーターとは、遺伝子の機能を起動させ、新たなタンパク質をつくらせるスイッチの役割を果たす遺伝子上の部分のことを指す］。この導入遺伝子の構築物やプロモーターは、目標とする染色体に導入されなければならないのだが、導入遺伝子のホストDNAへの編入は無作為であるために、その過程は予測がつかない。必要な特性が表われるケースはごく限られるため、ゲノムの位置がきわめて重大なものとなる。ひとたび、これらが特定されれば、後は従来のやり方で育成・培養されていく。

バイオテクノロジー産業の食料や医療部門における近年の成長はめざましい。人間が初めて食べた遺伝子組み換え製品は、チーズとトマトだった。ベジタリアンむけのチーズを生産するにあたって、一九九〇年代前半に初めて遺伝子組み換えバクテリアが使われたのだ。牛乳を凝固させてチーズを作るには、子牛の胃から採れるレンネットやチモシンが必要だが、それは何世紀も前から使われてきた技術である［訳者補完］。だがこの場合は、レンネットの代替酵素としてチモシン製造に遺伝子組み換え細菌が用いられたのだ。そして、一九九五年には、世界中で遺伝子組み換え作物の商業的な栽培が広く行なわれることになる。果肉を柔らかくする酵素の働きを遺伝子組み換えによって抑制し、完全な風味と色合いがつくまで熟しても腐らない、日もちするトマトが、トマトペーストとして売り出されたのだ[2]。

以来、除草剤耐性を導入した大豆、油種子アブラナ、綿、トウモロコシと砂糖大根、そして、バクテリア、バチルス・チューリンゲンシス（B.t）由来の遺伝子を組みこんだ害虫抵抗性をもったトウモロコシや綿などが、商業的に生産されている。前者は作物に被害を与えずに、除草剤で全部の雑草を枯らすことができるし、後者は、植物の全細胞がバチルス菌の殺虫毒素をもつようになり、これを食べた害虫が死んでしまうから、殺虫剤の散布量をいくらか減らせる。

国際農業バイテク適用獲得物サービス（ＩＳＡＡＡ＝International Service for the Acquisition of Agribiotech Applications）のデータによると、二〇〇〇年の全世界での遺伝子組み換え農産物の作付け面積は、四四五〇万ヘクタールで、うち五八パーセントが大豆、二三パーセントがトウモロコシ、一二パーセントが綿、六パーセントが油種子アブラナとなっている（それ以外に、ジャガイモ、カボチャ、パパイアが生産）。栽培面積は、二〇〇一年には五〇〇〇万ヘクタールとのび、その内訳は、米国（六八パーセント）、アルゼンチン（二三パーセント）、カナダ（七パーセント）となっている。それ以外でも、中国では遺伝子組み換えタバコと綿が四〇万〜五〇万ヘクタール作付けされているし、オーストラリア、メキシコ、スペインと南アフリカでも、それぞれ二万五〇〇〇から一〇万ヘクタールが栽培されている。約一〇〇〇ヘクタールほどの生産は、ブルガリア、フランス、ルーマニア、ウルグアイ、ウクライナでもなされており（ポルトガルは一九九九年にごく少量を栽培したものの二〇〇〇年の合意によりその後撤退した）、イギリスでも遺伝子組み換え作物の実験圃場が三〇〇ヘクタールある。

医療や農業分野での開発

遺伝子組み換え技術は、農業での開発が進んでいるのと同時に、遺伝子機能の解明や病因となる遺伝子の研究で医療でも活用され、これまで不治とされた病が遺伝子療法を通じて治療できるようになってきている。そのひとつが世界で約五万人の患者がいる嚢胞性繊維症だ。ＣＦＴＲと呼ばれる遺伝子からはＣＦＴＲ蛋白質がつくられているが、これには細胞から余分な塩分を排出する作用がある。だが、この遺伝子が機能しないと、体液が粘性を帯び［訳者補完］、呼吸器官や消化器官などが窒息状態となり、腸閉塞や胸の再感染につながり、呼吸不全を引き起こしてしまう。だが、原因となる突然変異遺伝子が特定され、それを正常な遺伝子コピーに取り替える道が切り開かれたのだ。今後も多くの研究が必要だが、早晩、完治が可能となると見こまれている。それ以外にも筋ジストロフィーや多発性硬化症や欠陥心臓のバイパス療法が、遺伝子療法の候補としてあがっている。

「栽培」と「薬学」を意味する英語"farm"と"pharmacy"を組み合わせたファーミング（pharming）という造語がある。医薬品成分を含んだ遺伝子組み換え植物を栽培したり、遺伝子組み換え技術を用いて医薬品成分を含んだ動植物をつくり出すことをいう〔訳者補完〕。現在では原理的には、この「ファーミング」を通じて、遺伝子を組み換えた動植物で、どんなヒト蛋白質も、作物を栽培するように人工的につくり出せるようになっている。

大量の微生物をカプセル内に封じこめ、ごく短時間で求める物質を大量生産する「バイオリアクター」と呼ばれる発酵技術も発展しているし、すでにアルコールや糖の生産で利用が進んでいる〔訳者補完〕。だが、遺伝子組み換え技術を用いた「ファーミング」では、さらに管理がしやすくなるし、その効率もあがる。

一九九〇年代後半、インシュリン、成長ホルモン、肝炎Bワクチン、そしてがん治療に必要なモノクロナール抗体の四分の一は遺伝子組み換え技術によって生産されている。インシュリン、インターフェロン、人の血液凝固蛋白質ファクター8などのヒト蛋白質は、遺伝子を組み換えたヒツジや豚の乳からつくり出されており、血友病に苦しむ患者には欠かせないものとなっている。また、カリフォルニアでは遺伝子組み換え米によって、すでにアルファ・アンチトリプシンが[3]、ごく普通に「栽培・収穫」されている。米は通常の場合は、でんぷんを糖分に変える酵素をつくり出すが、この組み換え米ではその代わりにヒトの蛋白質をつくり出すように操作されている。そしてイギリスでは、アルファ・アンチトリプシンは遺伝子組み換えヒツジによって生産されているのだ[4]。このヒツジ誕生の背景にも、遺伝形質の価値を薄めずに動物でも多様なコピーがつくれることを実証するという意図がある。

このように医療への遺伝子組み換え技術の応用は、かなりの利益をもたらすことが期待されている。だが、リスクがまったくないとは言えない。それでは、遺伝子組み換え技術の農業への応用はどうなのだろうか。

これまでの遺伝子組み換え技術は、除草剤耐性や害虫耐性のように植物の特定の機能をコントロールする場合にかぎられてきた。だが、今後は、農家の事情や顧客ニーズを満たすために農産物が組み換えられていくことだろう。このことにリスクがまったくないのか、あるいは、このようなことが望まれているのかはさておき、医薬品、プラスチック、油脂、ヒト蛋白質といった社会的に価値がある製品をもたらすように動植物が操作できるようになり、将来的には、食料や繊維よりも、こうした製品を生産する農場が登場してくることだろう。

世界の灌漑農地の約一〇パーセント、二七〇〇万ヘクタールは、塩害に悩まされているし、さらに二〇パーセントの農地には塩害の兆候がある。こうした土地を生産的な農地に変えることはできるのだろうか？乾燥、塩、熱、霜、アルミニウムへの耐性をもつように植物を遺伝子操作することで、劣化した過酷な環境が食料生産用に活用されるようになるかもしれない。冷水域に生息する魚の遺伝子を砂糖大根、トマト、イチゴ、ジャガイモに組みこむことで、霜への耐性機構を付加する研究も進んでいる。

トウモロコシ、大豆、油種子アブラナ、その他の油脂原料となる穀物では、遺伝子組み換えで飽和脂肪の含有量の調整が行なわれている。ジャガイモのでんぷん含有量を多くすれば、揚げるときに少ししか油を吸収しないだろうし、低脂肪のポテトチップを生産できる。さらに、もっと多くのビタミンCやビタミンEを含む果実や野菜もつくられることだろうし、青色の花の遺伝子を組みこむことで、染色をしないでもすむようにした青色の綿もつくられている。はたして、こうした綿へのニーズがあるのかどうかは別として、自由自在に色をつけた果実や野菜が生産できるようになるのは時間の問題なのだ。

臓器移植においても遺伝子組み換え技術は新たな可能性をもたらす。臓器移植は医療技術としては確立されたもので、すでに腎移植では五〇万の事例がある。だが、各国とも深刻なドナー不足に悩まされ、多くの患者が移植を受けずに死んでいる。イギリスでは五〇〇〇人以上が臓器移植を待っている。こうした時代状況を背景に、遺伝子を組み換えた豚を用いて移植用の臓器をつくり出すことが期待されている。[5]

このように、遺伝子組み換え技術は、肉体の一部がショップで売り出されることへの道を切り開いていく。すでに米国の企業は、皮膚、静脈、骨、肝臓、軟骨、胸組織の人工合成に取り組んでいる。だが、これには重要な倫理的な問題がある。「汚染耐性をもつ人間」という恐ろしい未来を予期させるからだ。毒性化学物質への耐性をもつ人間は、汚染された場所で働けるだろうし、おそらく働かされることになるだろう。サイエンス・フィクションとして、はるか未来のこととされていた人間のクローニングも、いつの日にかは現実化しそうだ。個人がもつ遺伝子の優劣度合いに応じて人びとが階級化され、下級階級の人は生命保険が得られなくなるという可能性をともないつつ、個人の遺伝子に関する情報も測定できている。

対立する立場、そして、段階によって異なる技術

遺伝子組み換え作物がこの地球上に初めて登場してからたった数年しかたっていないが、利益や危険性についての見解ははっきりとわかれている。遺伝子組み換え農産物は安全で世界進歩のためには欠かせないと主張する者がいる一方で、それらは必要がないものだし、所有するにはあまりにもリスクが高いと主張する者もいる。前者は、メディア操作で世間が騒ぐために有益な技術が制限されていると信じているし、後者は、科学者や民間企業を監視する側なのだが、経済的な見返りだけを目的とする危険性を熟知している。

とはいえ、どちらの見解も完全に正しいとは言えない。遺伝子組み換え農産物は、単純なひとつの技術ではないし、各製品の恩恵を受ける関係者も多様であれば、その潜在的な利益や環境や健康に引き起こされるリスクもさまざまだからだ。このことから、遺伝子組み換え技術は、第一から第三までと世代を区切って評価することが役に立つ。

第一世代の技術は、一九九〇年代後半に商業的に利用されるようになったもので、除草剤耐性や害虫抵抗性をもった作物、長寿命トマト、チーズや粉石鹼酵素生産用のバクテリア、黒色のカーネーションや青色綿などからなっている。

第二世代の技術は、すでに開発・テストされはしたものの、技術自体の安定性が不確実だったり、環境への潜在的なリスクが懸念されるなか、まだ商業的には解放されていないものからなっている。ウイルス抵抗性をもつ米、キャッサバ、パパイア、サツマイモ、コショウ、線虫抵抗性があるバナナやジャガイモや霜耐性のイチゴ、B.t.クローバー、リグニン量を減らした樹木、ビタミンA米、そして、製薬品むけの動植物の「ファーミング」で、多くの利益を消費者にもたらすことが期待されている。

第三世代の技術は、暑さ、塩分、乾燥、重金属へのストレス耐性を作物に付加したり、資源利用（栄養分、水、光）効率を高めたり、葉の寿命を延ばすために穀物や樹木に生理的な改編を加えるなど、作物特性そのものをコントロールするものだ。また、ビタミンや鉱物で成育する作物、油やプラスチックを生産するよう組み換えられたデザイナー作物、牛の体重をコントロールするためタンニンの含有量を増やしたマメ科植物もある。いずれも、市場化するにはまだほど遠いものの、第一世代のものよりもはるかに消費者に利益をもたらすことだろう。

第一世代の技術では、その生産企業がかなりの私的利益をあげがちで、消費者に利益をもたらさない傾向があった。たとえば除草剤耐性大豆では、生産農家は種子を販売している企業の除草剤を購入しなければならなかった。農民に約束されたはずのメリットは断片的にしか実現していないし、環境に対するメリットも同様で、このことが、遺伝子組み換え技術に対して、多くの公的な反対がなされているひとつの理由となっている。だが、後世代の遺伝子組み組み換え農産物の多くは、まったくリスクがないとは言えないが、機能はさらに多様だし、公共性も高い。

たとえば、マメ科植物やエンバクなどは輪作作物としての価値は低いが、高タンパク質でエネルギー含有量も高い。そのため、遺伝子を組み換えることで生産者にとって、さらに魅力的なものとなることだろう。病原性ウイルスやバクテリア由来の遺伝子を用いて果樹や野菜を遺伝子操作し、食べることで体内で抗体が生産されるようにするワクチン作物の可能性もある。すでに、O-157による下痢症状への抵抗力をつけるワクチンジャガイモが試験されているし、バナナワクチンも開発中だ。将来的には、これまでのワクチンに代わって、果実ワクチンを食べることになるだろう。

作物の窒素利用効率をさらに高めて硝酸塩流出を減らしたり、窒素固定根粒菌リゾビウムを組み換えることで、作物の窒素固定力を高める可能性もある。無機窒素肥料がそれほど必要でなくなったり、あるいはまったくいらなくなるかもしれないのだ。もちろん、これには共生バクテリアの遺伝子操作が必要で、さらにこれを穀物に定着させ、遺伝可能なものとしなければならないため、まだ実現性にはほど遠い。

植物のなかには減数分裂や受精といった有性生殖を行なわずに、種子中に胚を形成するものがある。これは無配偶生殖と呼ばれ、この過程で生じた種子中の胚は親と遺伝的に同一である［訳者補完］。この無配偶生殖の特性を穀類に付加できれば、品種改良はさらに飛躍することだろう。無配偶生殖は、一種の無性生殖で、セイヨウタンポポ、ニンニク、野生のリンゴ、柑橘類、ブラックベリーなど何百種類もの植物でみられるが、主要穀類にはこうした能力がない。もし、主要穀物で無配偶生殖が行なえるようになれば、世界中の農民たちに恩恵をもたらすことだろう［訳者補完］。

メキシコの国際トウモロコシ・小麦改良センター[6]は、トウモロコシ科の近縁種Tripsacum dactyloidesから無配偶生殖の能力をトウモロコシに移す研究に取り組んでいる。これによって、高収量ではあっても繁殖力がないハイブリッド種子が結実するようになり、貧しい僻地の農場の収量を高めることにつながるかもしれない。この技術は「ターミネーター技術」とは異なり、公益性が高い遺伝子組み換え技術の応用である[7]。

だが、無配偶生殖を遺伝子組み換えで移転する方法やその製品の多くは、大手種苗会社が特許を取得しているため、貧しい農民たちに利用できなくなるのではないかと懸念されている。「ごく少数の手のもとにバイオテクノロジーが所有される現在の傾向から、とりわけ、貧しい農民たちによる無配偶生殖技術の利用がかぎられてしまうかもしれない」こう懸念した無配偶生殖の研究者たちは、一九九八年にイタリアのベラジオにおいて、「バイオテクノロジー、とりわけ無配偶生殖技術への幅広く公正なアクセスのために」との無配偶生殖宣言を行なっている〔訳者補完〕。つまり、技術開発で公共益がもたらすかどうかでは、所有形態が決定的なのである。

遺伝子組み換え作物の環境や健康への危険性

遺伝子組み換え農産物には、環境や健康にとって潜在的なリスクがある。もちろん、リスクがあるからといって、すべてが現実的に危険なわけではない。実際のリスクは、技術の適用によって異なり、それぞれのリスクの度合いは、最近の科学的な知識、とりわけ圃場での分析から以下のように分析されている。

環境への遺伝子流出

まず、一番目の潜在的なリスクは遺伝子の流出だ。遺伝子流出は自然現象としても起きており、多くの植物種が近縁種と交配している。そこで、導入遺伝子も遺伝子組み換え農産物を経て野生の近縁種に移転するし、土壌中の細菌や人の腸内細菌にも移転していく。そこで、導入遺伝子によって不都合な特性が転送されたり、転送によって永久に変化した群集が現われることになるのではないか、という新たなリスクが問題視されているのだ。こうした移転現象は自然界では起こらないから、その影響は確実には予測できない。主に懸念されているのは花粉による転送である。だが、受粉は遺伝子流出とは異なる。花粉は何キロメートルも旅をするが、受精することはごくまれである。それ以上に、多くの遺伝子組み換えの染色体は、雄の不妊染色体だから、花粉による転送が起きたとしても受粉するわけではない。

それ以上に懸念されているのは、水平的遺伝子流出と称され、導入遺伝子のDNAが土壌バクテリアによって取りこまれてしまう可能性のほうである。遺伝子流出が起きるかどうかよりも、導入遺伝子がどの範囲まで植物生態系に否定的な影響をもたらすかどうかのほうが重要ではないだろうか？　イギリスの自然保護組織、イングリッシュ・ネイチャーのブライアン・ジョンソン*は、「他の植物からの遺伝子を、知らず知らずのうちに在来の遺伝子プールに手当たりしだいに加えることは、生物個体の外観に影響することになるだろう。それは、その物理生物的な環境との遺伝関係全体を変えてしまう」と指摘している。昆虫、菌類、ウイルスへの抵抗力を高めるための導入遺伝子を転送できたとしても、それで植物が発芽できなくなれば、在来作物種との新たな交配はできなくなってしまう。また、遺伝子流出は除草剤への耐性遺伝子をもつ雑草を出現させることになるかもしれない。

新たな抵抗性や二次病害虫の発生、雑草問題の出現

二番目の危険性は、これまでにはない抵抗性をもった病害虫や雑草が二次的に出現してしまうことだ。もちろん、近代農業において大量の農薬を使用した結果、遺伝子組み換え農産物が登場する以前から、抵抗性がすでに広範囲で生じている。現在、四〇〇以上の雑草に除草剤耐性があり、一五〇以上の耐性糸状菌やバクテリアに加え、ひとつかそれ以上の化学化合物への抵抗性をもった昆虫、ダニもしくはマダニは五〇〇種もいる。害虫の抵抗性は、遺伝子組み換え作物の殺虫毒素に応じて進化するし、除草剤の過剰使用によって雑草の抵抗性も引き起こされることにつながる。

懸念されているのは花粉による転送とは異なる。花粉は何キロメートルも旅をするが、受粉すること

この昆虫の抵抗性がもつ潜在的な問題は、初めのころには認識されてはいなかった。だが現在、米国では、抵抗性を総合的に管理するための義務規則が設けられている。そのガイドラインでは、B.t.作物圃場の八〇〇メートル以内にある農地の二〇パーセントでは、遺伝子組み換え以外の作物を作付け、輪作を用いなければならず、病害虫圧が低いところではB.t.トウモロコシを栽培するべきではないとしている。地区における遺伝子組み換え作物の割合に応じて、規模についてのさまざまな規則もある。綿地域でB.t.トウモロコシを栽培するにあたっては、トウモロコシの害虫とオオタバコガの抵抗性を最小に抑えるため、五〇パーセントがB.t.トウモロコシ以外の作付け区となっている。これは、抵抗性をもたない成虫を保持し、潜在的にB.t.抵抗性をもった成虫と交尾させることで、抵抗性を弱めることを目的としている。とはいえ、非遺伝子組み換え作物の作付け地の規模やそれを農家にどのように奨励したり、強制的に執行させたりするかの難しさをめぐっていまだに論争が続いている。

新たな病原体を発生させるウイルスやバクテリアとの再融合

第三番目の危険性は、ウイルスやバクテリアのゲノムに導入遺伝子が組みこまれ、これまでには存在しない、ことによると望ましくない特性の出現につながるという問題だ。それに加えて、遺伝子組み換え作物に組み入れられるウイルス性の導入遺伝子は適合性が高く、そうした再融合の実例はまだないとはいえ、理論上はウイルスとも再融合できる。そして、人の消化器官を通り抜けながらも生き残り、腸内細菌や人体細胞に入りこむことで、ウイルス性の遺伝子が人に影響を与えるかもしれないのだ。ひとたび細胞内に入りこめば、DNAは基本的な構造や機能を変えるため、DNAそのものをゲノムに挿入してしまい、これが新たな病気の発生につながるかもしれない。とはいえ、これにはヒトゲノムへのDNA全系列の融合が必要で、これはありえそうもないことだ。

新毒素のもたらす直接的・間接的な影響

遺伝子組み換え農産物では、これまでにはない毒素が現われることになるが、この直接的、間接的な影響が四番目のリスクである。たとえば、B．t．トウモロコシやB．t．綿では全細胞がバチルス菌の毒素をもつため、これと接触する生命体に直接的に影響したり、その体内で毒素を隔離した草食性昆虫を食することで間接的な影響があるかもしれない。実験室では、B．t．トウモロコシ、土壌中のB．t．製品が、テントウムシ、クサカゲロウ、チョウに影響を与える危険性があることが示されている[8]が、実験室内での研究が、実際に圃場での危険性に直結するわけではない。圃場で影響を受ける花粉量がどれほどなのか、また、花粉が雨で洗い流されたり、日光にさらされることでバチルス毒素がどれほど無毒化するのかなどは、わからないままにとどまっている。

最近の研究では、オオカバマダラが、遺伝子組み換えトウモロコシの花粉にさらされることもそれほどないこともわかってきた。トウモロコシの受粉期間とほぼ同時期に幼虫がいれば被害が起きることになるが、受粉期間は七～一〇日間と短いし、オオカバマダラも動き回るため、両者が出会う機会はかぎられている。また、花粉の九〇パーセントは五メートル以内で落下し、遠方まで運ばれることもない。加えて、トウワタのほとんどはトウモロコシ圃場の近くにはなく、さらに、オオカバマダラにつねに毒性があるのは、ただ一種類のバチルス菌だけであることもわかったのである。

しかしだからといって、このことはB．t．作物に由来するすべての潜在的な危険性が少なく、どんな昆虫も害を受けないというわけではない。本当にリスクがあるかどうか明確な判断を下すには、きめ細かい作付け環境の理解が必要なのである。

農法の変化と生物多様性への影響

遺伝子組み換え農産物が農場に導入されると、直接的にであれ、間接的にであれ、生物多様性も損なわれるかもしれない。除草剤耐性作物の導入で懸念されているのは、除草剤使用量の増加である。除草剤耐性作物は、雑草が完全に枯れるまでいくら除草剤を散布しても枯れないから、生産面からみれば望ましい。だが、農地に生息する動植物や野鳥には悪影響がある。一本の雑草も生えていない農地には、野鳥や哺乳動物の餌となる草食性の昆虫もいなければ、種子もないわけで、それが、農地の野鳥数の減少の主な要因となっているのだ。

だが、遺伝子組み換え農産物が、生物多様性の増加に結びつく可能性もある。最近の研究によれば、除草剤グリフォサートに耐性がある砂糖大根は、少なくとも四葉段階になるまで雑草を生やしたまま放置できる。収量に影響が出る段階になってから完全に除草ができるから、それまでは雑草を生やしたままにしておけるわけで、これは生物の多様性にとっても有益である。実際、天敵が増えてアブラムシによる被害も減るし、一ヘクタール当たり年間二三〇ポンドの経費が削減できる（企業に支払う技術料金は含まない）し、グリフォサート耐性がある砂糖大根は、通常の砂糖大根と比べて少量の除草剤で雑草を完全に取り除けるとの結果も出ているのだ。

だが、研究と現実とは違う。米国での詳細な調査によれば、除草剤耐性大豆を用いている農家は、慣行栽培農家よりも二～五倍も多く除草剤を使用していたのである。

新物質に対するアレルギーや免疫反応

導入遺伝子は、通常は蛋白質なのだが、作物のなかに新たな生成物をつくり出す。これがアレルギーや免疫反応を引き起こせば、健康へのリスクが生じることになる。もちろん、遺伝子を組み換えていない食品であっても毒性もあれば、潜在的に毒性がある場合が多くある。そこで、特定の遺伝子組み換え農産物が、新たな危険性をもたらすかどうかが鍵となる。食物アレルゲンの九〇パーセントは、八種類の食品――ピーナッツ、ナッツ、ミルク、卵、大豆、貝、魚、小麦の蛋白質と反応して生じるので、アレルギー性の有無を試験することは簡単だ。実際、ブラジル・ナッツの遺伝子を用いた遺伝子組み換え大豆は、潜在的にアレルギーに影響することが判明したため、開発が中止されている。

免疫反応では、植物性凝集素（レクチン）を含んだ遺伝子組み換えジャガイモとそのラットへの影響が最大の論点となった。[9] だが、この研究は各方面から批判をあびたし、たとえ、研究から実際に影響があることが示されたとしても、特定の遺伝子や製品が問題とされるだけであろう。だが、同時に影響がないからといってすべての遺伝子組み換え農産物が安全であるわけはない。

遺伝子組み換えの生化学反応によって、グリコアルカロイドの含有量が高まってしまうジャガイモにも潜在的な危険性があるかもしれない。[10] いずれにせよ、遺伝子を組み換えた食品と精練砂糖のように遺伝子組み換えＤＮＡを含まない普通の食品とを見分けることが重要なのである。

抗生物質耐性の標識遺伝子

遺伝子組み換えでは、導入遺伝子を含む細胞と含まない細胞とを区別するなんらかの手段、つまり、選択力があるマーカー、標識遺伝子が必要となる。非遺伝子組み換え細胞を取り除くための最も簡単なマーカーは、抗生物質や除草剤への抵抗性を与えるもので、第一世代の遺伝子組み換え農産物では、抗生物質や除草剤耐性の標識遺伝子を用いている。だが、まだ具体的な事例は出てはいないが、理論上ではこの抗生物質耐性標識遺伝子は、ヒトや家畜の消化器官内のバクテリアに組みこまれ、抗生物質への耐性をもたらすとされている。

抗生物質やその他の殺菌薬は、臨床治療用に二〇パーセント、家畜の予防や成長促進用に八〇パーセントが用いられており、抗生物質の過剰使用で、医薬品の効能が低下したり、細菌病の治療ができなくなるとの懸念が高まっている。世界保健機関は、家畜場での殺菌薬の使用が、サルモネラ菌、カンピロバクター菌、O－157の抵抗性を高めることにつながり、耐バンコマイシンの小腸結腸炎が、病院や農場での抗生物質の過剰使用と結びついているとの直接的な証拠をあげている。

抗生物質マーカーの代替手段は存在して、現在もさかんに開発されているし、多くの人が、遺伝子組み換え農産物では抗生物質は使われるべきではないと考えている。英国王立協会は、「新たな遺伝子組み換え作物に、抗生物質耐性遺伝子が存在することは断じて受け入れられない」と語っている。とはいえ、抗生物質標識遺伝子が、すでに使用されている抗生物質由来の抵抗性に、さらにリスクを加えているのかどうかは、まだ明らかではない。

さまざまな利害関係者の対立する関心

遺伝子組み換え農産物は、技術をめざましく進展させることで農業に寄与するのだろうか。環境に利益をもたらし持続性を促進するのだろうか。遺伝子組み換え技術は、餓えた世界に食料を供給するうえで不可欠なものなのだろうか。それとも、貧しく飢えた消費者や農民たちは高価格の近代技術を手にできず、もっと貧しくなってしまうのだろうか。遺伝子組み換えは、自然な種の壁を破壊しているのだろうか。それとも、非常に異なった種間にも共通の遺伝子配列が存在していることは、そうした転送が進化史の一部であって、それゆえさほど気づかう必要がないのだろうか。遺伝子組み換え食品は、従来の食品と「実質的には同等」であることから表示は不要なのだろうか。それとも、表示があればインフォームド・チョイスできることから、消費者の権利として表示されるべきなのだろうか。遺伝子組み換え農産物は、食料生産上で企業力がさらに強化されることに寄与するのだろうか。もし、そうだとすれば、そうしたグローバル化は経済成長にとって必要で望ましいことなのだろうか。

単純な答えはないだけに、これは大きな混乱を招いている。指導者は遺伝子組み換え技術に対する人びとの関心がどれほど複雑かを理解せず、環境団体や消費者団体の関心に理解を示さないというミスを犯してしまうし、同様に、遺伝子組み換え農産物に反対する側も、プレゼンテーションにバランスを欠き、ケース・バイ・ケースで適切にリスクを評価することができずに、プロとしてのロビー活動を逸している。さらに危険なことは、農家だけでなく科学者たちが市民の信用を失ってしまうことだろう。責任不足や不信は、修復が不可能なほど遺伝子組み換え技術にダメージを与えてしまうかもしれない。食品メーカーや流通業者の多くは、遺伝子組み換え食品の扱いを禁じているが、多くの農民たちは確固たる立場をとれずにふらついている。消費者の信用をこれ以上は失いたくない一方で、競合する農家が有利になるかもしれない技術は利用したいからである。

幅広く建設的な討論や議論に利害関係者を引き入れ、根拠にもとづいて新技術に対する慎重な立場をきちんと保つには、どうしたらよいのだろうか？　東アングリア大学のティム・オリオーダン*教授は、そうした姿勢をとるために以下のような示唆をしている。

まず、原因や結果において明白な科学的根拠が得られない場合は、十分に注意を払って行動する義務がある。後で生じる不利益のほうが、目先で得られる利益よりも少なそうだと判断する場合には、模範例を示し、なぜそう判断したのかを知らせることが適切である。自然生命の維持存続機能に取り返しがつかないダメージをもたらす可能性がある場合には、目先の利益がどうであれ、予防措置が講じられるべきである。そして、各個人はつねに変化を告げる声に耳を傾けると同時に、そうした声を代表する人びとを審議会の場にも参加させ、あらゆる点で透明性を図るべきである。個人、組織、政府は、どんなに受け入れがたくても、けっして公表を避けて情報を押さえこもうとするべきではない。インターネットの時代では、もし情報が歪められたり秘匿されたりしていれば、誰かがそれを見つけ出す決心をするだろう。そして、一般市民に不安があれば、その不安に対応すべく議論や審議の場を広く設け、確固たる態度で望むことが重要だ。このようにすれば、利益も不利益もともに議論できることになる。

とはいえ、誰もがこうした考え方に同意しているわけではない。たとえば、米国下院科学委員会で遺伝子組み換え農産物の報告がなされるさいは、冷静ではない論戦が繰り広げられてしまった。遺伝子組み換え農産物の批判側も豊富な提供資金をもとにキャンペーンを展開したことが示され、推進側も批判側も金がなければ何事も進展しないという不公正な結果を示した。双方ともに退場したが、これが建設的な結果につながることは、まずありえないだろう[11]。

遺伝子組み換え技術は、新技術として定着し、持続性に貢献するのか

遺伝子組み換え技術がもたらす農法が、持続可能な農業に寄与するのかどうかをめぐっても論争が続いている。なるほど、農薬削減につながる技術は、農薬依存型の慣行農業に比べれば持続可能性が高い。とはいえ、農薬をまったく使わない有機農業と比べればその価値は低いだろう。多くの人びとは、遺伝子組み換え技術は、集約的な農業に技術的な上乗せを行なう以上のものではないと指摘している。

近代農業は食料増産の面ではおおいに成功はしたが、経費がかさむ環境問題や社会問題を引き起こしたし、こうした問題への対応は対症療法的なものとなっている。技術が問題解決のための「万能薬」と見なされ、抜本的な原因の解決よりも個別課題に対処しがちになっている。カリフォルニア大学バークレー校のミゲル・アルティエリ*教授は、こう懸念する。「バイオテクノロジーは、以前の農業化学技術によって引き起こ

された農薬耐性、汚染、土壌劣化といった問題を取り繕うために追求されている。その問題は、現在バイオ革命を牽引している企業がもたらしたものだったというのにだ」

実際のところ、商業的に栽培された遺伝子組み換え農産物は、現在どの程度まで持続性にむけた転換に貢献しているのだろうか。その結果がまちまちであることには留意しておく必要がある。農薬使用量も削減すると口にする者もいる。だが、その結果がまちまちであることには留意しておく必要がある。さらに、企業や産業受託研究がその絶対性を主張することが、遺伝子組み換え技術の効率性への疑問を広げている。企業のプレスリリースやレポートはいずれも、相当の収量増や環境益があるとしているが、これとは別に技術的な問題点を示唆するレポートも存在するのだ。いずれの側からも確実な結論は引き出せない。

たとえば、米国評議委員会科学理事会は「バイオテクノロジーで生み出された現在の害虫抵抗性や除草剤耐性作物は化学資材の投入量を削減し、収量を増加させている」と主張しているが、アーカンソー、ミズーリ、ネブラスカ、オハイオ州立大学、パーデューとウィスコンシン大学が、一九九九年から二〇〇〇年にかけて研究を実施したところ、その主張とは相反し、米国農務省や米国環境保護庁のレポートと同じく、圃場での結果がきわめて複雑であることが示されたのだ。確かに除草剤の使用量はある場合は減ったが、増える場合もあり、殺虫剤の使用量も全体としては減ったものの、面積当たりではそれは比較的少量にすぎなかったのだ。

大企業の味方か、それとも農民たちの友人なのか

このような遺伝子組み換え技術の利益やリスクを取り巻く論争とはまた別に議論されているのは、急速に変化する世界農業の構造、とりわけ、企業の合併・統合化が進み、食品関連産業が一極集中化し、投入資材

の生産企業、製粉業者、屠畜業者、パッキングビジネス、加工業者が、これまで以上に少なくなっている状況についてだ。これは重要な問題で、遺伝子組み換え農産物は主要因ではないものの、変化の一因にはなっている。農業の中央集権化には多くの人びとが関心を寄せており、たとえば、イギリス上院は「それは農業者や我々の共有関心事だ。すでに数社しかない農業化学企業や種苗企業の権力は巨大なものであり、遺伝子組み換え作物の開発や生産を通じてさらに巨大化しようとしている」と主張している。

遺伝子組み換え農産物の多くは、大企業の商業的な利益を目的に生産されているため、その権利や財産権が今後どうなっていくのかも注目されている。民間企業は自社の株主の利潤だけを考えているのだろうか。それとも、先進国、開発途上国をとわず、農民たちとかかわろうと思っているのだろうか。

第一世代の遺伝子組み換え作物は、農薬の使用量を減らし、増収をもたらすことから、農民たちにもメリットが大きい。だが、今のところ、企業が種子価格に技術代を上乗せし、その利益のすべてかほとんどを得ているようにみえる。遺伝子組み換え農産物が、農民たちに約束された利益をもたらさないならば、農民との信頼関係は崩れ出すかもしれない。一九九八年にミシシッピー州の五五名の農民たちは、遺伝子組み換え綿の収量が落ちこんだり、まったく育たなかったために州の農業局と商売仲裁協議会に対して現場で異議を唱えた。大半は法廷外で決着がつき、三名がほぼ二〇〇万米ドルの損害賠償を得た。その一年後には、ジョージア州、フロリダ州、ノースカロライナ州の二〇〇人の綿農業者が、B.t.と除草剤耐性をもった綿栽培に失敗したことから、モンサント社と法的に争っている。

重要な問題は、誰が新技術の所有権を得るのかだろう。遺伝子工学でも、それ以外の発明と同じく特許が重要となっている。ヨーロッパではパテントは欧州代表者会議により保護されており、発明とは、既存の知識に新たな知識を付け加えたもので、産業的な応用が可能で、特許可能なものでなければならないとされている。遺伝子を分離する新たな手法は特許を得て、新たな活性をもつ遺伝子も特許が与えられるが、ヒトの遺伝子は対象とはならない。だが、人工的に合成された遺伝子や遺伝子に含まれた遺伝情報の複製品の特許をとることは可能なのだ。財産権上では、一九九三年一二月に発効し、生物多様性の保全、その持続可能な利用、そして、遺伝資源から生じる利益の公正かつ平等な共有という三つの目的をもつ生物多様性国際条約が重要である。同条約では、原種をもつ国と植物遺伝資源の法定所有者が、所有権を最初に登録できると法的に定義されているが、品種が多くの原種から育種されている場合には、その明確な所有権を決めることは難しい。たとえば、ヴェーリィという小麦品種は、二六カ国に親をもつ三〇〇〇以上の交配の産物なのである。[12]

今、いくつかの企業では利益をわかちあう新たな仕組みを開発しつつある。そのひとつがゴールデン・ライスと呼ばれるビタミンA強化米だ。アストラゼネカ社（現在シンジェンタ社）と、ビタミンA米の発明者との協定で、所得一万米ドル以下の開発途上国の小規模農家は特許使用料を支払わずに、事実上無料での利用が認められている。とはいえ、オレンジ色の米を食することには文化的な抵抗があるし、適切な灌漑も必要で、ビタミンA不足はむしろバラエティに富んだ食事によって補ったほうがよいとの議論もされている。[13]

抗生物質抵抗性指標への代替手段、ポジテク選択技術もノバルティス社（これも現在はシンジェンタ社となっている）が一〇〇〇万米ドルもの資金をつぎこみ開発したが、同社は商業用途には特許使用料を課すものの、自給農家には技術を無料で提供し、二重価格で売り出すこととしている。とはいえ、それらがあまりに高額であるために、公的機関の研究者たちには、そうした技術を使いにくいという問題点は残されている。[14]

遺伝子組み換え技術は、世界の食料問題を解決するのか、持続可能な農業を抹殺するのか

遺伝子組み換え農産物は、食料増産の一助となるのだろうか。このことをめぐっても論争が繰り広げられている。ある人びとは「そうだ」と強調し、遺伝子組み換え技術全般への支持を獲得するため、飢餓問題の恐ろしさを引きあいに出す。だが、技術開発の過程で利益がわかちあわれ、代替的な生産手法やコストのかからない生産手段への配慮がなされる場合にのみ、遺伝子組み換え技術は、世界に食料供給する一助となりうることだろう。とはいえ、これまでの近代的な農業開発のアプローチは、世界のいずれの場所であっても成功は収めていない。ほとんどの場合、人びとは貧しいために餓えているのであり、必要な食料を買ったり、増産のための近代技術を手にする資金がない。貧しい人びとが必要としているのは、簡単に使え、かつ生産性を向上させる廉価な手段なのだ。したがって、前述したような空中窒素を自由に固定する遺伝子組み換え穀類や無配偶生殖特性を備えた組み換え穀類は、貧しい農民たちには素晴らしい利益をもたらすことだろう。だが、それらの技術が安くなければ、それを最も必要とする人びとには使えない。

他章でも指摘したように、持続可能な農業は、開発途上国だけでなく、工業国でも、今多くの農民が選択できるものとなっているが、問題への代替手法がひとつもない場合には、遺伝子組み換え技術が有効な選択肢となるかもしれない。利潤よりも公益性を重んじる大学、NGO、政府などの公的機関によって研究が実施されるのであれば、普及するバイオテクノロジー技術は大きな利益をもたらすかもしれない。ウイルス耐性をもつキャッサバ、ジャガイモ、サツマイモ、米、トウモロコシ、線虫耐性をもつバナナ、熱耐性と干ばつ耐性をもつトウジンヒエ、耐ストリガのトウモロコシ、そして害虫の耐性をもつ小麦についての研究は、農民たちに新たな選択肢をもたらすことになるだろう。

ひとつの好事例として、米の黄色まだらウイルスを取り上げてみよう。黄色まだらウイルスは、アフリカでの米生産を制限する重要なファクターで収量を五〇～九五パーセントも低下させていた。だが、遺伝子組み換え技術によって、従来の品種改良では不可能だったウイルス抵抗性新品種が開発できたのだ。五カ国で試験が実施されたが、ウイルスへの抵抗性は完璧だった。

これとはまた別の事例として、世界の三億四〇〇〇万ヘクタールの土地に影響を与えている塩害がある。いくつかの植物は、グリシンベタミン、マンニトール、トレハロースやプロリンなどの浸透圧保護養液を生産・蓄積することが知られている。塩分濃度が高い土壌のなかでも身を守るために、こうした植物はかなりの浸透圧まで無毒な液体を蓄積している。そこで、この遺伝子を導入することで塩害を受けた農地でも農業生産が行なえるようになるかもしれない。溶液蓄積を成功させるためにはひとつの遺伝子を導入するだけでは不十分で、まったく新たな代謝経路で複数の遺伝子をコード化することが必要だが、こうした技術の進展によってアルミニウム毒性で影響を受けた土壌でも耕作が可能になるならば、それは開発途上国での収量増に寄与するかもしれない。

しかし、技術発展は開発途上国の農民たちに新たな脅威をもたらすかもしれない。遺伝子組み換えによって、サトウキビ、パーム油、ココナッツ、バニラ、ココアなどの熱帯作物が温帯諸国でも栽培が可能になってしまうからだ。たとえば、石鹸作成用のラウリン酸をつくり出すために油種子アブラナを組み換えれば、マレーシアやガーナのヤシ油の生産者にとっては脅威となろう。

今後の政策の方向性

遺伝子組み換え技術は単独で均質なものではなく、適用技術のそれぞれが、さまざまな利害関係者にさまざまな潜在的な利益やリスクをもたらしている。それだけに、規制する側は技術の急速な発展を前に難題に直面している。ＥＵでは、遺伝子組み換え農産物の解放は、一〇年間にわたり指令九〇／二二〇下で規制されてきた。そして、長期にわたる交渉に引き続き現在では、規制は改正・調整・強化され、二〇〇一年前半には実効力をもつ調印がなされている[16]。

この新指令は、遺伝子組み換え農産物の実験・商業的な解放を行なうさいに、環境へのリスクを科学的にアセスメントする条項を設けており、すでに解放ずみの農産物に対してもモニタリング要綱を設定している。農業での通常のリスクアセスメントは「農業者が望ましい農法に従事すること」を前提としているが、環境へのダメージは、農薬であれ、肥料であれ、機械であれ、規制側の基準どおりに技術が用いられない場合に生じる。そこで、新政策では、抜本的な転換を図り、圃場や農場における影響を知るうえで必要なリスクアセスメントを重視している。遺伝子組み換え農産物のアセスメントは、遺伝子組み換え農産物そのものの影響評価や地元の生物多様性に環境面でどのような影響があるのかを決定する新条項を含むことになるだろう。

そうしたアセスメントは、農業生産システム全体での農業と環境との相互作用の理解を深めることから、プラスの効果があるかもしれない。だが、こうした規制基準はまだ普及してはいないし、開発途上国は、途上国のおかれた環境のなかで、いかにして規制力や技術成果を評価する科学的な能力を高めるかという難題に直面している。遺伝子組み換えをめぐる幅広い枠組みは、生物多様性条約によって確立されているものの[17]、開発途上国が遺伝子組み換え技術から利益を得るには、知的所有権を保護し、環境や健康上のリスクを防ぎ、民間部門を規制するために、そうした政策の枠組みが必要となることだろう。

バイオテクノロジーは、農業生産の持続性にはいくらかは寄与しそうには思える。だが、極貧状態におかれた農民たちやコミュニティ、そして国には、ここ数年の間はさほど大きな貢献はしそうにない。以前に示したように、エコロジーの理解力を高め、健全な社会関係にもとづくアグロエコロジカルなアプローチをすることのほうが優先課題だし、より重要なのである。

本章では、農業生産システムにおける遺伝子組み換え論争を扱った。遺伝子組み換え技術を評価せずして、またそれが利益とコストの双方で何をもたらすのかを評価せずして、農業の転換を考えることはできない。バイオテクノロジーは多くの方面に適用できるだろうし、技術についても世代による相違がある。したがって、遺伝子組み換え技術を一般化することは誤りで、各技術の適用はケース・バイ・ケースで対処される必要がある。

また、それぞれの技術を誰が生み出し、それが極貧状態におかれた人びとにとって利益があるものなのかどうか。もし、利益があるとすれば、それはどのように利用できるようになるのか。さらに、環境や健康への影響がポジティブなものなのか、あるいはその逆でネガティブなものなのかについても答える必要がある。バイオテクノロジーは農業の持続性にいくらかは寄与することだろう。とはいえ、それらを貧しい人びとのためにする研究体制、機関、政策を発展させることははるかに難しいことだろう。

訳注

［1］自然状態では双子葉植物や一部の裸子植物・単子葉植物にしか感染は起こらないが、現在では単子葉植物のイネを含め、穀類の改良に用いられている。

［2］一九九四年、カルジン社が開発した「フレーバー・セーバー」という遺伝子組み換えトマトが、米国のスーパーマーケットに登場した。ちなみに、このトマトを事前にラットに与えたところ胃の内部にただれが見られたが、カルジン社はこれはトマトとは無関係であるし、米国食品医薬品局（ＦＤＡ）の職員からは疑義の声があがったが、最終的に同局はフレーバー・セーバー・トマトを「一般的に安全」と見なし、市場出荷を認可している。

［3］アルファ・アンチトリプシン（α-AT）は、人体内の蛋白融解酵素の作用を抑制するヒト蛋白質で、この蛋白質が欠損した患者は、埃が多い場所では重度の呼吸障害に陥ってしまうため、完全にクリーンな職場環境でしか働けない。

［4］一九九六年七月五日にロスリン研究所で誕生したクローン羊ドリーは、クローン人間誕生の可能性を予感させるものとして世界中で大きな話題を呼んだ。以前からも胎細胞や胚細胞段階でのクローン羊生産はなされていたものの、成体細胞から新たに個体をつくり出したのは初めてだった。

［5］豚のレトロウイルスがヒトの細胞に感染する事実が報告されていることから、現在、異種移植には待ったがかかっている。

［6］国際トウモロコシ・小麦改良センター（CIMMYT＝Centro Internacional de Mejoramiento de Maiz y Trigo）。一九四三年、ロックフェラー財団とメキシコ政府が共同で高収量品種を開発するため、四人の米国の植物遺伝学者と病理学者がメキシコで始めたプロジェクトに端を発する非営利の研究・トレーニングセンター。在来品種は草丈が高く、多く施肥すると倒伏したりして減収しやすいが、短稈化をすれば、肥料を多くしても倒れず収量を多くできる。この原理にもとづき、センターは多収の矮性小麦品種を開発した。これにより、一九四四年から一九六七年で小麦生産量は三倍と飛躍的に増収を成し遂げ、メキシコは小麦の自給を達成し、余剰穀物を輸出できるまでになった。センターはこの小麦を全世界に普及させ、最近の推定では、センターにより開発された小麦品種が近代小麦品種の七五パーセント以上を占めるにまでなっている。なお、開発者ノーマン・ボーローグは、稲塚権次郎が品種改良によりつくり出した背丈が低い「小麦農林十号」をベースに新品種を開発し、その功績で一九七〇年にノーベル平和賞を受賞している。また、この成功に気をよくしたロックフェラー財団は一九六二年にフォード財団と手を組み、アジアで米でも同様の取り組みを始め、フィリピンに国際イネ研究所を設立し、半矮性稲品種を東南アジア諸国に普及させた。これがいわゆる「緑の革命」である。一九五〇年から三〇年で世界の穀物生産量は約二・五倍に高まり、「緑の革命」によって飢餓が根絶されるとされたが、その反面肥料投入量は八倍にもなり、伝統的な農業や環境破壊、飢餓や砂漠化の一因ともなり、今日では「緑の革命」は、持続可能ではない農業技術であったと疑問視されている。

［7］これを「無性革命」とまで称している研究者もいる。毎年新たな種子を農家に購入させることで利益をあげる種苗会社にとっては、この技術は脅威となる。そこで、種苗会社はF1品種のように作物が子孫をつくれないようにしてしまう「ターミネーター技術」を実験している。こうした種子は「自殺する種子」と呼ばれ、遺伝子組み換え品種からの望ましくない遺伝子流出を防ぐ方法とされているが、農家が種を自家採種できなくなることにつながるため、開発途上国を中心におおいに物議をかもし出している。

［8］コーネル大学のJ・E・ロゼイ博士らは、一九九九年五月科学雑誌ネイチャーに、実験室内でB.t.トウモロコシの花粉をまぶしたトウワタの葉をオオカバマダラの幼虫に食べさせたところ、幼虫の食欲が落ちて成長が遅れ、ふつうの花粉がついた葉の上で育てられた幼虫よりも死亡率が高く、四日後には四四パーセントが死んだとの論文を発表した。遺伝子組み換え農産物が、害虫だけでなくオオカバマダラのような全国的にも貴重な生物種にも影響を与えてしまう事例として議論を呼ん

だ。また、後にロゼイ博士は実際の圃場ではオオカバマダラが影響を受ける可能性は低いとしたが、二〇〇〇年にアイオワ州立大学の研究者が、遺伝子組み換えトウモロコシの花粉をあびたトウワタを食べたオオカバマダラの幼虫の死亡率が、ふつうの場合の七倍になったとの発表を行ない、再び議論を呼んでいる。

[9] 一九九八年八月、イギリスのロウェット研究所のアーパド・パズタイ博士は、殺虫成分レクチンを生み出すマツユキソウの遺伝子を導入したジャガイモをラットに与えた結果、ラットの一部に発育不全や免疫低下が見られたと公表した。

[10] ジャガイモにはソラニンやチャコニンというグリコアルカロイド類が含まれているが、これらを多量に摂取すると嘔吐、腹痛、頭痛、発熱などの症状を引き起こす。そして、ジャガイモに病害虫抵抗性の遺伝子を導入すると、導入遺伝子からつくり出される物質ではないのだが、グリコアルカロイドが一・五〜二倍に増えてしまう。もっとも、たとえ、倍増したとしてもごく微量で、健康には害がないものと考えられている。

[11] 二〇〇〇年の四月一三日に下院科学委員会は、遺伝子組み換え作物についての報告書を取りまとめたが、これはバイオテクノロジーを推進する立場から、遺伝子組み換え作物は通常の作物とは大差なく、食品としても環境面でも安全であるとした。九〇〇社以上のバイオテクノロジー企業からなるバイテク産業機構（Biotechnology Industry Organization）は、この報告書を支持するコメントを発表したが、環境団体側は「確たる証拠ではなく希望的観測にもとづいたものだ」「消費者の不安を静める役には立たない」などと批判した。

[12] ヴェーリィ（Veery）。国際トウモロコシ・小麦改良センターが約二〇年間開発した高収量小麦品種。もともとは、快適な環境で栽培するために開発されたが、多品種と比べ厳しい環境にもよく順応している。

[13] ゴールデン・ライスは、スイセンの遺伝子を組みこみ、ベータカロチンをつくり出すようにしたビタミンA強化米である。飢餓、貧困地域ではビタミンA不足により、年間五〇万人以上の失明や一〇〇万〜二〇〇万人の死亡要因となっていることから、米を主食とする開発途上国でのビタミンA欠乏症を解決する切り札として開発された。しかし、インドのヴァンダナ・シバ博士は、一日当たりのビタミンAの必要量をすべてビタミンA米で補うには、毎日二キログラム以上も米を食べる必要があることや、むしろ、ビタミンAは野菜・果実や牛乳に含まれていることから、無理に遺伝子組み換え米を食べる必要はないと批判している。同様に、カリフォルニア大学のミゲル・アルティエリ教授もビタミン類やその他の栄養分を豊富に含んだ野菜を水田やその周囲で栽培し、貧しい人びとの食生活を改善するほうが大切だと主張している。なお、モンサント社の広報担当ゲーリー・バートン氏は、同教授の発言を「ほかに言うべきコメントを思いつかないからそんなことを言っ

ているのだ」と嘲笑している。

[14] ポジテク（Positech）選択技術。EUが遺伝子組み換えで抗生物質耐性遺伝子の禁止規則を提案するなど、抗生物質耐性マーカーへの論議が高まるなか、シンジェンタ社が二〇〇〇年三月に開発した新たな標識遺伝子システム。六炭糖の一種マンノースだけを吸収できる能力を植物細胞に付加することで、マンノースを栄養源とできない植物細胞が死ぬことから、抗生物質を使わずに両者を区別できるようにした。

[15] ストリガ（Striga）。第4章の注［12］を参照のこと。

[16] 新指令は二〇〇一年に三月に採択され、二〇〇二年一〇月に発効した。これに対して、米国は二〇〇三年五月一三日、EU規制のWTO提訴に踏みきった。この規制がWTOルールに違反しており、科学的根拠がないうえ、農業と開発途上国に有害な影響を与えているというのがその理由である。アン・ヴェネマン農務長官はこう主張している。「この提訴で、我々は米国農業の利益のために戦う。EUの行動は、世界中の生産者と消費者に巨大な潜在的利益をもたらす一方、開発途上国のおびただしい数の人びとを苦しめている飢餓と栄養不良と戦う非常に重要な手段を提供する技術の十全な開発を妨げる恐れがある」

[17] 一九九二年の地球サミットでは、地球温暖化防止条約とともに米国が強硬に反対するなか「生物多様性条約」が結ばれたが、同条約にもとづき、とくにバイオセーフティに関する措置を締約国に求めた「バイオセーフティに関するカルタヘナ議定書」が二〇〇〇年に採択された。目的は、遺伝子組み換え生物が越境移動することで生態系が破壊されることを防ぐ目的で、日本も二〇〇三年三月にこれを批准し、カルタヘナ法が制定されている。

第7章　社会関係資本とコモンズの再生

自然の知識

農業技術の進歩にはめざましいものがある。だが、地域コミュニティのもつ知識やその実践的な価値は、なかなか認識されずにいる。「伝統的」という言葉はよく使われるが、それは問題がある言葉だ。多くの人にとって伝統的知識とは迷信や古めいた奇妙なやり方のことを意味し、それは退歩につながり、この近代化された世界には伝統のための余地はないというのだ。だが、伝統はたんなる知識の塊ではなく物事を知る過程でもある。疎外された人びとの権利保護に尽力した人類学者ダレル・ポージー*は、伝統の説得力のある定義として、次のようなカナダの委員会の第四指令を引用している。

「伝統的な知識でいう『伝統』とは、古えから由来するものではなく、獲得され使われる方法である。言い換えれば、学び、知識をわかちあう社会的なプロセスである。この知識のほとんどはまったく新たなもので、それは他の知識とはまったく異なり、社会的な意味と法的な性質をもつ」

地域の状況をきめ細かく観察すれば、他地域の状況とは違いがあることがわかる。そこで、地元についての知識を得るプロセスそのものが、必然的に文化や言葉、そして土地や自然についての物語の多様化につながる。持続可能性の点から重要な知識の要素をあげてみると、それが地元にとって妥当かどうか、創造性と再生性があるのかどうか、適応性があるのかどうか、そして、社会的なプロセスに組みこまれる性質があるかどうかになる。こうした知識が人間を大地に結びつけ、人びとをつなぐ。したがって、景観が失われるときに失われるのは生息地や景観の特性ではなく、まさに人びとが暮らすうえでのすべなのだ。こうした知識は、たいがい文化的、宗教的な体制のなかに適切に組みこまれている。理解、構築されるのにも月日を重ねている。だが、失われるのは速い。米国の地誌を執筆したバリー・ロペス*はそのなかでこう語っている。

「特定な理解ができるようになるには、時間をかけるだけでなく、地元についてのくわしい知識や場所との親密さも必要だ。それは、まだごく少数の人しか身につけていないが、この必須要件を迂回する道はない。知りたければ時間をかけなければならないし、それは本のなかには書かれてはいない」

バリー・ロペスが言うある特定の景観に対して親近感を求める気持ちは、私たちの心の奥深くに眠っている。ある人にとっては、それは、都市の明かりから遠ざかり、頭上でカラスが鳴く冬の耕された畑を歩くことだろうし、あるいは切り裂くような冷涼な山の空気のなかで氷河を横切って歩くことだろう。あるいは、神秘的な深い森のなかで、切れ目から日差しが差しこむ場所で休むことかもしれない。また、別の者にとっては、それは、毎朝搾乳を必要とする牛、仕事場への通勤途中で通り抜ける都市公園、あるいは裏庭の菜園で餌をついばむ鳥の群と、日常生活と結びついたものかもしれない。

残念なことに、これらのなかにある結びつきはたいがい認識されないが、これらが組み合わさって、私たちを景観と深く結びつけているのだ。ところが、近代農業によって生け垣や樹木が取り払われたり、郊外にスプロール化が進んで、こうしたつながりが消えうせると、景観への親近感も失われてしまう。人びとは手をかけることを止め、やっかいな事態を招くことになる。バリー・ロペスはそのことを次のように指摘する。

「もし、社会が暮らす場所を忘れたり、それに手をかけなければ、政治的な力や政治的な意思をもった誰かが、ある種の社会的な理想やノスタルジックなビジョンと一致させるために景観を自由に操作できてしまう。何が起きても、人びとはほとんど気づかないかもしれない」

土地に親近感をいだく人びとがいなくなれば、その景観のことを擁護する者は誰もいない。ロペスはもっと重要な問題も指摘している。「奇妙なことに、あるいは奇妙ではないのかもしれないが、米国社会は地元の知識を評価し続ける一方で、地元の知識をもつ人びとをいつも政治的な力をもてないようにし続けている。ネイティブ・アメリカン、ハワイアン、エスキモーと同じく、これは小規模な農家や文字が読めないカウボーイにも該当する」

プランナー、ディベロッパー、あるいは科学者といった外部の専門家たちは、たいがい問題を尋ねることから始め、次にその課題の解決策を見出していく。結果として、人びとの土地とのつながりについての詳細事項は見逃す。地元の人びとに「皆さんにとって何が特別なものなのでしょうか」と尋ねてみよう。どうなるのだろうか？　私たちは、コミュニティについて人びとにインタビューするさい、まず出発点としてこうした質問をする。すると、住民たちが主に二つのことに関心を寄せていることがわかってくる。近所、友人、家族といったコミュニティ、そして、土地、自然、環境だ。疎外された都会のコミュニティでは、「強いコミュニティ意識をもっています」とか「誰かに問題が起これば、皆、協力して助けるために働くのです」といった答えがよく返ってくる。物理的なインフラも貧弱で、ちょっとした緑地空間でも、それを喜んでいる。だが、山の草原と比べれば明らかに見劣りがするものだし、落書きやゴミ、廃車が増え、コミュニティがつねに蝕まれていることを悲しんでもいる。

一方、自然とのかかわりがはるかに密な農村コミュニティにおいては、住民たちは価値あるものをもっとたくさん選び出す。サフォーク州とエセックス州との境界にあるコンスタブル郡内の六カ村で調査をしたところ、わずか二〇×五キロメートルの広がりしかない狭い谷間のうちで、コミュニティの住民たちは「一三〇以上のものが自分たちにとっては特別なものである」と強調してみせた。住民たちが特別な場所として最も多くあげたのは、居住地周辺の開かれた場所だ。住民たちは、ここで日々の暮らしを重ね、そこに心をつなぎあわせ、自我も形成している。川、堰、小川、湿地のように水と関連した場所が多くあげられ、学校、教会、集会所とともに、村の歴史的な建築物も候補にあがった。これらをあわせたものが景観全体の豊かなイメージを構成している。もちろん、これらは、少数の人たちだけの部分的な見解や知識ではなく、コミュニティ全体にわたって分散しているものだ。

むろん、これはコミュニティの誰もが地元のことをきめ細かく知っているということではない。たとえば、イギリスには各地にベッド・タウンがある。タウンに住む通勤労働者たちは、長時間働いているので、週末か、夜が長い夏以外は、自分たちの住んでいる場所のことを知ることができない。何かがダメージを受けたり、地元の景観から失われても、めったに気づかないし、気づいたとしても、社会的なつながりを欠いているため、何をしたらよいのかわからないのかもしれない。

だが、これとはまた別に奇妙な価値観をもって都会から村にやってくる者もいる。調査したこの谷では、村に居をかまえたある金持ちが、近くの木のてっぺんに巣を作るミヤマガラスがあまりにも騒しかったためにハンターを二人雇ってこれを撃った。カラスは逃げただけで二度と戻らなかった。そして、コミュニティ内ではこれが一騒動となった。とはいえ、近代農業以外に選択肢があることを知らない地元住民たちの発想転換の刺激となるよう、違った見方で環境をみる「入村者」が時には必要なことも確かなのだ。では、どうすれば土地のことをよく知る能力を身につけられるのだろうか？

エコロジーの理解力を構築する

認識とは物事を知り知覚する行為のことで、それは学びのシステムでもある。情報を取り入れ、これを処理・変換し、さまざまな知識に一本の串を通すことで、ひとつの全体へとまとめていく。これが認識の構造だ。それは、合成・変形・適合させる能力も意味する。近代主義がいう「単一コード」やポストモダン主義がいう「散逸し、増殖する知識」という見方も超えるものだ。

今を去ること三〇年前、チリの生物学者ウンベルト・マトゥラーナ*とフランシスコ・ヴァレラ*は、「サンティアゴ認識論」と呼ばれるラディカルな理論を生み出した。彼らは「生命はいかにして知覚するのか」という疑問を投げかけ、「すべての生きとし生ける有機体は世界に連続的に力を注入している」との理論を構築した。この理論は、私たち内部の神経系の働きと、環境と相互干渉するやり方の基本的な違いから個別にユニークな何かが発生するという考え方を中心に据えている。私たちは、世界を認識するように積極的に世界も構築している。つまり、環境とは「構造的に連結」されている。生きたシステムは、そうした構造的な結びつきを通じて環境と相互作用を続け、そうした相互作用が何回も繰り返されることで、小さな変化を弾きがねに環境に適応したり、環境を生命にふさわしいものに変えている。つまり、認識とは表現ではなく世界に力をもちこむ連続的な行為のことなのだ。この認識システムがたえず働き続けることで、たえず環境が形づくられ、学ばれ、適合され、私たちと自然との関係が描かれていることになる。

エール大学のジェームズ・スコット*教授は、先見性に富んだ著作『*Seeing Like a State*（国のように見ること）』のなかで、ギリシア語の「メチス」という言葉を使い、地元の経験のなかに眠っている知識を記述している。ふつうメチスは「巧妙な」もしくは「巧妙な知能」と訳される。だが、教授は「これでは一連の実践的な技術や獲得された知能を評価できない」と主張する。教授は、タンザニアやエチオピアでの土地の村有化、ソ連の集産化、高度な近代都市の出現、空恐ろしいまでに規格化された農業について記述し、「国家とその技術組織によって一般化された抽象的な知識」とメチスのそれとを対比し「メチスは柔軟なもので、地域によっても違う。実際、それがメチスの特性で、この文脈性や断片性が、メチスを浸透性のあるものとし、新たな考え方に対しても開かれたものにしている」と述べている。システムを効果的に動かすために日々ある程度調節することが必要だ。だが、国はそれをめったにしない。それが失敗をまねくのだ。だが、最近では多くの政府機関も地元住民と力をあわせ、きめ細かく仕事をする方法を見出している。これは希望がもてることだし、前章で議論した持続可能農業が普及しはじめているのも、一部はその結果なのだ。

エコロジーの理解力は、そんなに時間をかけなくてもつくり出せるし、重々しい伝統を必ずしも必要とするわけではない。このことは誰にとっても大きな希望だ。南東アジアの「農民田んぼの学校」では、田んぼの昆虫のきめ細かい知識を新たに身につけているし、水利用グループは、新たな理解のもとにコミュニティ全体で灌漑用水を共同で管理しはじめている。オーストラリア、ヨーロッパ、北米で実験に取り組む農民グループは、化石燃料由来の投入資材をほとんど使わない新農法を開発している。こうした知識は、またたくまに新たな伝統となって、新たな価値観というもっと大きな意味も得ることになる。つまり、メチスを伝統的な知識と考えることは間違っているのだ。メチスは、地元の知識は奥深く厳密なもので変えられないという印象を与えるが、それは誤りで、物事を知るプロセスなのだ。エコロジーの理解力の中心にはこうした考え方がある。

世界は多様性に満ちあふれ、限定された条件下にあり、各場所に応じた多様なアプローチが必要だ。この考え方は、標準化によって産業開発を進めるアプローチとはそぐわない。近代主義は、単純化と効率化をめざしてつき進む。技術的な解決策は普遍的なものだし、社会的な状況には依存しない、と中央で決めてかかる。そして、皮肉なことに、これは「皆のための大量生産」をアピールするものなのだ。もちろん、こうしたやり方が機能する部門もある。だが、もし出かけられるレストランがひとつしかなく、それが世界の何千もの都市にあるレストランとまったく同じだとしたら、問題なのではないだろうか。もちろん、この場合は「そんなレストランには行かない」と自分で決意することもできる。だが、食料生産技術が標準化されていて、かつ、その農法を農民たちが採択するように強要されるとすれば、それはとても問題だ。農民たちの選択肢を狭めてしまうし、リスクも高めてしまう。

技術開発や試験研究が取り行なわれる場所と、農家のおかれた条件とがたまたま似ている場合には、その技術は普及することだろう。だが、農民たちがおかれている条件や価値観、制約はたいがい違っている。だが、近代農業では、農民たちのニーズにそぐわないものであったり、リスクが高すぎるために技術が受け入れられないと「それは農民たちが間違っている」と決めつけるほかに対応策がない。科学者や役所の役人、農業改良普及員が、技術や技術が生み出された状況を疑問視することはまずない。その代わりに「なぜこれほど明白なメリットがある技術に抵抗するのだろう」と疑ってかかり、農民たちを非難する。「遅れた者」や「のろまな者」としてレッテルを張られるのは農民たちなのだ。建築家黒川紀章はこの問題点をこう指摘する。「文化や伝統から切り離された場合、技術は定着しない。技術移転は、地域やユニークな状況への適応、そして慣習に対する洗練さを必要とする」

近代主義思考は、必然的に、社会や自然に対するある種の尊大さへといきつく。地元の現場状況は複雑だし、机上で描けるほどきれいではない。だが、近代主義思考は、こうした地元状況とは切り離し、人びとと相談せずに壮大な計画を立てることを可能にする。そして、近代化は、新たな秩序を構築するため、時代をかけて蓄積されてきた混沌とした地元の慣習や多元的な機能を一掃することに力を注ぐのだ。これは、歴史的な制約から自由になって、秩序や自由をもたらすものとみられるが、単純化された規則や技術では適切に機能するコミュニティを育むことはできないし、見落とすものがつねにある。残念なことに、二〇世紀の間に私たちは、自然とコミュニティとのバランスを大きく崩してしまった。今私たちは、世界をつくり変えることで、新たなバランスを見出す必要がある。バリー・ロペスはこう語る。「個人的な表現が受け入れられる範囲を見つけられるように景観を無傷に維持し、私たちの歴史がそのなかで生きている景観の記憶を維持すること。それは今必須の仕事に思える」

近代化が抱える根本的な矛盾はその標準化にある。それは自己形成システムの考え方とは相反する。ウンベルト・マトゥラーナやフランシスコ・ヴァレラによれば、認識には知覚、感情、行動が含まれているし、私たち一人ひとりは、違ったかたちで物事を考え、創造することができる。だが、近代的な暮らしでは、土地や景観のきめ細かい知識が失われることとあわせ、こうした権利も剝奪され、構造的な結合、つながりや意味が取り去られている。つまり、今の世界が直面しているエコロジーの危機は抜本的なものだし、集団的な認識行動を通じてつくり変えなければならないのだ。だが、問題は二元論的な思考があまりに根深いことにある。二言論的思考はよく学ばれているだけに、それを振り払うことが難しい。エセックス大学のテッド・ベンソン教授はこう指摘する。「現在、二元論に対する反対意見はかなり合意されている。対象と物、意味と原因、心と物質、農業被害と野生動物、そして、何よりも、文化（または、社会）と自然との二元論は、否定され克服されなければならない。だが、本当に難しいのはここから問題が始まることだ」

たとえば、近代主義思想や行動を支配している特徴に技術決定論がある。問題解決策は、より賢明で洗練された技術のなかにあり、科学と技術が自然を管理しているというのだ。もちろん対極には、自然は社会的に構築された以上のもので、絶対不変のエコロジーの原理の前には、技術の出る幕はないし、技術には価値がないと主張する人びとがいる。本当の答えはこの中間のどこかに位置している。人間は自然とは切り離せないものだし、より大きな全体の一部だが、技術にもいくらかは位置づけられるべき場所があるということだ。とはいえ、自然と手を握り合うことですべてがうまくいくほどことは単純ではない。それだけに明確な思考と理論が必要なのだ。

そうはいっても、知識は普通のやり方からも蓄積されるし、その知識が地域資源の理解を深め、その価値を育む。知識は、地域がおかれた気候、土壌、生物多様性、社会状況の違いによって形づくられているから、場所によっても異なる。この土地に根ざした固有の多様性こそが、私たちが評価するものだし、それが土地に特性や独自性を与える。そこで、これらを保護するには、これまでとは違った行動をとることへの理解や集団的な意思を生み出す新たな方策を見出さなければならない。

オランダのワーゲニンゲン農科大学のニルス・ロリング教授[*]は、エコロジー的な破局から逃れるには、新たな対話型のデザインと管理マネジメントが必要であるとし、一律に規定しがちなアルファ科学を超えるものとして「ベータ・ガンマ科学」という用語を使ってそのことを説明している。教授はこう語る。「地球は、人間の集団行動によって手をかけられる菜園と見なさなければならない。そのための条件をつくり出すために、人びとが慎重に準備を整え、その目的のために集団的に行動することに合意しないならば、湿地であれ、森であれ、山であれ、流水域であれ、生態系は存在しえないか、再生されない」教授はこの考えを表現するものとして「グローバル菜園」というフレーズもつくった。鍵は、教授の言うそうした集団的な行動をどうすれば進められるかにかかっている。

「社会関係資本」の考え方

社会的な取り決めや規範、集団行動に着目するうえで「社会関係資本」というものがある。その価値は、一九世紀後半にフェルディナンド・テンニース[*]やピョートル・クロポトキン[*]に見出され、七〇～八〇年後にジェイン・ジェイコブス[*]やピエール・ブルデュー[*]がその意義を形づくり、一九八〇年代と一九九〇年代にかけて社会学者ジェームス・コールマン[*]と政治学者ロバート・パットナム[*]によって斬新な理論的枠組みを与えられた。コールマンは社会関係資本のことを「生産活動を促進する主体と主体間との関係構造」としているが、こうした社会構造や社会組織が各個人が利益を得るうえで資源として働く。つまり、社会関係資本が豊かだと、協力関係が促され、連携して働くことでコストダウンが図れるのだ。「他の人びともきっとそうするはずだ」と人びとは信頼感を抱いて集団活動に身を投じることができるし、資源劣化に帰着する自分勝手な個人行動は減っていく。社会関係資本には、信頼関係、相互性と交換、共通の規則・規範・制裁、そして、結びつきとネットワークグループと四つの中心となる特徴がある。

　まず、一番目の信頼関係は円滑な協力関係を育み、取引コストを削減する。期待したとおりに人びとが行動すると信頼できるから、他人を監視せずにすみ、それが金銭や時間の節約につながる。他人を信頼することは、社会的責務や相互の信頼関係も生み出す。信頼には二種類ある。よく知っている個人に対して抱く信頼感と、相手を知らなくても社会の体制を信頼することから育まれる住民間の信頼感だ。信頼感は構築されるのには時間がかかるが、損なわれるのはたやすく、不信感で社会が満たされると協働のための基盤は整わないだろう。

　次は相互性と交換だが、信頼感は規則的かつ相互に交換が行なわれることで高まる。そこで、社会関係資本では相互性が重要になるが、それには二種類がある。ほぼ価値が同じモノを同時に交換する「特定の相互性」と、ある時間内では一方的であっても、交換関係が続いて、後でお返しがされてバランスがとれる「拡散した相互性」である。交換は、人びとの間に長期的な義務関係を発展させることにつながるし、総合的な環境益をもたらすうえでも重要だ。

　第三は、個人益よりも集団益を上に位置づけていることだ。行動の基準となる共通の規則・規範・制裁は、互いに同意されたものであることもあれば、上から課されたものであることもあるが、共通規範があることが、協同活動や集団活動に身を投じる一人ひとりに信頼感をもたらす。自分以外の者も同じくそうするであろうと期待できるからだ。相互制裁に同意することで、規則を破れば自分が罰せられることも確実にわかるし、自己責任をもつと同時に、一人ひとりの権利が侵されないことも担保できる。どう行動しなければならないかは、法や規則で権威づけられるフォーマルな基準で示されるが、その一方で、インフォーマルな基準も日々の行動を規定する。こうしたルールは「社会システム内でのモラル」「社会のセメント」「信頼形成の基礎となる価値」と称され、行動するにあたって、中庸を守ることに一人ひとりがどの程度まで同意しているのかを反映している。社会関係資本が豊かなことは、一人ひとりのモラルが高く、自分の権利と共同責任とのバランスが保たれていることを示唆する。

四番目の特長は、結びつき、ネットワーク、グループ、そして、関係性の性質だ。結びつきは、物品の取引、情報の交換、相互支援、資金準備、共同での祝賀会や儀式といったさまざまな形をとり、相互方向の場合もあれば、一方的な場合もある。また、確立されるまでに時間を要し、現状に対応しておらず、定期的な更新を必要とする場合もある。結びつきは、ギルド、共済組合、スポーツ・クラブ、信用組合、森林・漁業・病害虫管理グループ、文学協会、母親グループと、地元段階でのさまざまな組織内で制度化されている。ある状況では、組織数は多くても、各組織が自分たちの利益だけを守ることに汲々とし、横のつながりが少なく、組織内の密度は高くてもグループ相互間の結びつきは弱いことがある。またこれとは別の状況では、社会関係資本の形態が良好で、組織内の密度も高く、組織間の横断的な結びつきも強い場合がある。社会関係資本が豊かなことは、組織を構成するメンバーが重なりあい、かつグループ間の結びつきもよいことを示唆する。

結びつきには、多くの種類があり、横のつながりもあれば縦のつながりもあり、それは、コミュニティ段階での社会関係にも、人びとと国との間との結びつきにも、政府の各省庁の関係にも適用できる。まず、グループやコミュニティ内の各個人のつながりからなる地元での結びつきだ。地元段階での結びつきは、コミュニティ内やコミュニティ間のグループ同士の水平的なものだが、時にはもっと上の段階の組織と制度的につながることもある。地元グループと外部機関や外部組織との結びつきは、垂直的なもので、とかくトップダウン、一方通行になりがちだ。だが、相互のやり取りがある場合もある。外部機関同士の結びつきは対等で、それは協力的なパートナーシップのための統合的なアプローチにつながる。そして最後には、外部機関内での個人間の結びつきがある。

さて、社会関係資本の価値はいくつかの機関では認識されているが、こうしたすべての結びつきが重視されているケースはごくまれにしか見出せない。たとえば、政府がさまざまな部局間が連携した統合的なアプローチを重要視していたとしても、地元グループと双方向での縦の結びつきは促進していないかもしれない。また、他の外部機関との結びつきを構築しないままに、地元組織の形成が重視されるケースもあるかもしれない。一般的には、双方向の関係性があることは、一方通行だけの関係よりも望ましいし、定期的に更新される結びつきは、歴史的に埋めこまれたものよりも良好なのだ。

自然を改善するうえで先行条件となる社会と人間の関係

長期的に自然を改善するうえでは、先行条件として、新たな社会関係や人間関係を整えることが必要だ。これまでとは違った考え方をし、人とは違った行動をする人びとに対しても信頼関係を築けなければ、持続可能性に対する長期的な望みもほとんどない。なるほど、社会関係資本や人的資本に配慮しなくても、ごく短期間に自然資本を改善することはできる。厳密な保護地域の設定や土壌浸食の規制、経済的インセンティブによる生物生息地の保護といったように規制や経済的インセンティブを用いることで、人びとの行動を変えるのだ。だが、こうしたやり方は行動には変化を起こすかもしれないが、本当に態度が変化するかどうかは保証しない。インセンティブがなくなったり、規制が強要されなくなれば、農民たちはたちまちもとのやり方に戻ってしまう。

だが、社会関係や人的能力が変化した場合にはこれとはまったく違った結果がある。外部の機関や各個人も、知識や技術を増やすことでリーダーシップ力が発揮でき、やる気が出るように農民たちと力を合わせて働けるし、適切な資源管理規則や規範をもつ地元組織を新たにつくり出せるようにコミュニティとも協働できる。これが成功を収め、望まれる天然資源の改善に結びつけば、社会関係資本にとっても人的資本にとってもポジティブなフィードバックをもつことになる。グループが組織化され、事業計画や事業を実施するうえで、農民たちの知識が必要とされ、それを加味したうえでプロジェクトが実施されれば、事業が完了した後も、人びとは活動し続けることだろう。元世界銀行の専門家マイケル・チェルネア*は、すでに終わった世界銀行の二五のプロジェクトを研究し、長期にわたって持続可能性が保証されるのは、地元組織がしっかりしているときだけであることを明らかにしている。制度面での充実や地元参加が重視されなかったときは、期待とは裏腹にプロジェクトは失敗に終わったのだ。

もちろん、これは経済や環境面でメリットをもたらす地元グループやグループの能力を買いかぶりしすぎているとの懸念もある。コミュニティ内の、そしてコミュニティ間の相違や違いをわきまえておかなければならないし、対立や矛盾がもたらす環境破壊も念頭におかなければならない。ある社会関係様式がコミュニティの全員に適しているともかぎらない。ある社会がうまく組織化され、強力な相互機構をもっていたとしても、それは、封建的、階級的、人種差別主義的で、不公正な社会のように恐怖や権力にもとづいているのかもしれない。規則や規範の形式だけにこだわると、有害な取り決めのなかに人びとは閉じこめられてしまう。つまり、強力な家族集団や宗教団体があって、一見、高水準の社会関係資本を備えているかのようにみえたとしても、こうしたシステムは傷つけられた個人や奴隷制度状態におかれた人びと、その他の搾取形態を含むのだ。持続可能性や合意形成の邪魔だけをし、逆境や不公正な状態を永続させ、何人かの個人が勝手放題をやり、それ以外の人びとを従属させてしまう団体もある。社会関係や結びつきにある暗い側面にはつねに目をひからせておかなければならない。

つまり、天然資源の管理に適した社会組織を開発普及するための新たな考え方や取り組みが必要とされている。これは、旧態依然とした組織や伝統をただ復活させる以上のことを意味する。協働するにはたいがい新たな組織形態が必要とされるし、スポーツ・クラブ、各宗派の教会、ＰＴＡといったグループに組み入れられている社会関係資本と、自然資源に関心を寄せるグループに見出せる社会関係資本とを区別することも大切だ。さらに、団体数は多くてもかけもち会員が少ない排他性が強い状況下での密度の濃い社会関係資本と、団体数は少なくても、多くの個人会員が二重にも三重にも登録しているという状況下での社会関係資本とを区別することも大切だ。

共同でアプローチしたほうが、単独でやる場合よりもメリットが大きい。そう確信できなければ、農民たちは協働作業に身を投じようとはしない。社会関係資本や人的資本の開発支援に要する投資は、参加型アプローチや成人教育への投資コストを上回る十分なメリットを生む。外部機関もそう確信できなければならない。インディアナ大学のエリノア・オストロム*はそのことについてこう指摘する。「共同で問題解決するためめの参加は、コストや時間を要するプロセスなのです。地元で社会起業家の能力を増強することは、長期間にわたってなされる必要がある投資活動なのです」

参加と社会的な学び

「参加」という言葉は、今ではどの開発機関や保全機関でもごくふつうに使われている。だが、参加という言葉は誤釈されがちで、これが多くの逆説を生み出している。外部機関から自律して住民がイニシアティブを握り自発的な動員をする能動的な参加から、起こっていることをただ告げられ、あらかじめ決められた路線に沿って行動するだけという受動的な参加まで、参加という言葉を組織が解釈し用いるケースは幅広い。従来型の開発ではふつう、食料、現金もしくは物資の見返りに地元住民が働くよう奨励することが参加とされている。だが、物質的なインセンティブは人びとの認識をねじ曲げ、依存体質を生み出し、「地元住民は外からのイニシアティブで動かされることを望んでいる」との誤解も招きやすい。地元の関心や能力を構築することに努力が払われないと、ひとたびインセンティブがなくなれば、人びとは構造物を維持したり取り組みを続けようとは思わないし、人びとが認識のフロンティアを超えなければ、エコロジーの理解力も得られない。

だが、権威体制側は人びとの参加を必要としながらも、同時にこの参加を恐れるというジレンマに陥っている。人びとの合意や支援を必要としながらも、際限なく関与を広げていくと管理しにくくなってしまうのではないかと懸念する。この懸念から、効果的に演出された形だけの参加しか認められなければ、住民側の不信感や大きな疎外感を招くだけに終わってしまう。

参加とは、当初に計画された以上の新たな何かが発見され、さらに前進していくことを意味する。人びとの思考や行動パターンを変える協働的なオルターナティブな学びのプロセスを開発することを意味するのだ。「うまく機能する技術はある。だが、どう農民たちを説きふせて、それを採択させるかが問題だ」農業開発は、たいがいこうした考え方から出発する。だが、上からの押しつけ型モデルは、初めはよく見えていても次第に色あせる。問題はそこにある。たとえば、穀物と窒素固定力がある樹木や灌木を列状に植え付けるアグロフォレストリーのように、外部投入資材をほとんど必要としないか、あるいはまったく必要としない生産的かつ持続可能な農法が数多く開発されている。土壌浸食には歯止めがかかり、食料や木材が生み出され、長期にわたる収穫も可能となる。だがほとんどの農民たちは、計画で見こまれたほどは、こうした農法を採択していない。こうした技術のほとんどは、労働力や資金がふんだんに供給され、土地条件が標準化している研究所のためにつくられているようにも思える。

重要なことは、持続可能な農業や持続可能な保全管理が、定義づけられた具体的な技術や一連の方式を規定していないことだ。さもなければこうした技術は、農民たちや農村住民の将来の選択肢を制限するだけの役目を果たすことになる。条件や知識は変えられるのだから、農民たちやコミュニティの能力によって、それらを自由自在に変え、状況に適合できるようにしていかなければならない。持続可能な農業は、各個人に強要される単純なモデルであったり、パッケージを意味するものであってはならない。より正確に言うならば、持続可能性は、社会的な学びのプロセスと見なされるべきものなのだ。社会的な学びは、まず圃場や農場の生態学的、生物・物理学的な複雑さを学び、次に、この情報にもとづいてどう行動すればよいのかを判断できる農民たちやコミュニティの能力を育むことに重点をおいている。この社会的な学びのプロセスが社会に組みこまれ、協働で取り組まれれば、行動が変わり、新たな世界を提示できることになる。

自然や農場はメガバイトもの膨大な情報で満たされていると考えられる。農場は、遺伝学、害虫の捕食関係、湿度と植物、土壌の健康、動植物の化学・物理的関係といった情報に従って運営されることになる。そこで、新たな持続可能な科学にむけた適切な運営システムの開発が重視されなければならないし、こうした情報を理解し、実験結果を信じる農民たちは、高度な運営システムの要素を手にしていることになる。これは、個人と社会の転換のなかに埋めこまれている革新や技術を採択することを進める社会的な学びのプロセスでもある。つまり、社会的な学びのほとんどは、コンピューターやインターネットといったハードな情報技術によってなされるわけではなく、より正確に言うならば、組織がうまく機能し農民参加があること、望ましい信頼関係があって情報が迅速に交換、伝達されること、アグロエコロジーについての理解が深いこと、そしてグループにおいて農民たちの実験がなされることに関係しているのだ。多くのグループは、コンピューターで最も高度な形式である並列プロセッサーと同じやり方で働くことになる。

新たなコモンズの創造

さて、前述した自然資源を私たちは多少違ったやり方で取り扱っている。ある条件下では、自然資源は私有財産で、かぎられた人によってだけ利用されることだろうし、また別の条件下では、それは国によって管理されたり、大組織に対応するもので、それ以外の組織による利用は制限されていることだろう。さらにまた別の条件下では、自然資源はコモンズ資源として所有されているかもしれない。そして、まったくコントロールも管理もされず、望んでいる誰もが利用できるかもしれない。こうした条件が、成果を決めてしまうため、管理の問題は重要だ。そして、コモンズには階層構造があり、次の二点が重要となっている。まず、下層段階での行動が、より高いレベルのシステムの状態や健全性に影響を及ぼすこと。第二に、下層レベルでは、集団行動をとりやすいことだ。階層構造があがるにつれて、利益の面で対立する関与者（ステークホールダー）が増え、協働行動をとることが難しくなっていく。だが、より高い段階で合意がされれば、それは下にも浸透し、大きな変化をもたらす。

共有資源もしくはコモン・プール・リソース[1]は、「特定できる集団によって協同利用される資源」と定義できる。共有資源を使うことで個人益を得る利用者を排除することは、コストがかかりすぎるためできない。また、個別行為が全システムに影響する相互依存システムの特長ももつ。そこで、行動の調整がなされれば、単独行動をとる場合と比べ、個人はもっと多くのメリットを享受することになる。だが、この共同管理体制が壊れてしまうと、幾人かは自分の利益を全部引き出すことで短期間で大きな利益を得るとしても、結果として全システムがダメージを受けてしまう。

生産者や消費者がわかちあう共有資源は数多い。森林、地下水、魚、野生生物、道路、公立病院、土壌中に固定された炭素、私たちが呼吸する空気を含め、ローカルからグローバルなものまで、共有資源はさまざまなレベルで集合体として存在している。ローカルなものでは、灌漑用水、森林、牧場、全国レベルでは、湖沼の魚や土壌ストック、生物多様性、景観が該当するし、大陸レベルでは、北米の五大湖のような大流域やナイル川と北海、アマゾンの熱帯林のように国境を越えた生態系として現われ、グローバルなレベルでは、公海、南極大陸、大気を構成している。こうしたさまざまなレベルのすべてにまたがるのは、もちろん、食料生産システムだ。食べ物は誰もが必要とするコモンズで、食物がどのように栽培、飼育されたのかそれに関係する人びとから関心がもたれることになる。少し前までは、食料生産システムは局所的なものだったが、次第にグローバル化されるようになってきている[1]。

近代的な協同組合活動の起源は、ロッチデール・パイオニアが、イギリス北部で最初の協同組合を設立した一八四四年とされている。協同組合活動は、政府に代わるサービスを供給し、ヨーロッパ一縁に同様の組織を多く設立させることへとつながった。だが、これとは対照的に、ほとんどの開発途上国では協同組合は経済開発の手段として政府によって推進されている。たとえばインドでは、一九〇四年のインド協同信用社会法から始まり、独立以降ほとんどの五カ年計画で農業開発における協同組合の役割が強調されてきた。一九九〇年代前半に公認された協同組合数は三四万にも及んでいる。だが、このほとんどが極貧状態におかれた人びとには役立っていないようにみえる。

伝統的な協同組合にどんな問題点があるのかは、カタル・シン*が記述した、インドの塩生産の六四パーセントを占めるグジャラート協同組合の塩鉱労働者たちの苦境からうかがい知ることができる。利益のほとんどは会社が得ているが、地元には「アグラリアス」として知られる、塩鉱労働者たちや農民たちの公認協同組合がまだある。鍋で煮詰めて塩として販売するため、ある場所では一〇〇メートル以上の地底から塩水が汲み出されている。「アグラリアス」は何度も塩水を掘り当てることに失敗したし、汲み上げ量は変動したり急に落ちこむかもしれない。非常に危険な作業だし、日光にも十分に当たれず、足や目の保護が不十分なために身体を痛めるリスクも大きい。こうしたリスクはすべて「アグラリアス」によるものだ。つまり、こうした協同組合は、貧しい人びとの社会的、経済的な状況を改善するために政府によって組織されているのだが、労働力を組織的に提供する以上のことをやれていない。塩を売った収益のうち「アグラリアス」が手にする取り分はたった四パーセントにすぎない。塩鉱労働者たちは死んではいないものの、かろうじて生き延びている。こうした過酷な経済状況のなかでは、つながりはわずかな違いしかつくりえない。

だが、こうした古めかしい協同組合も、自然資源の管理を通じて人びとの生計を改善することをめざす、新たな協働的で活発な組織の運動によって、置き換えられつつある。これらは、コミュニティマネジメント、参加型マネジメント、ジョイントマネジメント、分権的管理、在来型管理、ユーザー参加と共同管理とさまざまな言葉で記載されているものだ。エセックス大学のヒュー・ウォード博士*と私は、一九九〇年代にこの部門で四〇万〜五〇万もの新グループが形成されたと評価している。グループは小口融資プログラムでは約四〇人までのぼるが、典型的には二〇〜三〇人の活発なメンバーからなり、大半は大組織ではなく小ぶりだからこそ発展している。このことは、今から二〇年も前に社会学者マンサー・オルソン*によっても予言されていたことだ。

そして、全体としては八〇〇万～一四〇〇万人の個人が関与していることになり、社会関係資本やエコロジーの理解力がある人びとの数が著しく増えていることになる。持続可能性にむけた進展は、実際のところ、こうした何百万人ものヒーローたちによってなされているのだ。彼らは、集団的な行動や参加を成功に導き、環境だけでなく自分たち自身にも恩恵をもたらしている。社会関係資本を生み出すこうした進展は、流水域や集水池管理、灌漑管理、小口融資、森林管理、総合的有害生物管理、農民研究グループを含めた一連の社会的な学びやグループ形成にみられる。

流域と集水池管理団体

地元住民の自発的な参加なくしては全流域や集水池の保護を達成できない。政府やＮＧＯは、そのことをよく理解するようになってきている。確かに、資源保全型の農法を自分の農場でも使いたくなるよう農民たちが動機づけられなければ、持続可能な解決策は現われない。そこで、共通する課題について人びとを集めて互いに論じ、共通の利益を開発できる新グループや団体を誕生させるため、参加型プロセスに投資することが必要になる。このことが、全河川流域ではなく、人びとが互いに知りあい信頼しあう数百ヘクタール以下の地域、小規模な集水池に着目したプログラムの普及につながっている。地下水の保全、湧水の復活、緑被率の増加、微気候の変化、共有地での再緑化の進展、地域経済へのメリットといった実質的な公共益に加え、参加型の流域プログラムからは実質的な収量増も報告されており、その成果にはめざましいものがある。この一〇年間で約五万もの流域・集水池管理団体が、オーストラリア、ブラジル、ブルキナファソ、グアテマラ、ホンジュラス、インド、ケニア、ニジェール、米国で結成されている。

水利用グループ

灌漑は農業にとって欠かせない資源だが、ごくまれにしか効率的な利用がされていない。水は管理されないと、最初に手にする人びとが使いすぎるきらいがあり、結果として、末端では水が不足し、配分や浸水、排水、塩分といった問題で利害対立が生じる。だが、社会関係資本が発達している場合は、各個人が一人で仕事をしたり、競争するのではなく、地元で発達した規則や制裁措置を備えた水利用グループによって既存資源のなかでのやりくりが可能となる。フィリピンやスリランカの事例のように、結果として米収量が増え、体制づくりや維持管理面に農民たちが貢献することになり、水利用の効率性や公平性が劇的に変化し、システムがうまく機能しないケースも減り、政府への苦情も減ることになる。インド、ネパール、パキスタン、フィリピンとスリランカでは、ここ一〇年間でそうした六万を超す水利用グループが立ち上げられている。

小口融資機関

近年、開発途上国で貧しい家族むけの新たな信用・貯金機関が出現しているのも革命的なことのひとつだ。ふつう銀行が要求する担保の種類は少なくリスクも高い。このため不当な高利貸にすがるという罠に陥ってしまう。新たな金融機関は既存の問題点をこのように指摘することで自分たちの存在意義をアピールした。そして、貧しい人びとのグループに小口融資をしても、確実に返済が保証されると専門家が理解し出すと、考え方や取り組みに大きな変化が生じた。地元グループ、とりわけ女性に資産管理を委ねられると小口融資は銀行よりもさらに有効になるのだ。

たとえば、バングラデシュでは、グラミーン銀行[2]が、女性たちのグループの組織化を支援することで、高利貸に人びとが依存しないでもすむ手段を初めて見出した。バングラデシュでは、NGOプロシーカ[3]も七万五〇〇〇もの地元信用・貯金機関の設立支援を行なっている。そうした小口融資機関は、現在世界的に高く評価され、ネパール、インド、スリランカ、ベトナム、中国、フィリピン、フィジー、トンガ、ソロモン諸島、パプアニューギニア、インドネシア、マレーシアにおける五〇の小口融資機関には、一五万グループ、五〇〇万人が参加している。そして、驚くべきことに、貧しい人びとが自分たちの回転資金の財源とするために差し出した貯蓄額は、一億三〇〇〇万米ドルにもなっているのだ。

協働・参加型の森林管理

多くの国では森林は国によって所有・管理されている。住民の林産物の利用権が認められている場合もあるが、森から締め出されている場合もある。だが、政府による森林保護が完全にうまくいっているわけではなく、最近では、コミュニティ住民のボランティア参加がなくては、森林保護が望めないことが認識されはじめている。その最も顕著な事例はインドやネパールのものだ。一九八〇年代に地元住民による実験的な取り組みにより森が再生され所得も高まったため、一九九〇年にインド、一九九三年にネパールと、政府が共同参加型の森林管理という新政策を打ち出すことになったのだ。新政策では地元グループを結成するにあたり、ファシリテーターとしてＮＧＯが果たす役割が重視されている。これは自分たちが手を下すことは望ましくはないと政府が理解したためだ。

現在、インドとネパールだけで、ほぼ三万の森林保護委員会や森林利用団体があり、自ら規則や罰則を定め、森林を管理している。再生された森林では生物多様性が高まり、薪や飼料の生産も高まり、最貧世帯でも収入が増えている。政府の山林管理官も、劣化した土地の著しい再生に満足し、以前とは態度を変え、地元住民と対立するのではなく、コミュニティを守り、ともに働くことに満足している。たとえば、インドでは二万五〇〇〇の協働森林管理団体が二五〇万ヘクタールを管理し、多くのことが進展している。とはいえ、インド全体では八〇〇〇万ヘクタールもの森林があり、うち三一〇〇万ヘクタールが劣化しているとの評価もされている。コミュニティ参加を受け入れる国家機関の体制も整っているとはいえず、道のりはまだ遠い。

協働参加型の森林管理がいつも地元住民に利益をもたらすわけではない。とりわけ、森林管理部局が地元コミュニティに対する管理権をもちつつ、名前だけの「協働森林管理」を使っている場合はなおさらそうだ。マデュ・サリン*は最近ウッタル・プラデーシュ州のパクヒ村の事例を調査したが、ここでは、一九五〇年代から女性グループが二四〇ヘクタールの森林を持続的に管理していた。だが、一九九九年から協働森林管理プログラムが始まると、地元の男性たちが協働管理団体を結成して女性たちを追い出し、この対立を調整するために森林管理部局が介入したのだ。ウッタル・プラデーシュ州のウッタラカハンド地域には、コミュニティによって適切に管理された六〇〇〇もの共同林があり、半分の世帯がこうしたコモンズ資源に依存している。持続可能性の名のもとに健全な住民参加型のシステムが行政の下請け機関になってしまうと、その開発は最もまずいものとなる。

総合的有害生物管理と農民田んぼの学校

農民田んぼの学校も、ここ一五年の間に社会的な学びが広まっていることを示すもうひとつの重要なモデルだ。総合的有害生物管理とは、持続可能な管理戦略を組み合わせて使うことで、病害虫や雑草による被害を経済的なしきい値以下に引き下げる方法だが、必然的に農薬散布に依存するよりもやり方が複雑になる。高度な状況分析や有機農業（アグロエコロジー）の原則についての理解も求められるし、農民たちの協力も必要になる。農民田んぼの学校は「壁なき学校」とも呼ばれ、イネの栽培期間中に二五人からなる農民たちのグループが毎週出会って、実践的な経験を学ぶものである。

この学校革命は、ピーター・ケンモア*らが、南東アジアの稲作を研究し、米の害虫発生と農薬使用量とが関連することを実証したことに端を発する。天敵を用いた害虫管理は、コスト面からみても農薬による防除よりも利益が大きかったのだ。以来、田んぼの学校プログラムは、アジアやアフリカの多くの諸国に普及し、最近では、持続可能な稲作に転換した農家数は約二〇〇万人に及ぶとの評価がなされている。農民田んぼの学校を通じて、農民たちは持続可能で、かつ低コストな稲作がやれるとの確信を深めている。そして、学校を終えても学習活動は続いている。中国で行なわれた研究によれば、防除暦どおりに散布する農民と田んぼの学校で訓練された農民とを比較したところ、前者の知識量は変わらないのに、田んぼの学校の農民たちは訓練を終えた後も学び続けていたのだ。

共同学習のための農民団体

研究所の管理条件下で実験を行ない、開発された技術を農民たちに普及する。これが通常の農業研究の体制である。だが、こうした研究には農民たちはほとんど参加しないため、多くの技術が農民たちにはそぐわないものとなり、結果として研究効率も悪い。だが、農民団体が参加すれば、地元ニーズにもっと対応するよう研究機関を支援し、技術の開発や技術の導入面で地元の価値も高められる。持続可能性にとっては自己学習が重要であり、自分自身で実験することで、農民たちは何が機能し何が機能しないかの意識を高めていく。団体数からすると、流域、灌漑、森林、小口融資、害虫管理プログラムと比べるとずっと少ないが、工業国でも開発途上国でも多くの改革が進んでいる。

結びつくことの個人的なメリット

地元組織と密に関係し、土地との新たなつながりができることが、個人的な変化につながるという証拠はあるのだろうか？　持続可能性にむけた挑戦は、最終的には、各個人がこれまでとは違う考え方をすることへといきつく。私は、克服しなければならないこの個人の内なる壁を乗り越えたあるインドの管理者が、一〇年前に語った話を思い出す。この管理者は、参加型の手法が有効であることを他の場所で目にしており、自分のスタッフにもそれを試行してみることに決めた。彼は、スタッフを二グループ、つまり参加型アプローチのトレーニングを新たに受けたものと、旧来型のトップダウンの方式で地元住民と仕事を続けるグループとに分けてみた。そして、この実験が職場にとっていかに有効であったか、そして自分自身、運転手や家族に対する対応が変わっていることを自覚した、とくわしく語ってくれたのである。内なる壁はひとたび乗り越えることができれば、二度と後戻りすることはない。

家庭内で個人が変わった例としては、アイオワ州立大学のグレゴリー・ピーターらと、持続可能な農業に取り組む農家団体、「アイオワ州実践農民」[4]のケースもある。アイオワ州ではほとんどの農場では、次のような発言がみられる。

「ほとんどの作業分担は、性差によるものです。男性は野外労働をしなければならず、女性は食事のしたく、家庭のやりくり、トラクター部品を入手するための外出と雑役をこなし、農作業からは離れて働き、子どもの世話についてはいっさい夫に話さないことで、てんてこまいの男性の仕事のスケジュールを裏で支えるわけです」

ソ連の文学者ミハイル・バフチン*がつくり出した言葉を用いて、ピーターらはこの“monologic”な男らしさのことを「仕事と成功を命ずるものだ」と称している。だがピーターらは、アイオワ州実践農民のメンバーとして持続可能農業に従事していた農民たちのなかには、これとは別の“dialegic”な男らしさがみられることを見出す。農民たちは「自然を管理する必要はずっと少ないし、社会的にも開かれていて、農場での男と女の役割の違いも少ない」と述べ、しかも豊かな感情表現でもって自分たちの失敗についてもあけっぴろげに語ったのだ。

“dialegic” な人びとに他人を気づかう社会性がある一方で、“monolegic” な人びとは、他人に感謝もしなければ、自分だけがしゃべって行動する個人主義者なのである。そのうえ、工業的な農業に従事する農民たちは、食事をしたり、リラックスしたり、家族と一緒にいることを苦行者のように否定し、むしろ長時間のハードな仕事をこなすことを喜んでいるようだった。大型機械を愛して、大地を支配しているという権威をひけらかしつつ、「鉄の心」をもっているようだった。そこで、こうした世界観をもたない持続可能な農業を営む農民たちは、従来型の農民たちのなかで孤立し、疎外感をおぼえていたため「アイオワ州実践農民のメンバーである」という社会的なつながりを必要としていたのである。この事例が意味することは、持続可能な農法に取り組みはじめた農民は、実際のところ別の「種類の農民」になっていたということなのだ。

社会関係資本や農民たちの実験能力は、コロンビアの国際熱帯農業センターが立ち上げた「熱帯農業農民研究グループ[5]」でも高められつつある。同グループは、ラテンアメリカ六カ国で二五〇設置され、農民たちのやる気や要望に応じて、自発的な農法を開発しつつある。こうしたグループは研究課題を決め、実験を取り行ない、フィールドの専門家と農学者たちから技術的な支援を得ている。アン・ブラウン*はこう語る。「メンバーたちは学び続ける過程でめざめたことについて語り、公的にも遠慮なく発言することを恐れなくなってきています」多くの実験がなされ、新たな考え方が採択されやすいこと、食料確保が改善されることを含め、こうした関与には多くのメリットがある。農民たちは、実験で見出したことで利益を得ているだけでなく、コミュニティ内でのステータスも高めているのだ。

こうした個人的な変化のまた別の事例としては、インド南部タミルナドゥ州のものがあげられる。同州では、「住民教育と経済改革協会[6]」によって、女性の自助グループが五年以上でいかに発展したのかが入念に評価されている。まず第一に、メンバーの収入と貯蓄が増えた。そしてもっと重要なことは、メンバーたちの銀行、所得向上、共有資産管理、健康や衛生、家族計画についての知識が時を重ねるごとに着実に高まってきていることだ。

たとえば、一年目のグループは、収入の確保や自助の概念は十分理解していたが、それ以外の課題については不十分なものがあったし、発足して間もないグループは、成熟したグループに比べて会合に多くの時間をかける傾向がみられた。成熟したグループのメンバーたちがずっと素直であった一方で、一年目のグループでは、意見を発言するのにもためらいがちだった。家庭内でも重要な変化がみられた。初めのころは、家計や家の改築を決めるうえでの夫の裁量権は大きく、一年目では妻の下した決定は家庭の六〜一五パーセントにすぎなかった。ところが、これが五年目になると、家庭の意思決定の四〇〜六〇パーセントが夫婦の合意によって、あるいは三〇〜五〇パーセントが妻だけによって下されていたのだ。

住民教育と経済改革協会はこう述べている。「自助グループが女性たちを支援したことで、家計への貢献が家族やコミュニティ内で認められ、以前よりも家計管理にも携わるようになったため、女性たちは自信をもっているように感じます」

まだ日が浅いグループは、独り立ちすることを学んでいないが、成熟したグループは、コミュニティ内外の他団体との接触も三倍も多くなり、グループのための地域の連合団体を含め、政府の役人、協同組合、警察、銀行、学校、他の女性グループとの定期的な良好なつながりも保っている。

フロナノポリス大学のフリア・ギバント*は、ブラジルのサンタ・カタリーナ州の南部で研究を行ない、家族がグループ生産にかかわるようになると、女性の福祉にかなりの変化がみられるとしている。「近代農業にかかわっているか否かに関係なく、生産グループに参加すると、農作業の負担が家族間で分担されるようになります。それまでできなかった子育てを夫もできるようになり、女性の日課にも大きな変化をもたらしています。消費者との直接的な交流、生産に矜持をもつこと、将来への拡大プラン、グループに価値をもたせる活動を取り入れると、より大きな能力アップにむけ、女性たちに新たな機会が開かれます」

社会関係資本の成熟

世界各地の団体や協会で、社会関係資本が高まりつつあることは、多いに希望がもてる。インドでの二万五〇〇〇の森林保護委員会による森林管理やスリランカでの三万三〇〇〇のグループの参加型灌漑のように、それは天然資源管理部門を転換する助けとなっている。いくつかの国々や地域では転換が進んでいる。オーストラリアの全農家の三分の一は四五〇〇の土地ケア・グループのメンバーだし、アジアにも持続可能な稲作に従事しているほぼ二〇〇万人の農民たちがいる。

とはいえ、団体が設立されたからといって、地域資源が持続可能で、かつ、公平に管理され続けることが保証されるわけではない。時の経過とともに何が生じ、こうした諸団体はどのように変化していくのだろうか？　どのような団体が継続し、どのような団体が消え去るのだろうか？　効率性を高めて、その活動内容を充実させていく団体もあれば、名前だけで形骸化してしまうものもある。社会面、組織面での構造変化を描く理論モデルは発達してきているが、これらは段階ごとに構造やパフォーマンスを特徴づけるもので、グループごとのパフォーマンスの違いを経験事例にもとづいて説明している証拠は驚くほど少ない。グループのライフ・サイクルをとりわけ強調してビジネス面や企業組織的な発展面に注目する理論もあれば、他の理論は、学び知ること、そして時間とともに個人的に進歩する世界観の面に注目する。

クイーンズランド大学のブルース・フランク*と私は、再生可能な資源基盤（自然資本、社会関係資本、人的資本）の変化が、農場、森林、漁業といった管理された自然あるいは流域に、どう影響するかの説明モデルを開発した。このモデルでは、パフォーマンスを評価するにあたり、再生可能な資源と全体的に関連する次の四段階を設定した。つまり、①組織や個人の参加タイプ、②学習を通じた個人の進歩と世界観の変化による人的資本、③農業の転換による自然資本の変化、④回復力、資源、結びつきの面での適応型管理システムの四点から、集団の動きに見出される社会関係資本の変化を分析するのである。

まず、資源は、維持・蓄積される肯定的な状態か、劣化していく否定的な状態かのどちらかひとつの状態をとる。ハイ・レベルで生産が行なわれ、望ましいアウトプットがなされていたとしても、基盤となる資産を劣化させているとしたら、そのシステムは生産的ではあっても持続可能ではない。資源が収入に変換されているだけで、将来の世代にはわずかの資源しか残らない。一方、肯定的なパフォーマンスを見せていてかつ資源が蓄積されていれば、それは持続可能で、そのシステムは再生可能な資源を劣化させずに望ましいアウトプットを生み出していることになる。私たちは、①反応的な依存、②現実的な独立、③意識的な独立という三段階にグループが分類できると提案した。

まず、グループは自分たちが求める結果を達成するために結成される。グループが結成される契機としては、外的な脅威や危機への対応であることもあれば、外部機関から奨励される場合もある。この段階では、グループはまず何が起きたのかを知ろうし、後ろを振り返りがちだ。グループに存在意義があるという認識はあっても、規則や規範は外部から強要されたり借用されがちだし、個人はいまだに外部に解決策を求めており、外からのファシリテーターに依存しがちだ。また、各メンバーも本音を言えば、グループを結成しなければならない必要性が生じる以前の状況に戻ってほしいと願っている。持続可能な技術開発と関係するグループでは、コスト削減や被害軽減といったエコロジー的な面でも効率性が注目されるきらいがあり、たとえば、農業では農薬投入量の削減が目標とされ、再生可能な資源利用もまだなされない。

第二段階では、新たに獲得された能力が現実化することとあいまって自律性が高まる。個人やグループは、もっと内側を見つめるようになり、自分たちがおかれた現実の意味を理解しはじめる。メンバー間の信頼が高まるため、人びとは喜々としてグループ活動に自分たちの時間を費やすようになるし、自分たちで規則や規範をつくりはじめ、外部の状況にも注意を払うようになっていく。他のグループとの対等な横の結びつきも強め、情報を外に発信することがグループにとって有益であることも自覚していく。問題解決力がグループにあるとの認識も高まり、各個人は活発に実験に携わってはその成果をわかちあっていく。農業においては、エコロジー的な効率面からだけではなく、自然資源を最大限に有効活用するために再生可能な技術が具体化され出す。グループは、目的に応じて分派し、個々の特性を発揮しはじめる。ただ、第一段階と比べればはるかに弾力もあるとはいえ、各メンバーが初期目的を達成し、これ以上新たな目標を追求することに時間を割きたくないと考える場合には、グループが解体してしまう可能性も残っている。

最終段階では、グループ内の自覚や相互依存関係による歯止めがかかることで、グループは解散されることがないし、たとえバラバラになるとしても、各個人は新たな世界観や思考方法を獲得しており、もうもとに戻ることはない。グループは前のみを見つめ、自分たちの力で現実を形づくることに没頭し、どのように物事があってほしいかという抽象的な概念をもとに、よりダイナミックな変化を期待するようになる。各個人は、グループの存在価値をさらに自覚し、新技術を他のグループに普及したり、新たなグループを立ち上げさせることすらできるようになる。外部機関との良好な連携も望み、外的権力や脅威に対抗する柔軟でしたたかな抵抗力も身につけている。グループは、さらに高水準の目的達成を求め、プラットフォームを構築し、グループ連合へと参集していく。この段階では、農業はエコロジーの原則にしたがって再構築され、以前に使われていた農法が採択されることもなく、完全に新たなシステムを発展させるための革新が成し遂げられることだろう。

このようにグループの成熟度合いとアウトカムの関連からは、重要な問題点が提起される。社会関係資本は埋めこまれ、変化を避けるものである。だとすると、社会関係資本が豊かになったグループは、さらに成熟していくのだろうか？　それともその発展は阻害されていくのだろうか？　グループの成熟と社会関係資本との間にはフィードバックが生じるのだろうか？　もし生じるとすれば、それは、自分たち以外のグループも成功するような発展的で持続可能な新たなやり方で成功を収めたり、協力のための新たな機会が創出されるなど、肯定的なものになるのだろうか？　それとも、伝統的な慣習を乱し、信頼関係を損ない、既存のつながりを不要なものとするように、世界観や技術が変わったりするなど否定的なものなのだろうか？

第三段階（意識的独立）まで達したグループや個人は、世界観、哲学、そして実践方法が抜本的に変わることから、以前の段階に逆戻りすることはないように思える。だが、第一段階のグループはまだ不安定だし、外からの支援や働きかけがなくなると簡単に逆戻りをしたり、そのまま終わりを遂げてしまう。これは、外部の政策機関にとってさらに難題を投げかけることになる。社会関係資本がもとからほとんどない場合、成熟にむけた立ち上がりの条件をつくり出すことができるのだろうか？　持続する発展へとつながる変革を進めていくうえでは、どのようにすればよいのだろうか？

持続可能な未来のための資産構築

社会的な学び、そして、天然資源の持続可能な管理を成功裏に導くプログラムからは、どのような教訓が得られるのだろうか？　まず、持続可能性は社会関係資本、人的資本、自然資本が豊かなシステムから出現していることだ。こうした資産が衰えていると持続可能性からもほど遠いことがわかる。第二は、農民たちの農場や農場と関連する複雑な生態系や有機農業を理解する能力が高められ、そうした新たな情報が、農業の改善にも結びついていることだ。科学者や普及員たちの支援を受け、自ら実験に携わる農民たちのなかから斬新な技術や農法が生まれ、その取り組みは、農民から農民へ、そしてグループからグループへとさらに普及していく。この結論からは、どんな農業開発や天然資源管理プロジェクトにおいても、社会的な学びがプログラムの重点となり、専門家はこのような社会的な学びのもつ価値を認め、持続可能な技術開発や取り組みにおいて、それに全神経を注いできめ細かく気配りをしなければならないことがみえてくる。

環境を改善するために、グループにもとづくプログラムをさらに押し進め、グループが成熟し、面として広がって他グループとも結びついていくように必要な支援を講じていく。この二つのことをなすためには、何をするべきなのだろうか？　まず明らかなことは、国際機関、政府、銀行、NGOは、社会関係資本や人的資本を生み出すことに、さらに投資をするべきだということだ。人的資本や新たな組織、社会関係資本の構築は、こうした投資なくしてはありえない。危険なことは、グループが一部の発展に安住してしまい、十分に前進していかないことだ。エノリア・オストロムは、「起業家としての市民ではなく、依存型の市民を生み出すことは、資本を生み出す市民の能力を小さくしてしまう」と指摘している。

もちろん、グループによるアプローチは、それだけでは天然資源の持続可能な管理を成し遂げるうえでは十分ではない。地元グループが次々と立ち上がり、グループが維持されていくという望ましい状況を広くつくり出すための政策改革が補足的に求められる。これは、インド、スリランカ、オーストラリアといった国々で明らかに機能している。

社会的な結びつきの安定性を担保するひとつの方法は、各グループが連帯してともに働くことだ。そうすれば、地区、地方、あるいは全国的にも影響力を行使できるし、スケールメリットによって、経済的、エコロジー的利益がもっともたらされることになる。こうしたグループが富裕階層に支配されてしまえば、まったく反対の事態が出現してしまうことになるが、強力なリーダーシップを備えた連帯グループが登場することで、政府やNGOは、以前は疎外されていた貧しいグループと直接結びつくこともずっと容易になる。公共サービスにアクセスできることは、貧しい世帯をさらに力づけることになるだろうし、グループ間のそうした相互連携は、天然資源の改善により寄与するだろう。

だが、これはさらにまた別の問題を引き起こす。新たな状況に直面して、政策決定者は、既存のプログラムをどう守ろうとするのだろうか？　地元団体とその連合団体の形でとどまっていた社会関係資本がさらに多くの人びとへと広がっていくと、国とコミュニティとの関係では何が起こるのだろうか？　国はこうしたグループを支配下においてしまうのだろうか。それとも、民主主義的なガバナンスの新たな形態が幅広く立ち現われるのだろうか？　グループそれ自身に関係する重要課題もある。個人が「燃えつき」はじめれば、良好なプログラムも揺らぐかもしれず、社会関係資本に身を投じる感覚はもはやなくなるだろう。すなわち、政策決定側と実践側とがともにグループ形成を支援し、地元住民が望み必要とする方向にむけて、さらに自然環境も恩恵を受ける方向にむけて、グループが成熟するのを支援していく。この過程への支援策を求め続けることが決定的に重要なのだ。

コミュニティ機関や資源利用グループが新たに設立されても、貧しい階層にとって有益であるとは限らないという懸念もある。公正さや天然資源の管理方法が抜本的に改善されずに、こうしたグループがたんなる言葉のあやになりがちな兆しもある。たとえば、政府の山林管理官にとって協働的な森林管理が日常秩序となってしまえば、目標数値やわりあて量が達成できるように、地元住民が外部運営グループに加わるよう強制されるという、きわめて現実的な危険性もある。これはどんな転換においても避けられないことだ。旧態依然とした団体が言葉だけを新しくしても、終始やることが変わらなければ、本当は何も変わらないことになる。しかしだからといって、新たなことを捨て去る理由にはならない。数団体が金持ちに支配されたり、真の地元参加がわずかしかなく政府の職員によって実施される場合であっても、すべてに致命的な欠陥があるわけではない。明らかなことは、鍵となる壁は私たち内部にあるということだ。もし、現実的に大がかりな改革が土地や人びとの暮らしでなされれば、それは考えられるあらゆる場面で生じるにちがいない。

第1章では、土地や自然についての知識が失われていることを述べた。持続可能な農業を進展させ、持続可能な経済や持続可能な社会にまで発展させていくには、新たな社会組織体制やエコロジーの理解力を育むことが必要となる。自然や土地についての知識は、ふつうはゆっくりと生じる。だが、緊迫する状況を考えると悠長にはしていられない。これまでになく強力な社会的な学びの体制を速やかに開発しなければならない。これが、信頼関係、相互メカニズム、共通規準や規範、そして新たなつながりをつくり出し、発展の一助となる土地や自然への大きな理解を育み普及させていく。集団的な流域管理や小口融資資金、森林管理や病害虫管理に携わる何十万ものグループ活動を通じて、今、新たなコモンズが大きく進歩し発展しつつある。こうした集団的なシステムは、個人も大きく変えていく。つまるところ、障壁は私たち自身の内部にあるのであって、私たちが内なる壁を打ち破ることさえできれば、大規模な土地やコミュニティの転換も起こすことができるのだ。

原注

(1) ニューヨーク州のホートン・カレッジのロナルド・オーカーソン学長[*]は、以下の特性を用いてコモンズを識別している。まずは、ある人間の資源利用が、他者にとってのその価値を減らしているかどうかを示す「jointness」である。そうした「引き出し」は、水や魚のような利益のフローを減少させたり、共有地全体の収益を減らし、共有資源を永久に変えてしまうかもしれない。二番目は、資源利用の制限や限定度合いである。まったく制限がされていなければ、資源は利用者に完全に開放されているし、資源利用が特定グループに限定されているならば、利用は閉鎖的である。そして、重要なことは制限条件がどのように適用されているかのシステムである。三番目はコモンズ資源の分割度合いである。私的に資産を所有する者たちの間では資源は分割できるのだろうか？　資源やその利用者を限定するためどこに線が引かれるべきなのだろう？　四番目は、集団が定める規則や意思決定である。これら、いつ何時、そして誰によって、どれだけの量がとられたり利用されるべきか、そして、全体にとって利益があるように個人の行為を制限する一般的な規範の運営規則を含むものである。

訳注

[1] コモン・プール・リソース（CPR＝Common-pool Resources）。エリノア・オストロムの人名解説参照。

[2] グラミーン銀行（Grameen Bank）。バングラデシュ語で「村の銀行」を意味する。一九七四年の深刻な飢饉を前に、小口融資が農村貧困の改善につながると考えたムハンマド・ヤヌス博士が創設し、当初は、チッタゴン大学の研究プロジェクトとして始まった。実験は大成功を収め、政府の支援もあって、他地域にも急速に広まった。二〇〇五年現在一五〇〇以上の支店があり四七六万人の借り手がいるが、その九六パーセントは女性である。しかも政府資金は六パーセントにすぎず、残りの銀行の自己資本は貧しい女性の借り手が支えている。三度の食事やきれいな飲料水の確保、衛生的なトイレ、子どもの学校への進学と、借り手の半分以上が貧困から抜け出し、銀行は融資以外にも電話敷設等他の革新的なプログラムにも取り組んでいる。グラミーン銀行の成功は世界の他の同様の機関にも大きな希望を与えるものとなっている。

[3] プロシーカ（Proshika）。一九七六年に設立され、二万三四七五の村落、二一〇一のスラム、一八二六もの農村組合などをカバーする。女性組織九万五一六〇、男性組織五万一六二九の立ち上げにかかわり、会員女性一七〇万人、男性会員一〇五万人に及ぶ巨大NGO。

[4] アイオワ州実践農民（PFI＝Practical Farmers of Iowa）。近代農業の環境に対する影響、農産物価格暴落による経営難、何千もの農場の消滅による農村コミュニティの活力低下という危機に直面するなか、一九八五年に誕生した教育NGO。アイオワ州とその近隣州に七〇〇人以上のメンバーをもつ。エコロジー的に健全でかつ、農業経営を継続させる新たな流通の創出、コミュニティを強化する農法について、研究・開発、推進を行なうことを目的としている。食料についての消費者教育や農業や環境について子どもたちの教育、生産とマーケティング面での農家の支援等、多様な活動を実施している。

[5] 熱帯農業農民研究グループ（CIAL＝Comite de Investigacion Agricultura Tropical）。コロンビアに本部がある国際熱帯農業センター（CIAT＝Centro Internacional de Agricultura Tropical）の研究者たちが、コロンビアで始めた農民参加型の開発組織。従来の研究が農家の現場ニーズと乖離していた反省もふまえ、農村コミュニティから選ばれた農民がチームを組んで、まさに現場が必要とする研究機関と協働で研究を行ない、地元の状況に適した技術を開発し、その成果を農民たちに還元している。優良種苗の導入による貧困の解消などで大きな成果をあげ、コロンビア以外でもニカラグア、ホンジュラスとラテンアメリカ各地に広まり、現在二五〇の委員会が結成されている。まったく独立して誕生したものの、アジアで誕生した「農民田んぼの学校」とは内容的にかなり似たものがあり、ともに現場での持続可能な農業の普及で大きな役割を果

たしている。

［6］住民教育と経済改革協会（SPEECH＝Society for People's Education and Economic Change）。インド南部のタミルナドゥ州で一九八〇年代後半から貧困問題に取り組んでいるNGO。カースト制度により人権が確保されない等の社会問題をふまえ、協会は地元のニーズを政府の政策に反映させるよう、きめ細かい政策づくりを支援している。

第8章 未来への扉を開く先駆者たち

デザインの抜本的な変更

人と自然との結びつきの根は深い。私たちは五〇〇万～七〇〇〇万年間も天然資源についての知識、植物を集めたり、集団で獣を狩猟する能力を頼りに、狩猟採取者としてこの地上を歩んできた。約一万～一万二〇〇〇年前からは動植物を育てはじめた。それ以降も、食料を生産する文化は、自然についての詳細な知識や集団的な行動様式に拘束されてきた。ギリシア、ローマ、メソポタミア、中国、マヤ、中世ヨーロッパといった都市国家が出現した地域では、日常生活を送るうえで、自然との親密な結びつきが必要ないほど人口が増えた。だが、国民の大多数が食料生産から遠ざかりはじめたのは、農業革命と産業革命とが到来して以降のことだった。農業が産業となり、近代農業が支配するようになり、商品としての食料生産が行なわれるようになってからは、かろうじて二世代を経ているにすぎない。この抜本的な人と自然との結びつきが産業化されたことが、多くのものを蝕んでいる。

要するに、私たちは、三五万世代にわたって、狩猟をしたり、種を播種・収穫したり、木を植え伐採したりしてきた。こうしたすべての行為が人間としての条件を規定し、この関係性の結果が世界状況をつくり出してきた。もちろん、もたらした結果が望ましくなかったこともあったが、それはローカルな段階にとどまっており、グローバル的にみれば良好と言えた。だが、今私たちの大半は自然から切り離されている。そのため、環境がさらに悪化しようが、価値のある資源が他のものに奪われ破壊されようが、気がつきそうにもない。次々と食料が生産されていることに大半の人びとが満足している。あるいは、少なくとも信じているだが、本来ある結びつきが断ち切られてしまえば、環境問題や社会問題が生じても、もはや疑問に思わないだろうし、外の世界がダメージを受け、同時に自己の内部が衰退しても気がつかない。こうした閉塞状況は、まさにカオス化の徴候と言える。とはいえ、まだ希望はある。

フィクション上の人物ではあるのだが、景観やコミュニティ再生にあたって素晴らしいヒーローがいる。作家ジャン・ジオノの書いた『木を植えた男』に登場するエルゼアール・ブフィエだ。エルゼアールは、もの静かな羊飼いだが、プロヴァンス丘陵と渓谷の農村の姿を一変させる。ジャン・ジオノは、人生の大半をフランスのマノスクで過ごし、土地と人との関係や、一人ひとりが他者のために何が行なえるのかに大きな関心を寄せていた。自然や野生について書き綴った「偉大な作家」は数多いが、ジオノは彼らと並び立つだけでなく、おそらくは多くの他の作家を凌駕しているであろう[1]。翻訳者ノーマ・グッドリッチによれば、ジオノは未来への希望を確信し、それを「エスペランス」と名づけていた。エスペランスとは、希望を抱きつつ静かに暮らすことを意味する言葉だ。『木を植えた男』の原題にジオノが『希望を植え幸福を求める男』と題名をつけていたことからもそのことがうかがえる。

物語は、語り手が殺伐とした風景のなかでドングリをまいているエルゼアールと出会うところから始まる。樹木も川もなく家は廃墟と化しており、ただ数人の孤立した人びとが、貧しい暮らしをなんとか立てていた。「一九一三年には、この一〇軒か一二軒の集落には住民が三人いた。一人、二人と減り、放棄された廃屋にはイラクサが生えていた。その状況には希望はなかった」語り手は、五年後、一二年後に訪れ、そして、三二年後に最後の訪問を行なう。この間、エルゼアールはドングリをまき、ブナとカバの苗を植え続け、景観は確実に変化していく。森が現われ、野生生物が戻り、川が自由に流れるようになり、コミュニティは再生された。

「すべてが変わった。大気さえもだ。かつての荒々しい乾いた風の代わりに、穏やかな風が匂いに包まれ吹いていた。水のような音が山から聞こえてきた。それは森の風だった。廃墟はきれいに取り除かれ、荒廃した壁は取り壊された。真新しく塗装された新たな家は菜園に囲まれ、そこでは整然と野菜や花が育っている。キャベツとバラ、ニラとキンギョソウ、セロリとアネモネ。そこは今や誰もが住みたい村になったのだ」

デザインを変更するために必要な原理・原則のほとんどがこの物語のなかにある。ヒーローのリーダー・シップがあり、何人かがリスクを顧みずに喜々として人びとの利益のために新たなことに取り組もうとする。エコロジーへの理解力もあり、それが地元の詳細な農業生態の知識とあいまって、行動を形づくる助けとなっている。持続可能な暮らしの基礎として、社会関係資本や自然資本も構築されている。そして、たとえどんなに時間がかかろうとも、その報いがどんなに素晴らしいものかという自覚もある。とはいえ、精神的な指導者はあくまでも孤独であって、ささやかな変革を成し遂げるにすぎない。持続可能な農業革命は突然起こるものではない。時間もかかるし、世界中の何百万ものコミュニティの連携した努力を必要とすることだろう。だが、私たちは疑問を抱いてはならない。これは、前へと進む道であり、私たちの世界やそれに依存する人びと、そして生物多様性への真の希望を与えているのだ。

土地、自然、食料生産のための倫理

アルド・レオポルド*の傑作『野生のうたが聞こえる』は、レオポルドが死去した翌年の一九四九年に刊行されたが、その最も重要なものは「土地倫理」の考え方であろう。土地倫理とは、自然と人との相互交流、そして自然の一部としての人間を形づくるエコロジー的、倫理的、美的、科学的な提案である。レオポルドは土地倫理において、自然の美や高潔さは人間の行為から保護されるべきだとの考え方を設定する。自然を破壊するのは自由だし、実際に私たちは破壊しているが、それにはある限度を定めるべきである。レオポルドは、人間を自然から切り離された遠くにいる観察者としてではなく、自然の一部と見なす。『野生のうたが聞こえる』のなかで、レオポルドはこう指摘する。

「土地を自分たちが所有する商品と見なしているから乱用するのだ。土地を私たちに属するコミュニティと見なせば、愛と尊敬をもって土地を使いはじめるかもしれない。土地がコミュニティであることはエコロジーの基本概念だが、土地が愛され、尊敬されるようになるのは倫理が広げられるからなのだ」

この倫理は自由の制限に関係し、「社会的行為と反社会的な行為」とを区別し、さらに土地やコミュニティをネットワークの結びつきと考えることを示唆している。そこでは、各要素は本質的な権利をもち、人間として私たちもそのなかに含まれることになる。この土地倫理に対する評価はさまざまで、空想だと指摘する者もいれば、危険でナンセンスだと口にする者もいる。とはいえ、工業国の大半の人びとが、いまだに自然を私たちから切り離された資源と見なしていることから、レオポルドの指摘は、今も課題として残されており、それゆえ半世紀以上経た後もラディカルであり続けている。たとえば、土地倫理は、エドワード・オズボーン・ウィルソン*が提唱したビオフィリアの概念においても着目されている。ウィルソンはビオフィリアを「人間が潜在意識下で他の生命に求める結びつき」と定義し、これらは生物学的ニーズで決定されると主張している。

レオポルドが言う倫理が、人間を規定し、限界を認識させ、自然への顧慮を生み出す。自由は重要ではあるが、私たちには義務や責任もある。肝臓や肺が身体の一部であるように、私たちも複雑なグローバル・コミュニティの一部であることを受け入れるならば、システムの構成要素を危険にさらす行為に走ることは、全体を痛めつけることに通じ、ばかげたことになる。自分の一部ではないからとアマゾンを破壊してしまえば、大気への深刻な影響によって最終的には自分が苦しめられることになるだろう。レオポルドは経済と自然との関係をよく理解していた。

「電気をつけたり、プルマンに乗ったり、債券や不動産投資で労せずして資金を得るとき、自然保護を敵に『売り渡している』ことがわかる。コーヒーにクリームを入れるときには、沼地を排水して牧草地にし、ブラジルの野鳥を絶滅させる手助けをしている。自家用車でバードウォッチングやハンティングに出かけるときは、油田を枯渇させ、帝国主義者を再選することで自分を不幸にしている」[2]

レオポルドが指摘するように、消費上の選択は現在の食料生産においても重要だ。私たちは食料を購入するつど、その選択を通じて自然やコミュニティのどこかに違いを生み出している。もっとも、構造的な経済の枠組みに制約されるなかで、それは消費者のもつパワーを誇張しすぎているとの懸念もある。とはいえ、私たちは、はるかに大きなシステム内で結びついており、望むならばこうした結びつきをさらによく機能させることができるのだ。

自然や人との結びつきをホーリスティックな立場から捉え、大きな影響を与えたイギリスの科学者の一人にアルバート・ハワード卿*がいる。卿はインドで二六年間を過ごし、インドール式堆肥製造法[3]をあみ出したが、そこでは近代科学の知識が昔からあった方法に適用された。

「あらゆる生命は誕生したときには健康だ。土壌、植物、動物、そして、人間。いずれにもこの原則はあてはまる。これらの健康はひとつながりの鎖であり、前の鎖に健康上の弱点や欠陥があれば、それがなんであれ最後の鎖、つまり、私たちにまでもたらされる」ハワードはこう語り、システム全体の健康を改善することから農業の回復を呼びかけた。

では、私たちは、これまでとは違ったどのような行動をとることが求められているのだろうか？　レオポルドのエッセイで、最も人びとを魅了するのは「山の身になって考える」というタイトルがついた一節であろう。そこで、レオポルドは、アリゾナのオオカミとシカと山との関係を詳細に述べている。「私は、そのころオオカミを殺す機会を逃そうとはけっしてしなかった」レオポルドは、転げ落ちた子どもの群に気づかい母オオカミを射撃した。だが、後になってオオカミを殺した結果を知り、自分の理解不足を嘆くのである(1)。「長い歳月を経て存在している山だけが、オオカミの遠吠えに主観を交えずに耳をすます。隠れた意味を解読できない者でも、その意味の存在は知っている。というのは、オオカミがいる地方ならどこでもその存在が感じとれるし、そのため、他のすべての地方と区別がつくからだ」(『野生のうたが聞こえる』新島義昭訳、講談社学術文庫、二〇四頁より)

こうした内的な結びつきは、どの土地においても真理であり、ソロー*が約一世紀前に語った次の言葉を想起させる。「野生には世界の救いがある。これこそ、山はとっくの昔に知っているのに、人間にはほとんど理解されなかったオオカミの遠吠えのなかに隠れている意味なのだ」レオポルドもそのことを見通していた。

レオポルドは、カルパチア山脈のブナやモミ林から多くを学んだ。カルパチアは、オーストリア、チェコ、ポーランド、スロバキア、ハンガリー、ウクライナ、そしてルーマニアにいたる一五〇〇キロものびる長大な山脈で、その地域の約半分は花が豊かな草地や谷床の農場だが、残りは森林となっている。ドラキュラや狼人間で著名なルーマニアのトランシルヴァニア地域もこの一部で、こうしたルーマニアの森林には、アカジカ、ノロジカ、イノシシ、カモシカを含めて、五五〇〇頭のヒグマ、三〇〇〇頭のオオカミ、三〇〇〇頭のオオヤマネコがいて、ヨーロッパ最大の肉食動物の生息地となっている。そして、オオカミによってエコロジカルなバランスも保たれている。

もっとも肉食野生動物は隠れ潜んでいるために、こうした森林を散策してもほとんど目にはできない。だが、ルーマニア第二の都市、ブラショフ市では、局所的にクマが悪さをしはじめている。市内のラカダウ地区では森林縁辺で高層ビル化が進んでいることもあり、クマが山から降りてきては夏の夜にごみをあさっているのである。地元住民はたった数メートルしか離れていない場所からこれを見ており、クマは人慣れしているようにも思える。だが、ある日、大参事が起きることを懸念している人もいる。森の縁辺を散策していて、夕暮れがさしせまってくれば、とてもクマが神話的な存在とは思えないのだ。

地元の神話では森は特別なものとされている。森は敵から身を守り、人にとっての親しみやすい隠れ場であり、ルーマニアの人びとは「森は私たちの兄弟だ」と語っている。カルパチア山脈では、何世紀にもわたる渓谷での小規模な農業がいまだに営まれており、夏の間は家畜は山の共有牧草地に放牧されている。毎年、群当たり一〇〜二〇頭のヒツジがクマやオオカミによって失われはするものの、今のところは適度なバランスがとれており、羊飼いたちは生計を立てている。オオカミはシカの繁殖数を抑制し、オオカミがいなければ森が痛めつけられてしまう。実際、オオカミがいないバイエルンでは、樹木の損害度合いはトランシルバニアより一〇倍も大きい。

街中のクマの気まぐれな立ちいふるまいや彼方から聞こえてくるオオカミの遠吠え。だが、カルパチア地域にはそれ以上に重要な何かがある。近代化が進むなかでも文化的な伝統が根強く残り、景観は画一化されることなく多様で、人と自然とが共存している。だが、大半の住民はいまだに貧しい。文化的に価値があり、特色があるものを捨て去ることなく、持続可能な経済発展や社会開発はありえるのだろうか？　ルーマニアの人びとは、多くの工業諸国と同じ道を歩んでしまうのだろうか？[2]

私は、自然を補完・強化する食料生産システムは可能であると信じているが、どの景観もカルパチアのようにあるべきだと奨励はしないし、自然保護のために農地の大半を森林に転換し、保全すべきだと言っているわけでもない。自然は農場やその圃場のなかにまだ存在している。自然を保護・利用し、持続可能で、かつ生産的な農業へと直接的に転換できるという確信が今高まりつつある。それは、産業革命とはまた別の「農業革命」になるかもしれない。そして、長い人類史からすれば、ごく最近の過去からの突破口となっているのだ。

オオカミの身になって考えること

現在、哺乳動物の四種のうちの一種、鳥類の八種のうちの一種が、絶滅の危機に瀕している。全樹木の約九パーセントにあたる八七万種、そして、全植物の一二パーセントにあたる三四〇万種が危機にさらされている。人類が猿人から分岐したころと比べれば一〇〇〜一〇〇〇倍ものスピードで種が消滅している。毎年、この地球上から失われている生物種は少なくとも一〇〇〇種はあるとされている。

オオカミが消滅したことで生態系のバランスが崩れ、山では地滑りが発生し、土砂が川をせき止めて、はるか彼方の生態系も破壊している。これまでの考え方では、自然を破壊するだけでなく、私たち自身も破滅に導きかねない。人と自然とを再統合する新たな考え方が必要とされている。オハイオ州オーバーリン大学の生物学者、デヴィッド・オール*は、そのことを次のように指摘する。

「狭い意味での失敗を犯したからではなく、逆にあまりにも成功しすぎたために、私たちは今新たなことを学ばなければならない。何を学ばなければならないのだろうか？　レオポルドが提唱した『土壌、植物、動物、人間の食物連鎖』については絶対に学ばなければならない。それは、私たちが、より高度でより包括的な倫理基準を受け入れなければならないということでもある」

オオカミと山のように考えることは、倫理面でも実践面でも大きな変化を意味する。人と自然との相互作用や結びつきを定義する新たな倫理を採択することを意味する。生物多様性の減少に歯止めがかからない状況を目にしながら、生物種がどれだけ豊かであるかを調べカタログに掲載するだけでは十分ではない。ラトガース大学のデヴィッド・エーレンフェルト*は、『保全生物学ジャーナル』の初代編集者でもあるが、生物種や生態系についてこう問いかけている。「私たちは何を達成したのだろうか？　何を変えているのだろうか？　私たちは健康を改善したのだろうか？　生命を救っているのだろうか？」

当然のことながら、その答えはイエスだ。私たちは、すでに多くのことに取り組んでいる。とはいえ、それはまだ十分なものではない。これまでと同じ考え方では、現在の危機を回避する助けにはなりはしないだろう。エーレンフェルトはこう語る。

「科学だけが世界を決められる。そう勘違いするなかで、私たちは最善をつくすことを止めがちになり、最悪の事態を招き、多くの損害をもたらしている。その代わりに、辛いことかもしれないが、専門技術の壁を壊し、知識をコミュニティとわかちあうべきだ。成功は、そこから学ぶ者たちに一番もたらされることだろう」

これは言い換えれば、さまざまなトレーニングを受けた科学者、地元住民、コミュニティ住民と政治家、そして、物語の語り部と還元主義者たちとの間に良好な結びつきが見出せないならば、成功はしないということでもある。だが、そうした結びつきは、学びを示唆はするものの学ぶことを保証はしない。私たちは、何が機能し何が機能しないのかを学ぶ、新たな方法を見出すことを必要としている。だが、時間はなくなりつつある。『最強組織の法則――新時代のチームワークとは何か』の著者ピーター・センゲが、鍵となる問題を正しく特定している。

「物事がうまくいかないとき、私たちは状況を無能なリーダーのせいにし、その結果、誰もが個人的な責任を避けている。事態が絶望的になればなるほど、自分たちを救ってくれそうな偉大なリーダーを簡単に選んでしまう。このすべてを通じて、『私たちが集団として何が創造できるのか』というもっと大きな問題を見逃してしまうのだ」

センゲはこうも指摘する。「抜本的な新たな思考方法なくしては、将来的に何も変わらないだろう。私たちのメンタル・モデルを変えることなく、世界が変えることができると考えることはばかげている」

とかく私たちは、世界には影響を及ぼすことができないという考えを前にして、あきらめがちになる。だがこれまでとは違った発想ができれば、やれることはかなりある。環境や動物福祉のことを考えて食品を選択できるし、地元で買い物をすることで二酸化炭素の発生を少なくできるし、特定の場所を訪れてケアすることもできる。まず、何よりも実践することが重要だ。そのなかで世界やコミュニティについての新たな意味が発見されるかもしれないし、このかけがえのない惑星を救い出す方法を見出せるかもしれない。デヴィッド・スズキ*は「私たちはこの地球の移住者である」とも言っている。移住者には地球に対する大きな責務がある。過去の最良事例はおおいに活用しなければならないが、新たな条件の邪魔になる古い考え方を認める必要はない。

グアテマラの森林、イギリスの海岸、インドの乾燥地帯、オーストラリアの野菜農場と、本書では、これまでの原理原則をことごとく打ち破り、何か新たな違ったことを考える勇気や動機をもった個人を登場させている。彼らは従来のパラダイムの枠の外へと歩み出て、これまでの壁を乗り越え、新たな可能性を創造している。壁を乗り越えることは骨が折れる。各地域の状況に応じているから、一人ひとりプロセスは異なるし簡単なレシピもない。だが、新たな物語を書きはじめた人びとからは、元気をもらうことができる。それではイギリスの海岸、日本の森と海、オーストラリアの綿農場、インドの乾燥地、パキスタンの山岳地、ケニアの丘陵、そして、ニューヨークの菜園を訪ねてみることにしよう。

環境のデザイナー

イギリス東部の河口や低地にある農地は、海からの二重の脅威にさらされている。最終氷河期の終わりに北部から氷河が退いて以来、土地は沈下しており、気候変動によって海面は上昇している。地元コミュニティは、約一〇〇〇年にわたって高潮や激しい波浪をはじく強靱な海岸壁を建設することで海岸を保護してきた。波浪エネルギーを吸収するため塩水湿地も活用されてきた。それには経済的なメリットもあった。海岸壁は、一キロメートル当たり五〇〇万ポンドの建設コストがかかるのだが、そこを塩水湿地にすれば一〇分の一の経費ですむのである。ところが、この塩水湿地が海岸壁に押しやられたり、汚染されたり、農地や住宅用に排水されるなどさまざまな理由で消えうせている。そこで、地元は二つの難しい選択肢に直面している。コストがスパイラル的にかさむ状況下にあっても、この投資をし続けるのか。さもなくば、五〇世代にもわたる思考方法から根本的に抜け出す違った方法に取り組むかだ。

エセックス・ワイルドライフ・トラストのジョン・ホールは、まさに最近これをやってのけた。どこまでものびる壮大な空と陸、そして海。この海岸線は、コクガン、ハマシギ、オバシギ、ツクシガモ、アカアシシギと何十万羽もの野鳥の住み処となっている。沼湖地ではカキ、ザルガイ、ニシン、バス、ボラ、ウナギ業もさかんだ。そして、川の側には塩水湿地も残っており、以前は一般野生生物の生息地だった。このエセックスのブラックウォーター・エスチュアリーの北側の土手に面しているのが、アボット・ホール農場である。

二〇〇〇年に、エセックス・ワイルドライフ・トラストは、世界自然保護基金、環境庁、イングリッシュ・ネイチャー、野生動物トラスト、ヘリテージ・ロタリー（Heritage Lottery）基金の支援を受け、このアボット・ホール農場を購入する。農地は二メートル高の海岸壁で保護され、ごく最近までは二八〇ヘクタールの慣行農業が営まれていた。その歴史は古く、少なくとも一〇八五年の土地調査台帳まで遡ることができ、生産性もきわめて高かった。だが、ジョン・ホールらは海岸壁に五カ所の穴をうがち、一二〇ヘクタールの塩水湿地、沿岸牧草地、葦原、塩水ラグーンを新たに生み出す計画を立てている。それ以外の農地では、生け垣、雑木林や圃場境界が復活され、持続可能な農業が展開されることになる。

海を陸地の敵とする人たちにすれば、これは驚くべき考え方だ。計画の公式な承認も含めて、三〇以上の法的許可をクリアしなければならなかったことからも、海岸壁に穴をあけることの困難さが推し量れる。だが、景観でこのような変化が起これば、何が生まれるのだろうか？　以前は、農場はただ食料生産だけをやっていたし、それだけでも十分だった。だが、今では地上では持続可能な農業が営まれ、希少生物種に生息地を提供し、海中ではカキや魚に新たな住み処をつくり出すことだろう。海水面は上昇しているが、塩水湿地を創出し景観を多様化することで、満潮水位も低下し、結果として洪水の危険度も下がる。アボット・ホール・プロジェクトは、科学者と地元住民とが連携、意気投合するなかで、持続可能な沿岸の保護を実現した、再編成の実例となるにちがいない。

漁師と詩人

イギリス東部の平坦な海岸と比べて、日本の山地景観はなんと大きく落差があることだろう。そして、日本にもヒーローはおり、宮城県と岩手県で森林と女川湿地の海洋環境とを結びつけている。この地域の山々には以前は薪炭や燃料林として値打ちのある落葉樹林があり、気仙沼湾河口にはカキ、昆布、海苔の有名な漁礁があった。だが、その後、伝統的な森林は伐採されたり針葉樹へと樹種転換され、近代農業が採用され、河川もコンクリート改修された。一九七〇年代に海草群落が大きく変化し、それを後追いするかのようにカキ養殖業も衰退した。水域の変貌とあいまった水質の変化が、流域システムの末端の河口に影響したことが明白だった。

何かが間違っている。漁師、畠山重篤は、その最初の兆候を鋭く観察し見逃さなかった。一九八〇年代末、海と森と川との間につながりがあることを理解した畠山は、組織的な対応をするべく唐桑町の他の漁師たちを励まし、次には上流域の室根村で議論を始める。地域が共通で抱える問題を論じ、情報をわかちあい、再植林を進める。漁師が海から出たのだ。室根村民が協力に合意し、これが流域での落葉樹の再植林に漁師が自前の資金や労力を提供することにつながった。住民たちは、漁業生産が以前よりもはるかに向上したと語っている。だが、漁師たちが驚くほどの先見性をもち、教育者となっていることのほうがさらに重要だ。漁師たちは、山村の子どもたちが下流を訪ねるよう招き寄せ、自分の子どもたちは上流へと連れていき植林をさせている。この輝かしき業績から、森林は「牡蛎の森」と改名された。彼らが大成功を収めたおかげで、同様の活動が日本の他の場所でも試みられている。

室根村に源を発する大川在住の歌人、熊谷龍子は海と森との深いつながりをうたった。

森は此方に海は彼方に生きている
天の配剤と密かに呼ばむ
森は海を海は森を恋いながら悠久より愛紡ぎゆく
森は海の恋人[3]

『詩集　森は海の恋人』（畠山重篤著、北斗出版発行より）

こうした漁師、林業者、村民、詩人が成し遂げたのは、流域を一貫のものとして見なすことだった。違いを生み出すために各自が行動するのは地域なのである。このことが伝統的共有地や入会地を効果的に復活させた。日本には七万の伝統的な集落があり、かつては水平的な「組」組織として、適切な規則や規準を定め、コモンズを注意深く管理してきた。デューク大学のマーガレット・マッキーン[*]は、日本の環境保全や伝統の研究をふまえ、次のように主張する。

「これら何千もの村は、ただひとつのコモンズの悲劇も経験せずに、数世紀にわたって共有地を管理してきました。共有でありながら生態的な破壊を受けたコモンズの事例を私はまだ目にしたことがありません。村人たちは何世紀にもわたって、自分たちでルールを考え出し、それらを強化し罰則を与えてきました。それはコモンズの規則が、威圧的に上から課されたり、外から課される必要がないことを示しています」

コモンズが国に没収されたり、別用途の目的に安値で叩き売られたりして、着実に衰退しているのは、ごく最近のことなのである。今、牡蛎の森ではこうした伝統、権利、そして責務が取り戻されている。

綿農家の女性たち

オーストラリア東部、クイーンズランド州の首都ブリスベーンから西方約二〇〇キロのダーリングダウンズ郊外にダルビーという小さな町がある。数多くの農村集落と同じく、ここも全コミュニティと経済が危機的状況下におかれていた。農業は年々厳しくなり産業は低迷し、子どもたちははるか遠方の学校に通学しなればならない。既存の団体もなぜか活力を欠き、近代化の波への対応が適切にできない。ダウンズでは綿産業の存在が大きいが、それも害虫の農薬抵抗性に悩まされ、そのことがさらに環境を悪化させていた。

だが、ここでも持続可能性にむけた取り組みが始まっている。新たな病害虫管理のアイデアや試みをわかちあうため、農民たちが栽培者協会を組織化し、現在、協会には三五〇世帯が所属している。「一〇年前には隣の農家が農薬を散布しているのを目にすれば、外に出て自分たちも散布したものです」ジンボール平原でカールとティナ・グラティアムは当時をこう反省する。だが今ではグループは、益虫を管理し、トラップ作物を用いて圃場の状況を観察し、[4] 天然のウイルス農薬を用いている。寄生動物を集めるソルガムや綿畑の地力増進用にムラサキウマゴヤシを作付け、多様性に富んだ風景をつくり出している。彼女たちは、なすべきことがたくさんあることもちゃんとわかっており、「私たちには、まだ学ぶべきことがたくさんある」と口にする。

だが、それ以外にも変化がある。それは、農場内での男女の関係だ。猛烈に暑い昼の最中に、私はカトリーナ・ワルトンが率いるダルビーの綿グループの女性たちと会った。メンバーは六〇名で、綿栽培で使う農薬ついて議論するために一九九七年に結成された。「私たち全員が一緒になったとき、グループのもつ力強さがわかったんです」メンバーの一人は口にする。彼女たちは月に一、二度会合をもち、議論しあったり、他所から専門家を呼んで話を聞く。数百人の子どもたちむけに農場訪問も毎年実施している。

グループのメリットは次の二点に集約される。

ひとつは会合そのものの価値である。メンバーの一人が「安心感をおぼえます。よけいな気づかいをせずにおしゃべりができるからです」と語れば、別のメンバーはこう説明する。「社会的なネットワークがこのグループから引き出せる最も大きなことのひとつなんです」

だが、二番目のメリットは、もっと微妙な家族内の人間関係についてである。女性たちは賢明なのだが、以前は疑問を口にすることを知らず、母親たちは背後に押しやられる傾向があった。だが、今では家族内には十分な理解があり、コミュニケーションも改善され、意思決定はお互いの参加によってなされている。あるメンバーは言う。「それはよい夫婦関係にも役立っています」。カールが「牧場から家に戻れば、質問の山を浴びせかけられ、私たちはもっと対話しあうのです」と言えば、ティナは「女性たちは、以前よりももっと参加しています。私には改善のためのアイデアもあれば、質問されれば答えられるんです」と言葉を返す。

男性は社会的なネットワークを欠きがちだが、女性たちのこうしたネットワークが、すぐれた実践やアイデアを広める一助となっている。販売に役立つ報告書を読み、害虫や捕食動物について学ぶ。今、綿生産に価値を付け加えている女性たちである。だがそれは容易なことではない。最近の会合で講演に招聘されたある男性の農学者は、到着するなり五〇人の女性たちを前にこう言った。「おや、まだここには誰もいないね」だが、ゆっくりとではあるものの、女性と男性はともに手を携えて農場の体制を変えつつあり、より持続可能で生産的なものにしている。そしてそれは、個人、家族、コミュニティの先端を行く多くの人びとと交流しあうなかで行なわれているのである。

農民なき土地は不毛となる

同じ乾燥地帯だが、オーストラリアの綿平原を後にして、今度はインド南部の中央タミルナドゥを訪れてみよう。ここは、不安定なモンスーンと激しい干ばつとで知られている地域である。だが、この苛酷な環境下でも女性や男性たちが景観やコミュニティの再生に取り組んでいる。彼らは「農民なき土地は不毛となる」と主張している。

メイン道路から最短でも数キロメートルはあるパライクルム村を私が初めて訪ねたときは、質素な六〇世帯の集落があり、村の上方の五〇ヘクタールは不毛な土地だった。村人たちは、耕作していた当時のことを記憶にはとどめていたが、長い歳月にわたる対立や土地略奪で協力関係が蝕まれていた。この地区は乾燥地帯であるだけに、インドのマッチや花火の産業拠点となっている。だが、一度雨が降れば、不毛な土地を勢いよく流れ去って遠方の川へと流れこみ、貴重な水資源が浪費されていた。

だが、幸いなことにパライクルム村は「住民教育と経済改革協会」が支援するヴィルドフナガール地区の四七カ村のひとつだった。一九八〇年代なかごろから、ジョン・デヴァヴァラム、エルスキネ・アルノサヤム、ラジェンドラ・プラサドといった人びとがここで仕事を始めた。そのアプローチは、自助グループ、「サングハ」の育成を支援し、環境を改善すると同時に、それが維持できるように地域の社会的・人的資本を構築することだった。景観とコミュニティへの影響は著しかった。村の女性たちのサングハが育成された後、パンディヤムマル、ラクシュミー地区では、物理的・生物的に水を収集する詳細な計画を立て、不毛な土地を回復するべく、水が有効利用できるよう農地のデザインを変えた。

今では、雨が降れば、水は水路を通じて集水・貯水され、大地を潤し、帯水層を満たしている。これは二重の利益を生んでいる。第一に、作物が栽培できるようになったおかげで三年で流域が緑化された。第二に、毎年、十分な水が貯水地に集められ、村近郊の一二ヘクタールの小湿地で灌漑稲作が始められたのである。つまるところ、水はもともと地域にある資源だったのだ。今では、毎年三〇～五〇トンの余剰米が生産されている。コミュニティの組織化とモチベーションが必要だとはいえ、こうした狭い土地でも収量が向上させられることは、世界の多くの乾燥地域の農民たちに大きな希望を与える。

上流域は、かつてとは様変わりしており、以前の姿を想像できないほどだ。私が初めて歩いたころには、埃まみれの低木地は、ヤギの放牧や薪収集にしか適さず、土は砂っぽく、作物はむろんのこと、草や灌木をかろうじて保持できるだけだった。今では圃場の境には果樹が植えられ、圃場は雑穀や地表をおおう落花生類で満ちている。このケースにおいては、すべては地元の女性グループのリーダーシップによる集団行動を通じてなされている。そして、啓発された活発な地元グループが彼女たちを支援している。大地に農民たちを位置づけよ。そうすれば、大地は再び生産的になることだろう。

山岳砂漠地帯の人たち

この乾燥地のはるか北方には、現在はパキスタン北部となった山岳砂漠が横たわる。ヒマラヤ山脈の西端、カラコルム、パミール高原、ヒンドゥークシュには、K2やパカポシなど、世界最高峰が鎮座している。内陸部にあるだけに、年に一度のインド洋上のモンスーンもこの地までは届かない。だが、人びとは何百年の歳月をかけ、はるか彼方の氷河から水を引き、岩だらけの扇状地をうがち農地を造成し、荒涼とした山腹を緑野へと変えてきた。絶滅危惧種となったアイベックスやユキヒョウもこの高山の牧野によって養われている。バルチスタンやチトラルのフンザ渓谷[5]に地元住民がいなければ、そこは砂漠のままだったことであろう。

衛星通信で外との交信を維持しながらバックパックで原生自然のトレッキングを楽しむ。そんな甘い考えは、この過酷な環境のもとでは通用しない。冬には外気温は氷点下十数度以下にまで下がり、二、三カ月間は身を危険にさらしてまでも外に出ようとは誰もしない。だが、盛夏には摂氏四〇度以上にも達する。作物の栽培期間はかぎられ、インフラも貧弱であれば、貧困に加えて不平等も大きい。人びとは何世紀にもわたって生きるか死ぬかのぎりぎりの水準で暮らしてきた。

だが、ここ二〇年ほどの間で、コミュニティの状況は徐々に転換されつつある。アガ・カーン[6]農村支援プロジェクトを通じて、プログラムのメンバーたちは、巨大な可能性がコミュニティに眠っていることを知ったのだ。だがその可能性は、集団的な問題に対処するように村の集落組織が再生された場合にかぎって発揮される。集落組織の多くは女性たちの組織である。村人たちは七万五〇〇〇人からなる一八〇〇の村組織と、さらにこれとはまた別に二万六〇〇〇人からなる七七〇の女性たちの組織の組織化を支援した。こうした組織が、新たに連結道を建設し、農業用に土地を修復し、氷河の雪解け水の灌漑用水路を建設し、新たな農業技術やポスト・ハーベスト技術を導入した。世界銀行の報告書はこう述べている。

「プログラムで最も重要なことは、植栽された樹木の本数や灌漑された地域の広さではない。人びとの態度が変化したことにある。住民たちは、自分たちが開発計画に影響を及ぼし、計画を達成できると信じはじめている。そして、女性たちが知識や自尊心をもち得たことがさらに重要かもしれない」

こうした業績を重視せず過小評価することはたやすい。私は、以前アガ・カーンのヘリコプターで、西部のチトラルから飛び立ち、標高約四二〇〇メートルの毎年ポロ・マッチが行なわれる有名な場所、シャンドゥールを通りすぎ、二〇〇キロにも及ぶ長大なギゼル渓谷をギルギットへと下ったことがある。季節は七月だったが、村落の周囲に小さな点々とした緑や大麦や小麦の黄色い波があるだけで、斜面は一面の褐色と灰色の岩だった。その規模は想像できないほどだ。ヘリコプターは高度約四五〇〇メートルは安全に飛行するが、谷はさらに数キロメートルも上方にのびていた。後で私はギルギットの地図を熟視して、この谷の頂上が六〇〇〇メートル以上あり、谷底も約一五〇〇メートルあることを知った。ギゼル渓谷は地域に数多くある渓谷のひとつなのだが、深さは四・八キロメートルもあり、それは米国のグランドキャニオンをものみこんでしまうだろう。だが、こうした斜面にはりつく村や圃場の光景にロマンを感じる前に、深刻な経済的貧困や教育機会の不足、そして困難な気候条件を思い起こすことが重要である。にもかかわらず、フンザの村人たちが少女たちのために自分たちで学校をつくったことはよく知られているし、これからも自分たちで学校を建てたり、氷結した扇状地を修復したり、新たに造成した農地を平等にわかちあえるとしたら、世界のそれ以外の場所でも、私たちは同じことをやれるはずではないか。彼らからも学ぶべきことは何かある。

ケニアの役人たち

あまりにも長い間アフリカは、どうしたわけか人間や環境援助の開発パターンにはそぐわないものとされてきた。事実、他地域と比べれば農業生産はかなり停滞し、四〇年前と比較して一人当たりで一〇パーセントも低下している。だが、こうした見方は重大な真実を見逃す。困難であることには変わりはないが、数多くの人びとが新たな未知の分野に挑戦しており、耳を傾ければ他の地域にも教訓となる重要なことがある。新たな発想をもつ人びとは政府内にもいるし、その成果には著しいものがある。そのひとつはケニアの事例だ。

ケニアでは、土壌や水保全、土地管理に長く国が介在してきた。五〇〜六〇年間にわたって農民たちは、国が指導する土壌保全のやり方を採択するように強制されたり、金銭支給を受けてきた。土や水保全には流水域段階での統一的な行動が必要なのだが、地元住民は知識不足だと国が疑問視していたために、国の決定が農民たちに押しつけられることとなっていたのだ。だが、農民たちは所有感を抱かない構造物を維持しようとはしないから、このアプローチは長期的には機能しなかった。一九八〇年代末までに従来型のアプローチは土壌保全に役立たないことが明らかになった。

だが、一〇年前に農業省の職員たちが新たな方法を見出す。土壌や水保全活動に人びとが喜んで応じるよう農民自身の言葉で働きかけること。J・K・キアラ、マウリセ・ムベゲラとM・ムボテに率いられた土壌保全事務所のグループが、広範囲にわたって保全を達成するには、それしかないと認識した。補助金支給はすべて差し止められ、その代わりとして、参加型の開発プロセス、適切なアドバイス、トレーニング資金や農民たちの移動経費へと分配された。一九八九年には新たな集水方法が採択された。これは、指定した二〇〇〜五〇〇ヘクタールの集水域内に全資源や努力を集中させ、一年のうちに全農場の配置計画をなし、普及機関の支援のもとにコミュニティの全住民の参加によって、保全・維持していくものである。

農民たちの集水池保全委員会が、地元活動の調整に責任を負う機関として選ばれ、混乱や騒乱もほとんどないまま、一〇年間で約四五〇〇〇の委員会が組織化され、一九九〇年代末には、約一〇万の農場が維持・保全されることになった。投入資源はずっと減ったのに、一九八〇年代と比べれば倍以上の成果をあげた。当時の効率が悪かったのは、押しつけ型のアプローチに地元が反発していたためだったのだ。地元住民を支援するために、関係各省庁から教育、環境、漁業、林業、公共工事、水、健康といった各分野ごとに責任を負う部局横断的な支援チームも設置されている。

とはいえ、こうした参加型の手法は、イニシアチブや責任を農村住民に委ねることとなる。それは、自己流のやり方に慣れている政府官僚には容易なことではない。農民は何をやるかをただ告げられるべきだと感じている者もいまだにいる。信頼関係を深めることに十分な時間をかけない者もいる。こうしたやり方は必然的に失敗に終わる。だが、計画や実施において本来の参加がある場合は、食料増産や景観の多様化、地下水位、そしてコミュニティ福祉に対してかなりの効果があるのである。

奇跡の菜園

本書の内容は、ほとんどが農村景観やコミュニティ・デザインの変更と関係したものである。だが、そう遠からず農村よりも都市のほうに人がいることになるだろう。都市住民は、農村のデザインを変えるうえで、すでに潜在的に二つの重要な役割を果たしている。食料を購入すること、そして、農村や原生自然地域を訪れることによってだ。さらに、持続可能な世界に必要な内的転換を促す一助となる三番目の機会がある。それは都市菜園である。

一見これは場違いな活動に思えるかもしれない。「ガーデニング」という言葉も、時間のゆとりがある者たちのレジャー活動を意味している。にもかかわらず、個人であれ集団であれ、都市菜園に従事する者たちは、この新たな農業革命の一部をなしている。開発途上国では、都市生活者の多くが直接的に食料生産に従事することは、すでに一般的となっており、一〇〇万〜二〇〇万の都市農家が、約七億人に食料を供給しているとの評価がなされている。ラテンアメリカやアフリカのいくつかの都市では、野菜需要の三分の一が都市農業によって満たされており、香港やカラチでは約半分、上海では五分の四以上となっている。キューバでは、都市農業が国全体の食料を確保するうえで中心的な役割を担っている。先進諸国では、自分で食べ物を育てている人はごく少数だが、行なう人にとっては、それは精神的な安らぎの源としてますます重要となっている。

イギリスでは、かつては家庭菜園とアロットメント[7]が大きな食料供給源となっていた。二〇世紀前半には一五〇万ヘクタールのアロットメントがあり、果物や野菜の国内消費量の約半分を生産していた。だが今では関心が失われ、都市開発が進んだこともあり、一万五〇〇〇ヘクタール以下まで落ちこんでいる。とはいえ、いまだにこうしたアロットメントでは三〇万世帯が菜園を営み、毎年二〇万トン以上の生鮮品を生産しているとの評価がされ、価格的には五億六〇〇〇万ポンドにも及んでいる。都市菜園はドイツでも一般的で、五万人のベルリン市民が自分で食料を生産しているし、ロシアでも都市菜園や屋上菜園が普及している。米国では、全米菜園者協会の評価によると、三五〇〇万人が裏庭菜園やアロットメントで、年間に一二〇億〜一四〇億米ドルの価値の食料を六〇億キロ生産している。

近代農業が食料生産で大成功を収めているとき、なぜ人びとは思い悩んでいるのだろうか。もちろん、生きるうえで食べ物が不足している人たちもいる。とりわけ、経済が混乱し食料が確保されない場所においてはそうだ。だが大半の人びとにとっては、主に精神的な問題で、社会関係を改善するものであり、栄養価に富むヘルシーな食べ物は付随的なものなのである。都市菜園は、都市内の特別な空間で、静けさと休息のためのオアシスなのである。とはいえ、都会のあわただしい時の流れや目まぐるしい変化のなかでは、都市菜園の存在は見えにくいし、安直に無視され過小評価されてしまう。

ニューヨークは、世界で最も人口が密集した都市空間のひとつである。たとえ訪れたことがなくても、ほとんどの人がニューヨークを知っているだろう。だが、高層建築のなかで、もうひとつの転換が進行している。ジェーン・ウェイスマンのリーダーシップによって、一五年間行なわれてきたコミュニティ菜園「グリーン・サム」運動である。

グリーン・サムは、ごみ、投棄自動車、ネズミで荒廃した遊休地を豊かなコミュニティ菜園に転換することをめざして、市が進めているコミュニティ・ガーデニング・プログラムだ。ジェーン・ウェイスマンによれば、遊休地が「安全で、生産的な緑のオアシス」へと転換されており、現在、約二万世帯が七〇〇のコミュニティ菜園の管理に積極的にかかわっている。こうした菜園は毎年一〇〇万米ドル価値の果物や野菜を生み出しており、地区を再生し、コミュニティの矜持を醸成し、土地の若者や老人たちに安全な出会いの場をもたらし、職業訓練の場も提供している。さらに重要なことは、ささやかなものではあれ、菜園が都市住民にとっての野生空間となっていることなのだ。

中央ハーレムの第一二七番通りのバーサ・ジャクソンは言う。「これは美なんです。年に一度、樹木からは二四～三六リットルの桃が得られます。私どもの菜園のハーレム育ちの桃を求めて、近隣から、そして遠方から人びとがやってきます。桃、それはハーレムで育っているんです」近所に住むメリー・スアレスは口にする。「私たちのコミュニティ菜園は、学生、スタッフ、地区住民、コミュニティの労働者、そして環境グループによってつくられました。私たちと一緒に、環境を改善しているわけです。それは、東部ニューヨークを、働き暮らすうえで、より美しい場所にしています。花が咲き、野菜が収穫され、バーベキューの匂いが空気を満たし、生徒たちは学んでいる。彼らは、野外学習を楽しんでいます。そして、私たちの菜園は、この衰退する都市砂漠の美のオアシスになっているんです」

ドナ・アームストロング*は、ニューヨーク内にある六三のコミュニティ菜園を最近研究したが、いかにこうした菜園が地元住民にとって価値があるかを明らかにした。菜園が地区の地元住民の態度を変え、結果として資源がよく管理されるようになり、散らかっていたごみを減らし、地域への誇りが高まったことが明らかになり、コミュニティ菜園が社会的な結びつきを促進させ、育児のわかちあいのように、人びとが協力的に働くことを促し、地元ニーズを満たしていることもわかった。端的に言えば、菜園は社会関係資本と個人の福祉を改善しているのだ。コミュニティ菜園に参加する人びとは、さらに別のまちづくり運動にもかかわっており、五人のうち四人は、自分たちの心が健康になったと語っている。

だが、すべてがうまくいっているとはかぎらない。ジェーン・ウェイスマンは一九八八年に市民の栄誉賞[8]を受賞したが、ニューヨーク市当局は菜園をよいとは思っていない。彼らは、地元住民に対するその価値を認識せず、グリーン・サムから全責任権を奪い取り、それを住宅部局に委ねてしまっている。部局は建築用地を求めており、それを所持しようとしているのだ[9]。彼らは、この革命の巨大な重要性を見逃している。東ハーレムのリュディア・ブラウンは言う。

「もし、そのごみで一杯の場所を目にしたなら、菜園をつくることは奇跡を要することだと言うでしょう。時間をかけ、困難な作業を多くこなして、私たちは不可能なことを成し遂げたのです。今、私たちは、コミュニティのための花、果物、野菜と、目にするのに値する美を手にしています。かたわらを散策するとき、人びとは菜園を賞賛します。ある驚いた一人が『それは奇跡だ』と、口にしました。ですから、私たちは菜園を奇跡の菜園と呼んだのです。ですが、実際には奇跡は私たちの内部にあるんです」

有望な事例を結びつける

本書の根幹をなすこうした事例や変革の物語はまだ数少ない。だが残されたときは短く、直面する挑戦は非常に大きい。農業や食料生産システムにおける、この革命が示す機会を真剣に取り上げる時がきている。それが機能しうるという有望な証拠はすでにある。私たちは思いをめぐらすべきなのだ。もし、もうひとつの別の未来が可能であると誰もが悟れば、何が達成されるのだろうかと。

世界や各コミュニティがおかれた状態は危ういが、持続可能な農業や食料生産システムは、多くの状態を正常化できる。効率的な方法で食料を生産する助けとなり、貧しくて疎外されてきた人びとが最低限、まっとうに暮らせるための具体的な機会をもたらし、より公正でより平等でもある。自然を守り、私たちが依存し重要でありながら隠されているサービスを守る助けともなる。とはいえ、持続可能な農業革命だけでは救いにはならない。一人ひとりの考え方が変わり、集団的な行動も変わらなければならず、結局、それは政治や権力の問題となるのである。

私がこれまで示してきたように、持続可能性の考え方そのものは誰もが支持している。だが、口先だけの言葉を超えた実践事例はごく少ない。県、州、郡段階での先進的な取り組みは各国でみられるし、前途有望な進展がなされているセクターもあれば、それ以外の特定プログラムがなされているところもある。だが、持続可能な食料生産システムは、明らかに国全体の課題なのだ。ところが、全面的な転換を促進する、持続可能な農業の明確な国家政策をもっているのは、世界中でもたった二カ国、スイスとキューバだけしかない。政府や政策立案者たちは躊躇している。だからこそ、集合的な意思がもたらす強さを組織的に示すことが必要になっている。

ほとんどの人びとには、持続可能な農業革命を支援することで得るものがある。だが、失うべきものをもちすぎている人たちもいる。製品が売れなくなる経済界がそうだし、新たな社会組織の出現によって既存の支持基盤が衰える政治権力もそうだ。また、古い考え方の価値が薄れることで個人的な力を失う人もいるだろう。だが、私たちが目にしてきたように、内なる壁を超えて前進する人びとが、大局的な見通しをもって多くの場所から登場してきている。誰もが転換をなしえるとは言えないが、ある特定の人だけがこうした転換をなしえるわけではけっしてない。

文化を“agri-culture”に組みこみ、驚異や奇跡を自然に戻し、アグロエコロジカルな知識にもとづいて、コミュニティを食料生産システムと結びつけること。それによって、こうした広範な転換を支援できると私は信じている。私たちは、食べ物がもつ価値や持続可能な農業がもたらす副次効果やサービスについて、これまでとまったく違った考え方をする必要がある。工業国の農業補助金や開発途上国の農業開発支援に使われる公的資金は、公共財やサービスの準備、そして、より公正で平等な生産システムの創設を目標とするべきである。炭素固定のような新たな民間市場は、持続可能な農業に従事する農民たちにより多くの収入をもたらすことだろうし、エコツーリズムも新たな収入源となることだろう。

農業は、文化的、環境的なつながりをかね備えた多面的な活動として、それ自体を新たな方向へとむけていかなければならない。重要なことは、国段階における農政の根本的な改革である。それがあってこそ、持続可能な農業にむけた転換は、文化やコミュニティと結びつけられ、主流となりうる。その変革なくしては、これまでみられた進歩も小規模なものに限定されてしまうことだろう。これからの一〇〇〇年は、地球上の生命にとって、持続可能な未来へのあらゆる種類の機会が提供されることとなる。うまくいけば、私たちは、お互いに支えあう相互依存型の生産的な農業生産システムを手にすることになる。だが、うまくいかなければ、自然、人びと、そしてコミュニティの健康を破壊し、成功への土台を蝕み続ける、非生産的な農業生産システムを手にすることになってしまう。

原注

（1）オオカミは、人間にとって重要で、象徴的な関係で、食べ物の残り物の見返りとして他の略奪者からガードし、それがおそらく約一万二〇〇〇～一万四〇〇〇年前の犬の家畜化をもたらした。

（2）カルパチア地域の自然の価値を高め、資金を得る農村開発のひとつとして、カルパチア・エコリージョン・イニシアティブではエコツアーが試みられている。

（3）エコロジカルな再生についてのこの話を教え、かつ日本政府の資料を英語翻訳してくださった中島恵理氏［当時、ケンブリッジ大学政府派遣留学、現在、環境省勤務、早川恵理氏］に私は感謝している。

訳注

［1］イギリスの批評家ハーバート・リードは「一九三〇～四六年までのフランスの最も重要な作家は、ジイドでもヴァレリーでもなく、農民アナーキストのジオノである」と述べている。

［2］ジョージ・プルマンのプルマン自動車は、一九世紀後半から二〇世紀前半にかけ、米国の鉄道ブームのなかで貨車を製造していた。プルマンは自分の名前をつけた超高級な寝台車を開発した。シカゴ南方にある町プルマンは完全な企業城下町であり、ある従業員は「私たちはプルマンの家で生まれ、プルマンの店で養われ、プルマンの学校で教えられ、プルマンの教会に行き、死ぬときはプルマンの地獄に行くつもりだ」と語ったという。

［3］ハワードは、インドのインドールの農業研究所に勤務していたが、当初は作物種の改良を試みた。しかし、土を含めた農業全体の改善がなければ品種改良だけ行なっても無意味だと気づく。そして、無農薬・無化学肥料で農作物を健全に育てている地域があることを知り、地元農民の伝統的な技術や知恵に関心を寄せる。ハワードは腐植が豊かな土壌中の菌根菌と根の共生関係に注目し、あわせて農業廃棄物の堆肥化の研究を行なった。こうして、圃場研究と豊富な事例観察にもとづき、高良質の堆肥づくりの手本とされるインドール式処理法を確立した。

［4］ムラサキウマゴヤシ。地中海沿岸原産のマメ科植物で牧草として使われている。別名アルファルファ。和名は「紫馬肥し」で、肥料として使用されることからこの名がついた。

［5］フンザは、パキスタン・イスラム共和国北西部の地域。中華人民共和国との国境と接し、かつてはフンザ藩王が治める独立地域だったが、英国が一八九二年にフンザとの戦いに勝利し、以降「公国」として一九四七年まで維持した。「伝説の地」「桃源郷」と呼ばれるほど景観が美しく、七〇〇〇メートル級のパミールの山々が迫る自然豊かなアンズの咲く谷は、名作アニメ「風の谷のナウシカ」の「風の谷」のモデルとなった。バルチスタンは、中国領新疆に接するカシミールの北部であり、平均標高三三五〇メートルの山岳地域でインダス川の源流となっている。主にチベット系のイスラム教徒が居住している。チトラルは、パキスタンの北西部にある渓谷や河川、地域の名称で、地域の人口は約二二万人。地区の首都であるチトラル町は、七七〇八メートルあるヒンドゥークシュの最高峰の山麓にあり、標高一一〇〇メートル。人口二万人である。アフガニスタンとタリム盆地からパキスタン北部のガンダーラや東アフガニスタンのジャララバードへの重要な通商拠点であり、標高三七〇〇メートル以上のギルギッドへとむかうシャンドゥール・ルートがある。地域住民の大半は一一世紀にはシーア派のイスラム教徒となり、アガ・カーンを信奉している。

［6］アガ・カーン（Aga Khan）はイスラム教の精神的指導者の名称である。初代アガ・カーンは、ハサン・アリ・シャー（一八〇〇～一八八一）であり、以来、アガ・カーン二世（一八三〇～一八八五）、アガ・カーン三世（一八七七～一九五七）、アガ・カーン四世（一九五七～）となっている。四世は、農業や地元経済活性化のために、この地域に多くの資金援助を行なっている。

［7］アロットメント（allotment garden）。イギリスではエンクロージャーによって、多くの農民がコモンズの権利を失ったが、この救貧対策として、一八世紀末から一定区画をアロットメントしてわりあて、ごくわずかの地代を支払うことで、ある一定の土地を耕す権利を与える政策がとられた。この自給生産を目的とした区画が、一九世紀末にはアロットメント法が制定されたこともあり、現代の市民農園に発展した。とりわけ、第一次世界大戦中には食料自給の必要性から急増し、一九一八年には最大一四〇万区画に達した。数は終戦とともに減少したが、第二次世界大戦中にも再び一四〇万区画まで増えた。ただし、近年は、その数が激減するとともに、区画面積を小さくしたり、休憩施設を設けるなどレジャー的な要素が加味され、日本の市民農園と同様の使われ方をしている。

［8］市民ホール栄誉賞（People's Hall of Fame）。一九九二年に設立された賞で、ニューヨークで市民の文化生活に並はずれた貢献を成し遂げた草の根の団体や個人を表彰するもの。ニューヨーク市を愛する委員により毎年選ばれ、記念としてニューヨ

ーク市立博物館にその貢献が永久展示される。

［9］ジェーン・ウェイスマンは、ニューヨーク市の職員だったが、一九八四〜九八年までハーレムでの都市菜園づくりに力を注いだ。建築基準では菜園は認められないが、彼女にとって、菜園はコミュニティ・ライフの中心をなすものであり、都市菜園の価値を認めないジュリアーニ市政と戦いながら、菜園を中心に子どもの教育プログラムまで展開した。だが、一九九八年五月に市長は全権限を住宅開発部局に委ね、以来、新たな菜園づくりの許可は与えられなくなった。加えて、本書刊行後の二〇〇二年九月一八日には、五〇〇ほどのコミュニティ菜園を残し、それ以外は二〇〇〇戸以上のアパート建設のために転用されることが決まった。この路線を引いたのは、ジュリアーニ元市長である。市長は、都市が必要なものは住宅であると主張し、都市のなかに点在する菜園景観をなくしたがっていた。このことひとつとっても、米国の政策がキューバを先頭に変わりつつある世界の趨勢からいかにずれており、少なくとも持続可能な開発に関心をもつ人びとにとって、いかに得るものが少ない国であるかがよくわかる。

謝辞

私は、この本に関連する材料とこの本の事前草稿について貴重な批評とコメントをくださった多くの方々に感謝している。まず、求めた以上のことをしてくださった、テッド・ベントン、ジェームス・モリソン、ノーマン・アップホフ氏にはとくに感謝したい。あわせて、カービス・アブシャー、ジャッキー・アシュビー、リチャード・アイラード、ネイル・ベイカー、アンディ・バル、デヴィッド・ベッキングサール、フィル・ブラッドリー、リンダ・ブラウン、スザンヌ・キャンベル、サイモン・キャンベル、ロバート・チャンバース、ニジェル・クーパー、エド・クロス、ジャン・ディーン、ジョン・デヴァヴァラム、アマドゥ・ディオップ、トム・ドブス、デヴィッド・ファビス-マートロック、ブルース・フランク、フィル・グリス、スージー・グリス、フリア・ギバント、ジリー・ホール、ジョン・ホール、ブライアン・ハーウェイル、ハル・ハミルトン、ジャスティン・ハーディ、スー・ヘイスウォルフ、レイチェル・ハイネ、イアン・ハッチクロフト、J・K・キアラ、ジョン・ランダース、ティム・ラング、ハワード・リー、デヴィッド・ロート-フィリップス、サイモン・ライスター、ジョー・モリス、フィル・ムリネアークス、中島恵理、ヒルトラッド・ニーバーグ、ケヴィン・ニエメヤー、デヴィッド・オール、ロベルト・ペイレッチ、ミシェル・ピムバート、ティム・オリオーダン、マーク・リッチー、コーリン・サムソン、ペドロ・サンチェス、サラ・シューア、ドロシー・シュワルツ、ウォルター・シュワルツ、マーディー・トウンセンド、ヒュー・ウォード、ドレナン・ワトソン、ジェーン・ウェイスマン、マーク・ウィナー、ヴォ・トン・スゥアンの諸氏にも感謝したい。

錯誤も含め、ここで表現した見解の視点はすべて、私自身の責任のものである。

さらに、私は貴重な助言とサポートをしてくれたジョナサン・シンクレア・ウィルソンとアカン・レイアンダとアースキャンのみなさんすべて、管理の支援をしてくれたマリー・チャン氏に感謝したい。

訳者あとがき

世界の農業の新たなうねりが、日本の農業になげかける意味

開発途上国から垣間見えるもうひとつの世界農業の胎動

本書は、ジュールス・プレティ教授の *"Agri-culture: Reconnecting People, Land and Nature"* の全訳である。農薬と化学肥料漬けの近代農業批判、食の安全・安心、遺伝子組み換え農産物、スローフードと地産地消、減農薬稲作や不耕起栽培、環境直接支払い、グリーンツーリズム、里山保全、社会関係資本に着目したコミュニティの再生、都市農業や江戸時代の再評価……。本書で登場するトピックの一部である。多少なりとも農業や環境問題に興味がある読者であれば、「なんだ、日本で関心を呼んでいる話題ばかりではないか」と思われるのではないだろうか。であればこそ、読者はさほど違和感なく興味をもって読み進めることができるにちがいない。

だが、ページをめくるにつれて日本の類書とは異なり、本書がはるかに大きな時間的・空間的スケールで農業と人間との関係を捉え、数多くの具体例を織り交ぜながら、いかにして持続可能な社会を構築すべきか

の道筋を深く考察していることに驚かされることだろう。たとえば、日本では海外の事例紹介といっても、せいぜい欧米諸国、それも西側先進諸国の事例分析にとどまりがちだが、本書では、著者の出身地であるイギリスのみならず、東欧、アフリカ、マダガスカル、インド、ヒマラヤ、オーストラリア、中国、日本、東南アジア、ラテンアメリカ、キューバと、まさに世界を股にかけ、持続可能な農業の取り組み事例がふんだんに紹介されている。インドネシアで五万もの「農民田んぼの学校」が設立されて一〇〇万戸の農家が減農薬稲作に取り組んでいること。ラテンアメリカでは環境に優しい不耕起栽培が脚光をあび、すでにブラジルでは一五〇〇万ヘクタール、アルゼンチンでは一一〇〇万ヘクタールで普及していること。日本では高付加価値農業とだけ見なされがちな、持続可能な農業や有機農業が確実に世界各地で根を下ろしつつあることが、意外な事実とともに次々と登場する。

プレティ教授は、本書のなかでも紹介されているように、五二カ国に及ぶ二〇〇以上の持続可能な農業を包括的に調査研究したことで国際的にもよく知られ、その研究を通じて、持続可能な農業によって実質的に一五〇パーセントほど穀物生産を増収させることが可能であることを示した。それだけに、現場の実践事例紹介には教授の面目躍如たるものがあり、文章にも熱がこもっている。

だが、教授が「持続可能な農業は、よい兆しをみせつつある。とはいえ、多くの人たちはそのことをほとんど信じていない。しかも、先駆者たちは、たいがい極貧状態におかれていて、社会からも疎外されているから、その声は大きな枠組みのなかではめったに耳にされることがない」と述べているように、その多くは欧米先進国ではなく、貧しい開発途上国からのものである。

この事実を知るだけでも、読者の世界観はガラリと変わることだろうし、世界貿易機構（ＷＴＯ）や自由貿易協定（ＦＴＡ）に象徴されるグローバル化とコストダウン競争に翻弄される農業とはいささか毛色が違った、また別の世界農業の顔や胎動を肌で感じることができるだろう。

脱石油時代をみすえた本当の食の安全保障策とは

「フランクフルトのブックフェアに行ったおり、イギリスの出版社アーススキャンの出版部長ウィルソン氏と環境問題について話をしていて、イチ押しされた本があります。小ぶりながらじつにバランスよくまとまっている良書だと思います。仕事の合間にレクリエーションがてら、本書を翻訳されてみてはいかがですか」こんな便りとともに、築地書館の土井二郎さんから原書が送られてきたのは、二〇〇四年の一一月のことだった。

私は学術研究者ではないし、ましてや翻訳の勉強すらしたことがない一介の地方公務員である。そんなまったくの素人が不遜を省みず、あえて作業を安請合いすることにしたのは、本書の内容が日々自分が抱いている関心や問題意識とまさにオーバーラップしていたからである。その問題意識とは、世界的に食料生産が頭打ちとなるなか、有機農業なり持続可能農業をもってして、十分な食をまかない、かつ地域経済を再生させることができるのであろうか。もし、できうるとするならば、それはいかなる手法をもって達成しうるのか、ということである。

今日本の農業現場では、米国産牛肉のBSE、鳥インフルエンザ、コイヘルペス、無登録農薬問題など、食の安全・安心をめぐる問題が噴出し、トレーサビリティ、ハサップ、グッド・アグリカルチャー・プラクティスと聞きなれない横文字が次々と横行する状況となっている。農水省を筆頭に各都道府県庁にも「食の安全・安心」と銘打つ部局が次々と誕生し、農薬散布回数の記帳運動や情報公開やトレーサビリティが強力に推進されている。化学合成農薬や化学肥料を大量に使用して、ひたすら高収量・大量生産をめざしてきた農政担当者や各生産農家に対して抜本的な反省が促されていることは確かだろう。だが、こうした政策は、本当に消費者に安全な食べ物を提供するのだろうか。

もともと降水量が多く夏の気温が熱帯並みの日本は、寒冷な欧米諸国に比べて病害虫の発生度合いが大きい。鯨油でウンカの気門を窒息させるなど、「農薬」は江戸時代から使われていた。各地の農村に残る「虫送り」の行事も、当時から百姓たちがどれだけ害虫に悩まされてきたかを物語るものである。たしかに現在の日本の農薬の散布量は一ヘクタール当たり七一キロと世界のなかでも突出しており、他の諸外国と比較してもその投下量は異常なほどである。これは、農産物の味や安全性よりも規格や見映えのよさを重視してきた流通関係者や消費者ニーズと表裏一体をなしている。

だが、だからといって、「見てくれよりも安全を」と消費者が声高に叫べば問題が解決するわけではない。実際に農薬を使わなくても、作物がつくれるのならば農家も苦労はしない。生産者が安定的に生産できる技術的支援策がともなわなければ、いくらトレーサビリティ・システムが発達しても、農家に余計な負担をかけるだけに終わるだろう。

また、安全性ばかりに目をむけているとつい見落としがちになるのだが、じつは殺虫剤であれ、除草剤であれ、殺菌剤であれ、化学合成農薬は、石油を原料にエネルギーを大量に消費して製造されている。同じく化学肥料も枯渇するリン鉱石やカリ鉱石を石油を使って精練したり、天然ガスを利用して空中窒素を固定する化学工業によってつくられている。石油ショックなどの不測の事態で、化学合成農薬や化学肥料が製造できなくなったり流通できなくなることも想定されるし、すでに潤沢に石油が供給される時代は終わりつつある。まして、日本の自給率は四〇パーセントにすぎない。石油時代の終焉を視野に入れつつ、いかにして食料を増産するか、今から対応策を講じておかなければ手遅れになるし、食や農業問題はこうした戦略に位置づけて幅広く捉えなければならない。

世界の改革からみえてきた、日本農政をよみがえらせるための道

このように考えれば、日本農業の最大の課題は、質の確保もさりながら、まず何よりも量、すなわち自給率の低さとその向上であることがわかる。「新食料農業農村基本法」では、自給率を二〇〇五年までに四五パーセントまで回復させることとしていたが、すでにその達成は先送りされている。だが、行政や生産現場を批判することはできない。一度でも農山村に足を運べば食料自給率の向上も、ましてや持続可能な農業への転換も、容易に達成できる状況にないことがすぐにわかる。

たとえば、私は縁あって、東京都庁を退職し、二〇〇四年の九月から長野県庁で仕事をしているが、近代農業の優等生として日本有数の園芸王国を築いてきた長野県のような巨大産地ですら、廉価な輸入農産物の攻勢に直面して農産物価格が低迷、生産は頭打ちとなり、後継者不足や高齢化の進行もあいまって、県内にある一〇万ヘクタールの農地のうち、すでにその一割が遊休化している。とりわけ、山村部では集落そのものの維持存続すら危ぶまれているのが実情なのである。

国は「食料農業農村基本計画」の見直しを二〇〇四年の三月に行なったが、企業的農家の育成や優良農地の保全、食の安全・安心の確保という決まりどおりのキーワードは並べたててあるものの、低迷する日本農業再生に結びつく具体的な解決策はみえないままだ。都市には有機農業や自然保護にこだわる市民がいて、WTOや遺伝子組み換え農産物を批判し、自然保護を主張する。「ロハス」という言葉も流行し、スローフードやスローライフはファッションにもなりつつある。だが、その片方で、景気低迷に苦しむ産業界や農産物輸出国からの圧力を受けて、なし崩し的に農産物自由化を進めている政府がある。

こうした日本農政の限界を補完するには、いったいどうしたらよいのであろうか。プレティ教授はこの困

持続可能な開発を達成するための３つの手段

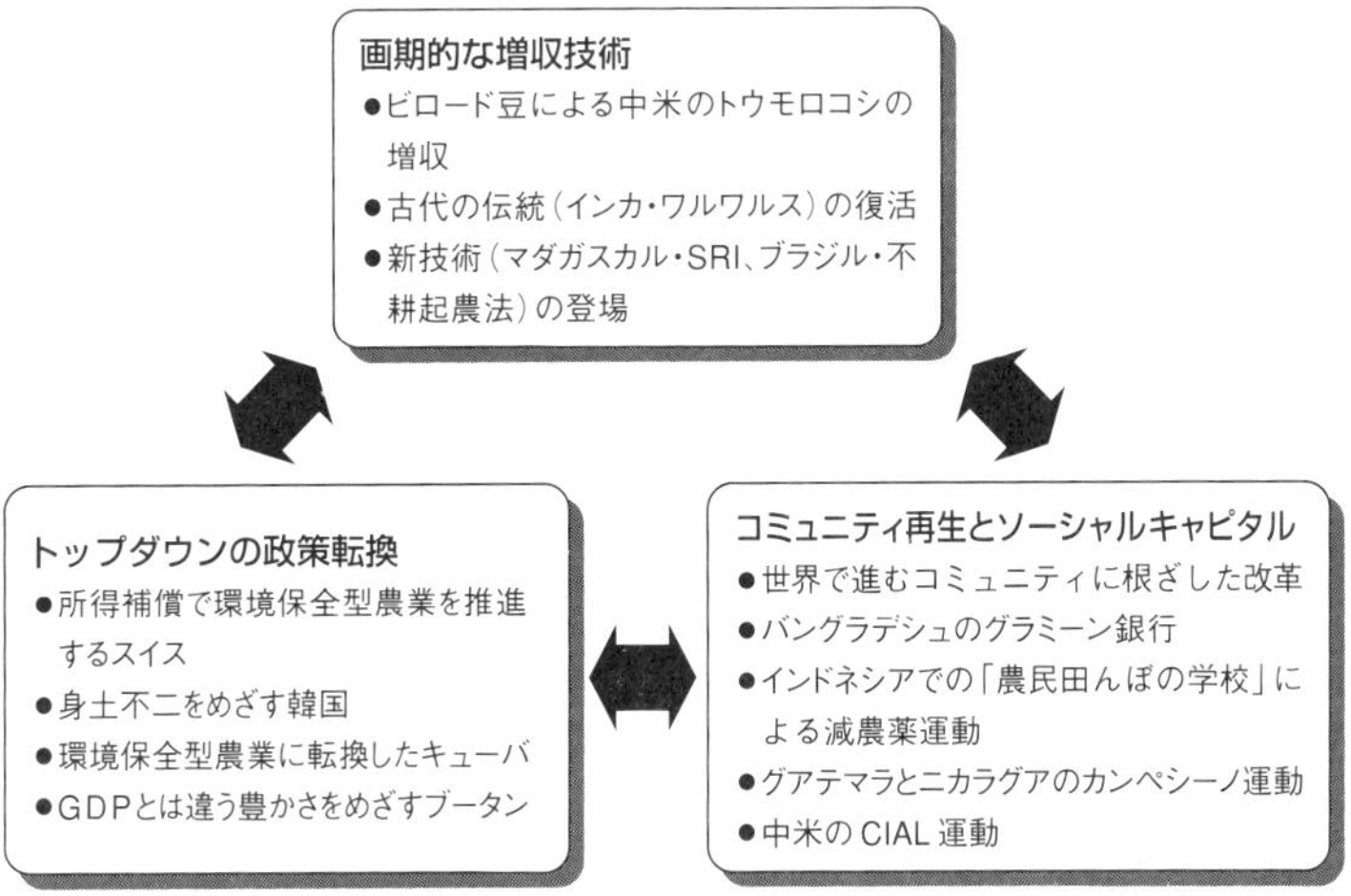
画期的な増収技術
●ビロード豆による中米のトウモロコシの増収
●古代の伝統（インカ・ワルワルス）の復活
●新技術（マダガスカル・SRI、ブラジル・不耕起農法）の登場
トップダウンの政策転換
●所得補償で環境保全型農業を推進するスイス
●身土不二をめざす韓国
●環境保全型農業に転換したキューバ
●GDPとは違う豊かさをめざすブータン
コミュニティ再生とソーシャルキャピタル
●世界で進むコミュニティに根ざした改革
●バングラデシュのグラミーン銀行
●インドネシアでの「農民田んぼの学校」による減農薬運動
●グアテマラとニカラグアのカンペシーノ運動
●中米のCIAL運動

難な命題に十分に応えているように思える。本書には、自治体職員として長年農政畑で仕事をしてきた私にとっても納得がいく方向性や課題解決の糸口なりヒントが数多く掲載されている。私なりに大くくりに言うならば、本書からは、この難題を解決するうえで、トップダウンの農政転換、ボトムアップのコミュニティ・ネットワーク力の強化、そして、石油に依存しない持続可能な画期的増収技術の普及という三手段が有効であることがみえてくる。

すなわち、第一になすべきは、プレティ教授が世界でも最も包括的な持続可能農業政策を展開していると評価する、スイスやキューバのような国家的な農政の方向転換である。具体的には、環境保全型農業を営む農家に対して奨励金を支払うもので、日本でも地方自治体レベルでは、二〇〇四年から滋賀県が、そして二〇〇五年からは福岡県が取り組み始めている。さらに、二〇〇六年からは農水省も環境直接支払いを実施することとしている（二〇〇五年一二月時点、予算要求中）。だが、こうしたトップダウンの政策がうまく機能するためには、同時に本書で「コモンズ」として紹介されているコミュニティ段階での受け入れ態勢が整っていなければならないし、それは役人が机上できれいな絵を描いたからといって、たやすく育まれるものではないことも、本書で指摘されているとおりである。そして、第三として忘れてはならないのが、画期的な持続可能な増収技術である。

これまでは、とかく有機農業は安全で持続可能であっても、「緑の革命」に象徴される化学肥料や農薬多投技術に比べると収量が低く、そのために飢餓問題を解決できないとされてきた。だが、本書ではマダガスカルで反収一〇〇〇キログラムを超す新たな無農薬水田農法が開発され、中国、東南アジア、スリランカ、バングラデシュ、ネパール、そしてキューバなどでこの農法が研究・普及されつつあることが紹介されている。日本ではようやく一番目の直接支払い論が本格的に検討されはじめたが、第二のコモンズ論や、ましてや画期的な新増収農法と結びつけて論ぜられることはほとんどない。そこで、本書の問題意識をさらに深くわかちあうため、この三点にしぼって若干の補足情報を提供しておくこととしよう。

環境直接支払いで、持続可能な農業への転換をめざすスイス

プレティ教授は本書のなかで、国家政策全体のなかに有機農業を位置づけている国は、世界広しといえどもスイスとキューバしかないと述べている。事実、スイスはヨーロッパ内でも最も進んだ有機農業政策を構築している。ＥＵでは農業政策が環境政策としての性格をより強め、環境保全型農業を営む農家に直接奨励金を支払う「クロス・コンプライアンス」が中心施策となっているが、これはスイスで一九九八年から展開されている「農業環境政策２００２」がモデルとなった。

スイスは山岳地域の農業を守るため、一九五五年以来、農業に対する直接支払いを行なってきたが、一九九二年に農業法を改正し、有機農業や粗放的生産、動物福祉に配慮した家畜生産を行なう農家への「エコロ

ジー的直接支払い」を創設し、その額を一九九三年の九六〇〇万スイスフランから一九九七年には七億スイスフランへと増額させた。これが、環境保全型農業や有機農業の普及に決定的な役割を果たした。有機農業や日本の減農薬・減化学肥料栽培に該当する「総合的生産」に取り組む農場数が急増し、一九九七年では慣行栽培が二一パーセント、総合的生産が七三パーセント、有機農業が六パーセントと、八割を持続型農業が占めるにまでいたった。

だが、スイスはそれでも満足しなかった。一九九二年の農業法ではこの直接支払いを受けるかどうかは農家の自由選択に委ねられてきたが、一九九八年四月に成立した新農業法にもとづく「農業環境政策２００２」では、直接的支払いを受けるには環境に配慮した「生態系保全実践証明」を受けることが必須要件とされた。その結果、二〇〇〇年では慣行栽培にとどまる農場はわずか三パーセント、総合的生産ガイドラインをクリアする農場は九〇パーセント、有機農業ガイドラインをクリアする農場は七パーセントに達し、一〇年間で農薬の使用量を三分の一まで低下させ、リン酸塩の使用も六〇パーセント、窒素肥料の使用量も半減させている。同時に、半自然の生息地は、平野部では一〜六パーセント、山岳地域では七〜一三パーセントまで広がった。大胆な直接支払い政策を設けることで、スイスは農業全体を環境保全的な方向へと転換させることに成功したといえるだろう。

日本では有機農業政策は認証制度が中心で、有機農業や環境保全型農業に対する所得補償はまだ行なわれていない。有機農産物は高付加価値化が図れるから、市場原理によっておのずから普及するとされている。だがこれは机上の空論にすぎない。もちろんスイスでも、有機農産物は民間の有機認証制度によって差別化が図られているし、総合的生産農産物についても高付加価値化が期待されている。とはいえ、スイスのようにほぼすべてが環境保全型農業に転換した現状では、たんなる認証表示だけでは差別化することが難しい。差別化が期待できなければ、生産者には認証を受けてラベル表示するメリットはないし、市場原理による経済的な動機づけでは、環境保全型農業を推進できない。ここに、直接支払いという政府の政策支援が求められる理由がある。ちなみに、この改革は一九九六年の国民投票により八七パーセントの国民から支持され、憲法にも位置づけられている。日本では農業支援というと財政状況が厳しいなかで、無駄な補助金とされがちだが、スイスでは国民の合意を得つつ持続可能な農業への転換が図られている。

行政改革と必要な農業振興策とをきちんと区別する韓国

つまり、一律に農業補助金は不要だと構造改革を唱えるのではなく、本当に有効で必要な「支援策」と、社会情勢の変化によって現状にそぐわずリストラが必要とされる「制度改革」とは区別して考える必要がある。このことを理解するうえでは韓国の取り組みが着目に値する。

韓国は日本と気候風土も農業事情も類似している。農業は稲作が中心だし、一戸当たりの農地面積が零細な点も似ている。加えて、農家の高齢化が急速に進み、一九八〇年に五六パーセントあった穀物自給率が一九九六年に二七パーセントに落ちこむなど、年々食料自給率も低下している。農業の国際競争力も弱い。このため政府は、専業的農家や農業法人の育成、規模拡大、農業生産基盤の整備による競争力の強化など、日本とほぼ同様の農政を進めてきた。だが、一九九三年のガット合意以降は輸入農産物が大幅に増加し、地域経済や農村の社会文化的環境基盤も揺るがされ、これに一九九七年の経済危機が拍車をかける。

ＩＭＦが介入した後の韓国経済はまさに地獄だった。ＩＭＦは国連機関といっても事実上米国政府の御用機関である。三〇もあった財閥は半分解体され、資本は二束三文で米国系企業に叩き売られた。米語を話す社長が乗りこみ、米語ができない社員はリストラされていく。今も毎年成績率の悪い社員は首を切られているという。日本ではほとんど報道されないが、これが自由主義経済に翻弄された韓国の実情だったのだ。こうした危機を背景に、政府は、従来の競争原理にもとづく農政を大きく転換させ、都市と農村の連携を強め、持続可能な農業や生物多様性に配慮した「環境配慮型農業」を国内農業の存続をかけた国家戦略として位置づけることになるのである。

この農政の一大転換は、一九九八年二月の金大中（キムデジュン）政権成立とともに大統領のトップダウンの指名を受け、有機農業の研究者から一躍大臣に就任した金成勲（キムソンフン）農林部長（日本の農林水産大臣に該当）を抜きにしては語れない。拙著『一〇〇〇万人が反グローバリズムで自給自立できるわけ』で、二〇〇三年にキューバの首都ハバナで開催された有機農業国際会議に韓国から正式ミッションが参加したことを紹介したが、この訪問団を率いた団長こそが、金元農林部長その人だったのである。

金は就任以降二年半大臣を務めたが、その間に凄まじい改革を成し遂げ、現在の環境保全型農政の礎を築いた。この金の農政改革がどれほどラジカルなものであったかは、旧態依然とした政府や農協組織のリストラひとつとってみてもわかる。たとえば、就任初年度に一一〇〇名の農林部職員を削減し、それを突破口に在任期間中に農林部職員を二三パーセント削減しているし、農業団体改革にも手をつけ、農水産物流通公社職員を四二パーセント削減し、農地改良組合、農地改良組合連合会、農漁村振興公社の整理統合や農業協同組合中央会・畜産協同組合中央会等の整理統合を断行している。

同時に金は、農家との直接対話による農林官僚の意識改革も強力に進めていく。金は「参加農政」「奉仕農政」「現場農政」をスローガンに「移動長官室設置」を宣言。部長就任五日後に早くも第一回移動長官室を開催したのを皮切りに、就任期間中にじつに一〇〇回以上にわたって述べ五〇〇〇名以上の農民との現場での意見交換をくり広げた。現場に力点をおくこの制度改革を通じて、かたくなな農政官僚や研究者たちの有機農業への偏見も消えていく。

大規模企業的な農業振興路線に決別し、小規模農家育成と有機農業支援に農政を転換

だが、強力なリストラや構造改革を断行したからといって、金を単純な市場原理主義者であるとみるのは大変な誤解である。事実は逆で、むしろ、金は従来の規模拡大、企業化路線と決別し、小規模農家の育成と家族愛の復活を農政の中軸にすえた。

「国民の支援がなければ農業は駄目になる。農業発展の基礎は国民の理解と支持にある。だが、支持に値する農業は、言うまでもなく国民に安全な食料を供給する環境保全型農業だ。WTO体制は、大規模な強者が小規模な弱者を駆逐する体制で、そこでは価格競争力のみがものを言う。量的価値観にもとづく旧来型の農政を続けるかぎり韓国農業には勝ち目はない。だが、安全・健康などの質的差別化を進めることで、韓国農業は国民に支持される農業になりうるだろう。だからこそ、農政を転換し、その機軸を環境保全型農業の育成にすえなければならない」

「韓国は世界でも有数の化学肥料・農薬多投国だ。これまでの韓国農業は略奪農業で環境汚染型農業だった。そのため地力は衰え、水や空気は汚染され、とりわけ畜産は嫌悪される産業と化している。土を生き返らせなければ、韓国農業は持続しない」

「小規模、家族型農業という韓国農業がもつ宿命的な特質は、海外との比較では不利な条件と考えられてきた。だが、資源循環や多品目少量生産等、自然と共生したきめ細やかな環境保全型農業を実践するうえでは、これはむしろ有利な条件になりうる。これからの新千年紀の韓国農政は、家族愛の育成と支援を中軸にすえ、規模拡大、企業化路線からは決別しなければならない」

金は、小農的「家族愛」を育成することこそが、韓国農業の生き残る道であるとの強い信念のもとに、一九九九年二月に農業の多面的機能を重視した「新農業基本法」を制定、環境配慮型農業に取り組むことで所得が減少する農家に対して、「直接支払い制度」を創設し、一九九九年から実施している。支払いを受ける農家には親環境的営農を行なうことが義務づけられ、違反者には罰金が科せられることは言うまでもない。直接支払いが農業予算に占める割合は二・五パーセントとスイスとは桁がひとつ違うが、ほぼ同様の政策が展開されていることがわかるだろう。その結果、環境配慮型農業に取り組む農家は、一九九七年の全農家の〇・四五パーセント、六七二〇戸から、二〇〇〇年には全農家の四・四パーセント、六万二七五戸へと急増し、環境配慮型農産物の生産量も一九九九年から二〇〇一年の三年間で全体量の一・一から二・七パーセントまで拡大した。

「販路なき生産振興策は失敗に終わる。過去の農政が失敗した原因のひとつは、販路整備をおろそかにしたためだ」こう金は主張し、全国に約三五〇店舗ある農協の常設店舗「ハナロクラブ」に「親環境農産物コーナー」を設置させるとともに、ソウル市や主要都市五〇カ所に直売所を開設し、消費者への産直を進めた。「農民は、高品質で安全な農産物生産など、消費者ニーズにあった農業に転換する。消費者は、安全性にすぐれた国産農産物の消費（愛農運動）を通じて、農業や農村への理解を深める。そして、政府は農民支援と消費者啓発に必要な政策を実行する。こうした農民、消費者、政府の三位一体の協力体制が確立されれば、厳しいWTO体制下でも韓国農業は生き残れるだろう」金は国民の理解を得た農政を心がけ「国民が動けば農業がよみがえる」「虫に食われて姿は悪いけれど美味しく安全です」と自らも数多くのスローガンを創作しては各地を回った。

こうした改革に対する既得権益団体や農林部局からの抵抗は熾烈をきわめたが、金は不退転の覚悟をもってのぞみ、一歩も引かなかった。肉体的精神的ストレスから在任期間中に歯が九本抜け落ち、激務による過労から金は二〇〇〇年の夏に引退するが、その改革路線は金が抜擢した中堅行政者たちによって今も継承されている。

切れた自然や大地との絆の回復

プレティ教授が本書のなかで「歴史の大半で、人の暮らしは大地と結びついて展開されてきた。人間は猿から分岐してからというもの、三五万世代は狩猟採集民で、六〇〇世代は農民だった。(中略)工業化された農業に依存するようになったのは、まさにここ二世代のことにすぎない」と指摘しているように、本書では、長期的視座をもって農業の本質が論じられている。

古代ローマの農業観や中国の古代農業が紹介され、イギリスのコモンズ、インドやインドネシアの伝統的慣習、先住民族たちの生き方を例に引きつつ、エンクロージャーやデカルトの科学革命に始まる近代化のなかで、人間が自然とのつながりをいかに喪失してきたのかをロングスパンで明らかにしている。デイヴィッド・ソローやジョン・ミューア、アルド・レオポルドといった自然保護や環境倫理思想の創設者たちの発言を引用しつつ、ディープエコロジーやバイオリージョナリズム、日本の里地や入会も取り上げ、自然とのつながり、関係性の断絶こそが、現在の農業や食べ物の危機を招いた本質であることをあばいていく。そして、農業は産業として捉えるべきものではなく、景観と一体となった文化そのものなのだとの結論を下す。

原著の題名は *"Agri-culture"* となっており、副題として *"Reconnecting People, Land and Nature"*(人間と自然と大地との絆の再生)とつけられているが、この一文に著者のメッセージはつきると言えるだろう。

したがって、本書は人間と大地との関係を描いた自然保護論としても楽しむことができる。もちろん、プレティ教授は人間のかかわりをいっさい排除した自然保護を強弁する自然保護論者でもなければ、自然と一体となったスローなライフスタイルに誰しもが切り替われば、環境問題はおのずから解決すると楽観的に考えるディープエコロジストでもない。本書のなかで「人間は自然によってつくられると同時に自然も形づくってきた」と再三述べられているように、持続可能な自然とのかかわりを逸したことが問題の発端であり、人間集団が形づくる社会構造を念頭におきつつ、いかにして適切な自然との「関係性」を取り戻すかに解決策の糸口があると主張する。この関係性を取り戻すための強力な武器として、教授が取り上げるのが「コミュニティ」である。イギリスの生物学者、ギャレット・ハーディンの「コモンズの悲劇論」や「社会関係資本」を解説し、各地の調査事例から編み出した独自の「コモンズ発展論」を展開しつつ、現代的な意味でのコモンズを再生する方策を論じていく。

コモンズが切り開く新たな有機革命

農地や森林のような自然資源の多くは誰もが自由にアクセスし使える公共財である。それだけに、資源を利用しようとする者を排除することが難しい。一方、限りのある資源の管理を地元住民に委ねると、住民たちは資源を浪費してしまうにちがいない。そこで、なんらかの法的規制をかけて個人行動を制限するか、個人が私有するしか適切な資源管理は見こめない。ハーディンのコモンズの悲劇はこう解釈されてきた。

事実、日本でも戦前に「入会」の「公有地化」が進められ、戦後は一九六六年の入会林野近代化法で、町村有林や私有林として登記することによって入会の整理が進められている。だが、本書でも分析されているように、行政が強権力をもって統制するやり方は経費がかさむし、行財政の悪化やグローバル化が進むなかではその実効性も薄れてきている。同時に、国有化を進めると、地元集落と自然との関係が断ち切られ、現場情報にうとい行政管理者は、地元住民ほど効率的に資源管理を行なえない。

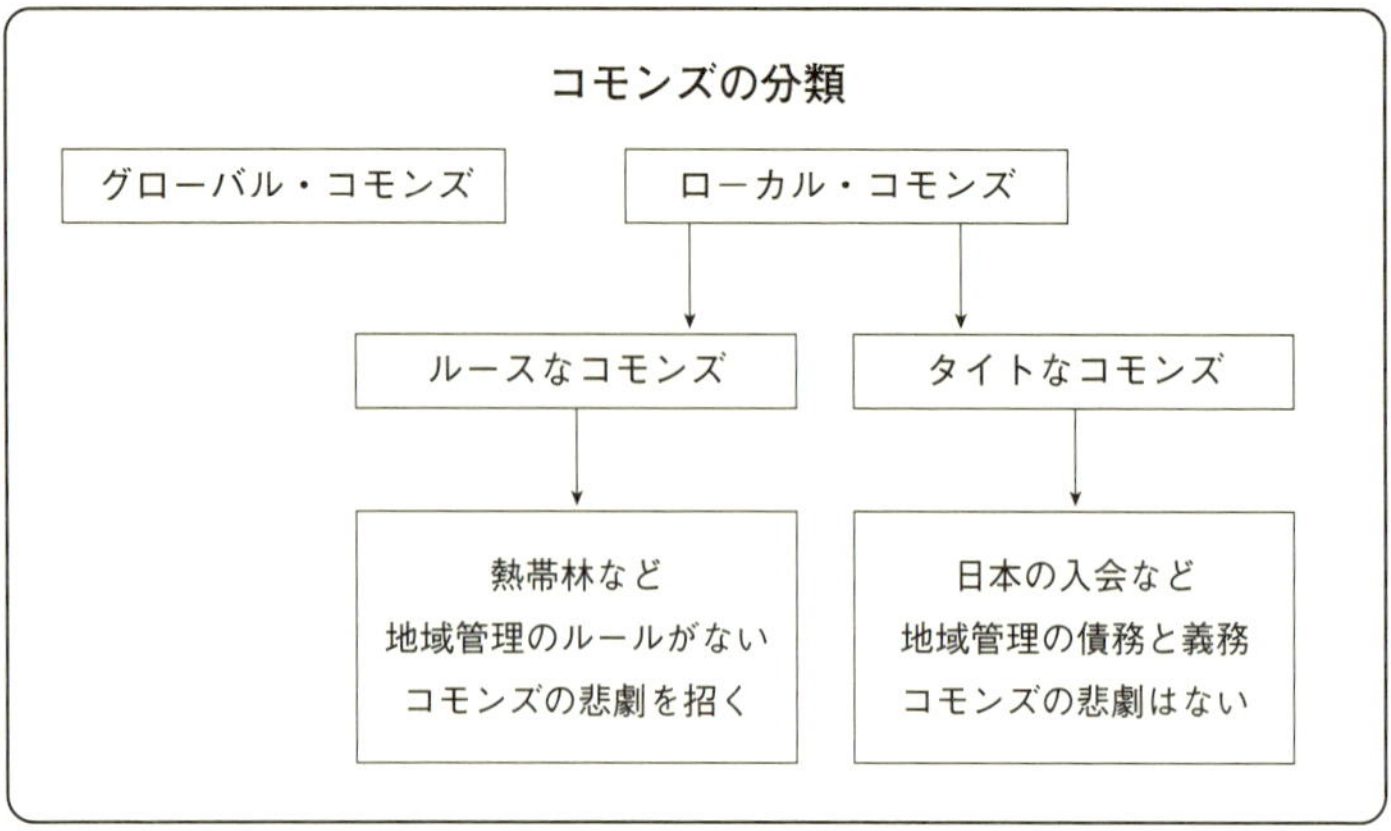

井上真他『コモンズの社会学』P13、井上真『コモンズの思想を求めて』P15より作成

一方、私的所有を進めることは、所有者のインセンティブを高め、資源を効率的に利用するうえでは有効だが、野放図な市場原理は、金さえ払えば何をしてもいいという理屈につながり、資源を得る者とそうではない者との間の格差を広げるし、里山の保全や生物多様性の確保といったコモンズが提供する環境的外部効果をきちんと内部化して評価できない。すなわち、国有化も私有化も自然環境を管理のうえでは、さほどすぐれた方法とは言えない。

東京大学の井上真教授は、この自然資源の利用・管理面に着目し、コモンズを、資源利用にさまざまな規律や義務がコミュニティ内で定められているタイトなローカル・コモンズと、利用規制が義務をともなわずコミュニティメンバーであれば比較的自由に利用できるルースなローカル・コモンズに分類している。そして、タイトなコモンズは、地域資源の持続可能な利用が可能であるとし、その事例として日本の入会(入会権・漁業権)やインドネシアのサシをあげている。日本の里山では、必要なときに不特定多数の村人が、入りあって利用してきたが、時期を限定して採取を解禁したり、一世帯がもち出す薪に上限を設けるなど、さまざまなルールを設定することで、資源が枯渇しないように努めてきた。つまり、伝統的なコモンズは、タイトなローカル・コモンズで、社会関係資本が充実したからこそ、住民が信頼しあい、相互規制が働くことで資源をうまく管理してきたといえる。

ハーディンの考え方はのちに社会学者からさまざまな批判をあびることとなるのだが、その最大の問題はハーディンがコモンズが誰もが自由気ままに利用できるオープン・アクセスな状態にあることを前提としていた点にあった。もちろん、共有資源であっても、熱帯林のようにルースなローカル・コモンズの場合は十分な共同管理がされているとはかぎらないし、地球温暖化問題のように地球規模での共有資源となると「誰のものでもない資源」すなわち、オープン・アクセスができる状態となり、コモンズの悲劇が起こってしまう。要するに、コモンズの悲劇は「管理されていないコモンズの悲劇」と表現するほうがより適切だろうし、タイトなローカル・コモンズによる資源管理が十分に機能していないこと、すなわち、コモンズがないことが、コモンズの悲劇なのである。

では、このコモンズを再生するにはどうすればよいのだろうか。その鍵となるのは、エコロジーの理解力と内的フロンティアを超えてアントレプレナー精神をかね備えた地域リーダーである。社会制度の改革を通じてエコロジーの理解力やコミュニティの合意形成は図れるし、コミュニティと地域リーダーとが協働しあうことで、驚くほどの速さで地域再生がなされうる。本書では世界各地の成功事例が取り上げられている。とかく、先行きが不透明な閉塞感におおわれがちな世界の現状にあっては、これはおおいに勇気を鼓舞される部分だし、プレティ教授自身もそれを意図して紹介しているように思える。

中米で静かに進む持続可能な農業革命

第三は画期的な増収技術である。持続可能な農法とコミュニティに根ざした住民の内発的な運動によって大きな成果をあげた例として、本書では中米各国で今静かに進む有機農業革命が紹介されている。

たとえば、グアテマラでは国民の大半を占めるマヤ族などの先住民族は、零細な小規模農業に従事するしかなく、じつにその九三パーセントが極貧状態におかれていた。だが、本書でも紹介された米国のNGOワールド・ネイバーズが一九七二年から始めた支援によって、農民たち自身でトウモロコシとマメ科作物との輪作や土壌浸食防止のために植林をしたりマルチを敷くなど工夫をこらし、化学肥料や農薬をいっさい使わずに一九七二年には一ヘクタール当たり四〇〇キログラムしかなかったトウモロコシの平均収量を一九九四年には四五〇〇キログラムと米国の平均単収と大差ないまでに向上させたし、豆類の一ヘクタール当たりの収量も一九七二年から一九九四年にかけ一七〇〇キログラムから一五〇〇キログラムへと高めている。しかも、窒素固定作物や土壌浸食防止用の草本植物の導入、病害虫防除のためのマリーゴールドの活用、手製のスプリンクラーなど、八〇〜九〇もの新たな農業改良技術を生み出している。この草の根で開発された技術は、「カンペシーノからカンペシーノへの運動（Campesino a Campesino）」と呼ばれ、メキシコ、ニカラグア、ホンジュラス、パナマと、国境を越えて何十ものNGOによって農民から農民へと伝授されている。

コロンビアでも農村の貧困を背景にした内乱により、一九八五年以来、総人口の二・五パーセントに及ぶ約一〇〇万人が、難民となり都市へ流入していた。このため、コロンビアに拠点をおく国際熱帯農業センターの研究者たちは、第7章で紹介されたCIALと呼ばれる従来とは異なる農民参加型の開発手法に一九九三年から取り組みはじめる。農民自身による高収量品種の導入や地域資源の管理方法の研究は農民たちの意欲や自信を育み、カンペシーノ運動と連携して急速にコロンビアからニカラグアやホンジュラスにも普及した。

参加型研究プロジェクトのマネージャーを務めるアン・ブラウン博士*は運動の成果を日本語の「自律」を意味するスペイン語で“autogestí”と表現しつつ、こう語る。「参加型アプローチの実験結果は、私たちを喜ばせると同時に驚かせました。研究に参加することで、農民たちは新たな人生の目的を見出したのです。農民たちは貧困から抜け出し、コミュニティのほかの住民を助ける機会を手にし、今活性化されているのです」

ＣＩＡＬは女性や先住民のためにもなっている。ニカラグアでは、運動が女性の自尊心を高め、家の外で活動する機会ももたらした。あるＣＩＡＬに参加する女性は胸をはってこう語る。「男性の態度が変わるのはゆっくりです。でも私たちは気にしません。変わるのは私たちだからです」

このカンペシーノ運動やＣＩＡＬの成果は、ハリケーン・ミッチのなかで実証される。ハリケーンは一九九八年にカリブ海地域を襲った二〇世紀最大とされるハリケーンで、死者一万人以上、三〇〇万人が住宅喪失という大被害をもたらし、なかでも、もっとも大打撃を受けたのがグアテマラ、ニカラグア、ホンジュラスだった。ニカラグアの農業被害は、大豆六〇パーセント、ソルガム六一パーセント、トウモロコシ三六パーセントに及び、ホンジュラスでもバナナ八八パーセント、豆五〇パーセント、トウモロコシ三三パーセントが被害を受けた。橋と道路は破壊され、救援の努力を困難にした。だが、カンペシーノ運動に参加した農民の農地は、表土が厚く作物も多様であったため、それ以外の近代農業の農地と比べて暴風雨によく耐え、地滑り被害を被った農地面積も三分の一にすぎず、収量面だけでなく防災面からも成果があることが判明したのである。

翌一九九九年、多くのＮＧＯの参加のもとに一八〇〇以上の持続可能な農場とそれ以外の慣行農場との差が調査されたのだが、ニカラグアでは被災にもかかわらず、利益をあげた農場すらあった。統計的分析によれば、こうした差が偶然に起きる確率は〇・〇一パーセントにすぎないという。これまで持続可能な農業は点としては国境を越えた広がりをみせていたが、各国政府からは「実行可能ではないし経済的でもない」とみられてきた。だが、この調査結果は、グアテマラ、ニカラグア、ホンジュラスの各国で大臣や国連代表などの参加のもとにも報告され、調査に関与した慣行農家も九〇パーセント以上が持続可能な農法に取り組む意欲を示したのである。

一方、CIALも災害対応策で威力を発揮した。国際熱帯農業センターの研究者たちは農民運動を支えるツールの一助として、ホンジュラスやニカラグアでGISによるマップづくりを進めていたのだが、このGISが、どの場所に緊急支援を行なえばよいのかの救助戦略を立てるうえでおおいに役立った。また、ホンジュラスやニカラグアの農民たちのほとんどは自家採取の豆をまくため、ハリケーンで豆の多くが失われたことは、何もまくものがないという絶望的な状況につながりかねなかったが、CIALに参加していた農民たちが中心となり、ただちに種子の増殖に取り組み、かつ最も種子を必要とする村々にGISを活用することで速やかに種子の配付が行なわれたのである。

今アンデス高原でよみがえる二五〇〇年前の古代農法

マルチ、輪作といったシンプルな農法こそが、じつは化学肥料や農薬漬けの近代農業よりも意外に威力を発揮する。本書でも登場するカリフォルニア大学バークレー校で教鞭をとるアグロエコロジーと持続可能な農業の世界的な権威、ミゲル・アルティエリ教授*は、アフリカ、アジア、ラテンアメリカと世界各地で持続可能な農業を研究した結果、こう述べている。

「私は古代の農業システムを研究した後、すぐに、西洋の知識が第三世界の農業の複雑さに対処するためには不完全であるとわかったのです」そう語るミゲル教授が絶賛する農法のひとつが、アンデスのワル・ワルス農法である。

アンデスの自然環境は苛酷である。インカ発祥の地とされる有名なチチカカ湖は海抜三八一二メートル。周囲の盆地は、季節的な浸水や干ばつに見舞われ、夜間の冷えこみで作物は枯死する。だが、ベネズエラ、コロンビア、エクアドル、ペルー、ボリビアなど各地には、一七万ヘクタールに及ぶ古代の「高く盛土した圃場」の痕跡が見つかっていた。考古学の資料によれば、地元のケチュア語で「ワル・ワルス」として知られる農法が、海抜四〇〇〇メートルもの高原で農業を営むうえで効果があったという。しかも、この農法はインカ以前の古代ティワナク文化に由来し、紀元前五〇〇〇年まで遡る。古代農法はどのように機能していたのであろうか。ことは今から二〇年前に米国の人類学者が、その実態を知るために、地元住民の助力を得て、数千年前の伝統的な農具を用いてワル・ワルスの復元を始めたことに発する。結果は驚くべきものだった。古代農法はみごとに機能しただけでなく、通常の三倍もの収量をもたらしたのである。

貧しい農民には、高額な農業機械や化学肥料は手に入らない。飢餓をはじめとして山岳地域特有の農業問題が解決できないなか、古代農法の可能性に期待をかけたNGOやペルー政府は、この研究に本格的に乗り出した。その結果、化学肥料をいっさい使わずに一ヘクタール当たりジャガイモ八〜一四トンの収穫が得られた。化学肥料を用いた通常の栽培でも、平均収量が一〜四トンしかないことからして、これがどれほど驚異的な数値であるかがわかるだろう。

古代農法が機能するにはちゃんとした科学的な根拠がある。農法は盛土した圃場と、その周囲を取り囲む運河のセットからなり、作物はこの盛土のなかで栽培されるのだが、周囲を取り囲む運河が有機物や泥をため、水中の水草が窒素分に富む緑藻類の住み処となり、天然の肥料分を提供する。あわせて運河は日中には強い赤道直下の日差しをあびて温まり、夜間も四度程度の水温を保つ。これが、温暖な微気候をつくり出し、厳しい冷えこみや凍結から作物を保護するとともに、生育期間をのばす。さらに運河と盛土のセットは洪水や干ばつからも作物を守る。たとえば、一九八三年には地域は激しい干ばつに襲われ、一九八六年には逆に氾濫に見舞われ、近隣の慣行農業は大打撃を受けたが、盛土圃場はこれをみごとに乗りきった。

古代農法は長い間忘れ去られていたが、NGOと政府機関は一九八四年にワル・ワルス再生プロジェクト（PIWA＝Proyecto Interinstitucional de Rehabilitacion de Waru Waru en Altiplano）をスタートさせる。

一九八六年から二〇〇一年にかけて、四〇〇〇ヘクタール以上のワル・ワルスが復元され、世界的にも貴重な伝統農法としてＦＡＯも着目している。チチカカ湖西側のアイマラ族の集落では、五年間に圃場を復元したが、農法は大きな成果をあげ、地元住民はこう口にする。「以前、この地域はつねに水に漬かっていましたが、今、私たちにはワル・ワルスがあります。土地が役立つようになったのです。古代技術は私らの先祖のことを想起させます。ご先祖様はじつに素晴らしいアイデアをもっていたのです」

マダガスカル発、超稲作増収技術は人類を飢餓から救うのか？

「そんな素敵な方法があるならば、私らのご先祖さまが考え出さないはずがない。そう思っていたんです」

古代農法が再評価される一方で、新たに開発されている農法もある。こう語るのは、ネパールの農民、アナンタ・ラムである。以前の米の反収は五〇〇キログラムだった。だが、今は一〇〇〇キログラム以上の収量をあげている。「いったい、どうしてそんなことができるのだろうか」この情報をインターネットで手に入れ、圃場試験を行なった地元の農業普及員ラヘンドラ・ウプレテ氏は驚きの色を隠せない。「二〇〇二年から、我々は試験圃で二倍、三倍の収穫を得ているのです。それはまさに驚きそのものです」

現在、世界の人びとの半分以上は米を食している。そして、国連によれば今後三〇年で需要はさらに三八パーセント高まると予想されている。だが、その収量は頭打ちとなっており、遺伝子組み換え技術を含めた多くの努力がなされているものの、収量改善の解決策は見出されていない。アジア、アフリカ、ラテンアメリカの稲作地帯では、すでに四億人以上が慢性的な飢餓を強いられている。この危機感と焦燥感もあいまって、国連は二〇〇四年に「国際米年宣言」をしている。このようななか、世界各地の開発途上国、それも僻地といわれる場所で着目されているのが、本書でも紹介されているＳＲＩと称される新農法なのである。

ＳＲＩは、フランス出身のイエズス会神父アンリ・デ・ロラニエ（一九二〇〜一九九五）がマダガスカルで発明した農法である。マダガスカルは世界でも最も貴重な野生生物の宝庫で、カメレオン、キツネザルなど貴重な生物が独自の進化を遂げている。だが、深刻な森林破壊が進行し、かつては島の九割を占めていた自然林は今や七パーセントまで激減し、貴重な固有種は絶滅の危機にさらされている。森林破壊の最大の原因は、貧しい農民たちが行なう焼畑農業にある。住民の主食は米だが、その収量は反収二〇〇キログラムと低い。ロラニエは一九六一年にマダガスカルにやってきて以来、死去するまでマダガスカルの農民のためにその人生を捧げたが、なかでもとくに力を注いだのがマダガスカルの主食でもある米生産だった。ロラニエは、島中の水田をきめ細かく観察しては、農法の違いによって収量差があることに気づいた。たとえば、ある高地の村では、農民たちが一本苗で田植えをしていたが、その収量は高く、出穂までの成育期に田んぼから完全に水を抜き、空気にさらした農民が高収量をあげていることも知った。

そして、一九八三年にさらに興味深いことに気づく。この年はひどい干ばつで、多くの農民が十分な水を水田にひけなかったのだが、水不足の水田でもイネがよく育ち、その根系がよく発達していたのだ。また、ロラニエ自身も、干ばつのためにやむをえず田植えの時期をずらし、早めに苗を田植えしたのだが、その偶然に早く植えつけられた稲が、その後よく分けつし、豊かな実りをもたらしたのである。この発見をヒントにロラニエは、後にＳＲＩの主原則となる三つのポイントを見出す。

①まだ苗が小さいうちに、田植えすること。
②苗は間隔をあけて粗植すること。
③水田は水分を保ちつつ、湛水しないこと。

マダガスカルでは、化学肥料を用いた試験が行なわれていたが「近代農法では平均反収六二〇キログラムが達成できるのみ」との報告がされていた。だが、同時期に同じ地域でＳＲＩを用いた二七人の農民たちは平均一〇二〇キログラムをあげていたのである。

ＳＲＩは斬新な発想に思われがちだが、ロラニエの農法は島全域を観察するなかから育まれたもので、個々の技術はすでに伝統的な農民が使っていたものだった。これらを総合的な体系として組み合わせたのはロラニエが初めてだったのだ。だが、マダガスカルには伝統的なタブーがある。たとえば、多くの農民たちは手で圃場を耕すが、これは牛耕がタブーになっているからだ。農民たちは変化を恐れＳＲＩは広まらなかった。加えて、マダガスカルの外部でもほとんど知られず、活用されることもなかった。研究者たちがずっと疑いの目をもって見てきたからである。

だが、一九九三年に、熱帯林の破壊に歯止めをかけるべくマダガスカルに乗りこんだコーネル大学の国際食料農業開発研究所長のノーマン・アップホフ教授*はそこでＳＲＩと出くわすことになる。

「私はせいぜい一ヘクタール四トンの収量が得られればよいと思っていたわけです。ですから、彼らが一五トンかそれ以上の収量が得られていると口にしたとき、率直に言って信用できませんでした」だが、教授の疑問はまもなく確信に変わった。「結果は驚くべきほどで、まさに凄まじいとしか言いようがありませんでした。二作期目には一ヘクタール八トン以上の収量を得たのです」

ＳＲＩに取り組んだ三八人の農家の平均収量は八トン以上で、なかには一二トン以上の収量をあげた農家もいたし、翌年には栽培農家を六八人まで広げたが、結果はやはり高く、以降五年間の平均収量も八トン以上だったのだ。以来、教授は一九九七年からはアジアでＳＲＩの普及を始める。その努力の甲斐もあってＳＲＩは世界各地に急速に広がりはじめつつある。

ＳＲＩは農薬や化学肥料への依存を減らすから、アグリビジネスのグローバリゼーションと戦うための草の根運動の強力な武器になる。堆肥を使うから貧しい農民でも取り組めるし、有機農業といいながらもコストパフォーマンスがよい。慣行稲作と比べて水量が半分ですむから水が十分に得られない地域でも実施できるし、湛水状態にないからメタン放出も抑えられる。自給率向上と環境保護を両立させられることから、さまざまなＮＧＯもＳＲＩに着目している。事実、本書でも何度も紹介された「農民田んぼの学校」は、インドネシア、スリランカ、ミャンマーなど各地でＳＲＩを取り入れはじめている。

だが、ＳＲＩへの批判や疑いは根強く、フィリピンにある国際イネ研究所の研究者たちの批判をもとに二〇〇四年に科学専門誌ネイチャーには批判論文が載せられている。だが、二〇〇三年の夏以来、インド、アンドラ・プラデーシュ州でＳＲＩを推進してきたハイデラバードの農科大学のサトヤナラヤーナは、ネイチャーにただちに反論を掲載し、こう主張する。「農民たちの経験は、疑い深い科学者の報告とはまったく異なっています」同州での平均反収は三八九キログラムだが、一六七農場で試験を行なった結果、ＳＲＩでは平均八一〇キログラムの反収が得られている。

「ＳＲＩは生産経費が低く生産性もすこぶる高い。緑の革命の技術が馬脚を現わしつつあるなか、これまで以上に重要だし、全世界が水不足に直面するなか、この実践はあらゆる地域で奨励されるべきだろう。我々は、偏見なき心でオルターナティブを模索する必要がある。ＳＲＩはまだ発展中のものだ。高収量の科学的理由を解き明かし、技術向上にむけて科学者たちが力をあわせること。農民たちの経験でよい結果が得られているのに、かぎられたデータや先入観でＳＲＩを捨て去るよりも、そのほうがよほど建設的ではないか」

もっともな主張である。ＳＲＩはインドだけでなく、インドネシア、スリランカ、カンボジアと世界各地に普及し、五万〜一〇万人の農家が取り組んでいるとされている。そして、コーネル大学をはじめとする各地の研究や実験データは、故ロラニエ神父の詳細な研究の価値を実証しつつある。たとえば、スリランカでＳＲＩに取り組む農民、プレマラトナはこう述べている。

「今、化学資材の過剰な使用で、米生産はコスト面でも健康面でも、世界各地の農民にとって、魅力的なものではなくなっています。ですが、オルターナティブな手段がないなか、減農薬や減化学肥料に取り組むのは困難です。ですが、SRIをもってして、今私たちはこの状況を変えることができます」二〇〇三年、マダガスカルのNGOテフィ・サイナは、スローフード協会のスローフード賞を受賞している。だが、本当にSRIに問題がないのか、あるいは短期間ではなく将来的にも高収量をあげ続けることができるのか、あるいはさらなる可能性が秘められているのかは、まだ十分に研究されていない。

国家的転換、コモンズ、そして新技術
——三位一体で持続可能な農業革命の先端をいくキューバ

これまで述べてきたことから、持続可能な農業で食料を増産するには、国をあげて持続可能な農業を推進する方向へと国家目標をシフトさせ、それをコミュニティにもとづく草の根運動とタイアップして普及し、さらにSRIのような新たな増収農法の研究に取り組めばよいことがわかる。重要なステップは、国家農業政策の根本的な改革だ。そうした変革なくしては、これまでみられた進歩は、小規模に限定されてしまうことだろう。すべてにわたって転換を促進するための持続可能な農業の明確な国家政策をもっているのは、世界のなかでたった二カ国、スイスとキューバだけなのだ（米国で後に行なわれた教授の講演では、さらにブータンも追加している）と、プレティ教授自身が語っているとおりである。

じつは、キューバは、SRIについても農業省、砂糖省、研究所、農民団体、NGO、そして現場の生産農家がタッグチームを組み、総力をあげて取り組んでいる唯一の例外的国家である。しかも、すぐれたバイオテクノロジーとこれまで蓄積された有機農業技術を加味して、さらなる技術発展にむけて邁進している。教授も高く評価するキューバの国家的な農政転換については、拙著でも紹介したが、これにはSRIは出てこない。キューバ砂糖省のレナ・ペレス博士が、コーネル大学の恩師デヴィッド・ピメンテル*教授を通じて

キューバにおける収量増加

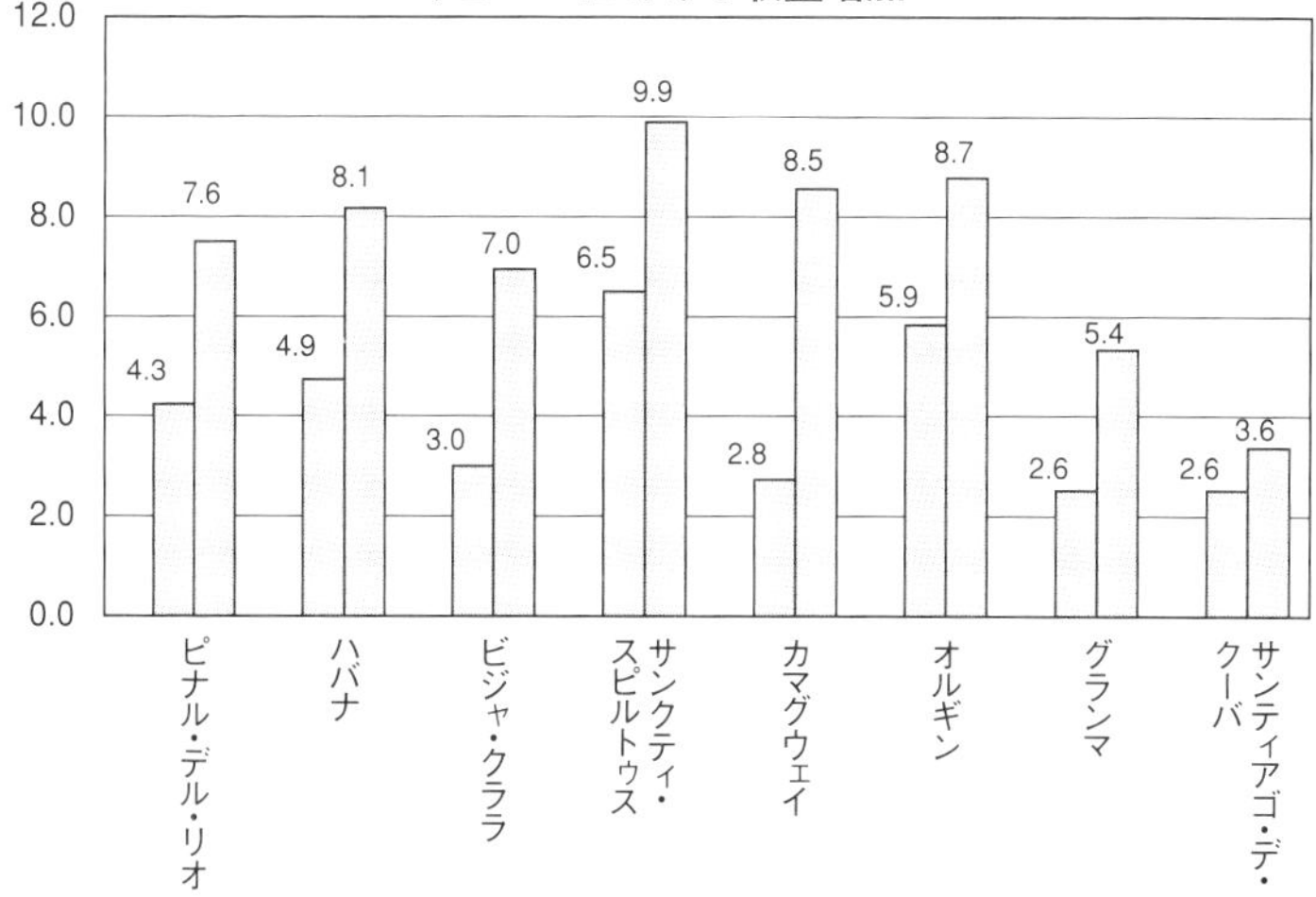

ＳＲＩの存在を知ったのは二〇〇〇年のことで、本腰を入れて取り組みはじめたのは私の取材以降のことだからである。だが、翌二〇〇一年にはレナ博士を中心に早くも研究に着手している。キューバは現在米の六〇パーセントを輸入している。機械化された国営農場はコストがかさみ効率が悪いなか、政府は小規模自作農による人民稲作運動を奨励しているが、その戦略の一部としてＳＲＩを取り入れたのである。米が生産されない二州を除く全州で取り組まれている。二〇〇三年の結果は、全国会議で報告されたが、上の図のように驚くべき勢いで収量が高まっていることがわかるだろう。

ＳＲＩの研究は稲作研究所や農業技術研究所が試み、さらにミコリザ菌などキューバがもつバイオテクノロジーと組み合わせる研究を進めている。民間ベースでＳＲＩを初めて試みたのは、ピナル・デル・リオ州の砂糖協同組合カミロ・シエンフエゴスである。以前の収量は四・六トンであったが、今は平均収量八・九トンを得ているし、ある地点では一四トンの収量も得られている。さらに生産コストも下がっている。拙著に登場した稲作農家、ルイス・ロメロ農場でもほぼ一四トンの収量を得ているという。民間NGOキューバ教会委員会がすぐれた普及冊子を作成したところ、全国小規模農民協会をはじめとする多くの機関もSRIに関心をもち、ここ二年ほど全国でトレーニングや学習会が開かれているという。経済的な状況が背景にあったとはいえ、この素早い対応はみごととしか言いようがない。

キューバのSRIを二〇〇三年、二〇〇四年と続けて視察したアップホフ博士はこう評価している。「国家プログラム人民稲作は、現在、都市農業と同じくSRIも推進している。稲作研究所や農業技術研究所米センターも農民とともに取り組んでいる。キューバの取り組みはまだ始まったばかりだが、キューバ農民の高い教育水準とモチベーションを得て、かなり短期間で多くのイノベーションと改善があるだろう」

安全な食を供給するコミュニティの力

アップホフ教授が言う、キューバの政府、コミュニティと技術研究の連携体制が有機農業を推進するうえでも威力を発揮している。キューバの農業研究の総本山とも言うべきハバナ農科大学は、研究テーマの重点を有機農業の推進と持続可能な開発、GISの農業利用、コミュニティの自律においているが、最後のテーマを進めるため、二〇〇三年に大学内に農村・農業発展研究センターを新たに設置した。センターのペニャー・ホヘーダ博士は、コミュニティの自律には「地域の人間発展」が鍵となるとし、こう主張する。

「地域の人間発展は、キューバ全体の国家戦略となっています。どのコミュニティであれ、地域に居住する住民そのものが向上しないと、発展は期待できません。そのため、政府のマネジメントのベースをコミュニティにおいています。コミュニティ住民の教育水準が高まれば、中央政府が一々命令しなくても、自分たちでものごとを実現できるからです」

地域の人間発展を高めるため、総合的有害生物管理では、新たな教育と情報システムが構築されている。一般に湿度や気温が高まると病害虫が発生する可能性は高まるが、どこでも一律に蔓延するわけではなく、各圃場の土壌条件や営農方法によって発生度合いは異なる。農村・農業発展センターには、どの場所で害虫が発生しやすいかの情報が集積されているため、GISを活用しながら、発生予想をある程度できる。そのうえで、リスクが高い農家に対して、害虫コントロールの予防手段を提供できるのだ。

持続可能農業研究センターのニルダ・ペレスさんはこう語る。

「二〇〇一年に初めて生産者むけのワークショップを開催しました。トラクター、燃料、農機具と何もかもが不足し、何もないわけですから、新たな手法を実施するうえで、生産者から大学側に『道具をくれ』とせがまれるのではないかと心配していたのです。ですが、不安は杞憂に終わりました。どの農家も道具や施設を要望しなかったのです。ソ連の援助がなくなったので、農民たちは、米、豆、トウモロコシを作付け、鶏を飼育し、自給する必要がありました。そこで、豆栽培のやり方や害虫の管理技術を教えてほしいと。つまり、彼らが求めていたのは情報だったのです。今でも大学まで農民が直接やってきて、何か新しい情報がないかと質問を寄せるのです」

実際に天然自然資源の管理を行なうのは地区住民や農家である。そこで、市町村単位に農村・農業教育センターが設置され、コンピューターのネットワークを通じて、水資源、土壌資源、地区内の植物や病害虫に関する最新情報を提供している。どの農家も自分なりの知識やノウハウをもっているが、今ではそれに加えて、各地の先進的農家の病害虫管理の取り組みも得られるし、最新成果をわかちあうため定期的なワークショップも開かれている。たとえば、ある農家が新技術に取り組み、病害虫被害抑制に成功すれば、うまくいかない生産者を成功した生産者のところに連れていき、そのノウハウを学びあっているのである。日本では、総合的有害生物管理というとバイオ農薬の生産開発といったように、技術面だけに目がいきがちだが、キューバの有機農業を根底で支えているのは、ＧＩＳなどを活用した地域住民へのきめ細かい情報提供と、それによって啓発された各コミュニティの自律的取り組みであることがよくわかる。本書の例で言えば、「エコロジーの理解力」を高めていることだと言えよう。そして、これはニカラグアやホンジュラスのカンペシーノ運動やＣＩＡＬとも相重なるものだし、二〇〇〇年からは農民参加型の種子育成運動を展開し、在来品種をかけあわせるなかで、ハイブリッド品種よりも施肥量は三〇パーセント、水量は五〇パーセントも少なく、かつ収量は三〇パーセント多く、病害虫にも強く味がよいトウモロコシの新品種開発に成功している。

同時に、キューバは徹底的な地方分権化も進めている。農政に競争原理や実績成果にもとづいてボーナスを支払う制度をスタートさせているが、林政においても違法な乱伐に対しては厳しい罰則規定を設けながら、努力する農家や公社に対しては、実績に応じて十分な所得を支払い、これに報いる。非効率な農業省の直営事業を森林公社や民間農家に委ね、それを現場にもっとも近い市の出先機関が取り仕切るという地方分権化が進められている。すなわち、地方分権、競争原理の導入、そして、規制強化というのが、キューバの改革の底流に流れるキーワードなのである。日本であれば、最後のタームは必ず、規制緩和になる。だが、なぜキューバでは、市町村やコミュニティに地域資源管理の責務を委ねながら、規制緩和をしないのであろうか。それは、これまで述べたクロス・コンプライアンスやタイトなローカル・コモンズを念頭におけばおわかりいただけるだろう。

もちろん、コモンズの重要性を確認することは、ただ昔を懐かしみ、閉鎖的な共同体に回帰することではない。現代社会に適合したかたちで、ローカル・コモンズを再構築するためには、資源利用管理を地域住民にまかせきりにするのではなく、地域の固有性をしっかりと評価し、持続可能な利用管理、民主的な決定プロセスといった普遍的な価値へと結びつける作業が必要となる。キューバでの持続可能な農業にむけた総合的有害生物管理が象徴するように、地域コミュニティに対して、ＧＩＳなどを通じて適切な情報提供を行ない、住民の合理的な意思決定を支援していくことが、今、行政や研究機関、NPOに求められることであろう。

地球環境問題が深刻するなかで、開発途上国を中心に、コミュニティで、再生されたり、新たに誕生しはじめつつあるローカル・コモンズ。それは、この混迷する世相のなかで、コモンズの悲劇を超えて人類に希望を投げかける、唯一の要素なのかもしれない。そして、そのコモンズを再生するのは、プレティ教授の言を借りれば、内的フロンティアを超えたあなたなのだ。

最後に著者のジュールス・プレティ教授の経歴を簡単に紹介をしておこう。プレティ教授は、イギリス、エセックス大学生物科学部長で、同大学の環境社会センター長でもある。教授の研究領域や関心は、持続可能農業にとどまらず、グリーンな運動、土壌の健康と炭素隔離、社会関係資本と天然資源、生物多様性とエコロジカルなリテラシー、農業政策と真のコストと多岐にわたっている。その多方面に及ぶ博識ぶりは本書でも十分に発揮されているが、本書以外にも一五〇以上の学術論文と以下のように多数の著作がある。

『*Unwelcome Harvest: Agriculture and Pollution*（歓迎されなき収穫――農業と汚染）』（1991）共著、『*The Hidden Harvest: Wild Foods and Agricultural Systems*（隠された収穫――野生の食料と農業システム）』（1992）共著、『*Regenerating Agriculture*（農業再生）』（1995）、『*The Trainers Guide for Participatory Learning and Action*（参加型の学びと行動のための訓練ガイド）』（1995）共著、『*Policies and Practice for Sustainability and Self-Reliance*（持続性と自律のための政策と実践）』（1995）、『*The Living Land*（生きた大地）』（1998）、『*Agriculture, Food and Community Regeneration in Rural Europe*（食料、農業、ヨーロッパ農村でのコミュニティ再生）』（1998）、『*The Impacts of Participatory Watershed Management*（参加型流域管理の影響）』（1999）、『*Fertile Ground*（肥沃な土地）』（1999）共著、『*Green Planet*（緑の惑星）』（2002）編著。

教授は、一九九七年にエセックス大学に移籍する前は、一九八九年から国際環境開発研究所（International Institute for Environment and Development）で持続可能な農業プログラムのディレクターを務めたが、本書は教授の長年にわたるこうした経験がいかされていると言えるだろう。

教授は学術研究者として、英国農業史協会（British Agricultural History Society）と生物学と芸術王立協会（Institute of Biology and the Royal Society for Arts）の会員だが、象牙の塔にこもるのではなく、遺伝子組み換え農産物の健康や環境に対するリスクを政府に提言する環境リリース諮問委員会（ACRE＝Advisory Committee on Releases to the Environment）副委員長のほか、環境食糧省（DEFRAD＝Department for Environment, Food and Rural Affairs）、国際開発省（DFID＝Department for International Development）、貿易産業省（DTI＝Department of Trade and Industry）などで政府諮問委員会の委員を務め、イギリス農業の再生のための国家戦略を提言するなど、政府の知恵袋としても活躍している。

同時に、農業改革グループ（Agricultural Reform Group）やネイバーフッド・シンクタンク（Neighbourhood Think Tank）の設立メンバーであり、サフォークACREの副代表も務める。さらに、持続可能な農業の重要性を広く国民に啓発するため、マスコミやメディアにも積極的に登場し、たとえば、一九九九年にはBBCラジオの四回シリーズ「エデンを耕す（Ploughing Eden）」、二〇〇一年にはビロード豆による中米の農業改革を紹介するBBCテレビの「奇跡の豆」の製作にあたった。

教授の関心は国内農業にとどまらず、その活動は海外にも及んでいる。たとえば、持続可能な農業のための国際ジャーナル誌の編集長も務め、二〇〇一年から六年間はコーネル大学から教授に任命され、二〇〇二年からはスローフード賞の国際審査委員も務めている。こうした幅広い教授の活動は対外的にも評価され、一九九七年にはインドの環境団体から「持続可能でエコロジカルな農業の国際的貢献賞」を受賞している。

こうした多彩な経歴の実践を背景に世界農業の新たなうねりを、学術的な質を落とすことなく、興味を引くエピソードを随所に盛りこみながら、一般むけの啓発本として描き出したのが本書なのである。

なお、本書はできるかぎり原文にしたがって翻訳したが、どうしても日本語として読みづらい部分が残ったため、原意を損なわないかぎりにおいて原文をもとに訳者がかなり手を加えた。また、巻末には二五ページに及ぶ詳細な注がつけられていたが、これも本文に盛りこめるものはなるべく組み入れ、内容の充実を図った。意訳が原文の意を損ねていたり、この作業が著者の意図と乖離していたとすれば、その責任はすべて訳者にある。

また、わかりにくいと思われる事項に関して訳注を付加した。あわせて、主な人物の解説、事項索引も設けた。本書の理解を深める一助となれば幸いである。

さらに、どうしても直訳調になりがちな翻訳文体を読みやすい文章にわかりやすく仕上げていただいた築地書館の土井二郎社長ならびに橋本ひとみさんにこの場を借りて厚くお礼申し上げたい。

二〇〇五年一二月

吉田太郎

あとがきを作成するにあたっては以下の文献を参考にした。

■スイスの環境直接支払い

大山利男（二〇〇一）「有機農業にかかる政策手法に関する考察」『有機農業研究年報vol.1』日本有機農業学会
蔦谷栄一（二〇〇一）「海外の有機農業などへの取り組みと農業政策」『有機農業研究年報vol.1』日本有機農業学会

蔦谷栄一（二〇〇三）「海外における有機農業の取り組み動向と実情」筑波書房ブックレット

■韓国農政の持続可能な農業への転換

足立恭一郎（二〇〇一）「日本の有機食品市場をめぐる周辺諸国の政策動向」『有機農業研究年報 vol.1』日本有機農業学会

足立恭一郎（二〇〇二）「親環境農業路線に向かう韓国農政」『農林水産政策研究　第2号』

蔦谷栄一（一九九九）「韓国・中国の持続型農業政策の現状」農林金融九月号

蔦谷栄一（二〇〇一）「海外の有機農業などへの取り組みと農業政策」『有機農業研究年報 vol.1』日本有機農業学会

蔦谷栄一（二〇〇三）『海外における有機農業の取り組み動向と実情』筑波書房ブックレット

藤井厳喜（二〇〇四）『国家破産以降の世界』光文社

■コモンズと共有資源管理

井上真他（二〇〇一）『コモンズの社会学』新曜社

井上真（二〇〇四）『コモンズの思想を求めて——カリマンタンの森で考える』岩波書店

■中米のカンペシーノ運動

家の光協会『地球白書』二〇〇二年版

World Neighbors helps communities help themselves !
http://www.wn.org/CountryPrograms.asp?Country=Guatemala

Miguel A. Altieri, Enhancing the Productivity of Latin American Traditional Peasant Farming Systems Through an Agroecological Approach.
http://www.cnr.berkeley.edu/~christos/espm118/articles/enhancing_prod_la_peasants.html

Eric Holt-Gimenez, Campesino a Campesino: Sustainable Development from Below, Global Pesticide Monitor, May 1990.
http://www.panna.org/resources/pestis/PESTIS.burst.288.html

Eric Holt-Gimenez, Hurricane Mitch Reveals Benefits of Sustainable Farming Techniques, The Cultivar, Winter/Spring 2000.

Preventing Conflict in Colombia Through Improved Agriculture, NEWS FEATURE
http://www.futureharvest.org/news/colombia.bckgrnd.shtml

Priscila Henriq uez, Pilot Exercise on Sharing Institutional Innovation, Farmer Participation in Conservation and Research, Local

Agricultural Research Committees, Honduras and Nicaragua, February 2003.
http://www.isnar.cgiar.org/shiip/PrintVersion.cfm?I=1629&P=1
Farmers' Knowledge Meets Formal Science: A People-Centered Strategy for Combating Poverty and Environmental Destruction in Tropical Hillsides, International Center for Tropical Agriculture. 1999.
http://www.mtnforum.org/resources/library/ciat99b.htm

■アンデス高原のワルワルス農法

mountain partnership, Traditional farming
http://www.mountainpartnership.org/initiatives/andes03.html
Drew Benson, Ancient system helps Peruvian farmers handle drought, floods, frost, 2003.
http://www.usatoday.com/weather/climate/2003-08-05-peru-farming_x.htm
Miguel A. Altieri, Enhancing the Productivity of Latin American Traditional Peasant Farming Systems Through an Agroecological Approach
http://www.cnr.berkeley.edu/~ christos/espm118/articles/enhancing_prod_la_peasants.html
Miguel A. Altieri,The Potential of Agroecology to Combat Hunger in the Developing World
http://nature.berkeley.edu/~ agroeco3/the_potential_of_agroecology.html
Shaun Oibrien,Prof Advocates Alternative to Biotech Field of Acroecology Aims to Eliminate Environmental, Social Imbalances in Agriculture, 2001.
http://www.dailycal.org/article.php?id=4644他

■マダガスカルのＳＲＩ

Uphoff, Origins of SRI
http://ciifad.cornell.edu/sri/origins.html
Christopher Surridge, Rice cultivation:Feast or famine?, Nature 428, 360 - 361 (25 March 2004)
http://www.nature.com/nature/journal/v428/n6981/full/428360a_fs.html
Dixit, Kunda. The miracle is it's no miracle In The Nepali Times, 256, July 15 - 21, 2005.

http://www.nepalnews.com.np/ntimes/issue256/nation.htm
Rice revolution in Laos,oxfam report
http://www.oxfam.org/eng/program_deve_east_asia_laos_rice
A.Satyanarayana, Rice, research and real life in the fieldNature 429, 803 (24 June 2004)
http://www.nature.com/nature/journal/v429/n6994/full/429803a_fs.html
P.Sudhakar, Dalit woman shows the way to better yields In the Hindu In The Hindu (on-line edition). Tamil Nadu section. Mon. 9 Aug. 2004.
http://www.hindu.com/2004/08/09/stories/2004080907370500.htm
Revolution in rice intensification in Madagascar
http://www.farmingsolutions.org/successtories/stories.asp?id=9
Anya Fernald, Premio Slow Food Tefy saina, 2003.
http://www.slowfood.com/img_sito/PREMIO/vincitori2003/pagine_en/Madagascar_03.html
Review of Results and Progress with the System of Rice Intensification during 2003.
http://ciifad.cornell.edu/sri/countries/cuba/ricetoday04.pdf
Rena Perez, Experience in Cuba with the System of Rice Intensification, 2002.
http://ciifad.cornell.edu/sri/proc1/sri_12.pdf

百姓仕事で世界は変わる

――持続可能な農業とコモンズ再生

二〇〇六年二月二八日初版発行

著者――ジュールス・プレティ
訳者――吉田太郎
発行者――土井二郎
発行所――築地書館株式会社
東京都中央区築地七―四―四―二〇一　〒一〇四―〇〇四五
電話〇三―三五四二―三七三一　FAX〇三―三五四一―五七九九
ホームページ=http://www.tsukiji-shokan.co.jp/
印刷・製本――明和印刷株式会社
装丁――今東淳雄（maro design）

 ISBN 4-8067-1325-2

著者紹介

ジュールス・プレティ（Jules Pretty）

一九八九年から国際環境開発研究所で持続可能な農業プログラムのディレクターを務め、一九九七年より、エセックス大学（イギリス）生物科学部長、同大学の環境社会センター長。

研究領域や関心は、持続可能な農業にとどまらず、グリーンな運動、土壌の健康と炭素隔離、社会関係資本と天然資源、生物多様性とエコロジカルなリテラシー、農業政策と真のコストと多岐にわたる。

遺伝子組み換え農産物の健康や環境に対するリスクを政府に提言する環境リリース諮問委員会副委員長のほか、環境食糧省、国際開発省、貿易産業省などで政府諮問委員会の委員を務め、イギリス農業の再生のための国家戦略を提言するなど、政府の知恵袋としても活躍している。

また、持続可能な農業の重要性を広く国民に啓発するため、マスコミやメディアにも積極的に登場し、一九九九年にはＢＢＣラジオの四回シリーズ「エデンを耕す（Ploughing Eden）」、二〇〇一年にはＢＢＣテレビの「奇跡の豆」の製作にあたった。

二〇〇二年からはスローフード賞の国際審査委員も務めている。

著書は多数あるが、日本で紹介されるのは初めて。

訳者紹介

吉田太郎（よしだたろう）

一九六一年東京生まれ。筑波大学自然学類卒業。同学大学院地球科学研究科中退。東京都産業労働局農林水産部を経て、現在、長野県農政部農政課勤務。

有機農業や環境問題は学生時代からの関心事。社会制度や経済など広い視野から「業」としての農業ではなく、持続可能な社会を実現しうる「触媒」としての「農」や「里山」のあり方を模索している。

著書に『２００万都市が有機野菜で自給できるわけ』『１０００万人が反グローバリズムで自給・自立できるわけ』（築地書館）、『有機農業が国を変えた、小さなキューバの大きな実験』（コモンズ）などがある。

事項索引

■サ行

人名解説・索引（文末の数字はページを示す）

■ア行

アーニー卿（Ernle, Rowland Edmund Prothero, 1st Baron：1851〜1937）　イギリスの農学者、作家。本書の引用は著作“English farming past and present（英国農業の昨今）”（1912）による。　**67, 71**

アームストロング，ドナ（Armstrong, Donna）　ニューヨーク州立大学オルバニー校の公共福祉の準教授。ニューヨーク市のコミュニティ菜園を調査し、菜園が人びとの健康改善のみならず、民主化や社会的公正の促進等コミュニティ全般の健全化に効果があることを明らかにした。交通、住宅、環境、経済開発等の統計を用いて、健全な都市のあり方を研究している。　**303**

アスター，ウィリアム・ウォルドーフ（Astor, William Waldorf：1879〜1952）　1917年に創設されたアスター子爵家の2世。ニューヨークで生まれ育ったが、12歳のときにイギリスに移住し、イートン校とオックスフォード大学で教育を受ける。政治への関心が強く、1910年には保守党下院議員として立候補し、当選。ロイド・ジョージ首相やチャーチルとも親しく、第一次世界大戦中には首相秘書を務めた。父の死後はアスター子爵を相続。自動的に上院議員となった。慈善運動家としても著名で1939〜1944年はプリマス市長も務めた。農業に強い関心をもち、本書の引用のほか“Land and Life（土地と暮らし）”（1932）、“The Planning of Agriculture（農業計画）”（1933）、“British Agriculture（英国農業）”（1938）、“Mixed Farming and Muddled Thinking（複合農業と思考の混乱）”（1946）などの著作がある。　**101**

アップホフ，ノーマン（Uphoff, Norman）　コーネル大学、芸術科学カレッジ教授。コーネル国際食料農業開発研究所（Cornell International Institute for Food, Agriculture and Development）の所長。第三世界の農村開発、参加型の地元組織、公共政策分析、南アジアの農業、開発倫理等を専門とし、スリランカでの農村研究（1978〜79年）、参加型の灌漑管理（1980〜87年）、ネパールでの農地改革の政治分析（1972〜73年）のほか、ガーナ、インド、ラジャスタンと世界各地で研究を行なっている。　**162, 164, 332, 336**

アルティエリ，ミゲル（Altieri, Miguel）　カリフォルニア大学バークレー校の教授で、アグロエコロジーと持続可能な農業の世界的な大家。多数の著作に加え、200以上の専門論文を発表している。教授の関心は、開発途上国の貧しい農民や先進国の有機農家のために代替農法を開発することにあり、スペイン、イタリア、ラテンアメリカと

各地の大学でも教鞭をとっている。また、NGOと連携し、アフリカ、アジア、ラテンアメリカで持続可能な農業プロジェクトの推進にもあたっている。 **233, 328**

ウァッロ，マルクス（Varro, Marcus Terentius：紀元前116～紀元前27） 驚くほど博識でローマで最も偉大な学者とされる。『農業の話題』という著作がある。 **29**

ヴァレラ，フランシスコ（Varela, Francisco：1946～2001） ウンベルト・マトゥラーナと同じくチリのサンティアゴ生まれの生物学者、哲学者。政治的な弾圧を逃れてパリに亡命。オートポイエーシスの概念を提唱し、神経生物学に関する実証的事実から、人の意識は物理的な構造で理解できると相対主義的認識論を主張した。 **248, 251**

ウィルソン，エドワード・オズボーン（Wilson, Edward Osborne：1929～ ） ハーバード大学のエコロジー、進化と社会生物学の研究者。アリがコミュニケーションに使うフェロモンの研究が専門だったが、遺伝子の保存が進化の中心にあると主張し、このテーマがリチャード・ドーキンスの利己的な遺伝子理論へとつながった。また、大規模な生物種の絶滅と近代社会との関係も研究し、社会生物学を提唱し、20世紀後半に大きな科学的論争を巻き起こした。ビオフィリアは、ウィルソンが1984年に提唱した概念で、ビオフィリアの研究者たちは、人間が周囲の自然や生物界と対話することが必要であると考えている。 **283**

ウィルソン，ヘンリー（Wilson, Henry） イギリスの船長。パラオは16世紀にスペイン人によって「発見」されたが、紀元前1000年前から人びとが居住していた。パラオに最初に足を踏み入れた西洋人は、ヘンリー・ウィルソンである。1783年に浅瀬で座礁したウィルソンに対して、パラオの部族長は船を修理し、息子をイギリスに送った。以降、イギリスはパラオの第一の貿易相手国となる。なお、その後パラオは1885年にスペインに征服され、1899年にはドイツに売り払われ、1914年以降は日本が占領し、さらに戦後は米国信託統治領となった。 **57**

ウィンスタンリー，ジェラード（Winstanley, Gerrard：1609～1676） イギリスのプロテスタント宗教改革者、政治活動家。市民戦争の混乱のなか、キリスト教共産主義思想にもとづき、1649年に仲間たちと公有地を耕作して、収穫物を無料で配付した。地主はこの活動を恐れ居留地を破壊した。 **68**

ヴェルマイデン，コーネリウス（Vermuyden, Sir Cornelius：1595～1683） イギリスに排水のノウハウをもたらしたオランダ出身の技術者。当時、イギリスではチャールズ1世を中心に本格的な湿地改良プロジェクトが進められ、その中心人物の1人ベッドフォード伯爵に雇われ、ケンブリッジ州の20平方キロメートルに及ぶ「グレート・フェン」の排水に取り組んだ。しかしその後土地は、泥炭層の沈下で、周囲の河川よりも低くなり、何度も沈水した。排水のためにポンプ風車が使われたが、17世紀末には再び水の下に沈み、19世紀前半には蒸気ポンプが再導入されることになる。 **70**

ウォード，ヒュー（Ward, Hugh） エセックス大学政治学部で環境政治学や政治経済学

を研究している。イギリスのジャーナル誌「政治科学」の共同編集者でもある。 262
ウォスター，ドナルド（Worster, Donald） カンザス大学の環境歴史学者。米国環境史学会の前会長で、19、20世紀の米国史を専門とするが、米国とカナダの比較史、米国西部の地域主義、自然認識の変遷や環境保護主義の高まり、自然と人間社会との矛盾、農業と科学技術にも強い関心をもっている。多くの環境委員会の委員も務め、ヨーロッパ、アフリカ、アジア、ラテンアメリカと世界各地でも講義をしている。 37, 41, 100, 104, 111
エーレンフェルト，デヴィッド（Ehrenfeld, David） 保全生物学、環境・社会・技術、ウミガメの研究者で、著作に“Conserving Life on Earth（地球生命の保護）”（1972）、“The Arrogance of Humanism（傲慢なヒューマニズム）”（1978）、“Beginning Again: People and Nature in the New Millennium（新世紀――人と自然との新たな始まり）”（1993）、“Swimming Lessons: Keeping Afloat in the Age of Technology（技術の時代に身を保つ泳ぎ方）”（2004）などがある。 288
エルシュレイガー，マックス（Oelschlaeger, Max） ノーステキサス大学哲学宗教学部教授。環境倫理、環境哲学、エコフェミニズム、ディープエコロジー、エコロジーの哲学、現代の環境問題、ポストモダニズムの環境倫理学、原生自然の哲学を研究している。ロデリック・ナッシュとの共著に『環境思想の出現――環境思想の系譜』（東海大学出版会、1995）がある。 40
オーカーソン，ロナルド（Oakerson, Ronald J.） マーシャル大学、インディアナ大学、ホートン・カレッジの歴史と政治科学部長を経て、現在同学学長。全国農村研究委員会の創立メンバーの1人で、米国政府間関係諮問委員会のアナリストなども務めた。 277
オール，デヴィッド（Orr, David W.） 環境リテラシーとエコロジカル・デザインの専門家。オーバーリン大学の環境研究プログラムのチーフを務める。全米野生生物連盟の自然保護賞など多くの賞を得ている。著作に“Ecological Literacy（エコロジーの理解力）”（1992）、“The Last Refuge: The Corruption of Patriotism in the Age of Terror（テロ時代の愛国心の不正）”（2004）などがある。英国・シューマッハ大学のほか、米国中の何百もの大学で講義をしている。 287
オクリ，ベン（Okri, Ben：1959～ ） ナイジェリア生まれの詩人、小説家。幻想的な作風で知られ、代表作に『見えざる神々の島』（金原瑞人訳、青山出版社、1998）、『満たされぬ道　上・下』（金原瑞人訳、平凡社、1997～98）などがある。44, 45
オストロム，エリノア（Ostrom, Elinor） インディアナ大学ブルーミントン校の政治学教授、政治理論と政策分析ワークショップのディレクター。団体・人口・環境変化研究センター所長。開発途上国の貧困問題に関心をいだき、社会関係資本や自律的ガバナンスのあり方を研究している。オストロムは、1980年代以来コモン・プール・リ

ソース（CPR=Common-pool Resources）や共有財産制度（CPI=Common-Property Institutions）理論を展開した。オストロムによれば、コモンズの悲劇は、ハーディンが初めて指摘したというより、古くはアリストテレス以来問題視されてきた社会問題である。そして、国家による監視や規制では、コモンズ資源の荒廃を防げない。事実、かつての社会主義体制下でも役人に賄賂を送ったり、国の資産を盗んだり隠しもつことはごく当然にみられたり、インドでも英国政府が地元住民の森林使用を禁止したため、住民たちは森林を無責任に扱うようになった。オストロムは、多年にわたる事例研究から「公有化」も「私有化」も有効なコモンズ資源の管理方式ではなく、コモンズ資源を利用できる権利をもつコミュニティのメンバーが、相互の合意により具体的な管理ルールを定め、それにもとづき自ら監視、規制、制裁を行なうことが有効であるとした。**257, 275**

オリオーダン，ティム（O'Riordan, Tim）　東アングリア大学（イギリス）の環境科学の教授。専門は、環境政策分析、環境アセスメント、環境ガバナンスと意思決定論。グローバルとローカルとの関係やヨーロッパの持続可能な社会への転換に関心をもち、グローバルな環境政策方針や制度に関する多くの著作がある。　**232**

オルソン，マンサー（Olson, Mancur：1932〜1998）　メリーランド大学の看板教授、著名な社会学者。経済開発における税、公共財、契約の役割を明確化し、制度学派に貢献した。「大きな組織では、皆が汗を流すより、他人の汗によりかかろうとする」、「既得権益でがんじがらめになった国は、経済成長率が落ちる」と主張した。　**33, 262**

■カ行

カーター，ポール（Carter, Paul：1951〜　）　メルボルン大学オーストラリア・センターの教授。歴史家、音楽家、景観理論家、思想家、作家と多才な活動を続け、公共広場に芸術作品も作っている。イギリス出身で、1980年からオーストラリア在住。著作に“The Road to Botany Bay: An Essay in Spatial History（ボタニー湾への道）”（1987）がある。　**54〜55**

カウス，アンドレア（Kaus, Andrea）　リバーサイド・カリフォルニア大学のグラウンドワーク・インターナショナルのコーディネーター。メキシコのマヤ族の研究に従事し自然保護に力を注いでいる。　**88**

カトー，マルクス（Cato, Marcus Porcius：紀元前234〜紀元前149）　ローマの政治家・文人だが、ラテン語でローマ史を書いた作家としても知られる。農業に関する論文（Di Agri Cultura）は、当時のローマ人の国内の風習を多く伝える。　**29**

ガドギル，マダブ（Gadgil, Madhav：1942〜）　インド、バンガローアにあるインド科学研究所のエコロジー科学センターの教授。スタンフォード大学、カリフォルニア大学バークレー校などの客員教授も務める。インド西部のGhats丘陵で人間と環境の関

係についての詳細な実地調査を行ない、インド最初の生物圏リザーブの設立にかかわった。研究領域は、個体群生物学、保全生物学、人間エコロジー、生態学史と幅広く、インドを代表する生物多様性の専門家。72, 73, 80〜82

ガポール，サルファリナ（Gapor, Salfarina）　サインス・マレーシア大学講師。在来の知識、持続可能な開発、農村開発や環境政策を研究している。　76

ガルコビッチ，ロレーヌ（Garkovich, Lorraine）　ケンタッキー大学社会学部の農村社会学の教授。1966年には同学終身在職権教授賞を受賞した。農業とコミュニティの変化、人間と環境との相互作用を専門とする。いずれも共著だが“Health and Health Care in Rural America（米国農村部の健康とヘルスケア）”（1994）、“Landscapes: The Social Construction of Nature and the Environment（景観——自然と環境との社会構築）”（1994）、“Harvest of Hope: Family Farming/Farming Families（希望の収穫——家族農業と農業家族）”（1995）がある。　190

ギバント，フリア（Guivant, Julia）　現在ブラジル、サンタ・カタリーナ州立大学社会学の教授。持続可能性と食料ネットワークの研究グループのコーディネーターも務めている。　270

キャリコット，ベアード（Callicott, Baird）　ノーステキサス大学応用科学研究所教授。アルド・レオポルドの土地倫理を現代流に解釈し、独自の環境哲学と倫理思想を築いた。「生態系の全体はその構成要素のどれよりも大きな価値がある」と「生態系中心主義」を唱え、生物種のみならず川、海、山といった無生物の価値も認めつつ、「混合共同体理論」も提唱し、ラディカルな環境中心主義にみられる人権無視の極論は否定した。　89

グーハ，ラマチャンドラ（Guha, Ramachandra）　歴史家。以前はエール大学、カリフォルニア大学バークレー校で教鞭をとるが、現在はバンガローアに居を構え、執筆活動に専念している。ニューヨーク・タイムズでインドで最も著名なノンフィクション作家として紹介された。　72, 73, 80, 81

クライン，デヴィッド（Kline, David）　農業者、自然主義者、作家。ファーミング・マガジンの編集者。著作に“Great Possessions: An Amish Farmer's Journal（偉大なる財産——アーミッシュ農場誌）”（1990）、“Nature on an Amish Farm（アーミッシュ農場の自然）”（1997）などがある。オハイオ州のホープ山近郊の5.4ヘクタールの農場で有機農業を営み、乳牛も40頭飼育している。　191

クレア，ジョン（Clare, John：1793〜1864）　「ノーサンプトンシアの農民の詩人」として知られる詩人。貧しい小作人の家に生まれたが農園で働きながら苦学し、貧しいなかでも詩を書き綴り、鋭い感性と情愛をもって田園風景を讃え、羊飼いや農民以外には実用的価値がないとされていた「ラングリー・ブッシュ」にもふれた。強烈な自然愛や人間愛のため、社会からは狂人扱いされ、晩年精神に異常をきたし、精神病院

で死んでいる。19世紀には完全に忘れさられていたが、1920年にエドモンド・ブルンデンがその価値を再発見して以来高く評価されている。　**69**

グレイ，アンドリュー（Gray, Andrew：1955〜1999）　オックスフォード大学の文化人類学の講師。イギリスの森林民族プログラムの政策アドバイザー。アラカムブツ族はペルー南東部の熱帯雨林のマドレ・デ・ディオス地域に居住する先住民族で、1950年代に文明と遭遇して以降も多くの困難に直面するなか、部族のアイデンティティを堅持しているが、グレイは、何年もこの部族とともに暮らし、彼らの人権獲得に尽力した。そのバランスがとれ洞察に満ちた分析や先住民族のための活動は広く国際的に評価されていたが、飛行機事故で亡くなった。　**39**

クロッペンバーグ，ジャック（Kloppenburg Jr. Jack R.）　ウィスコンシン大学マディソン校農村社会学部教授。ゲーロードネルソン環境研究所の教授もかねる。専門は、農村社会学、環境と資源社会学、農業社会学だが、地域に根ざした智恵やオルターナティブ農業、バイオテクノロジーの社会的な影響、遺伝情報と生物多様性の政治経済学、食料システムとフードシェッド分析、グローバル化問題などと関心は幅広い。食料（food）と格納庫（shed）とを組み合わせ、フードシェッド（foodshed）という言葉をつくり出した。著作に遺伝子組み換え農産物をめぐる政治状況を扱った“First the Seed: The Political Economy of Plant Biotechnology, 1492-2000（種子こそがなにより——バイオテクノロジーの政治経済）”（1988）がある。持続可能で地場産のより進歩した食料生産システムの構築がライフワークで、地元ウィスコンシン州でも食にかかわるNPO、REAP（研究、教育、行動、政策）の設立に携わっている。　**202**

クロノン，ウィリアム（Cronon, William）　ウィスコンシン大学理学部地理学科の教授。環境史、歴史地理学、アメリカ西部のフロンティア史、米国の19〜20世紀の世相や経済史を研究しているほか、フレデリック・ジャクソン・ターナーの研究を行なっている。　**51, 53**

クロポトキン，ピョートル・アレクセイヴィチ（Kropotkin, Peter Alexeievich：1942〜1921）　モスクワ生まれのロシアの思想家。父親は古いロシア貴族、母親もロシア軍の将軍の娘だが、中央集権化されない共産主義社会を理想とし「アナキスト共産主義」を提唱。19世紀後半から20世紀前半、無政府主義者としての活動から「アナキスト・プリンス」として知られた。パリ・コミューンなどの当時の世相の影響を受け、革命活動を行なったため、4年間投獄される。その後は執筆活動に専念した。多くの著書、論文を残し、その思想は幸徳秋水や大杉栄に大きな影響を及ぼした。　**28, 252**

ゲインズバラ，トマス（Gainsborough, Thomas：1727〜1788）　18世紀の最も有名なイギリスの肖像画家、風景画家。形式にとらわれず自分の目で自然を観察し風景画を描いた。生計を立てるために多くの肖像画を描いたが「肖像画を書くのはもううんざりだ。農村へ出かければ、風景画を描けるし、静けさと安らぎのなかで人生を楽しめる」

と語ったりした。 65

ケンモア，ピーター（Kenmore, Peter E.） 昆虫学者。FAOの総合的有害生物管理（IPM）の専任役員として、20年以上、アジア16カ国で稲作IPMプログラム設立に務めてきた。現在は、グローバルIPMファシリティのコーディネーターとして、中東に重点をおいている。IPMファシリティとは、関心をもつ各国政府やNGOと連携し、IPMを普及することを目的とし、FAOがUNDP、UNEP、世界銀行と共同で1995年に設立したもので、現在は、オランダ、ノルウェー、スイス政府が資金を供給している。 157, 266

ゴールドシュミット，ウォルター（Goldschmidt, Walter） カリフォルニア大学の元教授、人類学部長。アフリカ研究センター、アフリカ研究学会など多くの団体の設立に尽力した。1944年にカリフォルニアのセントラルバレーで農村コミュニティに対する農場の規模がもたらす影響の調査を行ない、さまざまな社会問題が大規模農業と関連していることを初めて明らかにした。これは、近代農業が行なわれている地域は家族経営農業のさかんな地域よりも社会的経済的に発展しないとの「ゴールドシュミット仮説」につながり、米国農業の政策研究にいまだ影響を及ぼしている。 189

コールマン，ジェームス（Coleman, James S.：1926～1995） ジョーンズホプキンス大学、スタンフォード大学、シカゴ大学で教鞭をとった著名な米国の社会学者。教育社会学や公共政策論に取り組むなかで「社会関係資本」という言葉を早くから用いた。 253

コスグローブ，デニス（Cosgrove, Denis E.） カリフォルニア大学ロサンゼルス校地理学部教授。人びとのもつイメージが景観形成にどう影響したかの切り口から、16世紀のベニスなどの景観変化、近世ヨーロッパの世界構造やジョン・ラスキンの景観文学を研究している。本書での引用は共著『風景の図像学』（千田稔・内田忠賢訳、地人書房、2001年）（原著“The Iconography of Landscape”1988）からのものである。 64

コベット，ウィリアム（Cobbett, William：1763～1835） 農業専門家、天才的ジャーナリスト。過激な政治運動に身を投じ、亡命を繰り返した。農村住民の苦況に深い関心をいだき、村や町の実情を目にするため、国中を馬で旅した。“Rural Rides（農村を行く）”は1822～1826年にかけての紀行録を雑誌に掲載したものである。 68

ゴメス-ポムパ，アルチューロ（Gómez-Pompa, Arturo） リバーサイド・カリフォルニア大学の植物学の教授兼メキシコ・合衆国研究所長。メキシコのマヤ族の研究に従事し自然保護に力を注いでいる。 88

コルメラ，ルキウス・ユニウス（Columella, Lucius Junius Moderatus：4～70年） 軍人生活を送った後、イタリアに農場を所有し農業を始めた。自分の農業体験をもとに著した12巻に及ぶ“de Re Rustica”はカトーとウァッロの著作とともにローマ農業の

最重要文献となっている。　**29**

■サ行

サリン，マデュ（Sarin, Madhu）　建築学や都市計画を学び、1970年代には、東南アジアのスラムの研究や開発途上国のための廉価な都市住宅政策の政策提言を行なった。1980年代からは、天然資源管理、参加型の持続可能な森林マネジメント、ジェンダーの公正の問題、女性の参加や草の根運動による民主的な政治改革等、研究と活動の領域を広げていく。現在は、環境森林省の委員会のメンバーを務め、森林部門での女性参加をどう進めるかに取り組んでいる。　**266**

サンチェス，ペドロ（Sanchez, Pedro A.）　現在は、コロンビア大学の地球研究所、熱帯農業部長。国際気候予測研究所専任研究員。土壌学の専門家。キューバ生まれ。コーネル大学を卒業し、1968年からノースカロライナ州立大学に勤務。統合的な天然資源管理を通じて、熱帯土壌を改善し、食料の確保と、農村の貧困問題の解決と環境を保護することに全力を注いできた。フィリピンの国際イネ研究所、ペルーの国立研究所、コロンビアの国際熱帯農業センターなど、世界を股にかけて活躍し、1991～2001年まではケニアにある世界アグロフォレストリーセンター（ICRAF）所長を務めた。2002年には世界食糧賞を受賞したほか、数多くの賞を受賞している。　**153**

ジェイコブス，ジェイン（Jacobs, Jane Butzner ：1916～　）　米国生まれの作家。1969年にベトナム戦争に反対して米国を去って以来、カナダのトロントに在住している。『アメリカ大都市の死と生』（黒川紀章訳、鹿島出版会、1977）（原著“The Death and Life of Great American Cities” 1961）は、専門家だけでなく一般大衆にも広く読まれ、都市計画に大きな影響を与えた。夫は建築家。政府の公営住宅団地を批判し、2度逮捕されている。　**253**

ジェンクス，チャールズ（Jenks, Charles）　建築界におけるポストモダンの旗手。著作“The language of postmodernism（モストモダニズムの言葉）”（1984）でポストモダンという言葉を流行させた。　**91**

シャーマ，サイモン（Schama, Simon：1945～ ）　コロンビア大学の歴史・芸術史の教授。1995年に物理的環境と人びとが共有する記憶特性との関係性を描いた“Landscape and Memory（景観と記憶）”を出版。高く評価され多くの賞を受賞した。　**40**

シューア，サラ（Scherr, Sara J.）　開発途上国の農地や森林マネジメントを専攻する天然資源経済学者。米国ワシントンD.C.の民間シンクタンク国際食料政策研究所（International Food Policy Research Institute）、ナイロビのアグロフォレストリーセンターの研究員、メリーランド大学講師を経て、現在、農業での生物多様性を高めることで生産性の向上をめざす国際NGO、エコアグリカルチャー・パートナーの代表。国連の飢餓対策タスク・フォースのメンバーでもある。　**160**

ジョダ，N. S.（Jodha, Narpat Singh）　ネパールにある国際総合山岳開発センター（ICIMOD）の山岳システム部長。国際的な農業問題専門家として、世界各国で働いた経歴をもつ。脆弱な山岳地域へのグローバリゼーションの影響を小さくするため活躍している。　73

ジョンソン，ブライアン（Johnson, Brian）　イングリッシュ・ネイチャーの農業技術グループのリーダーで、長年の遺伝学やエコロジー研究を経た後、ここ20年ほどは自然保護に携わっている。政府の自然保護アドバイザーも務めている。　226

シン，カタル（Singh, Katar）　インド、グジャラート州のアナンド市に、政府、グジャラート州政府、スイスの援助で1979年に設立された農村管理研究所の教授。研究所は農村組織の管理に貢献するため、政府、州政府、国際機関、NGOと連携して働いている。　262

スゥアン，ヴォ・トン（Xuan, Vo-Tong）　ベトナム、ロンスエンにあるアンジャン大学の学長。メコンデルタ農業システム研究開発所の所長。長年ベトナム農業の開発に携わり、ベトナム農業を米の輸入国から世界第2位の米輸出国に変えるため、草の根、国家、国際とそれぞれのレベルで公私にわたり活躍している。九州大学で作物学博士号を取得。1969～1971年までは国際イネ研究所の研究員、1971～1975年まではカントー大学の生物農学の部長を務めた。博士は多くの賞を受賞し、ベトナム商工産業委員会、国家科学技術審議会、アジア開発研究フォーラム審議会を含むさまざまな委員会の委員も務める。　112, 164

スコット，ジェームズ（Scott, James）　エール大学の政治科学の教授。政治経済学、アナーキズム、イデオロギー、農民政治、革命、東南アジア、階級関係に関心をもち、とりわけ、人びとの支配権力への抵抗手段を中心に研究を行なっている。中央政府からの押しつけが、メチスと呼ぶ地元の知識喪失につながると述べ、計画が成功を収めるには、地域特性を考慮しなければならないが、20世紀の近代主義はこのことを忘れていたとし、失敗事例としてソ連の集団農場やブラジリアでの都市計画、プロシアの林業技術をあげている。 248

スズキ，デヴィッド（Suzuki, David：1936～　）　環境保全活動家として著名なカナダの遺伝学者で、デヴィッド・スズキ財団の設立者の1人。バンクーバー生まれだが、デヴィッドの祖父母は20世紀の初めにカナダに移住した日本人である。スズキ一家はクリーニング店を営んでいたが、第二次世界大戦中は日本人であることで、6歳のときから3年間、家族とともに抑留される。その後スズキは苦学し、シカゴ大学、マサチューセッツ大学、アマースト大学で研鑽を積み、動物学で学位を得る。ミバエの変異遺伝学で数々の国際的な賞を受賞するほか、多くの研究業績をあげ、2001年に引退するまで、ブリティッシュ・コロンビア大学の動物学部の教授を務めた。また、数多くのテレビ番組に出演・企画したり、子どもむけの科学本を多く書くなど、環境問題

の市民への啓発にも務め、こうした業績は高く評価され、2004年には「最も偉大なカナダ人」のトップ10に選ばれている。 **45, 289**

ステープルドン，ジョージ（Stapledon, George：1882～1960） イギリスの農学者で草地科学の先駆者。ウェールズ中部のCeredigionの領域での草地改善は、ステープルドン卿や卿の後継者に負うところが多い。18、19世紀の鉱業閉山後の過疎化と20世紀の土地利用変化に対応するべく働いた。 **101, 102**

スミス，バーナード（Smith, Bernard：1910～2001） オーストラリアのメルボルン生まれの社会主義の芸術家。1930年代にオーストラリアの共産党に加わったが、党の主義とそりがあわず、1949年に党を離脱。以降、パリ、インドを経て、1975年にはニュージーランドのオークランドに移住。その間に、社会主義的な現実主義画家として名声が高まる。本書での指摘は著作“Europican vision and the South Pacific（南太平洋へのヨーロッパ人たちのビジョン）”(1985)、“Imagining the Pacific（太平洋をイメージすること）”（1987）からの引用だが、ほかにも10冊以上の著作がある。 **56, 57**

スミス，リサ（Smith, Lisa） 米国ワシントンD.C.に本部をおく民間のシンクタンク国際食料政策研究所（International Food Policy Research Institute）の食品消費・栄養部の研究員。米国国際開発庁に勤務していたが、1999年から同研究所のスタッフとなった。エモリー大学の国際健康部の客員助教授も兼任している。**139**

ソロー，ヘンリー・デイヴィッド（Thoreau, Henry David：1817～1862） エコロジー思想の先駆をなす米国の作家、ナチュラリスト。ハーバード大学を卒業した後も定職をいっさいもたず、教師、庭師、農夫、ペンキ屋、大工、石工、日雇い労働者、鉛筆製造業など多くの職業を遍歴し生涯を終えた。故郷の小さな湖のほとりに小屋を建て、晴耕雨読の清貧生活を実験的に送り、その体験を大量消費の物質文明に警鐘を鳴らす名著『ウォールデン――森の生活』にまとめた。また、メキシコ戦争（1846～1848）に反対し、刑務所に入れられたこともあるが、その経験を書いた随筆はトルストイ、ガンジー、マーチン・ルーサー・キングに影響を与えた。 **40, 41, 92～93, 285**

■タ行

ターナー，フレデリック・ジャクソン（Turner, Frederick Jackson：1861～1932） 米国の歴史家。合衆国の精神と成功は、西部フロンティアの開発にあると主張したことで知られる。この主張は、1890年に米国国勢調査が、フロンティアはもはや米国から消滅していると公式に述べたことから、よく知られるようになった。セオドア・ルーズベルトを含め、多くの米国人が、フロンティアの喪失によって米国は新段階を迎えており海外に進出しなければならないと考えた。このことから、ターナーの主張が米帝国主義の原動力になったとも考えられている。 **52**

タゴール，ラビンドラナート（Tagore, Rabindranath：1861～1941） ベンガル出身の

インドを代表する詩人。カルカッタの名門の家系に生まれ、幼少時から詩作に長じていた。『ギタンジャリ』の英訳は国際的にも高く評価され、1913年にノーベル文学賞を受賞。同年にイギリスからナイトの称号も授与されたが、後にイギリス軍の行動に抗議し、この称号を返還している。ガンジーのインド独立運動を精神面から支えた。 93

ダニエルス，ステファン（Daniels, Stephen）　ノッティンガム大学文化地理学教授。18世紀のイギリスの地理、教育、市民権、河川と歴史、庭園の文化、探検の人文地理学、文化地理学等に関心をもち、「景観と環境」をテーマに芸術や人文科学の研究を行なっている。 64

チェルネア，マイケル（Cernea, Michael M.）　1974年に初めて社会学者として世界銀行に加わり、1977年までアフリカ、アジア、中東、ヨーロッパ、ラテンアメリカと世界各地で社会的調査や開発プロジェクトの仕事に従事した。現在は、ハーバード大学を含め米国やヨーロッパの大学で教鞭をとり、南京の河海（ホーハイ）大学の名誉教授でもある。 256

チェロキー，セコイア（Cherokee, Sequoyah）　1830年連邦政府はチェロキー族のすべての領地をジョージア州に併合したが、ここで金鉱が見つかると、1838年には軍は1万7000人の住民を集め、家畜や家財道具を奪い家を焼き払い、厳しい冬のなかをインディアン準州まで1000キロメートルに及ぶ長い旅に追いたてた。食料品と衣料品の不足のため、目的地につくまでに4000人以上が死んだ。この強制移住させられた多数のチェロキー族の指導的な立場にあったのがセコイアである。セコイアは、85文字からなるチェロキー語の字音表を考案し、部族はすぐにこのチェロキー文字の読み書きを覚え、1828年には、チェロキー語でのチェロキー・フェニックス第1号が部族の手で発行され、「チェロキー族の掟」も出版された。だがセコイアは1843年にテキサスで行方不明となった。 57

テンニース，フェルディナンド（Tonnies, Ferdinand：1855～1936）　ドイツの社会学者。1887年の著作“Gemeinschaft und Gesellschaft”で、ゲゼルシャフトとゲマインシャフトという2タイプの社会集団を定義づけたことで知られる。 252

トウェイン，マーク（Twain, Mark：1835～1910）　最も著名な米国の作家。ミズーリの川辺の町ハンニバルで育ち、その幼少期に目にした町を舞台に『トム・ソーヤーの冒険』（1876）を書いた。他に、『王子と乞食』（1882）や『ハックルベリ・フィンの冒険』（1884）がある。トウェインは反帝国主義者で、米国によるフィリピンの併合に反対していた。 57

トール，デボラ（Tall, Deborah）　詩の雑誌「セネカ・レビュー」を編集し、1982年以来、ニューヨークのホバート・ウィリアムスミス大学で文学を教えている。詩集のほか、ノンフィクション作品、“The Island of the White Cow: Memories of an Irish

Island（白い牛の島：アイルランドの思い出）”（1986）と“From Where We Stand: Recovering a Sense of Place（私たちが立つところから――場所の感覚の回復）”（1993）もある。 **192**

ドブス，トーマス（Dobbs, Thomas L.） サウスダコタ州立大学教授。メリーランド大学で学位を得た後、1969～1974年にワイオミング大学で農業経済の研究を行なう。1978年からはサウスダコタ州立大学で農業経済の面から持続可能な農業や公共政策を研究している。インドやパキスタンなど、海外での開発事業にも携わっている。**188**

トムスン，エドワード・パーマー（Thompson, Edward Palmer：1924～1993） イギリスの歴史家、社会主義者と平和運動活動家。1946年に共産党を形成し、1950年代には新左翼の中心人物として活躍した。1956年にソ連がハンガリーに侵入すると共産党を離脱したが、その後も社会主義評論家として活躍し、1980年代にはヨーロッパの核兵器廃絶にむけて力を注いだ。**71**

■ナ行

ナッシュ，ロデリック（Nash, Roderick） カリフォルニア大学サンタバーバラ校の歴史環境研究プログラムの教授。原生自然研究の第一人者で、環境史、環境管理、環境教育の分野でのリーダー。『自然の権利――環境倫理学の文明史』（松野弘訳、筑摩書房、1999）（原著“The Rights of Nature: A History of Environmental Ethics” 1989）で、環境倫理の歴史を描き、自然圏の範囲を動植物さらには自然にまで押し広げる考え方を示した。 **40, 43, 52**

ナブハン，ゲーリー・ポール（Nabhan, Gary Paul） ノーザン・アリゾナ大学持続可能な環境センター所長。植物学、地理学、栄養学、保全生物学、言語学、人類学、教育、地域研究に関心をもつ。 **50**

ネス，アルネ（Naess, Arne） ノルウェーの哲学者で1973年に人間中心主義ではなく、生命権平等主義のディープエコロジーを提唱し、大きな影響を与えた。後にディープエコロジー思想は、生態系保全のために人口を大幅に減少させたり、自分たちの生活を地域に根ざして行なうべきだとするバイオリージョナリズムへと発展した。だが、人間が他の人間を搾取する社会問題を無視し、また、女性への社会的差別や性的抑圧が取り上げられていないとして、社会派エコロジーとエコフェミニズムから批判を受けることになる。 **37**

■ハ行

ハーディン，ギャレット・ジェームス（Hardin, Garrett James：1915～2003） 1968年に書いた論文「コモンズの悲劇」で著名なエコロジスト。1978年に退官するまで、カリフォルニア大学でヒューマンエコロジーの教授を務めた。 **33**

ハダッド，ローレンス（Haddad, Lawrence）　米国ワシントンD.C.に本部をおく民間シンクタンク国際食料政策研究所（International Food Policy Research Institute）の食品消費・栄養部長。ウォリック大学（イギリス）の開発経済の講師を経て、1990年から同研究所の研究員となり、1994年以降は部長を務めている。農業と貧困と栄養との結びつき、所得確保のうえでの社会関係資本の役割、貧困対策への住民参加の役割、急速な都市化と貧困に直面する開発途上国の政策課題など、貧困や栄養不足問題に総合的に取り組んでいる。また、ジェンダーの問題にも関心をもつ。　**139**

パットナム，ロバート（Putnam, Robert D.：1941～　）　ハーバード大学教授。『哲学する民主主義――伝統と改革の市民的構造』（河田潤一訳、NTT出版、2001）（原著“Making Democracy Work: Civic Traditions in Modern Italy” 1993）で、北部イタリアの都市行政を比較調査し、その成功の違いは社会関係資本によるとし、大きな反響を呼んだ。最近では“Bowling Alone: The Collapse and Revival of American Community（孤独なボーリング――米国共同体の崩壊と復活）”（2000）で、社会関係資本の面からみて米国は空前の崩壊をしつつあると主張し論争を呼んだ。1995年に雑誌に掲載されたこの主張は広く読まれ、クリントン前大統領も教授を招き話を聞いている。　**253**

バフチン，ミハイル・ミハイロビッチ（Bakhtin, Mikhail Mikhailovich：1895～1975）　ロシア、ソ連の哲学者、文学者。ドストエフスキーやラブレーを通じて、自己が他者の言説に浸透され、他者と完結しない対話関係を保つことや小説の哲学の極致としてのカーニヴァルの意義について論じた。1930年代にスターリンによりカザフスタンの集団農場に国内追放されたが、1950年代後半のポストスターリン主義時代にその仕事が評価され、まだ生きていたという事実が世間を驚かせた。その後、1980年代後半には西側諸国でもその価値が認められ、現在では20世紀で最も重要な理論家の一人とされている。**268**

バルフォア，イブ（Balfour, Evelyn Barbara：1899～1990）　有機農業運動の先駆者。リーディング大学を卒業したが、イギリスでは大学で農学を学んだ最初の女性のひとりだった。イブは1920年にサフォーク州にあるホーリィ・グリーン村で農業を始めた。1939年には、友人とともに有機農業と化学農業とを長期的に比較研究するホーリィ実験農場を立ち上げる。イブは、類似した条件の農地を2つに分け、一方は、外部からなんの資材も投入せず農場内部の有機物の循環だけで地力を維持する有機農場とし、もう一方は、有機物に加えて化学肥料・農薬・除草剤等を用い、1939年から33年間にわたって、土壌、農作物、家畜等の観察を続けた。その結果、成分分析結果には大差がみられなかったが、収穫と効率性で大きな相違点があることがわかったのである。たとえば、有機化学混合農場と比べて有機農場の牧草の育ちは悪かったが、有機農場では家畜生産に必要な餌が12～15%も少なくてすみ、かつ、20年間の牛乳生産量を比

較した結果、有機農場のほうが15%も牛乳を多く生産できた。病害虫による被害も少なく、牛の寿命も長かった。1943年には、初期の調査結果をもとに有機農業の古典となる『生きている土』を出版。1946年には、有機農業団体土壌協会を共同創設し、その初代会長となった。イブは1990年に91歳で死去するが、死ぬ直前まで活発な執筆や講演活動を続けた。 **198**

バレル，ジョン（Barrell, John） ヨーク大学教授。文学、歴史、言語、景観、法、芸術や絵画等幅広い領域を専門とする。本書の引用は著作“The Dark Side of the Landscape: the Rural Poor in English Painting, 1730-1840（景観の暗い側面——1730～1840年の英国絵画にみる農村の貧困）”（1980）による。 **64, 65**

ハワード，アルバート（Howard, Albert：1873～1947） イギリスの植物学者。有機農業運動のパイオニアであり、有機農法の父と呼ばれる。イギリスの農家に育ち、植物病理、微生物学を学んだ後、1905年から1931年にかけて農業アドバイザーとしてインドに赴任。インドール研究所を中心に農業指導を行ないながら、インドで目にした伝統的な農業のすぐれた面に着目し、そこから有機農法技術を発展させた。研究の集大成である著作『農業聖典』（保田茂・魚住道郎訳、日本有機農業研究会、2003）（原著“An Agricultural Testament” Oxford University Press 1940)、は有機農業の古典となっている。ハワードは同著のなかで「地力は持続農業の第1条件である」と主張し、近代農業に対して警鐘を鳴らすとともに、生物の力を重視した地力の維持・回復方法を述べ、土と食物が人間の健康にいかにかかわっているかも指摘した。この思想の影響を受け、1951年にはイギリスに土壌協会が設立され、そののちの有機農業運動の原点となった。 **199, 284**

バン・デル・プローグ，リエンク（van der Ploeg, Rienk） ドイツのハノーバー大学の土壌科学研究所の地理学教授で土壌と環境や土壌科学の歴史を研究している。 **112**

ハンフリー，ジェーン（Humphries, Jane） 女性の仕事史やジェンダーを研究しているオックスフォード大学オールソウルズ・カレッジの教授。経済史、女性の仕事史、ジェンダーと経済に関心をもち、著作に“Gender and Economics（ジェンダーと経済)”（1995）などがある。 **69**

ピーターソン，ウィリス（Peterson, Willis） ミネソタ大学の元教授。専門は生産経済学と農業政策。長年にわたりミクロ経済学を教え、その素晴らしい授業内容からミネソタ大学の最優秀賞も受賞した。膨大な論文があるが、Political Economy誌に掲載されたYoav Kislevとの共著「価格、技術、農場規模（Prices, Technology, and Farm Size)」は有名である。1999年にがんで死去し、死後、同僚、友人、親類が経済学を学ぶミネソタ大学の学生のために彼の名がついた奨学金を設けている。 **188**

ピメンテル，デヴィッド（Pimentel, David） コーネル大学、農業生命科学部の昆虫学の教授。個体群生態学、遺伝学、病害虫管理の生態学、経済的側面、生物学的コント

ロール、エネルギー利用と保全、遺伝子組み換え、持続可能な農業、土壌と水と天然資源管理と環境政策の研究に取り組んでいる。著作に“Handbook of Pest Management in Agriculture（農業病害虫の管理ハンドブック）”（1991）、“The Pesticide Question: Environment, Economics, and Ethics（農薬問題――環境、経済、そして倫理）”（1993）などがある。この農薬のコスト評価は、“Environmental and economic cost of pesticide use（農薬利用の環境と経済面のコスト）”（1992）Bioscienceからのもの。なお、キューバは「訳者あとがき」で述べたとおり、2000年にSRIの存在を知ってからただちに研究に取り組むが、その契機をつくったのが、ピメンテルである。ピメンテルは、2000年にハバナで開催された全国地理会議に参加し、1957年に病害虫管理について指導した弟子、砂糖省のレナ・ペレス博士と出会う。そこで、ピメンテルが同じ大学のノーマン・アップホフ教授の取り組みを話したのである。 **106, 334**

ブラウン，アン（Braun, Ann） 社会、環境、そして、経済面での持続性を促進する学びのコミュニティの創設と支援に関心をもつ。アジアとラテンアメリカで20年にわたり農業や環境、参加型の開発の研究に携わった後、現在は、ニュージーランド南部の島に独立コンサルタントとして住み、働いている。 **269, 326**

ブラッドフォード，ウィリアム（Bradford, William：1590～1657） ジェームズ1世の迫害を受け、メイフラワー号で米国に移住した「ピルグリムファーザーズ」のメンバー。新大陸での最初の冬は厳しく、リーダーを含め移民の半分が死んだため、ブラッドフォードは翌1621年の春にマサチューセッツ、プリマス植民地の初代市長に選ばれた。ブラッドフォードの大きな功績は、私有財産の概念を取り入れたことである。移民たちは「公益」のためより私益のために農業を行ない、それはずっと生産的なものだった。 **52**

フランク，ブルース（Frank, Bruce） クイーンズランド大学自然とルーラルシステムマネジメント校。人びとが自分たちが必要なアウトカムを得るためにコミュニティをどう改善するかを研究し、参加や協働、自立度合いを評価する方法も開発している。 **271**

ブランデス，ディートリッヒ（Brandis, Dietrich：1824～1907） ドイツの森林学者で熱帯林学の父とされる。ビルマで森林管理の経験を積み、イギリス政府からインドに招聘され、そこで科学的な森林マネジメントを導入した。 **81, 89**

ブルデュー，ピエール（Bourdieu, Pierre：1930～2002） 「ハビトゥス」「文化資本」等独自の概念を生み出したフランスを代表する著名な社会学者。コレージュ・ド・フランス名誉教授。従来の社会学は、個々の主体が社会構造を生み出すのか、社会構造が個人を形成するのかという構造と主体の循環論のジレンマから抜け出せなかったが、ブルデューは「ハビトゥス」というこの双方にダイナミックに媒介する概念を提示することで、この循環論から脱却する道を切り開いた。しかも、この概念を経験的・具

体的に分析し、「理論のための理論」に終わらない実践的な社会理論を構想した。社会関係資本の面では、教育と社会関係を分析し、親が高学歴であるほどその子どもも親の「文化資本」を相続し、同じく高学歴になることも統計的に証明し、これを再生産と呼んだ。ブルデューは、教育問題や階層化の問題などで積極的に発言し、晩年は、反グローバリズムの代表的な論者の1人であった。 **253**

フルノー，トビアス（Furneaux, Tobias：1735～1781） イギリスの海軍士官、航海家。ジェームス・クックの2回目の探検航海に同行。タスマニア南部や東部海岸を探検し、海図を作成した。オマーニをともなって帰国したのは1773年のことである。 **56**

ブンチ，ロランド（Bunch, Roland） 持続可能な農業や農村開発を通じて、飢餓や貧困問題に取り組んでいる。10カ国語に翻訳された"Two ears of corn: a guide to people - centered agricultural improvement（トウモロコシの二つの耳——人間中心の農業改良のためのガイド）"（1982）の著者。ほかに"The Highland Maya: Patterns of Life & Clothing in Indian Guatemala（マヤ高地——グアテマラの暮らし）"（1977）がある。国連の飢餓対策と環境持続性のためのタスク・フォースのメンバーで、NGOワールド・ネイバースにも参加している。 **136, 162**

ペイレッチ，ロベルト（Peiretti, Roberto） オクラホマ州立大学のフルブライト留学生として農学修士をもつ。農業技術者、生産者のコンサルタントとして活躍している。アルゼンチン直播生産者協会（AAPRESID=Argentinian Producers Direct Seed Association）とラテンアメリカ持続可能な農業者連盟（CAAPAS=Latin American Confederation of Farmers for Sustainable Agricultural Systems）の創設メンバーの1人で理事を務め、ラテンアメリカや米国で開催された多くの不耕起栽培の会議において、その有益性を語っている。 **148, 149**

ベック，トニー（Beck, Tony） カナダのブリティッシュ・コロンビア大学アジア研究所の研究員。インドの農村開発にくわしく"The Experience of Poverty: Fighting for Respect and Resources in Village India（貧困という体験——インド農村の尊厳と資源のための戦い）"（1994）、"Continuity and Change in Rural West Bengal（西ベンガル農村のコミュニティとその変化）"（1995）、"India: Recent Economic Developments and Prospects（インド——最近の経済発展とその見こみ）"（1996）など多くの著作がある。 **73**

ベリー，ウェンデル（Berry, Wendell：1934～） 米国ケンタッキー生まれの詩人、小説家、哲学者、農業者。父親はタバコ農家で、ベリーも農家となることを望み、ケンタッキーにある自営農場で農業を営んでいる。25冊の詩集、16冊のエッセイ、11冊の小説と短編集があり、最もよく知られた著作、"The Unsettling of America: Culture and Agriculture（アメリカの乱れ——文化と農業）"（1978）は、工業的な農業やアグリビジネスを批判した古典となっている。**131, 190**

ベリー，トーマス（Berry, Thomas：1914～）　米国の歴史家、作家。文化のベースにある自然と人間との関係に関心を寄せ、西洋史だけでなく、固有民族史、中国、インド、アジア史と幅広く研究した。セントジョン教会大学やフォーダム大学を経て、1970年にはニューヨークに宗教研究のためのリバーデール・センターを創設し1995年まで所長を務めた。現在も、環境危機について警鐘を鳴らし続けている。　45

ベルケス，フィクレット（Berkes, Fikret）　ブロック大学生物環境学の助教授、同学都市環境学の教授を経て、現在、カナダ、マニトバ大学天然資源研究所教授。共有資源、伝統的なエコロジーの智恵、協働管理、コミュニティにもとづく資源管理、北部カナダや世界の持続可能な開発、人間のエコロジーと自然保護、生活資源のエコロジー、小規模漁業、エコロジー経済学、資源と環境政策に関心をもつ。　32

ペルソ，ナンシー・リー（Peluso, Nancy Lee）　カリフォルニア大学バークレー校、天然資源カレッジ社会環境部教授。インドネシアを中心に森林資源管理問題を研究している。　77, 88

ペレルマン，マイケル（Perelman, Michael）　カリフォルニア州立大学経済学部教授。その研究領域は、マクロ経済学、経済思想、未来の経済、経済史、マルクス経済学思想など幅広い。思想は急進的だが、仕事の質は高くキャンパスでも尊敬を集めている。189

ヘレン，ハンス（Herren, Hans R.：1947～）　スイス出身の生物的防除研究の第一人者。国際昆虫生理学・生態学センターの所長としてナイロビに在住。サハラ以南の30カ国以上では、2億人以上がキャッサバを主食としているが、コナカイガラムシの被害をどうするかが問題となっていた。博士は1979年にナイジェリアにある国際熱帯農業研究所（International Institute of Tropical Agriculture）に入所して以来、この対策に取り組み、天敵のガをいかした防除方法を開発した。農薬の大量散布に代わるこの方法は、1986年から大きな成果をあげ、農家は健康問題を解決できたり、貴重な現金を節約できることにつながった。博士のプロジェクトは、アフリカ、ヨーロッパ、アメリカの多くの団体や科学者が参加する共同プロジェクトへと発展した。多くの委員会や審議会の委員を務め、世界食糧賞（1995年）をはじめ、数多くの賞を受賞している。159

ポージー，ダレル（Posey, Darrell：1947～2001）　人類学者。アマゾンのカヤポ族を研究するなか、その豊かな文化や自然の深い知識に魅せられる。しかし、彼らの居住地が牧場開発による森林伐採やダム開発の脅威にさらされていたことから、先住民族の伝統や熱帯雨林保護のためにカヤポ族とともに戦うことになる。1988年にブラジルで国際人類生物学会議を主催し、先住民の人権や知識の保護と生物学的資源管理宣言を行ない、翌1989年には、国際人類生物学会を設立、1992年の地球サミットでは生物多様性の保護で中心となって活躍した。環境保護への功績から1989年にシコ・メンデス

賞、1993年に国連のグローバル500賞を受賞している。ダレルの著述・編集した多くの著作や講演は各方面に大きな影響を与えた。なかでもアマゾンの熱帯雨林生態系のかなりの部分が先住民の管理によってつくられたものだとの主張は波紋を呼び、いまだに論争が続いている。**30, 244**

ポピキン，バリー（Popkin, Barry M.）　ノースカロライナ大学、カロライナ人口センターの栄養学の教授。食事の内容や栄養状態、健康、社会人口統計の相互関係を研究する経済学者。米国、中国、ロシア、フィリピン、南アフリカと世界各国の栄養状態の変化を長期的に追っている。　**26**

■マ行

マイルス，ジョージ（Miles, George）　エール大学の希少図書図書館の司書。西部アメリカ関連の資料を収集している。　**57, 58**

マクニーリー，ジェフ（Mcneely, Jeff）　世界自然保護連合の科学者で、グローバル・バイオダイバーシティ・フォーラムの創設者。社会にとって生物多様性が果たす役割やその重要性を研究し執筆している。1980年から世界自然保護連合に参加。さまざまな生物多様性保全のプログラムや政策に関して政府や保護機関にアドバイスを行なっている。1970年代にはネパールでのアースウオッチ研究所のプロジェクトに取り組んだ。　**160**

マッキーン，マーガレット（McKean, Margaret A.）　デューク大学助教授。共有資源と環境マネジメントの全国科学アカデミーのメンバーで、共有資源研究の国際学会の代表や世界自然保護連合の北米の専門グループの委員も務める。日本の政治や環境・資源政策を専攻し、著作に“Environmental Protest and Citizen Politics in Japan（日本の環境保護と市民政治）”（1981）がある。最近は、日本の選挙制度改革や日本を含め世界各地の希少資源の集団管理、財産権と環境との関係や、コモンズ資源の国有化とその後の段階的な推移の研究に取り組んでいる。　**293**

マッフィ，ルイザ（Maffi, Luisa）　ノースウェスタン大学の認知心理学の研究者で言語知識と環境との関係や生物や文化の多様性と言語との関連の研究に携わっている。1996年に言語と生物多様性を守るためのNGO、Terralinguaを創設し代表となっている。1997年からはグアテマラとメキシコのマヤ族のエコロジー的知識の研究に取り組んでいる。　**50, 51**

マトゥラーナ，ウンベルト（Maturana, Humberto：1928〜）　チリのサンティアゴ生まれの生物学者、哲学者。フランシスコ・ヴァレラとともにオートポイエーシスの概念を提唱した。　**248, 251**

ミューア，ジョン（Muir, John：1838〜1914）　環境保護団体「シエラ・クラブ」の初代会長。ウィスコンシン州立大学で地質学を学び、技術者として働くが、1869年にア

メリカ西海岸・ヨセミテ渓谷の壮麗な自然を知り、氷河研究に没頭する。シエラネバタを勢力的に調査し、その自然に圧倒され、1876年より本格的な自然保護活動家として活動した。自然保護の父と言われ、ソローや思想家ラルフ・ウォルドー・エマソンの影響を強く受け、生態学者アルド・レオポルドとともに米国の自然保護の理論的支柱として、今も米国の環境保護運動に強い影響を与えている。 **40, 54, 83〜85**

メービー，リチャード（Mabey, Richard） 作家、ナチュラリスト。1988年以降、BBCワイルドライフ誌にコラムを連載し、花をテーマにしたテレビ番組シリーズも手がけた。“Flora Britannica”（1996）は500もの写真で、イギリスの野草やこれと関連した文化、利用法、社会的な意味を詳述したものである。 **47, 48**

モリーナ，フェリペ（Molina, Felipe） カリフォルニア大学ネイティブ・アメリカン研究学部。1978〜80年にはアリゾナマラナのヤキ族の代表、1981〜82年には、パスク・ヤキ族委員会のヨエメ・プエブロ・インディアンの代表。1984年以降は、パスクア・プエブロ・インディアンのヤキ語委員会のメンバー。アリゾナに拠点をおく固有植物資源保存のためのNGOのコーディネーターでもある。 **50〜51**

■ヤ行

ヤング，アーサー（Young, Arthur：1741〜1820） イギリスの農学者。フランス革命初期に、アイルランドやフランスの農業事情を視察し、合理的な農業経営方法や技術を紹介し、イギリス農業の近代化に指導的役割を果たした。 **69**

■ラ行

ラファラライ，セバスチャン（Rafaralahy, Sebastien：1937〜 ） マダガスカルの農村に生まれたが、農村では最高の学歴である中学卒業の資格を得たうえ、フランスの高校に進学。さらに大学では工学の学位を得た。1964年にマダガスカルに帰国してからは教師をしていたが、1979年にマダガスカル国立工芸工業センター（CENAM=Centre National del' Artisanat Malagasy）の所長となった。そこの副センター長であったシャスティン・ラベナンドラサナから、ロラニエ神父を紹介されたことが契機となり、1990年にセンターを辞め、テフィ・サイナの代表を務めている。 **163**

ラムプキン，ニック（Lampkin, Nic） ウェールズ有機センターの所長。ウェールズ、アバリストウィス大学の農村研究所の有機農業研究ユニットのコーディネーター。有機農業への転換の経済学や農業政策における有機農業の役割、とりわけ有機農業へのヨーロッパ共通農業政策の影響と農業環境政策の有機農業への貢献を研究している。 **198**

レイジ，クリス（Reij, Chris） 人文地理学者。天然資源マネジメントにおける社会経済の専門家。主にアフリカを中心に20年間以上の研究を行なっている。ブルキナファ

ソの中央平野での環境と農村開発の研究を行なってきた。著作に“Water Harvesting for Plant Production: Case Studies and Conclusions for Sub-Saharan Africa（作物生産のための水確保——サハラ縁でのケーススタディと結論）”（1992）、“Farmer Innovation in Africa: A Source of Inspiration for Agricultural Development（アフリカでの農民の改革——農業開発へのインスピレーション）”（2001）がある。 **155**

レーン，チャールズ（Lane, Charles） コンサルタントとして、国連開発プログラムを含め多くの国際機関で活躍している。国際環境開発研究所の研究員だったが、現在はロンドンにあるNGO、Pilotlightのディレクター。 **79**

レオポルド，アルド（Leopold, Aldo：1887〜1948） 後にウィスコンシン大学教授となったが、思想家でも研究者でもなく、むしろ現場の技術者から出発した。1909年にイエール大学大学院を卒業して以来、20年にわたって現場森林官として、狩猟期間の強化や保護区の創設に携わり、レクリエーション空間として原生自然を保護しようとしてきた。だが、1935年にドイツとチェコスロバキア鳥獣管理行政の現場調査を行なったのを契機に、これまでの人工的な自然保護のあり方に疑問を抱くようになる。すなわち、これまでの自然保護管理のあり方は、動物個体数を増やすことをめざしてきたのだが、彼がドイツで目にしたのは、シカの個体数が増えすぎ、山林の土壌浸食が進んでいた光景だったのである。以来、レオポルドは地域に生息する生物全体を視野に入れ、生命圏全体のバランスや健全さに配慮しなければならないという土地倫理を提唱していく。同じ自然保護思想とはいえ、全体論的な視点をもつレオポルドの考え方は、ソローやミューアが唱えたロマン主義とは別系列をなし、1970年代から1980年代に展開される「生命地域主義」（バイオリージョナリズム）につながるものをもっていた。 **185, 282〜285**

ロバートソン，ティム（Robertson, Tim） CAREバングラデシュの前代表。現在は、ダッカにある国際開発局（DFID＝Department for International Development）のアドバイザーを務めている。 **158**

ロバオ，リンダ（Lobao, Linda） オハイオ州立大学食料農業環境科学カレッジの教授。産業と農業社会学に焦点をおいた経済変化の社会学、政治社会学、ジェンダーに関心をもつ。現在は米国の地域と農村開発、米国とほかの国際社会における経済変化への女性の対応にかかわっている。 **189**

ロペス，ガビノ（Lopez, Gabino） グアテマラの貧しい先住民の村で生まれ育ったが、NGOワールド・ネイバースのサン・マルティン・プロジェクトに参加したことが契機となって、ホンジュラス、テグシガルパにあるNGO、COSECHA（Asociacion de Consejeros para una Agricultura Sostenible, Ecologica y Humana）の国際コンサルタントとして活躍している。 **162**

ロペス，バリー（Lopez, Barry Holstun：1945〜 ） オレゴン州在住の米国の作家。

北極、カリブ海と世界の辺境を旅し、景観と人間の文化との関係について描いた多くのノンフィクションがある。ノートルダム大学の教授で、テキサス工科大学でも教鞭をとっている。 **93, 245, 246〜251**

ロリング，ニルス（Röling, Niels） オランダのワーゲニンゲン農科大学コミュニケーション・イノベーション研究学部教授。農村社会学とコミュニケーション学の専門家として、アフリカ、インド、中国、中東、ラテンアメリカと世界を股にかけて活躍している。本書の引用は教授の“Gateway to the Garden: Beta/Gamma Science for Dealing with Ecological Rationality（菜園への入り口――エコロジー的に合理的に行動するためのベータ・ガンマ科学）”（2000）からのもの。 **252**

■ワ行

ワトソン，ドレナン（Watson, Drennan） スコットランドのエコロジスト。コンサルタント、研究者、トレーナーとして環境と土地利用にかかわっている。農業、林業、アウドドア・レクリエーション、観光開発など農山村開発における天然資源の利用や利害関係者とコミュニティとの調整といった複雑な環境と土地利用問題のマネジメントのため、トップダウンとボトムアップのアプローチを組み合わせ、コミュニティのコンサルテーションや評価、マネジメントなどのノウハウを開発している。 **193**

参考文献

Abramovitz, J (1997) 'Valuing nature's services' in Brown L, Flavin C and French H (eds) *State of the World*. Worldwatch Institute, Washington, DC

ACC/SCN (2000) *4th Report on The World Nutrition Situation*. UN Administrative Committee on Coordination, Sub-Committee on Nutrition, in collaboration with IFPRI, United Nations, New York

ACRE (1998) *The Commercial Use of GM Crops in the UK: The Potential Wider Impact on Farmland Wildlife*. Advisory Committee on Releases to the Environment, Department of the Environment, Transport and the Regions (DETR), London

ACRE (2000a) *Annual Report 1999*. Advisory Committee on Releases to the Environment, Department of the Environment, Transport and the Regions (DETR), London

ACRE (2000b) *Gene Flow from Genetically Modified Crops*. Unpublished report. Advisory Committee on Releases to the Environment and the ACRE Secretariat. Department of the Environment, Transport and the Regions (DETR), London

Adams, J S and McShane, T O (1992) *The Myth of Wild Africa*. W W Norton and Co, New York

Agarwal, B (1997) 'Re-sounding the alert – gender, resources and community action', *World Development* 25(9), pp1373–1380

Agarwal B (1995) *Gender, Environment and Poverty Linkages in Rural India*. UNRISD Discussion Paper 62. UNRISD, Geneva

Altieri, M A (1995) *Agroecology: The Science of Sustainable Agriculture*. Westview Press, Boulder, Colorado

Altieri, M A (1998) *The Environmental Risks of Transgenic Crops: an agro-ecological assessment*. Department of Environmental Science, Policy and Management, University of California, Berkeley, California

Altieri, M A (1999) 'Enhancing the productivity of Latin American traditional peasant farming systems through an agro-ecological approach'. Paper for Conference on Sustainable Agriculture: New Paradigms and Old Practices? Bellagio Conference Centre, Italy, 26–30 April 1999

Altieri, M A and Rosset, P (1999a) 'Ten reasons why biotechnology will not ensure food security, protect the environment and reduce poverty in the developing world', *AgBioForum* 2(3–4), pp155–182 (www.agbioforum.org/Default/altieri.htm)

Altieri, M A and Rosset, P (1999b) 'Strengthening the case for biotechnology will not help the developing world: a response to McGloughlin', *AgBioForum* 2(3–4), pp226–236 (www.agbioforum.org/Default/altierireply.htm)

Angelic Organics, 1547 Rockford Road, Caledonia, Illinois (www.angelicorganics.com)

Argyris, C and Schön, D (1978) *Organisational Learning*. Addison-Wesley, Reading, Massachusetts

Armstrong, D (2000) 'A survey of community gardens in upstate New York. Implications for health promotion and community development', *Health and Place* 6(4), pp319–327

Arnold, D (1996) *The Problem of Nature*. Blackwell Scientific, Oxford

Association for Better Husbandry (2000) Project reports and annual reports (www.ablh.org)

Astor, Viscount and Rowntree, B S (1945) *Mixed Farming and Muddled Thinking: An Analysis of Current Agricultural Policy*. Macdonald and Co, London

ATTRA (2000) Community-supported agriculture (www.attra.org/attra-pub/csa.htm)
Australian National Drylands Salinity Programme (www.lwrrdc.gov.au/ndsp/index.htm)
Avery, D (1995) *Saving the Planet with Pesticides and Plastic.* The Hudson Institute, Indianapolis
BAA (2000) *Annual Review and Handbook.* British Agrochemicals Association, Peterborough
Bagadion, B J and Korten, F F (1991) 'Developing irrigators' associations: a learning process approach' in Cernea, M M (ed) *Putting People First.* Oxford University Press, Oxford
Bailey, A P, Rehman, T, Park, J, Keatunge, J D H and Trainter, R B (1999) 'Towards a method for the economic evaluation of environmental indicators for UK integrated arable farming systems', *Agriculture, Ecosystems and Environment* 72, pp145–158
Bakhtin, M M (1981) *The Dialogic Imagination: Four Essays.* Edited by Holquist, M; translated by Emerson, C and Holquist, M. University of Texas Press, Austin, Texas
Baland, J-M and Platteau, J-P (1998) 'Division of the commons: a partial assessment of the new institutional economics of land rights', *American Journal of Agricultural Economics* 80(3), pp644–650
Balfour, E B (1943) *The Living Soil.* Faber and Faber, London
Barker, P (1998) 'Edge city' in Barnett, A and Scruton, R (eds) *Town and Country.* Jonathan Cape, London
Barnett, A and Scruton, R (eds) (1998) *Town and Country.* Jonathan Cape, London
Barrell, J (1980) *The Dark Side of the Landscape:* Cambridge University Press, Cambridge
Barrett, C and Grizzle, R (1999) 'A holistic approach to sustainability based on pluralism stewardship', *Environmental Ethics*, Spring, pp23–42
Barrett, C, Brandon, K, Gibson, C and Gjertsen, H (2001) 'Conserving tropical biodiversity amid weak institutions', *BioScience* 51(6), pp497–502
Bass, S, Hughes, C and Hawthorne, W (2001) 'Forests, biodiversity and livelihoods: linking policy and practice' in Koziell, I and Saunders, J (eds) *Living Off Biodiversity.* IIED, London
Baumol, W J and Oates, W E (1988) *The Theory of Environmental Policy.* Cambridge University Press, Cambridge
BCPC (1999) *Gene Flow and Agriculture: Relevance for Transgenic Crops.* Symposium Proceedings No 72. University of Keele and British Crop Protection Council, London
Beck, T (1994) *The Experience of Poverty: Fighting for Respect and Resources in Village India.* IT Publications, London
Beck, T and Ghosh, M (2000) 'Common property resources and the poor. Findings from West Bengal', *Economic and Political Weekly* 35(3), pp147–153
Beck, T and Naismith, C (2001) 'Building on poor people's capacities: the case of common property resources in India and West Africa', *World Development* 29(1), pp119–133
Beilin, R (2000) 'Sustaining a vision: recognising landscape futures'. Paper at Landcare International 2000 conference: Community participation in natural resource management. Melbourne, Australia
Bellagio Apomixis Declaration (1998) 27 April–1 May (www.billie.harvard.edu/apomixis)
Benbrook, C (1999) 'Evidence of the magnitude and consequences of the Roundup Ready soybean yield drag from university-based varietal trials in 1998', *Ag Bio Tech InfoNet Technical Paper* No 1. Sandpoint, Idaho (www.biotech-info.net/RR_yield_drag_98.pdf)

Bennett, D (1999) 'Stepping from the diagram: Australian Aboriginal cultural and spiritual values relating to biodiversity' in Posey, D (ed) *Cultural and Spiritual Values of Biodiversity*. IT Publications and UNEP, London
Benton, T (1994) 'Biology and social theory in the environmental debate' in Redclift, M and Benton, T (eds) *Social Theory and the Global Environment*. Routledge, London
Benton, T (1998) 'Sustainable development and the accumulation of capital: reconciling the irreconcilable?' in Dobson, A (ed) *Fairness and Futurity*. Oxford University Press, Oxford
Berkes, F (1998) 'Indigenous knowledge and resource management systems in the Canadian subarctic' in Berkes and Folke (eds) *Linking Social and Ecological Systems*. Cambridge University Press, Cambridge
Berkes, F and Folke, C (eds) (1998) *Linking Social and Ecological Systems*. Cambridge University Press, Cambridge
Berry, T (1998) *The Dream of the Earth*. Sierra Club Books, San Francisco
Berry, W (1977) *The Unsettling of America*. Sierra Club Books, San Francisco
Bignall, E M and McCracken, D I (1996) 'Low intensity farming systems in the conservation of the countryside', *Journal of Applied Ecology* 33, pp416–424
Birch, A, Geoghegan, I, Majerus, M, McNicol, J, Hackett, C, Gatehouse, A and Gatehouse, J (1997) 'Tri-trophic interactions involving pest aphids, predatory 2-spot ladybirds and transgenic potatoes expressing snowdrop lectin for aphid resistance', *Molecular Breeding* 5, pp75–83
Blench, R (2001) 'Why conserve livestock biodiversity?' in Koziell, I and Saunders, J (eds) *Living Off Biodiversity*. IIED, London
Bloch, M (1978) *French Rural History*. Routledge and Kegan Paul, London (1931 reprint)
Blum, J (1971) 'The European village as community: origins and functions', *Agricultural History Review* 45, pp157–178
Blythe, R (1999) *Talking about John Clare*. Trent Books, Nottingham
Bourdieu, P (1986) 'The forms of capital' in Richardson, J (ed) *Handbook of Theory and Research for the Sociology of Education*. Greenwood Press, Westport, Connecticut
Bowles, R and Webster, J (1995) 'Some problems associated with the analysis of the costs and benefits of pesticides', *Crop Protection* 14(7), pp593–600
Boyte, H (1995) 'Beyond deliberation: citizenship as public work'. Paper delivered at PEGS conference, 11–25 February 1995. Civic Practices Network (www.cpn.org)
Braun, A (2000) *The CIALs (Comité de Investigación Agricultura Tropical) at a glance*. CIAT, Colombia
British Medical Association (1999) *The Impact of Genetic Modification on Agriculture, Food and Health*. BMA, London
Bromley, D W (ed) (1992) *Making the Commons Work*. Institute for Contemporary Studies Press, San Francisco, California
Brouwer, R (1999) *Market integration of agricultural externalities: a rapid assessment across EU countries*. Report for European Environment Agency, Copenhagen
Brummet, R (2000) 'Integrated aquaculture in Sub-Saharan Africa', *Environmental Development and Sustainability* 1(3–4), pp315–321
Bruner, A G, Gullison, R E, Rice, R E and de Fonseca, G A B (2001) 'Effectiveness of parks in protecting tropical biodiversity', *Science* 291, pp125–128
Brunkhorst, D J and Rollings, N M (1999) 'Linking ecological and social functions of landscapes: I. Influencing resource governance', *Natural Areas Journal* 19(1), pp57–64
Brunkhorst, D, Bridgewater, P and Parker, P (1997) 'The UNESCO biosphere reserve program comes of age: learning by doing; landscape models for sustainable conservation and resource use' in Hale, P and Lamb, D (eds) *Conservation Outside Nature Areas*. University of Queensland, Queensland,

pp176–182
Buck, S J (1998) *The Global Commons.* Earthscan, London
Bunch, R (1999) 'Learning how to make the soil grow' in McDonald, M and Brown, K (eds) *Issues and Options in the Design of Soil and Water Conservation Projects.* Proceedings of a workshop held in Llandudno, Conwy, Wales, 1–3 February. University of Wales, Bangor
Bunch, R (2000) 'More productivity with fewer external inputs', *Environmental Development and Sustainability* 1(3–4), pp219–233
Bunch, R and López, G (1996) 'Soil recuperation in Central America: sustaining innovation after intervention', *Gatekeeper Series SA 55*, Sustainable Agriculture Programme, International Institute for Environment and Development, London
Burns, A and Johnson, D (1999) *Farmers' Market Survey Report.* USDA, Washington DC (www.ams.usda.gov/directmarketing/wam024.htm)
Butala, S (2000) 'Fields of broken dreams', *The Toronto Globe and Mail*, 4 March, Toronto
Butler-Flora, C and Flora, J L (1993) 'Entrepreneurial social infrastructure: a necessary ingredient', *The Annals of the American Academy of Political and Social Science* 529, pp48–55
Butler-Flora, C and Flora, J L (1996) 'Creating social capital' in Vitek, W and Jackson, W (eds) *Rooted in the Land: Essays on Community and Place.* Yale University Press, New Haven and London
Buzby, J C and Robert, T (1997) 'Economic costs and trade implications of microbial foodborne illness', *World Health Statistics Quarterly* 50(1–2), pp57–66
California Department of Food and Agriculture (1972–current) *Summary of Illnesses and Injuries Reported by Californian Physicians as Potentially Related to Pesticides,* 1972–current. Sacramento, California
Callicott, J B, Crowder, L B and Mumford, K (1999) 'Current normative concepts in conservation', *Conservation Biology* 13, pp22–35
Callicott, J B, Crowder, L B and Mumford, K (2000) 'Normative concepts in conservation biology. Reply to Willers and Hunter', *Conservation Biology* 14(2), pp575–578
Campbell, L H, Avery, M L, Donald, P, Evans, A D, Green, R E and Wilson, J D (1997) *A Review of the Indirect Effects of Pesticides on Birds.* Report No 227. Joint Nature Conservation Committee, Peterborough
Capra, F (1996) *The Web of Life.* HarperCollins, London
Carney, D (1998) *Sustainable Rural Livelihoods.* Department for International Development, London
Carpathian Ecoregional Initiative (2000) World Wide Fund for Nature, Austria, Vienna (www.carpathians.org)
Carpathian Large Carnivore Project (2000) *Annual Report.* Zarnesti, Romania (www.clcp.ro)
Carreck, N and Williams, I (1998) 'The economic value of bees in the UK', *Bee World* 79(3), pp115–123
Carson, R (1963) *Silent Spring.* Penguin Books, Harmondsworth
Carter, P (1987) *The Road to Botany Bay.* Faber and Faber, London
Carter, J (1995) *Alley Cropping: Have Resource Poor Farmers Benefited?* ODI Natural Resource Perspectives No 3, London
Cato, M P (1979) 'Di Agri Cultura' in Hooper, W D (revised Ash, H B) Marcus Porcius Cato *On Agriculture,* and Marcus Terentius Varro *On Agriculture.* Harvard University Press, Cambridge, Massachusetts
CDC (2001) 'Preliminary foodnet data on the incidence of foodborne illnesses', *MMWR Weekly* 50(13), pp241–246
Cernea, M M (1987) 'Farmer organisations and institution building for

sustainable development', *Regional Development Dialogue* 8, pp1–24
Cernea, M M (1991) *Putting People First*. Oxford University Press, Oxford, second edition
Cernea, M M (1993) 'The sociologist's approach to sustainable development', *Finance and Development*, December, pp11–13
CGIAR (2000) *Promethean Science: Agricultural Biotechnology, the Environment and the Poor* (eds I Serageldin and G J Persley). CGIAR Secretariat. The World Bank, Washington, DC
Chen, Z L (2000) 'Transgenic food: need and safety'. Paper presented at OECD Edinburgh conference on The Scientific and Health Aspects of GM Foods, 28 February–1 March (www.oecd.org/subject/biotech/ed_prog_sum.htm)
Chevré, A-M, Eber, F, Baranger, A and Renard, M (1997) 'Gene flow from transgenic crops', *Nature* 389, p924
Clare, J (1993) *The Shepherd's Calendar* (ed Robinson, E, Summerfield, G and Powell, D). Oxford University Press, Oxford
Cleaver, K M and Schreiber, G A (1995) *The Population, Agriculture and Environment Nexus in Sub-Saharan Africa*. World Bank, Washington, DC
Cobb, D, Feber, R, Hopkins, A and Stockdale, L (1998) *Organic Farming Study*. Global Environmental Change Programme Briefing 17, University of Sussex, Falmer
Cobbett, W (1830) *Rural Rides* (ed Woodcock, G, 1967). Penguin Classics, Harmondsworth
Colchester, M (1997) 'Salvaging nature: indigenous peoples and protected areas' in Ghimire, K B and Pimbert, M (eds) *Social Change and Conservation*. Earthscan, London
Coleman, J (1988) 'Social capital and the creation of human capital', *American Journal of Sociology* 94, supplement S95-S120
Coleman, J (1990) *Foundations of Social Theory*. Harvard University Press, Harvard, Massachusetts
Colins, C J and Chippendale, P J (1991) *New Wisdom: The Nature of Social Reality*. Acorn Publications, Sunnybank, Queensland
Collier, W L, Wiradi, G and Soentoro (1973) 'Recent changes in rice harvesting methods: Some serious social implications', *Bulletin of Indonesian Economic Studies* 9(2), pp36–45
Common Ground (2000) *The Common Ground Book of Orchards*. Common Ground, London
Common, M (1995) *Sustainability and Policy*. Cambridge University Press, Cambridge
Conford, P (ed) (1988) *The Organic Tradition: An Anthology of Writing on Organic Farming*. Green Books, Bideford, Devon
Conway, G R (1997) *The Doubly Green Revolution*. Penguin, London
Conway, G R (2000) 'Crop biotechnology: benefits, risks and ownership'. Paper presented at OECD Edinburgh conference on The Scientific and Health Aspects of GM Foods, 28 February–1 March (www.oecd.org/subject/biotech/ed_prog_sum.htm)
Conway, G R and Pretty, J N (1991) *Unwelcome Harvest: Agriculture and Pollution*. Earthscan, London
Coop, P and Brunkhorst, D (1999) 'Triumph of the commons: age-old participatory practices provide lessons for institutional reform in the rural sector', *Australian Journal of Environmental Management* 6(2), pp48–56
Cooper, G (1996) 'Aldo Leopold and the values of nature' in Vitek, W and Jackson W (eds) *Rooted in the Land: Essays on Community and Place*. Yale University Press, New Haven and London
Cooper, N S (2000a) 'Speaking and listening to nature: ethics within ecology', *Biodiversity and Conservation* 9, pp1009–1027
Cooper, N S (2000b) 'How natural is a nature reserve? An ideological study of

British nature conservation landscapes', *Biodiversity and Conservation* 9, pp1131–1152

Cosgrove, D and Daniels, S (1988) *The Iconography of Landscape*. Cambridge University Press, London

Costanza, R, d'Arge, R, de Groot, R, Farber, S, Grasso, M, Hannon, B, Limburg, K, Naeem, S, O'Neil, R V, Paruelo, J, Raskin, R G, Sutton, P and van den Belt, M (1997 and 1999). 'The value of the world's ecosystem services and natural capital', *Nature* 387, pp253–260; also in *Ecological Economics* 25(1), pp3–15

Countryside Agency (2001) *The State of the Countryside 2001*. Countryside Agency, Cheltenham

Crecchio, C and Stotzky, G (1998) 'Insecticidal activity and biodegradation of the toxin from *Bacillus thuringiensis subsp. kurstaki* bound to humic acids from soil', *Soil Biology and Biochemistry* 30, pp463–470

Cronon, W , Miles, G and Gitlin, J (eds) (1992) *Under an Open Sky. Rethinking America's Western Past*. W W Norton and Co, New York

Crosson, P (1995) 'Soil erosion estimates and costs', *Science* 269, pp461–464

Curtis, A, van Nouhays, M, Robinson, W and MacKay, J (1999) 'Exploring Landcare effectiveness using organisational theory'. Paper to International Symposium for Society and Natural Resources, University of Queensland, Brisbane, July 1999

Daily, G (ed) (1997) *Nature's Services: Societal Dependence on Natural Ecosystems*. Island Press, Washington, DC

Daily, G C, Matson, P A and Vitousek, P M (1997) 'Ecosystem services supplied by soil' in Daily, G C (ed) *Nature's Services*. Island Press, Washington, DC

Dasgupta, P and Serageldin, I (eds) *Social Capital: A Multiperspective Approach*. World Bank, Washington, DC

Davis, O and Kamien, M (1972) 'Externalities, information, and alternative collective action' in Dorfman, R and Dorfman, N (eds) *Economics of the Environment: Selected Readings*. W W Norton and Co, New York, pp69–87

Davison, M D, van Soest, J P, de Wit, G and De Boo, W (1996) *Financiële waardering van de milieuschade door de Nederlandse landbouw – een benadering op basis van de preventiekosten* [Financial valuation of environmental hazard from Dutch agriculture – an approximation based on prevention costs]. Centre for Energy Conservation and Clean Technology (CE), Delft, The Netherlands

de Freitas, H (1999) 'Transforming microcatchments in Santa Caterina, Brazil' in Hinchcliffe, F, Thompson, J, Pretty, J, Guijt, I and Shah, P (eds) *Fertile Ground: The Impacts of Participatory Watershed Development*. IT Publications, London

de los Reyes, R and Jopillo, S G (1986) *An Evaluation of the Philippines Participatory Communal Irrigation Program*. Institute of Philippine Culture, Quezon City

Delgado, C, Rosegrant, M, Steinfield, H, Ehui, S and Courbois, C (1999) *Livestock to 2020: the next food revolution*. IFPRI Brief 61. International Food Policy Research Institute, Washington, DC

Desilles, S (1999) 'Sustaining and managing private natural resources: the way to step out of the cycle of high-input agriculture'. Paper for Conference on Sustainable Agriculture: New Paradigms and Old Practices? Bellagio Conference Centre, Italy, 26–30 April 1999

Department of the Environment, Food and Rural Affairs (DEFRA) (2000) *June Census data*. Economic and Statistics Group (www.defra.gov.uk/esg)

Department of the Environment, Transport and the Regions (DETR) (1997a) *Indicators of Sustainable Development for the UK*. Environmental Protection Statistics and Information Management Division (www.environment.detr.gov.uk/epsim/indcs/isd.htm)

DETR (1997b) *Digest of Environmental Statistics No 19* (www.detr.gov.uk/epsim/digest19/dig19-9.htm)

DETR (1998a) *The Environment in Your Pocket* (www.environment.detr.gov.uk/des20/pocket/env24.htm)

DETR (1998b) *Digest of Environmental Statistics No 20. UK Emissions of Greenhouse Gases* (www.environment.detr.gov.uk/des20/chapter1/)

DETR (1998c) *Good Practice Guide on Managing the Use of Common Land.* DETR, London

DETR (1999a) *Design of a Tax or Charge Scales for Pesticides.* DETR (now DEFRA), London

DETR (1999b) *Environmental risks of herbicide-tolerant oilseed rape. A review of the PGS hybrid oilseed rape.* Research Report No 15. DETR, London

Deutsch, S (1992) 'Landscape of enclaves' in Cronon, W, Miles, G and Gitlin, J (eds) (1992) *Under an Open Sky. Rethinking America's Western Past.* W W Norton and Co, New York

Devavaram, J, Arunothayam, E, Prasad, R and Pretty, J (1999) 'Watershed and community development in Tamil Nadu, India' in Hinchcliffe, F, Thompson, J, Pretty, J, Guijt, I and Shah, P (eds) *Fertile Ground: The Impacts of Participatory Watershed Development.* IT Publications, London

Dewar, A M, Haylock, L A, Bean, K M and May, A J (2000) 'Delayed control of weeds in glyphosate-tolerant sugar beet and the consequences on aphid infestation and yield', *Pest Management Science* 56(4), pp345–350

Department for International Development (DFID) Plant Science Research Programme (1998) *Rice Biotechnology.* University of Wales, Bangor

Diamond, J (1997) *Guns, Germs and Steel.* Vintage, London

Diop, A (2000) 'Sustainable agriculture: new paradigms and old practices? Increasing production with management of organic inputs in Senegal', *Environmental Development and Sustainability* 1(3–4), pp285–296

Dipera, K (1999) 'Botswana – Kaichela Dipera – Mukalahari' in Senanayake, R (ed) *Voices of the Earth,* pp121–167. In Posey, D (1999) *Cultural and Spiritual Values of Biodiversity.* IT Publications and UNEP, London

Djuretic, T, Wall, P G, Ryan, M J, Evans, H S, Adak, G K and Cowden, J M (1996) 'General outbreaks of infectious intestinal disease in England and Wales 1992–1994', *Communicable Disease Report* 6(4), R57–63

Dobbs, T L and Dumke, L M (1999) *Implications of 'Freedom to Farm' for Crop System Diversity in the Western Corn Belt and Northern Great Plains.* Economics Staff Paper 99-3. South Dakota State University, Brookings

Dobbs, T L and Pretty, J (2001a) *The United Kingdom's Experience with Agri-Environmental Stewardship Schemes: Lessons and Issues for the United States and Europe.* South Dakota State University Economics Staff Paper 2001-1 and University of Essex Centre for Environment and Society

Dobbs, T L and Pretty, J (2001b) *Future Directions for Joint Agricultural-Environmental Policies: Implications of the United Kingdom Experience for Europe and the United States.* South Dakota State University and University of Essex

Dobson, A (ed) (1999) *Fairness and Futurity.* Oxford University Press, Oxford

Domestic Animal Diversity Information System (DADIS): www.dad.fao.org/cgi-dad/$cgi_dad.exe/summaries

Donaldson, J (1854) *Agricultural Biography. Life and Writings of the British Authors of Agriculture.* London

Drinkwater, L E, Wagoner, P and Sarrantonio, M (1998) 'Legume-based cropping systems have reduced carbon and nitrogen losses', *Nature* 396, pp262–265

Dryzek, J (1997) *The Politics of the Earth: Environmental Discourse.* Oxford University Press, New York and Oxford

Dubois, D, Fried, P M, Deracuasaz, B and Lehman, H (2000) 'Evolution and instruments for the implementation of a program for whole farm environmental management in Switzerland'. OECD Workshop on Adoption of

Technologies for Sustainable Farming Systems, The Netherlands, July 2000. OECD, Paris COM/AGR/CA/ENV/EPOC (2000) 65
Duffy, R (2000) *Killing for Conservation: Wildlife Policy in Zimbabwe*. James Currey, Oxford
Dumke, L M and Dobbs, T L (1999) *Historical Evolution of Crop Systems in Eastern South Dakota: Economic Influences*. Economics Research Report 99-2. South Dakota State University, Brookings
DuPuis, E M and Vandergeest, P (eds) *Creating Countryside: The Politics of Rural and Environmental Discourse*. Temple University Press, Philadelphia
Durrenberger, E P and Thu, K M (1996) 'The expansion of large scale hog farming in Iowa: the applicability of Goldschmidt's findings fifty years later', *Human Organisation* 55(4), pp409–415
Ecological Economics (1999), 25(1). Special issue devoted to Costanza et al (1997) paper, with 12 responses (Ayres; Daly; El Serafy; Herendeen; Hueting et al; Norgaard and Bode; Opschoor; Pimentel; Rees; Templet; Toman; and Turner et al), and a reply from Costanza et al
European Environment Agency (EEA) (1996) *Environmental Taxes: Implementation and Environmental Effectiveness*. Environmental Issues Series No 1. EEA, Copenhagen
EEA (1998) *Europe's Environment: The Second Assessment. Report and Statistical Compendium*. EEA, Copenhagen
EEA (1999) *Annual European Community Greenhouse Gas Inventory 1990-1996*. Technical Report No 19, EEA, Copenhagen
Ehrenfield, D (2000) 'War and peace and conservation biology', *Conservation Biology* 14(1), pp105–112
Eisinger, P K (1998) *Towards an End of Hunger in America*. Brookings Institution Press, Washington, DC
Ekins, P (1999) 'European environmental taxes and charges: recent experience, issues and trends', *Ecological Economics* 31, pp39–62
Elmore, R W, Roeth, F W, Klein, R N, Knezevic, S V, Martin, A, Nelson, L A and Shapiro, C A (2001b) 'Glyphosate-resistant soybean cultivar response to glyphosate', *Agronomy Journal* 93, pp404–407
Elmore, R W, Roeth, F W, Nelson, L A, Shapiro, C A, Klein, R N, Knezevic, S V and Martin, A (2001a) 'Glyphosate-resistant soybean cultivar yields relative to sister lines', *Agronomy Journal* 93, pp408–412
Elster, J (1989) *The Cement of Society: A Study of Social Order*. Cambridge University Press, Cambridge
Engels, F (1956) *The Peasant War in Germany*. Progress Publishers, Moscow
English Nature (1999) *Common Land: unravelling the mysteries*. English Nature, Peterborough
English Tourist Council (ETC) (2000) *United Kingdom Tourist Statistics 1999*. ETC, London
Environment Agency (EA) (1998) *Aquatic Eutrophication in England and Wales: a proposed management strategy*. EA, Bristol
Environment Agency of Japan (1999) *One Summer in Satochi*. Tokyo, Japan
Ernle, Lord (Prothero, R) (1912) *English Farming. Past and Present*. Longmans, Green and Co, London
Escalada, M M, Heong, K L, Huan, N H and Mai, V (1999) 'Communication and behaviour change in rice pest management: the case of using mass media in Vietnam', *Journal of Applied Communications* 83(1), pp7–26
ESRC (1999) *The Politics of GM Food*. Special Briefing No 5, October 1999. ESRC Global Environmental Change Programme, University of Sussex, Brighton
Etzioni, A (1995) *The Spirit of Community: Rights, Responsibilities and the Communitarian Agenda*. Fontana Press, London
Evans, G E (1960) *The Horse and the Furrow*. Faber, London
Evans, H S, Madden, P, Douglas, C, Adak, G K, O'Brien, S J, Djuretic, T, Wall,

P G and Stanwell-Smith, R (1998) 'General outbreaks of infectious disease in England and Wales 1995–1996', *Communicable Disease and Public Health* 1(3), pp165–171

Evans, R (1995) *Soil Erosion and Land Use: Towards a Sustainable Policy*. Cambridge Environmental Initiative, University of Cambridge, Cambridge

Eveleens, K G, Chisholm, R, van de Fliert, E, Kato, M, Thi Nhat, P and Schmidt, P (1996) *Mid Term Review of Phase III Report – The FAO Intercountry Programme for the Development and Application of Integrated Pest Management Control in Rice in South and South East Asia*. GCP/RAS/145-147/NET-AUL-SWI. FAO, Rome

Evers, L and Molina, F S (1987) *Maso/Bwikam/Yaqui Deer Songs: A Native American Poetry*. Sun Track and University of Arizona Press, Tucson, Arizona

Ewel, K C (1997) 'Water quality improvement in wetlands' in Daily, G (ed) (1997) *Nature's Services: Societal Dependence on Natural Ecosystems*. Island Press, Washington, DC

Food and Agriculture Organization (FAO) (1999) *Cultivating Our Futures: Taking Stock of the Multifunctional Character of Agriculture and Land*. FAO, Rome

FAO (1999) *The Future of Our Land*. FAO, Rome

FAO (2000a) *Agriculture: Towards 2015/30*. Global Perspective Studies Unit, FAO, Rome

FAO (2000b) *Food Security Programme* (www.fao.org/sd/FSdirect/FSPintro.htm)

FAO (2001) *FAOSTAT Database*. FAO, Rome

FAO (2001) *Animal agriculture in the EU. Some elements for a way forward*. Animal Production and Health Division, FAO, Rome

FAO/UNEP (2000) 'World watch list for domestic animal diversity' (www.fao.org/dad-is)

Fernandez, A (1992) *The MYRADA Experience: Alternate Management Systems for Savings and Credit of the Rural Poor*. MYRADA, Bangalore

FiBL (2000) *Organic Farming Enhances Soil Fertility and Biodiversity. Results from a 21 year field trial*. FiBL Dossier 1 (August). Research Institute of Organic Agriculture (FiBL), Zurich

Fleischer, G and Waibel, H (1998) 'Externalities by pesticide use in Germany'. Paper presented to Expert Meeting: The Externalities of Agriculture: What do we Know? EEA, Copenhagen, May 1998

Flora, J L (1998) 'Social capital and communities of place', *Rural Sociology* 63(4), pp481–506

Foreman, R T (1997) *Land Mosaics: The Ecology of Landscapes and Regions*. Cambridge University Press, Cambridge

Foster, V, Bateman, I J and Harley, D (1997) 'Real and hypothetical willingness to pay for environmental preservation: a non-experimental comparison', *Journal of Agricultural Economics* 48(1), pp123–138

Fowler, C and Mooney, P (1990) *The Threatened Gene: Food, Policies and the Loss of Genetic Diversity*. The Lutterworth Press, Cambridge

Fuglie, K, Narrod, C and Neumeyer, C (2000) 'Public and private investment in animal research' in Fuglie, K and Schimmelpfenning, D (eds) *Public-Private Collaboration in Agricultural Research*. Iowa State University Press, Des Moines, Iowa

Fukuoka, M (1985) *The Natural Way of Farming* (translated by F R Metreaud). Japan Publications Inc, Tokyo and New York

Fukuyama, F (1995) *Trust: The Social Values and the Creation of Prosperity*. Free Press, New York

Funes, F (2001) 'Cuba and sustainable agriculture'. Paper presented to St James's Palace conference: Reducing Poverty with Sustainable Agriculture, 15 January

Funes, F, García, L, Bourque, M, Pérez, N and Rosset, P (2002) *Sustainable Agriculture and Resistance*. Food First Books, Oakland, California

Gadgil, M and Guha, R (1992) *This Fissured Land: An Ecological History of India*. Oxford University Press, New Delhi

Gadgil, M (1998) 'Grassroots conservation practices: revitalizing the traditions' in Kothari, A, Pathak, N, Anuradha, R V and Taneja, B (eds) *Communities and Conservation: Natural Resource Management in South and Central Asia*. Sage Publications, New Delhi

Gambetta, D (ed) (1988) *Trust: Making and Breaking Cooperative Relations*. Blackwell Scientific, Oxford

Gapor, S A (2001) *Rural Sustainability in Sarawak. The role of adat and indigenous knowledge in promoting sustainable sago production in the coastal areas of Sarawak*. PhD thesis, University of Hull, Hull

Garkovich, L, Bokemeier, J and Foote, B (1995) *Harvest of Hope*. University of Kentucky Press, Lexington

Garnett, T (1996) *Growing Food in Cities: A report to highlight and promote the benefits of urban agriculture in the UK*. SAFE Alliance and National Food Alliance, London

Garreau, J (1992) *Edge City – Life on the New Frontier*. Anchor Books, New York

Gebhard, F and Smalla, K (1998) 'Transformation of *Acinetobacter* sp. strain BD413 by transgenic sugar beet DNA', *Applied and Environmental Microbiology* 64(4), pp1550–1554

Gebhard, F and Smalla, K (1999) 'Monitoring field releases of genetically modified sugar beets for persistence of transgenic plant DNA and horizontal gene transfer', *FEMS Microbiology Ecology* 28, pp261–272

Geertz, C (1993) *Local Knowledge. Further Essays in Interpretive Anthropology*. Fontana Press, London

Georghiou, G P (1986) 'The magnitude of the problem' in National Research Council, *Pesticide Resistance, Strategies and Tactics*. National Academy Press, Washington, DC

Ghimire, K and Pimbert, M (1997) *Social Change and Conservation*. Earthscan, London

Gianessi, L P and Carpenter, J E (1999) *Agricultural Biotechnology: Insect Control Benefits*. National Center for Food and Agricultural Policy, Washington, DC

Gibbons, D S (1996) 'Resource mobilisation for maximising MFI outreach and financial self-sufficiency'. Issues Paper No 3 for Bank-Poor 1996, 10–12 December, Kuala Lumpur

Grameen Bank at www.grameen.com or www.grameen-info.org

Giono, J (1930) *Second Harvest*. Harvill Press, London (1999 edition)

Giono, J (1954) *The Man Who Planted Trees*. Peter Owen, London (1985 edition)

Goin, P (1992) *Humanature*. University of Texas Press, Harrisonberg, Virginia

Goldschmidt, W (1978) (first published in 1946). *As You Sow: Three Studies in the Social Consequences of Agri-Business*. Allanheld, Monclair, New Jersey

Gómez-Pompa, A and Kaus, A (1992) 'Taming the wilderness myth', *Bioscience* 42(4), pp271–279

Grainger, M (ed) (1993) *The Natural History Prose Writings of John Clare*. Clarendon Press, Oxford

Gray, A (1999) 'Indigenous peoples, their environments and territories' in Posey D (ed) (1999) *Cultural and Spiritual Values of Biodiversity*. IT Publications and UNEP, London

Gray, A and Raybould, A (1998) 'Reducing transgene escape routes', *Nature* 312, pp653–654

Greene, C and Dobbs, T (2001) *Organic wheat production in the US*. Economic Research Service (USDA), wheat yearbook. USDA, Washington, DC, pp31–37

GreenThumb, 'Tales from the field' (www.cityfarmer.org/tales62.html)

Gren, I M (1995) 'Costs and benefits of restoring wetlands: two Swedish case studies', *Ecological Engineering* 4, pp153–162

Grimes, B (1996) *Ethnologue: Languages of the World.* 12th Edition. Summer Institute of Linguistics, Dallas, Texas

Grootaert, C (1998) 'Social capital: the missing link'. World Bank Social Capital Initiative Working Paper No 5, Washington, DC

Grove, R H (1990) 'Colonial conservation, ecological hegemony and popular resistance: towards a global synthesis' in MacKenzie, J M (ed) *Imperialism and the Natural World.* Manchester University Press, Manchester.

Grove-White, R, Macnaughton, P, Mayer, S and Wynne, B (1997) *Uncertain Worlds: GMOs, Food and Public Attitudes in Britain.* CSEC, Lancaster University, Lancaster

Habermas, J (1987) *Theory of Communicative Action: Critique of Functionalist Reason.* Volume II. Polity Press, Oxford

Hamilton, N A (1995) *Learning to Learn with Farmers.* PhD thesis, Wageningen Agricultural University, The Netherlands

Hamilton, P (1998) *Goodbye to Hunger: A study of farmers' perceptions of conservation farming.* ABLH, Nairobi, Kenya

Handy, C (1985) *Understanding Organisations.* Penguin Books, Harmondsworth

Hanley, N and Oglethorpe, D (1999) 'Toward policies on externalities from agriculture: an analysis for the European Union'. Paper presented at American Agricultural Economics Association Annual Meeting, Nashville, Tennessee

Hanley, N, MacMillan, D, Wright, R E, Bullock, C, Simpson, I, Parrison, D and Crabtree, R (1998) 'Contingent valuation versus choice experiments: estimating the benefits of environmentally sensitive areas in Scotland', *Journal of Agricultural Economics* 49(1) pp1–15

Hardin, G (1968) 'The tragedy of the commons', *Science* 162, pp1243–1248

Harp, A, Boddy, P, Shequist, K, Huber, G and Exner, D (1996) 'Iowa, USA: An effective partnership between the Practical Farmers of Iowa and Iowa State University' in Thrupp, L A (ed) *New Partnerships for Sustainable Agriculture.* WRI, Washington, DC

Harrington, G (2000) *The Future of the Pig Industry – Local and Global.* Silcock Fellowship for Livestock Research Report 7, Harper Adams University College, Newport

Harrison, P F and Lederberg, J (eds) (1998) *Antimicrobial Resistance: issues and options.* National Academy Press, Washington, DC

Hartridge, O and Pearce, D (2001) *Is UK Agriculture Sustainable? Environmentally Adjusted Economic Accounts.* CSERGE, University College, London

Hasselstrom, L (1997) 'Addicted to Work' in Vitek, W and Jackson, W (eds) *Rooted in the Land: Essays on Community and Place.* Yale University Press, New Haven and London

Havelaar, A M, de Wit, M A S, van Kuningeveld, R and van Kempen, E (2000) 'Health burden in the Netherlands due to infection with thermophilic Campylobacter species', *Epidemiological Infection* 125, pp505–522

Heap, I (2000) 'International survey of herbicide resistant weeds' at: www.weedscience.org/summary/countrysum.asp

Heffernan, W, Henrickson, M and Gronkski, R (1999) *Consolidation in the Food and Agriculture System.* Report to the National Farmers Union. University of Missouri, Columbia (www.nfu.org)

Heimlich, R E, Wiebe, K D, Claasen, R, Gadsby, D and House, R M (1998) *Wetlands and Agriculture: Private Interests and Public Benefits.* Resource Economics Division. Economic Research Service, USDA. Agricultural Economics Report No 765. USDA, Washington, DC

Heisswolf, S (2001) *Building social capital in horticulture: Factors impacting on the establishment and sustainability of farmer groups.* QM742 Extension Dissertation. Rural Extension Centre, Gatton College, University of Queensland, Queensland

Henao, J and Baanante, C (1999) *Nutrient depletion in the agricultural soils of Africa.*

IFPRI Brief 62, IFPRI, Washington, DC
Heong, K L, Escalada, M M, Huan, N H and Mai, V (1999) 'Use of communication media in changing rice farmers' pest management in the Mekong Delta, Vietnam', *Crop Management* 17(5), pp413–425
Herdt, R (1999) 'Enclosing the global plant genetic commons'. Paper presented at Institute for International Studies, Stanford University. The Rockefeller Foundation, New York
Hilbeck, A, Baumgartner, M, Fried, P M and Bigler, F (1998) 'Effects of transgenic *Bt* corn-fed prey on mortality and development time of immature *Chrysoperla carnea Neuroptera: Chrysopidae*', *Environmental Entomology* 27, pp460–487
Hinchcliffe, F, Thompson, J, Pretty, J, Guijt, I and Shah, P (eds) (1999) *Fertile Ground: The Impacts of Participatory Watershed Development*. IT Publications, London
Hoddinott, J (1999) *Operationalising Household Food Security in Development Projects*. IFPRI, Washington, DC
Holling, C S (1992) 'Cross-scale morphology, geometry and dynamics of ecosystems', *Ecological Monographs* 2(4), pp447–502
Holling, C S and Meffe, M (1996) 'Commons and control and the pathology of natural resource management', *Conservation Biology* 10(2), pp328–337
Hoskins, W G (1955) *The Making of the English Landscape*. Penguin Books, London
House of Lords Select Committee on Science and Technology (1998) *Seventh Report: Resistance to antibiotics and other microbiological agents*. HMSO, London
House of Lords Select Committee on the European Communities (1999) *EC Regulation of Genetic Modification in Agriculture*. HMSO, London
Howard, A (1940) *An Agricultural Testament*. Faber, London
Health and Safety Executive (HSE) (1998a) *Pesticides Incidents Report 1997/8*. HSE, Sudbury
HSE (1998b) *Pesticide Users and their Health: Results of HSE's 1996/7 Feasibility Study* (www.open.gov.uk/hse/hsehome.htm)
Hubbell, B J and Welsh, R (1998) 'Transgenic crops: engineering a more sustainable future?' *Agriculture and Human Values* 15, pp43–56
Humphries, J (1990) 'Enclosures, common rights and women: the prolitərianization of families in the late eighteenth and early nineteenth centuries', *Journal of Economic History* 50(1), pp17–42
Hunter, M L Jr (2000) 'Refining normative concepts in conservation', *Conservation Biology* 14(2), pp573–574
Hutcheon, L (1989) *The Politics of Postmodernism*. Routledge, London
Huxley, E (1960) *A New Earth: An Experiment in Colonialism*. Chatto and Windus, London
Hyde, J, Martin, M A, Preckel, P V and Edwards, C R (2000) 'The economics of *B.t.* corn: adoption and implications'. Department of Agricultural Economics, Purdue University (www.agcom.purdue.edu/AgCom/Pubs/ID-219/ID-219.html)
IATP (1998) 'Farmer-managed watershed program' (www.iatp.org)
ISAAA (2001) 'ISAAA in Brief' (www.isaaa.org)
Iyengar, S and Shukla, N (1999) *Common property land resources in India: some issues in regeneration and management*. Gujarat Institute of Development Research, Ahmedabad
Jacobs, J (1961) *The Life and Death of Great American Cities*. Random House, London
James, C (2001) *Global status of commercialised transgenic crops, 2000*. ISAAA Briefs No 21-2001 (www.isaaa.org/briefs/Brief 21.htm)
Jarass, L and Obermair, G M (1997) *More Jobs, Less Tax Evasion, Cleaner Environment*. Universität Regensburg, Germany (www.suk.fh-wiesbaden.de/personen/jarass/manuskript5.html)
Jennings, F (1984) *The Ambiguous Iroquois Empire*. W W Norton and Co, New York
Jesse, L C H and Obrycki, J J (2000) 'Field deposition of *Bt transgenic* corn pollen:

lethal effects on the monarch butterfly', *Oecologia* 125, pp241–248

Jodha, N S (1988) 'Poverty debate in India: a minority view', *Economic and Political Weekly*, November, pp2421–2428

Jodha, N S (1990) 'Common property resources and rural poor in dry regions of India', *Economic and Political Weekly* 21, pp1169–1181

Jodha, N S (1991) *Rural common property resources: a growing problem*. Sustainable Agriculture Programme Gatekeeper Series No 24, IIED, London

Johnson, B and Duchin, F (2000) 'The case for the global commons' in Harris J (ed) *Rethinking Sustainability: Power, Knowledge and Institutions*. University of Michigan Press, Ann Arbor

Johnson, B (2000) *Problems of plant conservation in agricultural landscapes: can biotechnology help or hinder?* Unpublished report. English Nature, Peterborough

Jones, K (1999) 'Integrated pest and crop management in Sri Lanka'. Paper for Conference on Sustainable Agriculture: New Paradigms and Old Practices? Bellagio Conference Centre, Italy, 26–30 April 1999

Juma, C and Gupta, A (1999) 'Safe use of biotechnology', *IFPRI 2020 Vision Focus* 2, Brief 6 of 10. International Food Policy Research Institute, Washington, DC

Just, F (1998) 'Do soft regulations matter?' Paper presented to Expert Meeting: The Externalities of Agriculture: What do we Know? European Environment Agency, Copenhagen, May 1998

Kaeferstein, F K, Motarjeni, Y and Bettcher, D W (1997) 'Foodborne disease control', *Emerging Infectious Diseases* 3, pp503–516

Kang, B T, Wilson, G F and Lawson, T L (1984) *Alley Cropping: A Stable Alternative to Shifting Agriculture*. IITA, Ibadan

Kaplan, D (1973) 'Some psychological benefits of gardening', *Environment and Behaviour* 5, pp145–161

Kato, Y, Yokohari, M and Brown, R D (1997) 'Integration and visualisation of the ecological value of rural landscapes in maintaining the physical environment of Japan', *Landscape and Urban Planning* 39, pp69–82

Katz, E G (2000) 'Social capital and natural capital: a comparative analysis of land tenure and natural resource management in Guatemala', *Land Economics* 76(1), pp114–132

Keeny, D and Muller, M (2000) *Nitrogen and the Upper Mississippi River*. Institute of Agriculture and Trade Policy, Minneapolis

Kellert, S and Wilson, E O (1993) *The Biophilia Hypothesis*. Island Press/Shearwater, Washington, DC

Kenmore, P E, Carino, F O, Perez, C A, Dyck, V A and Gutierrez, A P (1984) 'Population regulation of the brown planthopper within rice fields in the Philippines', *Journal of Plant Protection in the Tropics* 1(1), pp19–37

Kenmore, P E (1999) 'Rice IPM and farmer field schools in Asia'. Paper for Conference on Sustainable Agriculture: New Paradigms and Old Practices? Bellagio Conference Centre, Italy, 26–30 April 1999

Khan, Z R, Pickett, J A, van den Berg, J and Woodcock, C M (2000) 'Exploiting chemical ecology and species diversity: stem borer and *Striga* control for maize in Africa', *Pest Management Science* 56(1), pp1–6

Khare, A (1998) 'Community-based conservation in India' in Kothari, A, Pathak, N, Anuradha, R V and Taneja, B (1998) *Communities and Conservation: Natural Resource Management in South and Central Asia*. Sage, New Delhi

King, F H (1911) *Farmers of Forty Centuries: Permanent Agriculture in China, Korea and Japan*. Rodale Press, Pennsylvania

Kiss, A and Meerman, F (1991) *Integrated Pest Management in African Agriculture*. World Bank Technical Paper 142, World Bank, Washington, DC

Klijn, J and Vos, W (eds) (2000) *From Landscape Ecology to Landscape Science*. Kluwer Academic Publishers, Dordrecht

Kline, D (1996) 'An Amish Perspective' in Vitek, W and Jackson, W (eds) *Rooted in the Land: Essays on Community and Place*. Yale University Press, New Haven and London

Kloppenberg, J (1991) 'Social theory and the de/reconstruction of agricultural science: a new agenda for rural sociology', *Sociologia Ruralis* 32(1), pp519–548

Kloppenberg, J and Burrows, B (1996) 'Biotechnology to the rescue: twelve reasons why biotechnology is incompatible with sustainable agriculture', *The Ecologist* 26(2), pp61–67

Knight, J (1992) *Institutions and Social Conflict*. Cambridge University Press, Cambridge

Knutson, R, Penn, J and Flinchbaugh, B (1998) *Agricultural and Food Policy*, Fourth Edition. Prentice Hall, Upper Saddle River, New Jersey

Koohafkan, P and Stewart, B A (2001) *Water Conservation and Water Harvesting in Cereal-Producing Regions of the Drylands*. FAO, Rome

Kothari, A, Pande, P, Singh, S and Dilnavaz, R (1989) *Management of National Parks and Sanctuaries in India*. Indian Institute of Public Administration, New Delhi

Kothari, A, Pathak, N, Anuradha, R V and Taneja, B (1998) *Communities and Conservation: Natural Resource Management in South and Central Asia*. Sage, New Delhi

Kovaleski, S F (1999) 'Cuba goes green: government-run vegetable gardens sprout in cities across island' at: www.cityfarmer.org/CubaGreen.html

Krebs, J R, Wilson, J D, Bradbury, R B and Siriwardena, G M (1999) 'The second silent spring?' *Nature* 400, pp611–612

Krishna, A and Uphoff, N (1999) *Operationalising social capital: explaining and measuring mutually beneficial collective action in Rajasthan, India*. Cornell University, Cornell

Kropotkin, P (1902) *Mutual Aid*. Extending Horizon Books, Boston (1955 edition)

Kurokawa, K (1991) *Intercultural Architecture. The Philosophy of Symbiosis*. Academy Editions, London

Lacy, W B (2000) 'Empowering communities through public work, science and local food systems: revisiting democracy and globalisation', *Rural Sociology* 65(1), pp3–26

Lal, R (1989) 'Agroforestry systems and soil surface management of a Tropical Alfisol. I: Soil moisture and crop yields', *Agroforestry Systems* 8, pp7–29

Lampkin, N (1996) *Impact of EC Regulation 2078/92 on the development of organic farming in the European Union*. Welsh Institute of Rural Affairs, University of Wales, Aberystwyth, Dyfed

Lampkin, N and Midmore, P (2000) 'Changing fortunes for organic farming in Europe: policies and prospects'. Paper presented for Agricultural Economics Society Annual Conference, Manchester, UK

Lampkin, N and Padel, S (eds) (1994) *The Economics of Organic Farming: An International Perspective*. CAB International, Wallingford

Landers, J (1999) 'Policy and organisational dimensions of the process of transition toward sustainable intensification in Brazilian agriculture'. Paper presented for Rural Week, The World Bank, 24–26 March, Washington, DC

Landers, J N, De C Barros, G S-A, Manfrinato, W A, Rocha, M T and Weiss, J S (2001) 'Environmental benefits of zero-tillage in Brazil – a first approximation' in Garcia Torres, L, Benites, J and Martinez Vilela, A (eds) *Conservation Agriculture – A Worldwide Challenge*. Volume 1. XUL, Cordoba, Spain

Lane, C (1990) *Barabaig Natural Resource Management: sustainable land use under threat of destruction*. UNRISD Discussion Paper 12, Geneva

Lane, C (1993) 'The state strikes back: extinguishing customary rights to land in Tanzania' in *Never Drink from the Same Cup*. Proceedings of the Conference on Indigenous Peoples in Africa. CDR/IWIGIA Document 72, Denmark

Lane, C and Pretty, J (1990) *Displaced Pastoralists and Transferred Wheat Technology in Tanzania*. Sustainable Agriculture Programme Gatekeeper Series SA20. IIED,

London
Lang, T, Heasman, M and Pitt, J (1999) *Food, Globalisation and a New Public Health Agenda.* International Forum on Globalization, San Francisco
Lang, T, Barling, D and Caraher, M (2001) 'Food, social policy and the environment: towards a new model', *Social Policy and Administration* 35(5), pp538–558
Lawrence, D (1999) 'Stages of adult learning'. Mimeo. Queensland Department of Primary Industries, Australia
Leach, M and Mearns, R (1996) *The Lie of the Land.* Routledge, London
Lease, G (1995) 'Introduction: Nature under fire' in Soulé, M E and Lease, G (eds) *Reinventing Nature? Response to Postmodern Deconstruction.* Island Press, Washington, DC
Leopold, A (1932) 'Game and Wildlife Conservation' in *River and Other Essays,* quoted in Oelschlaeger, M (1991) *The Idea of Wilderness.* Yale University Press, New Haven, pp216–217
Leopold, A (1949) *A Sand County Almanac and Sketches Here and There.* Oxford University Press, London and New York (1974 edition)
Lewis, G M (1988) 'Rhetoric of the western interior: modes of environmental description in American promotional literature of the 19th century' in Cosgrove, D and Daniels, S (1988) *The Iconography of Landscape.* Cambridge University Press, London
Lewis, O (1964) *Pedro Martinez.* Alfred Knopf, New York
Lindqvist, R, Andersson, Y, Lindback, J, Wegscheider, M, Eriksson, Y, Tidestrom, L, Lagerqvist-Widh, A, Hedlund, K-O, Lofdahl, S, Svensson, L and Norinder, A (2001) 'A one-year study of foodborne illnesses in the municipality of Uppsala, Sweden', *Emerging Infectious Diseases* (Centre for Disease Control) 7(3), June 2001 Supplement, pp1–10
Li Wenhua (2001) *Agro-Ecological Farming Systems in China.* Man and the Biosphere Series Volume 26. UNESCO, Paris
Lobao, L (1990) *Locality and Inequality: Farm and Industry Structure and Socio-Economic Conditions.* State University of New York Press, New York
Lobao, L M, Schulman, M D and Swanson, L E (1993) 'Still going: recent debate on the Goldschmidt Hypothesis', *Rural Sociology* 58(2), pp277–288
Lobstein, T, Millstone, E, Lang, T and van Zwanenberg, P (2001) *The lessons of Phillips. Questions the UK government should be asking in response to Lord Phillips' Inquiry into BSE.* Centre for Food Policy, Thames Valley University, London
Long, N and Long, A (1992) *Battlefields of Knowledge.* Routledge, London
Lopez, B (1986) *Arctic Dreams. Imagination and Desire in a Northern Landscape.* Harvill, London
Lopez, B (1998) *About this Life. Journeys on the Threshold of Memory.* Harvill, London
Losey, J E, Rayor, L S and Carter, M E (1999) 'Transgenic pollen harms monarch larvae', *Nature* 399, pp214
Mabey, R (1996) *Flora Britannica.* Sinclair Stevenson, London
MacRae, R J, Henning, J and Hill, S B (1993) 'Strategies to overcome barriers to the development of sustainable agriculture in Canada: the role of agribusiness', *Journal of Agricultural and Environmental Ethics* 6, pp21–51
MAFF (1999) *Reducing Farm Subsidies – Economic Adjustment in Rural Areas.* Working Paper 2. Economic and Statistics Group of MAFF, London
Maffi, L (1999) 'Linguistic diversity' in Posey, D (ed) (1999) *Cultural and Spiritual Values of Biodiversity.* IT Publications and UNEP, London
Malla, Y B (1997) 'Sustainable use of communal forests in Nepal', *Journal of World Forest Resource Management* 8, pp51–74
Mangan, J and Mangan, M S (1998) 'A comparison of two IPM training strategies in China: the importance of concepts of the rice ecosystem for sustainable pest management', *Agriculture and Human Values* 15, pp209–221

Manning, R E (1989) 'The nature of America: visions and revisions of wilderness', *Natural Resources Journal* 29, pp25–40

Mason, C F (1996) *Biology of Freshwater Pollution*. 3rd edition. Addison, Wesley Longman, Harlow

Mason, C F (1998) 'Habitats of the song thrush *Turdus philomelos* in a largely arable landscape', *Journal of Zoology, London* 244, pp89–93

Matteson, P C, Gallagher, K D and Kenmore, P E (1992) 'Extension of integrated pest management for planthoppers in Asian irrigated rice' in Denno, R F and Perfect, T J (eds) *Ecology and the Management of Planthoppers*. Chapman and Hall, London

Maturana, H R and Varela, F J (1992) *The Tree of Knowledge. The Biological Roots of Human Understanding*. Revised Edition. Shambhala, Boston and London

Maxwell, S and Frankenberger, T (1992) *Household food security: concepts, indicators, measurements*. IFAD, Rome

McBey, M A (1985) 'The therapeutic aspects of gardens and gardening: an aspect of total patient care', *Journal of Advanced Nursing* 10, pp591–595

McGinnis, M V (ed) (1999) *Bioregionalism*. Routledge, London and New York

McGloughlin, M (1999) 'Ten reasons why biotechnology will be important to the developing world', *AgBioForum* 2(3–4), pp163–174 (www.agbioforum.org/Default/mcgloughlin.htm)

McKean, M A (1985) 'The Japanese experience with scarcity: management of traditional common lands', *Environmental Reviews* 9(1), pp63–88

McKean, M A (1992) 'Management of traditional common lands (*Iriaichi*) in Japan' in Bromley, D W (ed) *Making the Commons Work*. Institute for Contemporary Studies Press, San Francisco, California

McNeely, J A and Scherr, S J (2001) *Common Ground, Common Future. How ecoagriculture can help feed the world and save wild biodiversity*. IUCN and Future Harvest, Geneva

McPartlan, H C and Dale, P J (1994) 'An assessment of gene transfer by pollen from field-grown transgenic potatoes to non-transgenic potatoes and related species', *Transgenic Research* 3, pp216–225

Mead, P S, Slutsker, L and Dietz, V (1999) 'Food related illness and death in the US', *Emerging Infectious Diseases* 5, pp607–625

Miles, G (1992) 'To hear an old voice' in Cronon, W, Miles, G and Gitlin, J (eds) (1992) *Under an Open Sky. Rethinking America's Western Past*. W W Norton and Co, New York, pp52–70

Millstone, E and van Zwanenberg, P (2001) 'Politics of expert advice: from the early history of the BSE saga', *Science and Public Policy* 28(2), pp99–112

Minami, K, Seino, H, Iwama, H and Nishio, M (1998) 'Agricultural land conservation'. OECD Workshop on Agri-Environmental Indicators. York, 22–25 September. OECD, Paris COM/AGR/CA./ENV/EPOC(98)78

Minor, H C, Morris, C G, Mason, H L, Hanty, R W, Stafford, G K and Fritts, T G (1999) *Corn: 1999 Missouri Crop Performance*. University of Missouri-Columbia Special Report 521, University of Missouri, Columbia

Molina, F S (1998) 'The wilderness world is respected greatly: the Yoeme (Yaqui) truth from the Yoeme communities of Arizona and Sonora, Mexico' in Maffi, L (ed) *Language, Knowledge and the Environment*. Smithsonian Institution Press, Washington, DC

Monarch Butterfly Research Symposium (1999) 'Butterflies and *B.t.* corn pollen'. Chicago, 2 November 1999 (www.fooddialogue.com/monarch/newresearch.html)

Mooney, J D and Reiley, A C (1931) *Onward Industry*. Harper, New York

Moorehead, A (2000) *The Fatal Impact: An Account of the Invasion of the South Pacific*. Penguin Books, London

Muir, J (1911) *My First Summer in the Sierra*. Houghton Mifflin, Boston (reprinted in 1988 by Canongate Classics, Edinburgh)

Muir, J (1992) *The Eight Wilderness-Discovery Books*. Diadem Books, London and Seattle

Murphy, B (1999) *Cultivating Havana: Urban agriculture and food security in Cuba*. Food First Development Report 12. Food First, California

Myers, N (1998) 'Lifting the veil on perverse subsidies', *Nature* 392, pp327–328

Myers, N, Mittermeier, R A, Mittermeier, C G, de Fonseca, G A B and Kent, J (2000) 'Biodiversity hotspots for conservation priorities', *Nature* 403, pp853–858

Nabhan, G P and St Antoine, G (1993) 'The loss of floral and faunal story' in Kellert, S R and Wilson, E O (eds) *The Biophilia Hypothesis*. Island Press, Washington, DC

Naess, A (1992) 'Deep ecology and ultimate premises', *Society and Nature* 1(2), pp108–119

Narayan, D and Pritchett, L (1996) *Cents and Sociability: Household Income and Social Capital in Rural Tanzania*. Policy Research Working Paper 1796. The World Bank, Washington, DC

Nash, R (1973) *Wilderness and the American Mind*. Yale University Press, New Haven

National Audit Office (NAO) (1998) *BSE: The Cost of a Crisis*. NAO, London

National Landcare Programme (2001) Canberra, Australia (www.dpie.gov.au/landcare)

National Society of Allotments and Leisure Gardeners (www.nsalg.co.uk)

Newby, H (1988) *The Countryside in Question*. Hutchinson, London

Norse, D, Li Ji and Zhang Zheng (2000) *Environmental Costs of Rice Production in China: Lessons from Hunan and Hubei*. Aileen Press, Bethesda

NRC (2000) *Our Common Journey: Transition towards sustainability*. Board on Sustainable Development, Policy Division, National Research Council. National Academy Press, Washington, DC

Nuffield Council on Bioethics (1999) *Genetically Modified Crops: The Social and Ethical Issues*. Nuffield Council on Bioethics, London

O'Riordan, T (1999) *Dealing with scientific uncertainties*. Unpublished report. School of Environmental Sciences, University of East Anglia, Norwich

Oakerson, R J (1992) 'Analysing the commons: a framework' in Bromley D W (ed) (1992) *Making the Commons Work*. Institute for Contemporary Studies Press, San Francisco

Organization for Economic Cooperation and Development (OECD) (1997a) *Evaluating economic instruments for environmental policy*. OECD, Paris

OECD (1997b) *Helsinki Seminar on Environmental Benefits from Agriculture*. OECD/GD(97)110, Paris

OECD (2000) *Environmental indicators for agriculture: methods and results. The stocktaking report – land conservation*. OECD, Paris COM/AGRI/CA./ENV/EPOC(99)128/REV1

Oelschlaeger, M (1991) *The Idea of Wilderness*. Yale University Press, New Haven

Oerlemans, N, Proost, J and Rauwhost, J (1997) 'Farmers' study groups in the Netherlands' in van Veldhuizen, L, Waters-Bayer, A, Ramirez, R, Johnson, D A and Thompson, J (eds) *Farmers' Research in Practice*. IT Publications, London

Ofwat (1992–1998) *Annual returns from water companies – water compliances and expenditure reports*. Office of Water Services, Birmingham

Okri, B (1996) 'Joys of Story Telling' in *Birds of Heaven*. Penguin, Harmondsworth

Olson, M (1965) *The Logic of Collective Action: Public Goods and the Theory of Groups*. Harvard Press, London

Olson, M (1982) *The Rise and Decline of Nations: Economic Growth, Stagflation and Social*

Rigidities. Yale University Press, New Haven
Oplinger, E S, Martinka, M J and Schmitz, K A (1999) 'Performance of transgenic soyabeans in the northern US'. University of Wisconsin (www.biotech-info.net/soyabean_performance.pdf)
Orr, D W (2000) 'Ideasclerosis: part two', *Conservation Biology* 14(6), pp1571–1573
Orr, D W (2002) *The Nature of Design*. Oxford University Press, Oxford
Oster, G, Thompson, D, Edelsberg, J, Bird, A P and Colditz, G A (1999) 'Lifetime health and economic benefits of weight loss among obese people', *American Journal of Public Health* 89, pp1536–1542
Ostrom, E (1990) *Governing the Commons: The Evolution of Institutions for Collective Action*. Cambridge University Press, New York
Ostrom, E (1998) *Social capital: a fad or fundamental concept?* Centre for the Study of Institutions, Population and Environmental Change, Indiana University, US
Pain, D J and Pienkowski, M W (eds) (1997) *Farming and Birds in Europe*. Academic Press Ltd, London
Palmer, I (1976) *The New Rice in Asia: Conclusions from Four Country Studies*. UNRISD, Geneva
Pannell, D (2001) 'Salinity policy: a tale of fallacies, misconceptions and hidden assumptions', *Agricultural Science* 14(1), pp35–37
Pearce, D and Tinch, R (1998) 'The true price of pesticides' in Vorley, W and Keeney, D (eds) *Bugs in the System*. Earthscan, London
Pearce, D W and Turner, R H (1990) *Economics of Natural Resources and the Environment*. Harvester Wheatsheaf, New York
Peiretti, R (2000) 'The evolution of the no till cropping system in Argentina'. Paper presented to Conference on the Impact of Globalisation and Information on the Rural Environment, 13–15 January, Harvard University, Cambridge, Massachusetts
Peluso, N L (1996) 'Reserving value: conservation ideology and state protection of resources' in DuPuis, E M and Vandergeest, P (eds) *Creating Countryside*. Temple University Press, Philadelphia
Perelman, M (1976) 'Efficiency in agriculture: the economics of energy' in Merril, R (ed) *Radical Agriculture*. Harper and Row, New York
Peter, G, Bell, M M, Jarnagin, S and Bauer, D (2000) 'Coming back across the fence: masculinity and the transition to sustainable agriculture', *Rural Sociology* 65(2), pp215–233
Petersen, C, Drinkwater, L E and Wagoner, P (2000) *The Rodale Institute's Farming Systems Trial: The First 15 Years*. Rodale Institute, Pennsylvania
Petersen, P, Tardin, J M and Marochi, F (2000) 'Participatory development of non-tillage systems without herbicides for family farming: the experience of the center-south region of Paraná', *Environmental Development and Sustainability* 1, pp235–252
Peterson, W L (1997) *Are Large Farms More Efficient?* Staff Paper P97-2. Department of Applied Economics, University of Minnesota, Minnesota
PHL (1999) 'Public Health Laboratory Service – facts and figures' (www.phls.co.uk/facts/)
Picardi, A C and Siefert, W W (1976) 'A tragedy of the commons in the Sahel', *Techology Review* 14, pp35–54
Pickett, J A (1999) 'Pest control that helps control weeds at the same time', *BBSRC Business*, April. Biotechnology and Biological Sciences Research Council (BBSRC), Swindon
Pimentel, D, Acguay, H, Biltonen, M, Rice, P, Silva, M, Nelson, J, Lipner, V, Giordano, S, Harowitz, A and D'Amore, M (1992) 'Environmental and economic cost of pesticide use', *Bioscience*, 42(10), pp750–760
Pimentel, D, Harvey, C, Resosudarmo, P, Sinclair, K, Kunz, D, McNair, M, Crist,

S, Shpritz, L, Fitton, L, Saffouri, R and Blair, R (1995) 'Environmental and economic costs of soil erosion and conservation benefits', *Science* 267, pp1117–1123

Pingali, P L and Roger, P A (1995) *Impact of Pesticides on Farmers' Health and the Rice Environment*. Kluwer Academic Press, The Netherlands

Pinstrup-Andersen, P (1999) 'Developing appropriate policies', *IFPRI 2020 Vision Focus* 2, Brief 9 of 10. International Food Policy Research Institute, Washington, DC

Pinstrup-Andersen, P and Cohen, M (1999) 'World food needs and the challenge to sustainable agriculture'. Paper for Conference on Sustainable Agriculture: New Paradigms and Old Practices? Bellagio Conference Centre, Italy, 26–30 April 1999

Pinstrup-Andersen, P, Pandya-Lorch, R and Rosegrant, M (1999) *World Food Prospects: Critical Issues for the Early 21st Century*. IFPRI, Washington, DC

Pinto, Y M, Kok, P and Baulcombe, D C (1998) 'Genetically engineered resistance to RYMV disease is now a reality' in DFID (1998) Plant Science Research Programme. *Abstract from Annual Programme Report for 1997*. University of Wales, Bangor

Performance and Innovation Unit (PIU) (1999) *Rural Economies*. PIU, Cabinet Office, London

Platteau, J-P (1997) 'Mutual insurance as an elusive concept in traditional communities', *Journal of Development Studies* 33(6), pp764–796

Poffenberger, M and Zurbuchen, M S (1980) *The economics of village life in Bali*. The Ford Foundation, New Delhi

Poffenberger, M and McGean, B (eds) (1998) *Village Voices, Forest Choices*. Oxford University Press, New Delhi

Popkin, B (1998) 'The nutrition transition and its health implications in lower-income countries', *Public Health Nutrition* 1(1), pp5–21

Portes, A and Landolt, P (1996) 'The downside of social capital', *The American Prospect* 26, pp18–21

Posey, D (ed) (1999) *Cultural and Spiritual Values of Biodiversity*. IT Publications and UNEP, London

Postel, S and Carpenter, S (1997) 'Freshwater ecosystem services' in Daily, G (ed) (1997) *Nature's Services: Societal Dependence on Natural Ecosystems*. Island Press, Washington, DC

Potrykus, I (1999) 'Vitamin-A and iron-enriched rices may hold key to combating blindness and malnutrition: a biotechnology advance', *Nature Biotechnology* 17, p37

Potter, C (1998) *Against the Grain: Agri-Environmental Reform in the USA and European Union*. CAB International, Wallingford

Pretty, J N (1991) 'Farmers' extension practice and technology adaptation: Agricultural revolution in 17th–19th century Britain', *Agriculture and Human Values* VIII, pp132–148

Pretty, J N (1995a) *Regenerating Agriculture: Policies and Practice for Sustainability and Self-Reliance*. Earthscan, London; National Academy Press, Washington, DC; ActionAid, Bangalore

Pretty, J N (1995b) 'Participatory learning for sustainable agriculture', *World Development* 23(8), pp1247–1263

Pretty, J N (1998) *The Living Land: Agriculture, Food and Community Regeneration in Rural Europe*. Earthscan Publications Ltd, London

Pretty, J N (2000a) *Towards Sustainability in English Agriculture: The Multifunctional Role for Agriculture in the 21st Century*. The Countryside Agency, Cheltenham

Pretty, J N (2000b) 'Can sustainable agriculture feed Africa', *Environment, Development and Sustainability* 1, pp253–274

Pretty, J N (2001) 'The rapid emergence of genetically-modified crops in world

agriculture', *Environmental Conservation* 28(3), pp248–262
Pretty, J N and Pimbert, M (1995) 'Beyond conservation ideology and the wilderness myth', *Natural Resources Forum* 19(1), pp5–14
Pretty, J N and Shah, P (1997) 'Making soil and water conservation sustainable: from coercion and control to partnerships and participation', *Land Degradation and Development*, 8, pp39–58
Pretty, J N and Frank, B (2000) 'Participation and Social Capital Formation in Natural Resource Management: Achievements and Lessons'. Plenary Paper for International Landcare 2000 Conference, Melbourne, Australia, 2–5 March 2000
Pretty, J N and Hine, R (2000) 'The promising spread of sustainable agriculture in Asia', *Natural Resources Forum (UN)* 24, pp107–121
Pretty, J N and Ball, A (2001) *Agricultural Influences on Emissions and Sequestration of Carbon and Emerging Trading Options*. CES Occasional Paper 2001-03, University of Essex, Colchester
Pretty, J N and Hine, R (2001) *Reducing Food Poverty with Sustainable Agriculture: A Summary of New Evidence*. Final Report from the SAFE-World Research Project, Feb 2001. University of Essex, Colchester
Pretty, J N and Ward, H (2001) 'Social capital and the environment', *World Development* 29(2), pp209–227
Pretty, J N and Buck, L (2002) 'Social capital and social learning in the process of natural resource management' in Barrett, C (ed) *Understanding Adoption Processes for Natural Resource Management Practices for Sustainable Agricultural Production in Sub-Sahara Africa*. CAB International, Wallingford
Pretty, J N, Thompson, J and Kiara, J K (1995) 'Agricultural regeneration in Kenya: the catchment approach to soil and water conservation', *Ambio* XXIV(1), pp7–15
Pretty, J N, Brett, C, Gee, D, Hine, R, Mason, C F, Morison, J I L, Raven, H, Rayment, M and van der, Bijl G (2000) 'An assessment of the total external costs of UK agriculture', *Agricultural Systems* 65(2), pp113–136
Pretty, J N, Brett, C, Gee, D, Hine, R, Mason, C, Morison, J, Rayment, M, van der Bijl, G and Dobbs, T (2001) 'Policy challenges and priorities for internalising the externalities of modern agriculture', *Journal of Environmental Planning and Management* 44(2), pp263–283
Pretty, J N, Mason, C F, Nedwell, D B and Hine, R E (2002) *A Preliminary Assessment of the Environmental Damage Costs of the Eutrophication of Freshwaters in England and Wales*. Report for the Environment Agency. University of Essex, Colchester
Pretty, J N, Morison, J I L and Hine, R E (2002) 'Reducing food poverty with sustainable agriculture', *Agriculture, Ecosystems and Environment*, in press, pp1–18
Prince, H (1988) 'Art and agrarian change, 1710–1815' in Cosgrove, D and Daniels, S (1988) *The Iconography of Landscape*. Cambridge University Press, London
Putnam, R D with Leonardi, R and Nanetti, R Y (1993) *Making Democracy Work: Civic Traditions in Modern Italy*. Princeton University Press, Princeton, New Jersey
Putnam, R (1995) 'Bowling alone: America's declining social capital', *Journal of Democracy* 6(1), pp65–78
Royal Academy of Arts (1981) *The Great Japan Exhibition. The Art of the Edo*. Royal Academy of Arts, London
Rackham, O (1986) *The History of the Countryside*. Dent, London
RAFI-USA (1998) *The Peanut Project. Farmer-focused Innovation for Sustainable Peanut Production*. RAFI, Pittsboro, North Carolina
Raju, G (1998) 'Institutional structures for community based conservation' in Kothari, A, Pathak, N, Anuradha, R V and Taneja, B (1998) *Communities and Conservation: Natural Resource Management in South and Central Asia*. Sage, New Delhi

Raybould, A F and Gray, A J (1993) 'GM crops and hybridisation with wild relatives: a UK perspective', *Journal of Applied Ecology* 130, pp199–219

Rayment, M, Bartram, H and Curtoys, J (1998) *Pesticide Taxes: A Discussion Paper.* Royal Society for the Protection of Birds, Sandy, Beds

RCEP (1996) *Sustainable Use of Soil.* 19th Report of the Royal Commission on Environmental Pollution. Cmnd 3165. HMSO, London

Read, M A and Bush, M N (1999) 'Control of weeds in GM sugar beet with glufosinate ammonium in the UK', *Aspects of Applied Biology* 52, pp401–406

Reader, J (1997) *Africa: A Biography of a Continent.* Hamish Hamilton, London

Rees, W E (1997) 'Why Urban Agriculture?' Paper for IDRC Development Forum on Communities Feeding People (www. Cityfarmer.org/rees.html)

Reicosky, D C, Dugas, W A and Torbert, H A (1997) 'Tillage-induced soil carbon dioxide loss from different cropping systems', *Soil and Tillage Research* 41, pp105–118

Reij, C (1996) 'Evolution et impacts des techniques de conservation des eaux et des sols'. Centre for Development Cooperation Services, Vrije Univeristeit, Amsterdam

Rengasamy, S, Devavaram, J, Prasad, R, Erskine, A, Balamurugan, P and High, C (2000) *The Land Without a Farmer Becomes Barren* (thaan vuzhu nilam thariso). SPEECH, Ezhil Nagar, Madurai, India

Repetto, R and Baliga, S S (1996) *Pesticides and the Immune System: The Public Health Risks.* WRI, Washington, DC

Ribaudo, M O, Horan, R D and Smith, M E (1999) *Economics of Water Quality Protection from Nonpoint Sources: Theory and Practice.* Agricultural Economic Report 782. Economic Research Service, US Department of Agriculture, Washington, DC

Rissler, J and Melon, M (1996) *The Ecological Risks of Engineered Crops.* MIT Press, Cambridge

Robins, N and Simms, A (2000) 'British aspirations', *Resurgence* 201 (July–August), pp6–9

Rola, A and Pingali, P (1993) *Pesticides, Rice Productivity and Farmers – An Economic Assessment.* IRRI, Manila and WRI, Washington, DC

Röling, N G and Wagemakers, M A E (eds) (1997) *Facilitating Sustainable Agriculture.* Cambridge University Press, Cambridge

Röling, N G (1997) 'The soft side of land: socio-economic sustainability of land use systems'. Invited Paper for Theme 3, Proceedings of Conference on Geo-Information for Sustainable Land Management, ITC, Enschede, 17–21 August

Röling, N G (2000) 'Gateway to the global garden. Beta/gamma science for dealing with ecological rationality'. Eighth Annual Hopper Lecture, 24 October, University of Guelph, Canada

Röling, N G and Jiggins, J (1997) 'The ecological knowledge system', in Röling, N R and Wagemakers, M A (eds) *Social Learning for Sustainable Agriculture.* Cambridge University Press, Cambridge

Rolston, H (1997) 'Nature is for real: is nature a social construct?' in Chappell, T (ed) *Philosophy of the Environment.* Edinbugh University Press, Edinburgh

Rominger, R (2000) Speech at opening of USDA's fifth farmers' markets season by Deputy Secretary Rich Rominger, June 9 (www.ams.usda.gov/farmers markets/romigerfmkt1.htm)

Rosegrant, M W , Leach, N and Gerpacio, R (1997) 'Alternative futures for world cereal and meat consumption', *Proceedings of Nutrition Science* 58, pp219–234

Rosset, P (1997) 'Alternative agriculture and crisis in Cuba', *IEEE Technology and Society Magazine* 16(2), pp19–26

Rosset, P (1998) 'Alternative agriculture works: the case of Cuba', *Monthly Review*

50(3), pp137–146
Rosset, P (1999) *The Multiple Functions and Benefits of Small Farm Agriculture*. Food First Policy Brief No 4. Food First/Institute for Food and Development Policy, Oakland, California
Rowley, J (1999) *Working with social capital*. Report for Department for International Development, London
Roy, S D and Jackson, P (1993) 'Mayhem in Manas: the threats to India's wildlife reserves' in Kemf, E (ed) *Indigenous Peoples and Protected Areas*. Earthscan, London
Royal Society (1998) *Genetically Modified Plants for Food Use*. Royal Society, London
Royal Society, US National Academy of Sciences, Brazilian Academy of Sciences, Chinese Academy of Sciences, Indian National Academy of Sciences, Mexican Academy of Sciences, and Third World Academy of Sciences (2000) *Transgenic Plants and World Agriculture*. Royal Society, London
Ryszkowski, C (1995) 'Managing ecosystem services in agricultural landscapes', *Nature and Resources* 31(4), pp27–36
Samson, C (2002) *Innu Naskapi-Montagnais. A Way of Life that Does Not Exist. Canada and the 'Extinguishment of the Innu'*. ISER Press, St Johns, Newfoundland
Sanchez, P A (2000) 'Linking climate change research with food security and poverty reduction in the tropics', *Agriculture, Ecosystems and the Environment* 82, pp371–383
Sanchez, P A and Jama, B A (2000) *Soil fertility replenishment takes off in East and Southern Africa*. ICRAF, Nairobi
Sanchez, P A, Buresh, R J and Leakey, R R B (1999) 'Trees, soils and food security', *Philosophical Transactions of the Royal Society of London* B 253, pp949–961
SARE (1998) *Ten Years of SARE*. CSREES, USDA, Washington, DC (www.sare.org)
Sarin, M (2001) 'Disempowerment in the name of participatory forestry? Village forests management in Uttarakhand', *Forest, Trees and People Newsletter* 44, pp26–34
Saxena, D, Flores, S and Stotzky, G (1999) 'Insecticidal toxin in root exudates from *Bt* corn', *Nature* 401, p480
Schama, S (1996) *Landscape and Memory*. Fontana Press, London
Schwarz, W and Schwarz, D (1999) *Living Lightly*. Green Books, Bideford
Scoones, I (1994) *Living with Uncertainty: New Directions in Pastoral Development in Africa*. IT Publications, London
Scoones, I (1998) *Sustainable Rural Livelihoods: A Framework for Analysis*. IDS Discussion Paper, 72, University of Sussex, Falmer
Scott, J (1998) *Seeing Like a State. How Certain Schemes to Improve the Human Condition Have Failed*. Yale University Press, New Haven
Scruton, R (1998) 'Conserving the past' in Barnett, A and Scruton, R (eds) *Town and Country*. Jonathan Cape, London
Segundad, P (1999) 'Malaysia – Kadazan' in Posey, D (ed) (1999) *Cultural and Spiritual Values of Biodiversity*. IT Publications and UNEP, London
Seidl, A (2000) 'Economic issues and the diet and the distribution of environmental impact', *Ecological Econonomics* 34(1), pp5–8
Selman, P (1993) 'Landscape ecology and countryside planning: vision, theory and practice', *Journal of Rural Studies* 9(1), pp1–21
Sessions, G (ed) (1995) *Deep Ecology for the 21st Century*. Shambhala Publications, Boston
Shah, A (1998) 'Participatory process of organising effective community-based groups'. International Workshop on Community-Based Natural Resource Management. World Bank, Washington DC, 10–14 May 1998
Shanin, T (1986) *The Roots of Otherness. Russia's Turn of the Century*. Macmillan, London
Shankar, D (1998) 'Conserving a community resource: medicinal plants' in

Kothari, A, Pathak, N, Anuradha, R V and Taneja, B (eds) *Communities and Conservation: Natural Resource Management in South and Central Asia*. Sage, New Delhi

Shelley, M (1818) *Frankenstein, or The Modern Prometheus*. Reprinted in 1963, J M Dent & Sons Ltd, London

Short, C (2000) 'Common land and ELMS: a need for policy innovation in England and Wales', *Land Use Policy* 17, pp121–133

Short, C and Winter, M (1999) 'The problem of common land: towards stakeholder governance', *Journal of Environmental Planning and Management* 42(5), pp613–630

Shrestha, B (1998) 'Involving local communities in conservation: the case of Nepal' in Kothari, A, Pathak, N, Anuradha, R V and Taneja, B (1998) *Communities and Conservation: Natural Resource Management in South and Central Asia*. Sage, New Delhi

Shrestha, K B (1997) 'Community forestry: policy, legislation and rules'. Paper presented at national workshop on Community Forestry and Rural Development, 24–26 July, Lalipur, Nepal

Singh, K and Bhattacharya, S (1996) 'The salt miners' cooperatives in the Little Rann of Kachchh in Gujarat' in Singh, K and Ballabh, V (1997) *Cooperative Management of Natural Resources*. Sage, New Delhi

Singh, K and Ballabh, V (1997) *Cooperative Management of Natural Resources*. Sage, New Delhi

Siriwardena, G M, Ballie, S R, Buckland, G T, Fewster, R M, Marchant, J H and Wilson, J D (1998) 'Trends in the abundance of farmland birds: a quantitative comparison of smoothed Common Birds Census indices', *Journal of Applied Ecology* 35, pp24–43

Smaling, E M A, Nandwa, S M and Janssen, B H (1997) 'Soil fertility in Africa is at stake' in Buresh, R J, Sanchez, P A and Calhoun, F (eds) *Replenishing Soil Fertility in Africa*. Soil Science Society of America Publication No 51. SSSA, Madison, Wisconsin

Small Farm Viability Project (1977) *The Family Farm in California*. Governor's Office of Planning and Research, Sacramento, California.

Smit, J, Ratta, A and Nasr, J (1996) *Urban Agriculture: Food Jobs and Sustainable Cities*. UNDP, New York

Smith, S and Piacentino, D (1996) *Environmental taxation and fiscal reform: analysis of implementation issues*. Final Report EV5V-CT894-0370, DGXI, Brussels

Smith, B (1985) *European Vision and the South Pacific*. Yale University Press, New Haven and London (2nd edition)

Smith, B (1987) *Imagining the Pacific*. Yale University Press, New Haven

Smith, L C and Haddad, L (1999) *Explaining Child Malnutrition in Developing Countries: A cross-country analysis*. Research Report 111 (March 2000). IFPRI, Washington, DC

Socorro Castro, A R (2001) 'Cienfuegos, the capital of urban agriculture in Cuba' (www.cityfarmer.org/cubacastro.html)

Soil Association (2000) *The Organic Food and Farming Report*. Soil Association, Bristol

Sorrenson, W J, Duarte, C and Portillo, J L (1998) *Economics of no-till compared to conventional systems on small farms in Paraguay*. Soil Conservation Project MAG-GTZ, Eschborn, Germany

Soulé, M E and Lease, G (eds) (1995) *Reinventing Nature? Responses to Postmodern Deconstruction*. Island Press, Washington, DC

Spinage, C (1998) 'Social change and conservation misrepresentation in Africa', *Oryx* 32(3), pp1–12

SPWD (1998) *Joint Forest Management Update*. Society for the Promotion of Wastelands Development, New Delhi

Steinberg, T (1995) *Slide Mountain. Or the Folly of Owning Nature*. University of California Press, Berkeley

Steinbeck, J (1939) *The Grapes of Wrath*. Minerva, London (republished in 1990)

Steiner, R, McLaughlin, L, Faeth, P and Janke, R (1995) 'Incorporating externality costs in productivity measures: a case study using US agriculture' in Barbett, V, Payne, R and Steiner, R (eds) *Agricultural Sustainability: Environmental and Statistical Considerations*. John Wiley, New York, pp209–230

Stewart, L, Hanley, N and Simpson, I (1997) *Economic Valuation of the Agri-Environment Schemes in the UK*. Report to HM Treasury and the Ministry of Agriculture, Fisheries and Food. Environmental Economics Group, University of Stirling, Stirling

Stoll, S and O'Riordan, T (2002) *Protecting the Protected: Managing Biodiversity for Sustainability*. Cambridge University Press, Cambridge

Stott, P (1999) *The organic myth*. School of Oriental and African Studies, University of London, London

Stren, M and Alton, E W F W (1998) 'Gene therapy for cystic fibrosis', *Biologist* 45(1), pp37–40

Suffolk Horse Society, Woodbridge, Suffolk (www.suffolkhorsesociety.org.uk)

Suzuki, D (1999) 'Finding a new story' in Posey, D (ed) (1999) *Cultural and Spiritual Values of Biodiversity*. IT Publications and UNEP, London

Suzuki, D and Oiwa, K (1996) *The Japan We Never Knew*. Allen and Unwin, Tokyo and London

Swift, M J, Vandermeer, J, Ramakrishnan, P G, Anderson, J M, Ong, C K and Hawkins, B A (1996) 'Biodiversity and agroecosystem function' in Mooney, H A, Cushman, J H, Medina, E, Sala, O E and Schulze, E D (eds) *Functional Roles of Biodiversity: A Global Perspective*. SCOPE, John Wiley and Sons, Cheltenham

Swingland, I, Bettelheim, E, Grace, J, Prance, G and Saunders, L (eds) (2002) 'Carbon, Biodiversity, Conservation and Income', *Transactions of the Royal Society (Series A: Mathematical, Physical and Engineering Sciences)*, in press

Swiss Agency for Environment, Forests and Landscape and Federal Office of Agriculture (2000) *Swiss agriculture on its way to sustainability*. SAEFL and FOA, Basel

Swiss Agency for Environment, Forests and Landscape (1999) *The Environment in Switzerland: Agriculture, Forestry, Fisheries and Hunting* (www.admin.ch/buwal/e/themen/partner/landwirt/ek21u00.pdf)

Tall, D (1996) 'Dwelling; making peace with space and place' in Vitek, W and Jackson, W (eds) *Rooted in the Land: Essays on Community and Place*. Yale University Press, New Haven and London

Tanksley, S D and McCouch, S R (1997) 'Seed banks and molecular maps: unlocking genetic potential from the wild', *Science* 277, pp1063–1066

Taylor, M (1982) *Community, Anarchy and Liberty*. Cambridge University Press, Cambridge

Temple, R K G (1986) *China: Land of Discovery and Invention*. Patrick Stephenson, Wellingborough

The Lancet (1999) 'Editorial', 253(9167), p1811

Thompson, E P (1975) *Whigs and Hunters*. Penguin, Harmondsworth

Thoreau, H D (1837–1853) *The Writings of H D Thoreau*, Volumes 1–6 (published 1981–2000). Princeton University Press, Princeton, New Jersey

Thoreau, H D (1902) *Walden or Life in the Woods*. Henry Frowde, Oxford University Press, London, New York and Toronto

Thoreau, H D (1906) *The Writings of H D Thoreau* (including 'A Winter Walk'). Houghton Mifflin, Boston

Thoreau, H D (1987) *Maine Woods*. Harper and Row, New York

Thrupp, L A (1996) *Partnerships for Sustainable Agriculture*. World Resources

Institute, Washington, DC

Tibble, A (ed) *The Journal; Essays; The Journey from Essex*. Carcanet New Press, Manchester

Tilman, D (2000) 'Causes, consequences and ethics of biodiversity', *Nature* 405, pp208–211

Tilman, D (1998) 'The greening of the green revolution', *Nature* 396, pp211–212

Tinker, P B (2000) *Shades of Green: A Review of UK Farming Systems*. RASE, Stoneleigh Park, Warwickshire

Tönnies, F (1887) *Gemeinschaft und Gesellschaft (Community and Association)*. Routledge and Kegan Paul, London (1955 edition)

Turner, F J (1920) *The Frontier in American History*. Holt, Rinehart and Winston, New York

UNEP/WCMC (2001) *United Nations List of Protected Areas*. UNEP World Conservation Monitoring Centre (www.wcmc.org.uk/)

United Nations Population Fund (1999) *World Population Prospects – The 1998 Revision*. United Nations, New York

Uphoff, N (1992) *Learning from Gal Oya: Possibilities for Participatory Development and Post-Newtonian Science*. Cornell University Press, Ithaca, New York

Uphoff, N (1993) 'Grassroots organisations and NGO in rural development: opportunity with diminishing stakes and expanding markets', *World Development* 21(4), pp607–622

Uphoff, N (1998) 'Understanding social capital: learning from the analysis and experience of participation' in Dasgupta, P and Serageldin, I (eds). *Social Capital: A Multiperspective Approach*. World Bank, Washington, DC

Uphoff, N (1999) 'What can be learned from SRI in Madagascar about meeting future food needs'. Paper for conference: Sustainable Agriculture New paradigms and Old Practices? Bellagio Conference Centre, Italy, 26–30 April

Uphoff, N (2000) 'Agroecological implications of the system of rice intensification (SRI) in Madagascar', *Environ ental Development and Sustainability* 1(3–4), pp297–313

Uphoff, N (ed) (2002) *Agroecological Innovations*. Earthscan, London

US Senate Science Committee (2000) *Seeds of Opportunity: An Assessment of the Benefits, Safety and Oversight of Plant Genomics and Agricultural Biotechnology*. 106th Congress, 2nd Session, Committee Print 106-B, 13 April, Washington, DC

US Department of Agriculture (USDA) (1999) National Agricultural Statistics Service (NASS). Data on planted acres of major crops (www.usda.gov/nass/)

USDA (2000) *Factbook*. USDA, Washington, DC (www.usda.gov)

USDA (1998) *A Time to Act. National Commission on Small Farms*. USDA, Washington, DC

USDA (2001a) 'Farm size and numbers data'. USDA, Washington, DC (www.usda.gov)

USDA (2001b) 'Farm statistics'. USDA, Washington, DC (www.ers.usda.gov/statefacts)

van de Fliert, E (1997) 'From pest control to ecosystem management: how IPM training can help?' Paper presented to International Conference on Ecological Agriculture, Indian Ecological Society, Chandigarh, India, November 1997

van der Bijl, G and Bleumink, J A (1997) *Naar een Milieubalans van de Agrarische Sector* [Towards an Environmental Balance of the Agricultural Sector]. Centre for Agriculture and Environment (CLM), Utrecht

van der Ploeg, R R, Ehlers, W and Sieker, F (1999) 'Floods and other possible adverse effects of meadowland area decline in former West Germany', *Naturwissenschaften* 86, pp313–319

van der Ploeg, R R, Hemsmeyer, D and Bachmann, J (2000) 'Postwar changes in landuse in former West Germany and the increasing number of inland

floods' in Marsalek et al (eds) *Flood Issues in Contemporary Water Management.* Kluwer Academic Publications, The Netherlands, pp115–123

van Veldhuizen, L, Waters-Bayer, A, Ramirez, R, Johnson, D A and Thompson, J (eds) (1997) *Farmers' Research in Practice.* IT Publications, London

van Weperen, W, Proost, J and Röling, N G (1995) 'Integrated arable farming in the Netherlands' in Röling, N G and Wagemakers, M A E (eds) (1997) *Facilitating Sustainable Agriculture.* Cambridge University Press, Cambridge

Vandergeest, P and DuPuis, E M (1996) 'Introduction' in DuPuis, E M and Vandergeest, P (eds) *Creating Countryside: The Politics of Rural and Environmental Discourse.* Temple University Press, Philadelphia

von der Weid, J M (2000) *Scaling up and Scaling Further Up.* AS-PTA, Rio de Janeiro

Vorley, W and Keeney, D (eds) (1998) *Bugs in the System: Redesigning the Pesticide Industry for Sustainable Agriculture.* Earthscan, London

Waibel, H and Fleischer, G (1998) *Kosten und Nutzen des chemischen Pflanzenschutzes in der Deutsen Landwirtschaft aus Gesamtwirtschaftlicher Sicht.* Vauk-Verlag, Kiel

Wall, P G, de Louvais, J, Gilbert, R J and Rowe, B (1996) 'Food poisoning: notifications, laboratory reports and outbreaks – where do the statistics come from and what do they mean?' *Communicable Disease Report* 6 (7), R94-100

Waltner-Toews, D and Lang, T (2000) 'A new conceptual base for food and agricultural policy', *Global Change and Human Health* 1(2), pp2–16

Ward, H (1998) 'State, association, and community in a sustainable democratic polity: towards a green associationalism' in Coenen, F, Huitema, D and O'Toole, L J (eds) (1998) *Participation and the Quality of Environmental Decision Making.* Kluwer Academic Publishers, Dordrecht

Weida, W J (2000) *A Citizen's Guide to the Regional Economic and Environmental Effects of Large Concentrated Dairy Operations.* The Colorado College, Colorado Springs, CO, and The Global Resource Action Center for the Environment (GRACE), Factory Farm Project (www. factoryfarm.org)

Weissman, J (ed) (1995) *City Farmers: Tales from the Field.* GreenThumb, New York

Weissman, J (ed) (1995) *Tales from the Field. Stories by GreenThumb Gardeners.* GreenThumb, New York

Wesselink, W (2001) '240 ha of beef cattle', *Agrifuture – Europa Agribusiness Magazine,* Spring 1, pp16–18

West, P C and Brechin, S R (1992) *Resident People and National Parks.* University of Tucson Press, Arizona

Wheeler, E B, Wiley, K N and Winne, M (1997) 'A tale of two systems' in *In Context* 42, pp25–27

White T (2000) 'Diet and the distribution of environmental impact', *Ecological Economics* 34(1), pp145–153

Whitlock, R (1979) *In Search of Lost Gods. A Guide to British Folklore.* Phaidon Press, Oxford

World Health Organization (WHO) (1998) *Obesity. Preventing and managing the global epidemic.* WHO Technical Report 894. WHO, Geneva

WHO (2001) *Food and Health in Europe. A Basis for Action.* Regional Office for Europe, WHO, Copenhagen

WHO Regional Office for Europe (2000) *Urban Agriculture in St Petersburg, Russian Federation.* WHO, Copenhagen, Denmark

Willers, B (2000) 'A response to "current normative concepts in conservation" by Callicott et al', *Conservation Biology* 14(2), pp570–572

Willis, K, Garrod, G and Saunders, C (1993) *Valuation of the South Downs and Somerset Levels Environmentally Sensitive Areas.* Centre for Rural Economy, University of Newcastle upon Tyne

Wilson, E O (1988) 'The current state of biological diversity' in Wilson, E O and Peter, F M (eds) *Biodiversity.* National Academy Press, Washington, DC

Winrock International (2000) *Biotechnology and Global Development Challenges.* Little

Rock, Arkansas

Wise, R, Hart, T, Cars, O, Streulens, M, Helmuth, R, Huovinen, P and Sprenger, M (1998) 'Antimicrobial resistance', *British Medical Journal* 317, pp609–610

Wolfe, M (2000) 'Crop strength through diversity', *Nature* 406, pp681–682

Wood, S, Sebastien, K and Scherr, S J (2000) *Pilot Analysis of Global Ecosystems.* IFPRI and WRI, Washington, DC

Woolcock, M (1998) 'Social capital and economic development: towards a theoretical synthesis and policy framework', *Theory and Society* 27, pp151–208

Wordie, J R (1983) 'The chronology of English enclosure 1500–1914', *Economic History Review* 36, pp483–505

World Bank (1995) *Pakistan: The AKRSP. A Third Evaluation.* Report No 15157, Washington, DC

World Bank/FAO (1996) *Recapitalisation of Soil Productivity in Sub-Saharan Africa.* World Bank and FAO, Washington, DC, and Rome

World Neighbors (WN) (1999) *After Mitch: Towards a Sustainable Recovery in Central America.* World Neighbors, Oklahoma City, US

Worster, D (1993) *The Wealth of Nature: Environmental History and the Ecological Imagination.* Oxford University Press, New York

WPPR (1997) *Annual Report of the Working party on Pesticide Residues: 1997.* MAFF, London

Ya, T (1999) 'Factors Influencing Farmers' Adoption of Soil Conservation Programme in the Hindu Kush Himalayan (HKH) Region'. Paper for Issues and Options in the Design of Soil and Water Conservation Projects: A Workshop, University of Wales, Bangor/University of East Anglia, Llandudno, Conwy, UK, 1–3 February 1999

Young, J, Humphreys, M, Abberton, M, Robbins, M and Webb, J (1999) *The risks associated with the introduction of GM forage grasses and forage legumes.* Report for MAFF (RG0219) research project. Institute of Grassland and Environmental Research, Aberystwyth

Zhu, Y, Chen, H, Fen, J, Wang, Y, Li, Y, Zhen, J, Fan, J, Yang, S, Hu, L, Leaung, H, Meng, T W, Teng, A S, Wang, Z and Mundt, C C (2000) 'Genetic diversity and disease control in rice', *Nature* 406, pp718–722